대학 수학

University Mathematics

곽지이 · 김상현 · 김선미 · 김승수
박희숙 · 이정승 · 정수미 · 최일선

청문각

머리말

고등학교 교육과정의 변화와 대학 입학 기준의 변화에 따라서 대학교 이공계에 진학한 학생들 중에서도 적지 않은 학생들이 대학교 수학의 교과과정에 많은 어려움을 겪는 경우를 볼 수 있다. 특히 중고등학교 수학의 기초가 부족한 학생들이 대학에 입학하면서 곧바로 접하게 되는 미분적분학 과목에서 교과내용을 이해하고 문제를 풀어내기란 여간 어려운 일이 아니다. 이런 학생들을 위하여 중학교 수학부터 고등학교 과정까지의 내용에 집합 및 미분의 내용을 함께 하여 이 책을 꾸몄다.

이 책은 60시간 강의 분량으로 구성하였으며, 빠른 시간 안에 수학의 기본 개념을 익히고 미분법까지 공부할 수 있도록 하였다. 1~10장에서는 중고등학교 수학에서 다루는 기본 개념을 복습할 수 있도록 하였고, 11~13장에서는 고등학교 미분적분학에서 다루는 미분에 관한 내용을 좀 더 심도 있게 다루었다.

이 책을 통하여 중고등학교 과정에서 미숙하게 익힌 개념을 정리함으로써, 수학에 대한 자신감을 가지고 대학교 교과과정에 입문할 수 있으리라 생각한다.

끝으로 이 책을 만드는 데 적극적인 노고와 지원을 아끼지 않은 전북대학교 수학과와 청문각 출판사의 류원식 사장님과 편집부 여러분께 감사드린다.

2012년 2월

저자 일동

차 례

Elementary Mathematics

Chapter 01 집합

Chapter 02 수의 체계

Chapter 03 다항식

Chapter 04 도형

Chapter 05 함수

Chapter 06 방정식과 부등식

Chapter 07 수열과 급수

Chapter 08 행렬과 행렬식

Chapter 09 삼각함수

Chapter 10 지수함수와 로그함수

Chapter 11 함수의 극한과 연속성

Chapter 12 도함수

Chapter 13 미분의 응용

Chapter

01

Elementary Mathematics

집합

이 장에서 우리는 교재 전반에 사용될 기본 개념을 살펴본다. 특히, 집합과 그 기본 성질, 실수계의 기본 성질인 최소상계와 최대하계, 명제와 간단한 수학적 귀납법을 공부한다.

1.1 집합의 정의와 연산

1.1.1 집합의 정의

교육과정에 따라 중학교 1학년에 '집합'이란 용어를 처음 소개하고 보통은 간단히 '어떤 특정한 대상들의 모임'이라고 정의한다.

정의 1.1

집합(set)은 우리의 지각과 사고로 명확히 구별할 수 있는 대상의 모임을 말하며, 집합을 구성하는 대상을 간단히 그 집합의 **원소**(element)라고 한다.

일반적으로 집합은 영문 대문자를 사용하여 표기하고, 원소는 영문 소문자로 표기한다. 즉 집합은 A, B, C 등, 원소는 a, b, c 등을 사용하여 표기한다. 원소 a가 집합 A의 원소이면 $a \in A$(또는 $A \ni a$)로 표기하고, 'a는 A에 속한다.' 또는 'A는 a를 포함한다.'라고 한다. 또한 a가 집합 A의 원소가 아니면, $a \notin A$(또는 $A \not\ni a$)로 표시한다.

집합의 원소를 표현하는 방법은 원소들을 구체적으로 나열하는 원소나열법과, 주어진 집합의 원소를 결정하기 위한 조건문을 기술하는 조건제시법이 있다. 조건제시법은 모든 원소를 열거하기가 불가능한 경우에 유용하다. 그러면, 집합을 표현하는 법에 대해 알아보자.

예제 1.1 홀수 전체의 집합을 원소나열법과 조건제시법으로 표현해 보자.

[풀이] 원소나열법 $\{1, 3, 5, 7, \cdots\}$, 조건제시법 $\{2n-1 \mid n\text{은 자연수}\}$

원소나열법과 조건제시법을 이용하여, 교재 전반에서 나타나는 기본이 되는 수의 집합을 다음과 같이 표현한다. 2장에서도 다루어질 것이다.

자연수의 집합 : $\mathbb{N}=\{1, 2, 3, \cdots\}$

정수의 집합 : $\mathbb{Z}=\{\cdots, -2, -1, 0, 1, 2, \cdots\}$

유리수의 집합 : $\mathbb{Q}=\left\{x \;\middle|\; x=\dfrac{b}{a},\ a, b\in\mathbb{Z},\ a\neq 0\right\}$

여기서 '|'은 '~와 같은 그러한'(영문 'such that')의 의미로 읽어야 한다.

무리수 $\mathbb{I}=\mathbb{Q}^c$

실수 $\mathbb{R}=\mathbb{Q}\cup\mathbb{I}=\mathbb{Q}\cup\mathbb{Q}^c$

1.1.2 집합의 연산

이제 집합의 포함관계에 대해서 공부해보자.

집합 A의 모든 원소가 집합 B의 원소가 될 때, 집합 B는 집합 A를 **포함한다**고 하며, A를 집합 B의 **부분집합**(subset)이라고 한다. 이 관계를 기호로 $A\subseteq B$(또는 $B\supseteq A$)와 같이 나타내며, 이것은 모든 $x\in A$에 대하여, $x\in B$임을 뜻한다. 집합 A는 항상 자신의 부분집합이다. 즉, $A\subseteq A$. 쉽게 '$A\subseteq B$이고 $B\subseteq C$'이면 $A\subseteq C$임을 확인할 수 있다.

두 집합 A와 B가 같은 원소들만을 포함할 때 집합 A와 B는 '서로 같다' 또는 '상등이다'라고 하고 $A=B$로 나타낸다. 특히, $A=B$는 '$A\subseteq B$이고 $B\subseteq A$'임을 뜻한다.

집합 A의 부분집합으로서, 집합 A와 일치하지 않는 집합들을, 즉 $A\subseteq B$이고 $A\neq B$

일 때, **진부분집합**이라 하고 간단히 $A \subsetneq B$로 나타낸다.

원소를 전혀 포함하지 않는 집합을 간단히 **공집합**이라 하고, $\varnothing$ 또는 $\{\ \}$로 나타낸다. 공집합은 원소를 포함하지 않으므로 임의의 집합 A에 대하여 $\varnothing \subseteq A$이다.

이제 수의 사칙연산에 대비되는 집합의 연산을 생각하자.

집합 A에 속하거나 또는 집합 B에 속하는 원소의 집합을 두 집합 A와 B의 **합집합**(union)이라 하고 $A \cup B$로 나타낸다. 즉,

$$A \cup B = \{x \mid x \in A \text{ 또는 } x \in B\}$$

집합 A에도 속하고 집합 B에도 속하는 원소의 집합을 두 집합 A와 B의 **교집합**(intersection)이라 하며 $A \cap B$로 나타낸다. 즉,

$$A \cap B = \{x \mid x \in A \text{ 그리고 } x \in B\}.$$

또한, 집합 A와 B에 공통으로 속하는 원소가 없을 때, 즉 $A \cap B = \varnothing$일 때, 집합 A와 B는 **서로소**(disjoint)라고 한다.

종종 어떤 특정한 수학적 사항을 다루는 데 있어서 정해진 집합의 원소나 부분집합만을 생각한다. 이 경우의 편리함을 위해, 보통 '필요한 대상을 모두 포함하는 집합'을 간단히 **전체집합**(universal set)이라 한다. 이때 전체집합 U와 그 부분집합 A가 주어졌을 때, U에 속하지만 A에 속하지 않는 원소의 집합을 전체집합 U에 대한 A의 **여집합**(complement)이라 하고 간단히 A^c으로 나타낸다. 즉,

$$A^c = \{x \mid x \in U \text{이고 } x \notin A\}.$$

집합 A, B가 주어졌을 때 A에 속하지만 B에 속하지 않는 원소의 집합을 A에 대한 B의 **차집합**(difference)이라 하고 $A - B$로 나타낸다. 따라서 A의 여집합은 전체집합 U에 대한 A의 차집합과 같다. 즉, $A^c = U - A$이다.

벤 다이어그램으로 표현하면 다음과 같다.

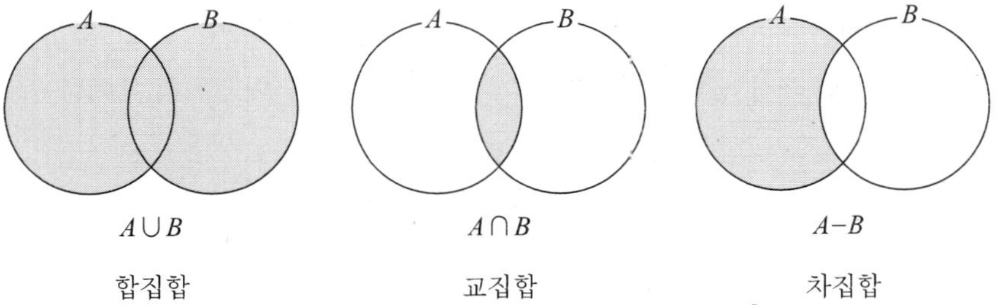

[그림 1.1] 집합연산의 벤 다이어그램 표시

예제 1.2 $U=\{1,2,3,4,5,6,7,8,9\}$, $A=\{1,2,3,4\}$, $B=\{2,4,6,8\}$, $C=\{3,4,5,6\}$ 이라고 하자. 이때, 다음 집합을 구하여라.

(1) A^c (2) $(A\cap B)^c$ (3) $B-C$ (4) $(A\cup B)^c$

[풀이] (1) $A^c=\{5,\ 6,\ 7,\ 8,\ 9\}$ (2) $(A\cap B)^c=\{1,\ 3,\ 5,\ 6,\ 7,\ 8,\ 9\}$

(3) $B-C=\{2,\ 8\}$ (4) $(A\cup B)^c=\{5,\ 7,\ 9\}$

정리 1.2

U가 전체집합일 때, 집합 A, $B(\subset U)$에 대하여 다음이 성립한다.

(1) $A\subseteq A\cup B$ (2) $A\cap B\subseteq A$ (3) $A=A\cup\varnothing$

(4) $\varnothing=A\cap\varnothing$ (5) $U=A\cup U$ (6) $A=A\cap U$

1.1.3 집합의 연산법칙

다음은 집합의 여러 가지 연산법칙이다.

정리 1.3 집합의 연산법칙

U가 전체집합이고, 집합 $A, B, C(\subset U)$일 때, 다음이 성립한다.

(1) 교환법칙: $A\cup B=B\cup A$, $A\cap B=B\cap A$

(2) 결합법칙: $(A\cup B)\cup C=A\cup(B\cup C)$, $(A\cap B)\cap C=A\cap(B\cap C)$

(3) 분배법칙: $A\cup(B\cap C)=(A\cup B)\cap(A\cup C)$

$$A\cap(B\cup C)=(A\cap B)\cup(A\cap C)$$

(4) 드모르간의 법칙(De Morgan's 법칙): $(A\cup B)^c = A^c\cap B^c$, $(A\cap B)^c = A^c\cup B^c$

증명 (3)의 첫 번째 식과 (4)의 첫 번째 식만 증명한다. 나머지도 비슷한 방법으로 증명할 수 있다.

(3)의 첫 번째 식 $x\in A\cap(B\cup C)$ $\Leftrightarrow x\in A$ 이고 $x\in B\cup C$

$\Leftrightarrow x\in A$ 이고 $x\in B$ 또는 $x\in C$

$\Leftrightarrow x\in A$ 이고 $x\in B$ 또는 $x\in A$ 이고 $x\in C$

$\Leftrightarrow x\in A\cap B$ 또는 $x\in A\cap C$

$\Leftrightarrow x\in (A\cap B)\cup(A\cap C)$

그러므로 $A\cap(B\cup C)=(A\cap B)\cup(A\cap C)$이다.

(4)의 첫 번째 식 $x\in(A\cup B)^c$ $\Leftrightarrow x\notin A\cup B$

$\Leftrightarrow x\notin A$ 그리고 $x\notin B$

$\Leftrightarrow x\in A^c$ 그리고 $x\in B^c$

$\Leftrightarrow x\in A^c\cap B^c$

그러므로 $(A\cup B)^c = A^c\cap B^c$이다. ■

정리 1.4

U가 전체집합일 때, 집합 A, $B(\subset U)$에 대하여 다음이 성립한다.

(1) $A\cap A^c=\varnothing$

(2) $A\cup A^c=U$

(3) $U^c=\varnothing$, $\varnothing^c=U$

(4) $(A^c)^c=A$

(5) $A\subseteq B \Leftrightarrow A^c\supseteq B^c$

(6) $A\cup B=B \Leftrightarrow A\subseteq B \Leftrightarrow A\cap B=A$

집합 A의 모든 부분집합들을 원소로 갖는 집합을 A의 **멱집합**이라 하며, 간단히 $\wp(A)$로 표기한다. 즉,

$$\wp(A)=\{X \mid X\subseteq A\}$$

집합 A의 원소 수를 $n(A)$로 표기할 때, $n(A)=k$이면, $n(\wp(A))=2^k$이다.

예제 1.3 $A=\{1, 2, 3\}$의 멱집합을 구하고 A의 부분집합의 개수를 구하여라.

[풀이] A의 부분집합은 $\varnothing$, $\{1\}$, $\{2\}$, $\{3\}$, $\{1,2\}$, $\{1,3\}$, $\{2,3\}$과 A 자신이므로, 멱집합은 $\wp(A)=\{\varnothing,\{1\},\{2\},\{3\},\{1,2\},\{1,3\},\{2,3\},\{1,2,3\}\}$이다. 따라서, A의 부분집합의 개수는 $2^3=8$이다.

두 집합 A, B가 주어졌을 때, 집합 A의 원소 a와 집합 B의 원소 b로 만든 순서쌍 (a, b)들의 집합, 즉 $\{(a,b) \mid a\in A,\ b\in B\}$를 A와 B의 **곱집합**(Product set 또는 Cartesian product)이라 하고 $A\times B$로 나타낸다. 즉

$$A\times B=\{(a,b) \mid a\in A \text{ 그리고 } b\in B\}$$

만약 $A\times B$의 두 원소 (a,b), (c,d)에 대하여 $(a,b)=(c,d)$이면 $a=c$, $b=d$이다.

예제 1.4 $A=\{1,2\}$, $B=\{3,4,5\}$일 때, $A\times B$와 $B\times A$를 구하여라.

[풀이]

$$A\times B=\{(1,3),(1,4),(1,5),(2,3),(2,4),(2,5)\}$$
$$B\times A=\{(3,1),(3,2),(4,1),(4,2),(5,1),(5,2)\}$$

일반적으로 $A\times B\neq B\times A$이다.

1.1.4 유한집합과 무한집합

공집합 또는 원소의 개수가 유한인 집합을 **유한집합**이라 하고, 그 밖의 경우는 **무한집합**이라 한다. 유한집합 A의 원소 수는 간단히 $n(A)$로 나타낸다.

예제 1.5 다음을 유한집합인지 무한집합인지 판별하여라.

(1) $\{x\in\mathbb{N} \mid x$는 10보다 작은 홀수$\}$

(2) 0과 1 사이의 실수의 집합

[풀이] (1) 유한집합

(2) 무한집합

예제 1.6 다음 집합의 원소의 개수를 구하여라.

(1) $A = \varnothing$

(2) $B = \{x \mid x$는 10보다 작은 홀수$\}$

(3) $C = \{x \mid x$는 0과 1 사이의 실수의 집합$\}$

[풀이] (1) 0, (2) $n(B) = 5$, (3) 무수히 많다.

유한집합 A, B의 합집합 $A \cup B$의 원소 수는 각 집합의 원소의 개수를 합한 수에서 공통인 원소의 개수를 뺀 수이다. 즉

$$n(A \cup B) = n(A) + n(B) - n(A \cap B)$$

특히 $A \cap B = \varnothing$이면, $n(A \cup B) = n(A) + n(B)$이다. 또한 곱집합의 원소의 개수는 $n(A \times B) = n(A) \times n(B)$이다.

연습문제 1.1

1. 다음 집합에서 원소나열법으로 나타난 집합은 조건제시법으로, 조건제시법으로 나타난 집합은 원소나열법으로 표현하여라.

(1) $\{x \in \mathbb{Z} \mid |x| < 1\}$

(2) $\{2,\ 4,\ 6,\ 8,\ \cdots\}$

(3) $\{x \in \mathbb{N} \mid x \leqq 12,\ x$는 4로 나누어지는 수$\}$

(4) $\left\{0,\ \frac{1}{2},\ 1\right\}$

2. $A = \{2,\ 4,\ 6,\ 7,\ 9\}$, $B = \{1,\ 2,\ 4,\ 6,\ 8,\ 10\}$에 대하여 다음 집합을 각각 구하여라.

(1) $A \cap B$

(2) $A \cup B$

(3) $A - B$

(4) $B - A$

3. 전체집합 $U = \{1,\ 2,\ 3,\ 4,\ 5\}$와 그 부분집합 $A = \{2,\ 3,\ 4\}$에 대하여 $A \cap B = \varnothing$인 U의 부분집합 B를 모두 구하여라.

4. $A,\ B \subseteq X$, $B^c = X - B$라 할 때, $A \cap B^c = \varnothing$이면, $A \subset B$임을 보여라.

5. $A,\ B \subseteq X$, $A^c = X - A$, $B^c = X - B$일 때, 다음을 증명하여라.

(1) $(A^c - B)^c = A \cup B$

(2) $(A \cap B) \cup (A - B) = A$

6. 집합 $\{1,\ \{2,\ 3\}\}$의 멱집합을 구하여라.

7. $A = \{1,\ 2,\ 3\}$, $B = \{1,\ 3,\ 4\}$에 대하여 다음 원소의 개수를 구하여라.

(1) $n(A \cup B)$

(2) $n(A \times B)$

8. 수강 신청이 마감된 현재 수강 신청을 완료한 수학과 학생 중 선택과목으로 '국어' 또는 '역사'를 신청한 학생은 모두 45명으로 확인되었다. 이들 중 '국어'와 '역사'를 수강 신청한 학생 수가 각각 25와 33일 때 다음 물음에 답하여라.

(1) '국어'와 '역사'를 모두 수강 신청한 학생 수는?

(2) 두 교과목 중 '역사'만을 수강 신청한 학생 수는?

1.2 명제와 논리

1.2.1 명제

논리는 '명제'로부터 시작된다. 참과 거짓이 명확한 문장이나 식을 **명제**(proposition)라고 한다. 즉, 명제에서 그 내용이 항상 옳을 때에는 참인 명제이고, 한 가지 경우라도 옳지 않을 때가 있으면 거짓인 명제이다.

'수학은 재미있는 과목이다.'라는 문장은 명제일까? 아닐까? 이 문장은 개인에 따라 수학에 대한 평가가 다르기 때문에, 참인지 거짓인지를 분명히 판별할 수 없다. 그러므로 이 문장은 명제가 아닌 것이다.

명제의 참, 거짓을 그 명제의 **진릿값**이라 하고, 참인 경우 'T', 거짓인 경우 'F'로 나타낸다.

예제 1.7 다음 명제의 참, 거짓을 판별하여라.

(1) 소수는 모두 홀수이다.

(2) $\varnothing \subset \{0\}$

[풀이] (1) 거짓(F) (2) 참(T)

하나의 명제 p를 부정한 새로운 명제 'p가 아니다'를 p의 **부정명제**(negative proposition)라고 하고, 기호로 $\sim p$로 나타낸다.

명제 p가 참이면 그 부정명제 $\sim p$는 거짓이고, 명제 p가 거짓이면 그 부정명제 $\sim p$는 참이 된다.

예제 1.8 다음 명제의 부정을 말하고, 그의 참과 거짓을 판별하여라.

(1) p: 5는 홀수이다.

(2) q: 3과 5의 최소공배수는 15이다.

[풀이] (1) $\sim p$: 5는 홀수가 아니다. 즉, 5는 짝수이다. $\sim p$: 거짓

(2) $\sim q$: 3과 5의 최소공배수는 15가 아니다. $\sim q$: 거짓

1.2.2 조건명제와 한정기호

문장이나 식 중에 미지수를 포함하고 있어, 그 미지수의 값에 따라 참 또는 거짓이 판별되는 문장이나 식을 **조건명제**라고 한다. 임의의 두 명제 p, q가 연결사 '~이면, …이다'에 의하여 결합된 새로운 명제 'p이면 q이다.'를 **조건문**(conditional proposition)이라고 하며 기호로는 $p \to q$로 표시한다. 이때 명제 p와 q를 각각 조건문 $p \to q$의 가정과 결론이라 한다.

예를 들어, '봄이 온다'와 '꽃이 핀다'를 각각 명제 p와 q라 하면 조건문 $p \to q$는 '봄이 오면 꽃이 핀다'이다.

조건문의 역, 이, 대우

> 조건문 $p \to q$에서 가정 p와 결론 q를 서로 바꾸거나 그 부정명제 $\sim p$, $\sim q$를 사용하여 다음과 같은 새로운 명제들을 만들 수 있다. 조건문 $p \to q$에 대하여
>
> (1) **역**: $q \to p$
>
> (2) **이**: $\sim p \to \sim q$
>
> (3) **대우**: $\sim q \to \sim p$

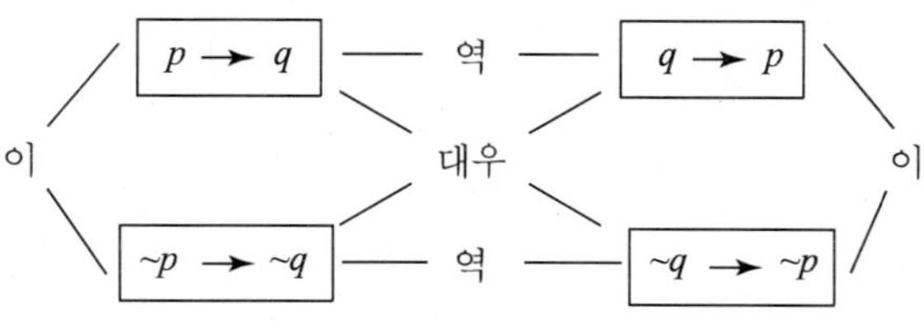

[그림 1.2] 역, 이, 대우 관계도

예제 1.9 $a, b \in \mathbb{R}$일 때 조건문 '$a = 0 \to ab = 0$'의 역은 '$ab = 0 \to a = 0$'이고, 그 이는 '$a \neq 0 \to ab \neq 0$'이며, 그 대우는 '$ab \neq 0 \to a \neq 0$'이다.

조건문 $p \to q$와 그 역, 이, 대우 사이의 관계는 다음과 같다.

(1) 조건문 $p \to q$가 참일 필요충분조건은 그 대우 $\sim q \to \sim p$가 참인 것이다.

(2) 조건문 $p \to q$의 역 $q \to p$가 참일 필요충분조건은 $p \to q$의 이 $\sim p \to \sim q$가 참인 것이다.

예제 1.10 명제 '$a=b \to a^2=b^2$'의 역과 대우를 구하고, 참, 거짓을 판별하여라.

[풀이] 역: $a^2=b^2$이면 $a=b$이다. (F)

이: $a \neq b$이면 $a^2 \neq b^2$이다. (F)

대우: $a^2 \neq b^2$이면 $a \neq b$이다. (T)

- 모든 논리적 가능성의 각 경우마다 진릿값이 참인 명제를 **항진명제**(tautology)라고 하며 t로 표시한다.
- 모든 논리적 가능성의 각 경우마다 진릿값이 거짓인 명제를 **모순명제**(contradiction)라고 하며 c로 표시한다.

조건문 $p \to q$가 참일 때, 즉 항진명제일 때, 기호로 $p \Rightarrow q$와 같이 나타낸다. 이를 p이면 q가 되기 위한 **충분조건**(sufficient condition), q를 p가 되기 위한 **필요조건**(necessary condition)이라 한다. 만약 $p \Rightarrow q$이고 $q \Rightarrow p$이면 p를 q가 되기 위한 또는 q를 p가 되기 위한 **필요충분조건**(necessary and sufficient condition)이라 하고, 기호 $p \Leftrightarrow q$로 나타낸다.

예제 1.11 '$x=2 \Rightarrow x^2=4$'이지만 '$x^2=4 \not\Rightarrow x=2$'이다. 특히, $x=2$는 $x^2=4$의 충분조건이고 $x^2=4$는 $x=2$의 필요조건이지만, $x=2$는 $x^2=4$의 필요충분조건도 아니고 $x^2=4$는 $x=2$의 필요충분조건이 아니다.

어떤 문장은 변수를 포함하고 있어 그 자체로는 참 또는 거짓을 판단할 수 없는 경우가 있다. 예를 들면, 'x는 3의 배수이다.'라는 문장은 명제가 되지 못한다. 그러나 변수 x 대신에 무엇인가 대입하여 x를 정해주면 명제가 될 수 있다. 이와 같은 문장을 **명제함수**라 하고 $P(x)$로 나타낸다. 예를 들어, 명제함수 'x는 3의 배수이다.'에서 변수 x에 2를 대입하여 얻은 명제 $P(2)$는 '2는 3의 배수이다.'이고 거짓명제이다. 그러나, 변수 x에 3을 대입하여 얻은 명제 $P(3)$은 '3은 3의 배수이다.'이고 참이다.

보통은 우리가 하고자 하는 말이나 문장에 그 대상이 있고 대상의 범위가 정해져 있다. 그러나 명제함수 'x는 3의 배수이다.'에서 변수 x의 대상 범위를 정하지 않았으므로 변수 x는 자연수, 정수, 무리수 등이 될 수도 있고, 다른 사물로서 단추, 개, 돼지, 꽃, 책 등이 될 수도 있다. 이렇듯 논하려는 변수 x의 범위를 염두에 두고 한정하지 않으면 그 말이나 문장은 막연하고 의미가 없게 된다. 따라서, 미리 정하는 변수 x의 범위를 **대상영역** 또는 **모집단**이라 하고 간단히 U로 나타낸다.

조건명제 $P(x)$가 대상영역 U상의 명제함수라면 $P(x)$가 참이 되는 $x \in U$들의 집합

$$\{x \mid x \in U,\ P(x)\text{는 참이다}\}$$

를 $P(x)$의 **진리집합**이라 한다. 예를 들어, $U = \mathbb{N}$일 때 조건명제 'x는 3의 배수이다.'의 진리집합은 $\{3, 6, 9, 12, \cdots\}$ 또는 $\{3n \mid n \in \mathbb{N}\}$이다.

예제 1.12 자연수 $\mathbb{N}$상에서의 명제 $x + 2 > 7$의 진리집합을 구하여라.

[풀이] $\{6, 7, 8 \cdots\}$ ■

예제 1.13 다음과 같이 가정 p와 결론 q를 정의할 때, p는 q이기 위한 무슨 조건인가?

(1) $p : a = 2,$ $\quad q : a^2 = 4$

(2) $p : x > 0,\ y > 0$ $\quad q : x + y > 0,\ xy > 0$

[풀이] (1) 충분조건

(2) 필요충분조건 ■

'모든 x에 대하여'를 기호 '$\forall x$'로 나타낸다. 이때 기호 '$\forall$'를 **전칭기호**라고 하며 '전부에 대하여(for all)', '모든 것에 대하여(for every)' 또는 '임의의(for each)' 등으로 읽는다. 전칭기호를 포함하는 명제를 **전칭명제**라고 한다.

'적어도 하나의 x가 존재해서'를 기호 '$\exists x$'로 나타낸다. 기호 '$\exists$'를 **존재기호**라 하고 '존재한다' 또는 '어떤 것에 대하여(for some)' 또는 '적어도 하나의…에 대해서' 등으로 읽는다. 존재기호를 포함하는 명제를 **존재명제**라 라고, 전칭기호와 존재기호를 **한정기호**라고 한다.

예제 1.14 다음 표현을 전칭기호, 또는 존재기호로 나타내어라.

(1) 적어도 하나의 유리수 q에 대하여 (유리수 집합: $\mathbb{Q}$)

(2) 임의의 복소수 c에 대하여 (복소수 집합: $\mathbb{C}$)

[풀이] (1) $\exists\, q \in \mathbb{Q}$ (2) $\forall\, c \in \mathbb{C}$

1.2.3 명제의 증명방법

추론에 대한 타당성을 검증하는 것을 **증명**이라고 하는데, 증명의 형식에는 직접증명방법(method of direct proof)과 간접증명방법(method of indirect proof)이 있다. 직접증명은 주어진 가정을 이용하여 추론의 반복으로 직접 증명하는 방법이고, 간접증명은 주어진 명제와 동치인 명제를 증명함으로써 주어진 명제의 참, 거짓을 확인하는 것이다. 귀류법은 간접증명방법 중 하나인데 결론의 부정을 새로운 가정으로 하여 주어진 가정과 비교하여 모순을 이끌어내는 방법이다.

예제 1.15 명제 '$\sqrt{2}$는 무리수이다.'를 귀류법으로 증명하여라.

증명 $\sqrt{2}$가 유리수라고 가정하자. 그러면, $\sqrt{2}=\dfrac{p}{q}$인 정수 p, $q(q \neq 0)$가 존재한다. 단, p와 q는 서로소이다. 이제, 위 등식의 양변을 제곱하면, $2=\dfrac{p^2}{q^2}$, 즉 $2q^2=p^2$이므로, p^2은 짝수이다. 따라서 p도 짝수이다. 그러면, $p=2m$이 되는 정수 m이 존재한다. 이것을 $2q^2=p^2$에 대입하면, $2q^2=(2m)^2$, 즉 $q^2=2m^2$이므로, q^2은 짝수이다. 따라서 q도 짝수이다. 결국 $q=2n$이 되는 정수 n이 존재한다. $\dfrac{p}{q}=\dfrac{2n}{2m}=\dfrac{n}{m}$이므로, $\dfrac{p}{q}$가 서로소라는 사실에 모순이다. 그러므로, $\sqrt{2}$는 무리수이다.

임의의 자연수 n에 관하여 명제 $P(n)$이 참임을 보일 때 매우 유용한 증명법을 소개하자.

> **[수학적 귀납법, mathematical induction]**
>
> 대상영역이 $\mathbb{N}$인 조건명제 $P(n)$이 두 조건
>
> - 명제 $P(1)$이 참이다.
> - 각 자연수 k에 대하여 명제 $P(k)$가 참이면 명제 $P(k+1)$도 참이다.
>
> 를 만족하면 조건명제 $P(n)$의 진리집합은 대상영역 $\mathbb{N}$이다.

수학적 귀납법의 원리를 이용하여 정리를 증명하려면 그 정리는 자연수에 관해 몇 개의 경우로 나누어질 수 있는 것이어야 한다. 그러므토 위의 두 조건을 모두 확인해야 하

며 $n=1$인 경우 참임을 확인하고 $n=k$일 때 $P(k)$가 참임을 가정하여 이것으로부터 $n=k+1$일 때 $P(k+1)$이 참임을 확인해야 한다. 여기서 가정 "$P(k)$는 참이다"를 귀납적 가정이라고 한다.

예제 1.16 다음 명제를 수학적 귀납법으로 증명하여라.

$$\sum_{i=1}^{n} i = \frac{n(n+1)}{2}$$

[풀이] 주어진 방정식을 $P(n)$이라 하고, 수학적 귀납법에 의해 모든 자연수 n에 대해 $P(n)$이 참이 됨을 보이고자 한다.

(1) $n=1$인 경우

좌변은 1이고, 우변은 $\frac{1 \cdot 2}{2}=1$이므로 $P(1)$은 참이다.

(2) $n=k$일 때 성립한다고 가정한다. 즉, $P(k)$는 참이다. 이때

$\sum_{i=1}^{k+1} i = \sum_{i=1}^{k} i + (k+1)$이므로, $P(k)$로부터 $\sum_{i=1}^{k} i = \frac{k(k+1)}{2}$을 대입하면,

$$\sum_{i=1}^{k+1} i = \frac{k(k+1)}{2} + (k+1) = \frac{k^2+k+2k+2}{2} = \frac{(k+1)\{(k+1)+1\}}{2}$$

이 성립하므로 $P(k+1)$은 참이다.

따라서 수학적 귀납법에 의해 모든 자연수 n에 대하여

$$\sum_{i=1}^{n} i = \frac{n(n+1)}{2}$$

이 성립한다. ■

연습문제 1.2

1. 다음 명제의 참, 거짓을 판별하여라.

(1) $\varnothing \in 0$

(2) $1+3=5$

(3) $ab=0$이면, $a=0$ 또는 $b=0$이다.

2. 다음 명제에서 한정기호를 이용하여 간단히 하여라.

(1) 모든 실수 x에 대하여 $x^2>0$이다.

(2) $x^2=0$을 만족하는 x가 적어도 하나 존재한다.

3. $A=\{1,3,4,5,6\}$일 때, 다음 명제의 진리집합을 구하여라.

(1) $\exists\, x \in A,\ x+2=10$

(2) $\forall\, x \in A,\ x+3 \leqq 9$

(3) $\exists\, x \in A,\ x+2<7$

4. 다음에서 조건 p는 q이기 위한 무슨 조건인가?

(1) $p: x>2,\quad q: x \geqq 2$

(2) $p: A \cup B = B,\quad q: A \subseteq B$

5. 자연수 n에 대하여 'n^2이 짝수이면, n은 짝수이다'를 증명하여라.

Chapter 02

Elementary Mathematics

수의 체계

이 장에서는 우리가 초등학교 때부터 지금까지 배워 온 수의 체계를 공부한다.

2.1 실수의 정의

초등학교 때부터 배워 온 수의 체계는 자연수로부터 시작하여, 정수, 유리수, 실수로 확대된다.

자연수 $\mathbb{N}=\{1,\ 2,\ 3,\ \cdots\}$

정수 $\mathbb{Z}=\{\cdots,\ -2,\ -1,\ 0,\ 1,\ 2\cdots\}$

유리수 $\mathbb{Q}=\left\{x \mid x=\dfrac{b}{a},\ \ a,\ b\in\mathbb{Z},\ a\neq 0\right\}$

실수 $\mathbb{R}=\mathbb{Q}\cup\mathbb{Q}^c$ (단, 유리수가 아닌 실수는 '무리수'라고 한다)

- 실수
  - 유리수
    - 정수
      - 자연수
        - 소수(약수가 1과 자기 자신인 수)
        - 1
        - 합성수(약수가 3개 이상인 수)
      - 0
      - 음의 정수
    - 정수 아닌 유리수
      - 유한소수 $\left(0.3=\frac{3}{10},\ \cdots\right)$
      - 순환하는 무한소수 $\left(\frac{1}{3}=0.333\cdots=0.\dot{3},\ \cdots\right)$
  - 무리수
    - 대수적 무리수 $(\sqrt{2},\ \sqrt{3-\sqrt{2}})$
    - 초월수 $(\pi,\ 2^{\sqrt{2}},\ \cdots)$

[그림 2.1] 수 체계

특히, $\mathbb{N} \subset \mathbb{Z} \subset \mathbb{Q} \subset \mathbb{R}$이 성립한다.

예제 2.1 집합 $A = \left\{-1, -\frac{1}{\sqrt{2}}, 0, 3, \frac{1}{2}, \frac{1}{4}, \sqrt{2}, \pi\right\}$의 원소 중

(1) 자연수 (2) 정수 (3) 유리수 (4) 무리수 (5) 실수

인 것을 모두 나열하여 집합을 구성하여라.

[풀이] (1) $\{3\}$

(2) $\{-1, 0, 3\}$

(3) $\left\{-1, 0, 3, \frac{1}{2}, \frac{1}{4}\right\}$

(4) $\left\{-\frac{1}{\sqrt{2}}, \sqrt{2}, \pi\right\}$

(5) $\left\{-1, -\frac{1}{\sqrt{2}}, 0, 3, \frac{1}{2}, \frac{1}{4}, \sqrt{2}, \pi\right\}$ ∎

실수를 보통 직선 위에 점을 찍어 나타내게 되는데, 실수 전체의 집합과 하나의 직선 사이에 일대일 대응관계를 가진다. 다시 말해서, 각 실수는 이 직선 위의 한 점에 대응하고, 이 직선 위의 각 점은 이 점과 연결되는 꼭 하나의 실수를 갖는다. 이를 실수의 연속성이라 부르며, 이 직선을 수직선이라고 한다.

두 실수 $a, b(a<b)$ 사이의 모든 실수로 이루어진 집합을 **구간**(interval)이라고 한다. 구간에는 다음과 같은 형태가 있다.

$$(a, b) = \{x \in \mathbb{R} \mid a < x < b\}$$

$$[a, b] = \{x \in \mathbb{R} \mid a \leqq x \leqq b\}$$

$$(a, b] = \{x \in \mathbb{R} \mid a < x \leqq b\}$$

$$[a, b) = \{x \in \mathbb{R} \mid a \leqq x < b\}$$

$$(a, \infty) = \{x \in \mathbb{R} \mid x > a\}$$

$$[a, \infty) = \{x \in \mathbb{R} \mid x \geqq a\}$$

$$(-\infty, b) = \{x \in \mathbb{R} \mid x < b\}$$

$$(-\infty,\ b] = \{x \in \mathbb{R} \mid x \leq b\}$$

$$(-\infty,\ \infty) = \mathbb{R}$$

(a, b)와 같이 양 끝 값이 포함되지 않는 구간을 **개구간**(open interval)이라 하며, $[a, b]$와 같이 양 끝 값을 포함하는 구간을 **폐구간**(closed interval)이라 한다. $(a, b]$ 또는 $[a, b)$와 같은 구간을 반개구간 또는 반폐구간이라고 한다.

무리수가 있는 분수에서 분모에 무리수가 있을 때, 분수의 통분이나 값의 파악을 쉽게 하기 위해 **분모의 유리화**를 한다. 즉, 분모의 유리화란 분모에 있는 무리수를 유리수로 변환시키는 것을 의미한다.

예제 2.2 다음 분수에서 분모를 유리화하여라.

(1) $\dfrac{2}{\sqrt{2}}$ (2) $\dfrac{1}{\sqrt{5}-\sqrt{3}}$

(3) $\dfrac{\sqrt{5}+\sqrt{3}}{\sqrt{5}-\sqrt{3}}$

[풀이] (1) 분자, 분모에 $\sqrt{2}$를 곱하여, $\sqrt{2}$

(2) 분자, 분모에 $\sqrt{5}+\sqrt{3}$을 곱하면, $\dfrac{\sqrt{5}+\sqrt{3}}{2}$

(3) 분자, 분모에 $\sqrt{5}+\sqrt{3}$을 곱하면, $\dfrac{(\sqrt{5}+\sqrt{3})^2}{2} = 4+\sqrt{15}$ ■

근호 안에 또 근호가 있을 때 **이중근호**라고 한다. 예를 들면 $\sqrt{5+2\sqrt{6}}$ 은 이중근호식이다. 분모의 유리화와 마찬가지로, 값의 파악을 쉽게 하기 위해서 이중근호식을 자주 $\sqrt{a}\pm\sqrt{b}$ 꼴로 바꾸고, 이러한 일련의 과정을 간단히 '이중근호를 푼다.'고 말한다. 예를 들면, $a \geq b \geq 0$일 때, $(\sqrt{a}\pm\sqrt{b})^2 = (a+b)\pm 2\sqrt{ab}$ (복호동순)이고 $\sqrt{a}\pm\sqrt{b} \geq 0$이므로

$$\sqrt{(a+b)\pm 2\sqrt{ab}} = \sqrt{a}\pm\sqrt{b} \text{ (복호동순)}$$

이다.

예제 2.3 다음 각 식의 이중근호를 풀어라.

(1) $\sqrt{10-2\sqrt{21}}$

(2) $\sqrt{4+\sqrt{15}}$

[풀이] (1) $\sqrt{10-2\sqrt{21}} = \sqrt{7+3-2\sqrt{7\cdot 3}} = \sqrt{7}-\sqrt{3}$

(2) $\sqrt{4+\sqrt{15}} = \sqrt{\dfrac{8+2\sqrt{15}}{2}} = \sqrt{\dfrac{5+3+2\sqrt{5\cdot 3}}{2}}$

$$= \frac{\sqrt{5}+\sqrt{3}}{\sqrt{2}} = \frac{\sqrt{10}+\sqrt{6}}{2}$$

2.2 실수의 연산과 기본 성질

2.2.1 실수의 연산

공집합이 아닌 집합 A의 임의의 두 원소끼리 연산을 하여 그 결과가 다시 집합 A의 원소가 될 때, 집합 A는 그 연산에 대하여 **닫혀 있다**고 한다.

다시 말해서, $\forall a, b \in A$에 대하여 $a * b \in A$가 성립하면, 집합 A는 연산 $*$에 대하여 닫혀 있다고 한다.

집합 A가 연산 $*$에 대하여 닫혀 있을 때, 조건

$$\forall a \in A, \quad a * e = e * a = a$$

를 만족하는 원소 $e \in A$가 존재하면 이 원소 e를 집합 A에서 연산 $*$에 대한 **항등원**(identity)이라 하고, 원소 $a \in A$에 대하여 조건

$$a * b = b * a = e$$

를 만족하는 $b \in A$가 존재하면 이 원소 b를 연산 $*$에 대한 a의 **역원**(inverse)이라고 한다.

예제 2.4 다음 집합이 덧셈과 곱셈에 대하여 닫혀 있음을 확인하고, 각 연산에 대한 항등원이 존재하면 구하여라. 또한, 항등원을 갖는 경우 어떤 원소가 역원을 갖는지 확인하여라.

(1) 자연수의 집합

(2) 유리수의 집합

[풀이] (1) 덧셈과 곱셈에 대해 닫혀 있다. 곱셈에 대한 항등원 : 1

(2) 덧셈과 곱셈에 대해 닫혀 있다. 덧셈과 곱셈에 대한 항등원 : 0과 1

$a \in \mathbb{Q}$의 덧셈에 대한 역원: $-a$

$a \in \mathbb{Q}(a \neq 0)$의 곱셈에 대한 역원: $\dfrac{1}{a}$ ∎

실수 연산에 대한 기본 성질

$\mathbb{R}$은 덧셈$(+)$과 곱셈$(\times)$에 대하여 닫혀 있고, 덧셈과 곱셈에 대한 항등원과 역원은 유일하게 존재한다.[1] 또한, 임의의 $a,\ b,\ c \in \mathbb{R}$에 대하여 다음이 성립한다.[2]

(1) 교환법칙: $a+b=b+a,\ ab=ba$

(2) 결합법칙: $a+(b+c)=(a+b)+c,\ a(bc)=(ab)c$

(3) 분배법칙: $a(b+c)=ab+bc,\ (a+b)c=ac+bc$

정리 2.1

임의의 $a, b \in \mathbb{R}$에 대하여 다음이 성립한다.

(1) $-(-a)=a$

(2) $a(-b)=(-a)b=-(ab)$.

특히, $(-1)a=1(-a)=-(1a)=-(a)$이다.[3]

(3) $(-a)(-b)=ab$

증명 (1) 덧셈에 대한 a의 역원은 $-a$이므로 $a+(-a)=(-a)+a=0$이다. 한편, $-a$에 대한 덧셈의 역원은 유일하게 존재하므로 $-(-a)=a$이다.

(2) $a(-b)+ab=a\{(-b)+b\}=a0=0$이고 $(-a)b+ab=\{(-a)+a\}b=0b=0$이므로 덧셈에 대한 역원의 유일성에 의하여 $a(-b)=-(ab)=(-a)b$가 성립한다.

(3) $(-a)(-b)+(-ab)=(-a)(-b)+(-a)b=(-a)\{(-b)+b\}=(-a)0=0$이므로 위의 (1)과 덧셈에 대한 유일성에 의하여 $ab=-(-ab)=(-a)(-b)$가 성립한다. ∎

---

1) 단, 0이 아닌 실수만 곱셈에 대한 역원을 갖는다.

2) 혼동될 우려가 없으면 $a \cdot b$는 간단히 ab로 나타낸다.

3) 관습적으로 $-(a)$는 $-a$로 나타낸다. 특히, $-(ab)=-ab$이다.

2.2.2 실수의 기본 성질

[실수의 대소 관계의 기본 성질 1]

$a \in \mathbb{R}$일 때

(1) **삼분법**(trichotomy property)

$a > 0$, $a = 0$, $a < 0$ 중 어느 하나만 반드시 성립한다.

(2) $a > 0$이면 $-a < 0$이다.

$a < 0$이면 $-a > 0$이다.

(3) '$a > 0$, $b > 0$'이거나 '$a < 0$, $b < 0$'이면 $ab > 0$이다.

'$a > 0$, $b < 0$'이거나 '$a < 0$, $b > 0$'이면 $ab < 0$이다.

(4) $a > 0$, $b > 0$이면, $ab > 0$, $ab > 0$

[실수의 대소 관계의 기본 성질 2]

$a, b, c, d \in \mathbb{R}$일 때

(1') **삼분법**(trichotomy property)

$a > b$, $a = b$, $a < b$ 중 어느 하나만 반드시 성립한다.

(2') '$a > b$, $b > c$'이면 $a > c$이다.

(3') $c > 0$일 때 $a > b$이면 $ac > bc$이다.

$c < 0$일 때 $a > b$이면 $ac < bc$이다.

(4') $a > b$이면 $a + c > b + c$이고 $a - c > b - c$이다.

'$a > b$, $c > d$'이면 $a + c > c + d$이다.

정리 2.2

임의의 $a, b \in \mathbb{R}$에 대하여 다음이 성립한다.

(1) $a^2 \geq 0$이다. 특히, $a \neq 0$이면 $a^2 > 0$이다.

(2) $a^2 + b^2 = 0 \Leftrightarrow a = b = 0$

(3) '$a > 0$, $b > 0$'일 때, $a > b \Leftrightarrow a^2 > b^2$

증명 (1) $a>0$이면 $a^2=aa>0$이고; $a=0$이면 $a^2=aa=0$이다. 또한, $a<0$이면 $-a>0$이므로 $a^2=aa=(-a)(-a)>0$이다. 따라서, $\mathbb{R}$의 삼분법에 의하여 $a^2 \geqq 0$ $(\forall a \in \mathbb{R})$이 성립한다.

(2) $a^2 \geqq 0$이고 $b^2 \geqq 0$이므로 $a^2+b^2 \geqq 0$이다. 특히, (1)에 의하여

$$\text{'}a \neq 0 \text{ 또는 } b \neq 0\text{'} \Leftrightarrow a^2+b^2>0$$

이 성립한다.

(3) $a>0,\ b>0$이므로 위의 (4')에 의하여 $a+b>0$이다. 따라서, 위의 (3')에 의하여

$$a>b \Leftrightarrow a-b>0 \Leftrightarrow (a-b)(a+b)>0 \Leftrightarrow a^2-b^2>0 \Leftrightarrow a^2>b^2$$

이 성립한다. ∎

수직선 위에서 실수 a에 대응하는 점과 원점 사이의 거리를 a의 **절댓값**이라 하고, 기호로 $|a|$와 같이 나타낸다. 즉,

$$|a| = \begin{cases} a & (a \geq 0) \\ -a & (a<0) \end{cases}$$

정의로부터 분명 $|a| \geqq 0$이고 $|a| \geqq 0$, $|a|=\sqrt{a^2}$ 이다. 또한, 두 실수 a, b 사이의 거리는 $|a-b|$와 같다. 덧붙여, $a, x, y \in \mathbb{R}$일 때 다음이 성립함을 쉽게 확인할 수 있다.

(1) $|x|=|-x|,\quad -|x| \leqq x \leqq |x|$

(2) $|x|<a \Leftrightarrow -a<x<a$

(3) $|x|>y>0 \Leftrightarrow$ '$x>y$ 또는 $x<-y$'

(4) $x=|a| \Leftrightarrow$ '$x=a$ 또는 $x=-a$'

정리 2.3

임의의 실수 a, b에 대하여 다음이 성립한다.

(1) $|ab|=|a||b|$

(2) **삼각부등식**(triangle inequality)[4)]

$||a|-|b|| \leq |a \pm b| \leqq |a|+|b|$

(3) $|a|<|b| \Leftrightarrow a^2<b^2$

---

4) '삼각부등식'이라 부르는 이유를 생각해보라.

증명 (1) $x \in \mathbb{R}$일 때 '$0x = x0 = 0$이고 $|0| = 0$'이므로 '$a = 0$ 또는 $b = 0$'이면 분명 $|ab| = 0 = |a||b|$이다. 한편,

- '$a > 0$이고 $b > 0$'일 때 $ab > 0$이므로 $|a||b| = ab = |ab|$가 성립한다.
- '$a > 0$이고 $b < 0$'일 때 $ab < 0$이므로 $|a||b| = a(-b) = -(ab) = |ab|$이다.
- '$a < 0$이고 $b > 0$'일 때 $ab < 0$이므로 $|a||b| = (-a)b = -(ab) = |ab|$이다.
- '$a < 0$이고 $b < 0$'일 때 $ab > 0$이므로 $|a||b| = (-a)(-b) = ab = |ab|$이다.

(2) $-|a| \leqq a \leqq |a|$이고 $-|b| \leqq b \leqq |b|$이므로

$$-(|a| + |b|) \leqq a + b \leqq |a| + |b|$$

이다. 따라서, $|a+b| \leqq |a| + |b|$이고 특히

$$|a-b| = |a + (-b)| \leq |a| + |-b| = |a| + |b|$$

가 성립한다. 한편,

$$|a| = |(a+b) - b| \leq |a+b| + |b|, \qquad |b| = |(a+b) - a| \leq |a+b| + |b|$$

이므로 $||a| - |b|| \leq |a+b|$이고, 유사한 방법으로 $||a| - |b|| \leq |a-b|$가 성립함을 보일 수 있다. ∎

이제 잘 알려진 두 가지 유용한 부등식을 소개하면 다음과 같다.

산술 · 기하평균 부등식

임의의 $a \geqq 0$, $b \geqq 0$에 대하여

$$\sqrt{ab} \leqq \frac{a+b}{2}$$

가 성립한다. 흔히, 위 부등식의 좌변과 우변을 각각 음이 아닌 실수 a, b의 **산술평균**(arithmetic mean), **기하평균**(geometric mean)이라고 한다.

코시-슈바르츠(Cauchy-Schwarz) 부등식

임의의 $a, b, c, d \in \mathbb{R}$에 대하여

$$(ac+bd)^2 \leqq (a^2+b^2)(c^2+d^2)$$

이 성립한다.[5)]

2.2.3 최소상계와 최대하계

이 절에서는 실수계의 고유한 성질을 소개할 때 언급되는 중요한 개념으로 '상계'와 '하계'를 시작으로 '최소상계'와 '최대하계'를 정의하고자 한다.

정의 2.4

공이 아닌 집합 $S \subset \mathbb{R}$이 주어졌을 때, 다음과 같이 정의한다.

(1) 조건

$$x \le a \quad (\forall x \in S)$$

를 만족하는 $a \in \mathbb{R}$이 존재하면 이 실수 a를 집합 S의 **상계**(upper bound)라 하고, 집합 S가 어떤 상계를 가질 때 S를 **위로 유계**(bounded below)라고 한다.

(2) 조건

$$b \le x \quad (\forall x \in S)$$

를 만족하는 $b \in \mathbb{R}$이 존재하면 이 실수 b를 집합 S의 **하계**(lower bound)라 하고, 집합 S가 어떤 하계를 가질 때 S를 **아래로 유계**(bounded above)라고 한다.

(3) 집합 S가 위로 유계인 동시에 아래로 유계이면 S를 간단히 **유계**(bound)라고 한다.

[참고] 공이 아닌 집합의 상계와 하계는 일반적으로 유일하지 않다.

예제 2.5 다음 집합의 상계와 하계를 구하여라.

(1) $S_1 = (-1, 3]$

(2) $S_2 = \{2n+1 \mid n \in \mathbb{N}\}$

---

5) 위 부등식은 $|ac+bd| \leqq \sqrt{a^2+b^2}\sqrt{c^2+d^2}$과 동치이다.

[풀이] (1) S_1의 상계: $\{x \in \mathbb{R} \mid x \geq 3\}$, S_1의 하계: $\{x \in \mathbb{R} \mid x \leq -1\}$

(2) S_2의 상계: 존재하지 않는다, S_2의 하계: $\{x \in \mathbb{R} \mid x \leq 3\}$

정의 2.5

공이 아닌 집합 $S \subset \mathbb{R}$이 주어졌을 때 다음과 같이 정의한다.

(1) S가 위로 유계일 때 어떤 $a \in \mathbb{R}$이 두 조건

- a는 S의 상계이다. 즉, 임의의 $x \in S$에 대하여 $x \leq a$이다.
- S의 임의의 상계 $a' \in \mathbb{R}$에 대하여 $a \leq a'$이다.

를 만족하면 실수 a를 집합 S의 **상한**(supremum) 또는 **최소상계**(least upper bound)라 하고, 간단히

$$\sup S = a \quad \text{또는} \quad \operatorname{lub} S = a$$

로 나타낸다.

(2) S가 위로 유계가 아니면

$$\sup S = \infty$$

로 정의한다.

(3) S가 아래로 유계일 때 어떤 $b \in \mathbb{R}$이 두 조건

- b는 S의 하계이다. 즉, 임의의 $x \in S$에 대하여 $b \leq x$이다.
- S의 임의의 하계 $b' \in \mathbb{R}$에 대하여 $b' \leq b$이다.

를 만족하면 실수 b를 집합 S의 **하한**(infinimum) 또는 **최대하계**(greatest lower bound)라 하고, 간단히

$$\inf S = b \quad \text{또는} \quad \operatorname{glb} S = b$$

로 나타낸다.

(4) S가 아래로 유계가 아니면

$$\inf S = -\infty$$

로 정의한다.

예제 2.6 다음 집합의 최소상계와 최대하계를 구하여라.

(1) $S_1 = (-1, 3]$

(2) $S_2 = \{2n+1 \mid n \in \mathbb{N}\}$

[풀이] (1) $\sup S_1 = 3$, $\infty S_1 = -1$

(2) $\sup S_2$: 존재하지 않는다, $\inf S_2 = 3$

연습문제 2.2

1. 정수의 집합 $\mathbb{Z}$의 부분집합 $A = \{2x+1 \mid x \in \mathbb{Z}\}$는 사칙연산 중 어느 것에 관하여 닫혀 있는가?

2. 임의의 실수 a, b에 대하여, $||a|-|b|| \leqq |a-b|$를 증명하여라.

3. 다음 집합의 상한과 하한이 존재하면 각각 구하여라.

(1) $A = \left\{ \dfrac{1}{n} + (-1)^n \,\middle|\, n \in \mathbb{N} \right\}$

(2) $B = \left\{ x \,\middle|\, x = 0 \text{ 또는 } x = \dfrac{1}{n},\ n\text{은 자연수} \right\}$

(3) $C = \{x \mid x^2 + x + 1 \geqq 0\}$

(4) $D = \{x \mid x < 0,\ x^2 + x - 1 < 0\}$

4. 집합 S의 최소상계 a가 존재하면 a는 오직 하나뿐임을 증명하여라.

2.3 복소수의 정의와 기본 성질

실수의 제곱은 음이 아닌 실수이므로 방정식

$$x^2+1=0$$

은 실근을 갖지 않는다. 따라서, 위 방정식의 근을 얻고자 한다면 실수계를 확장한 새로운 수체계를 도입하여야 한다. 이 새로운 수체계의 기본이 되는 수로서 '어떤 수를 제곱해서 -1이 되는 수'로 택하고 간단히 i로 표기하고자 한다. 즉,

$$i^2=-1 \quad \text{또는} \quad i=\sqrt{-1}$$

임의의 실수 a, b에 대하여 $a+bi$로 표현되는 수를 **복소수**(complex number)라 한다. 이때 a를 **실수부**, b를 **허수부**라 한다. 특히 $a=0$이고 $b\neq 0$인 경우 **순허수**라 한다. 복소수의 집합을 간단히 $\mathbb{C}$로 나타낸다.

복소수의 상등

임의의 실수, a, b, c, d에 대하여

$$a+bi=c+di \iff a=c,\ b=d$$

로 정의한다.

예제 2.7 다음 등식을 만족하는 두 실수 x, y의 값을 구하여라.

$$3x+y+(x-y)i=2+2i$$

[풀이] 복소수의 상등 조건에 의하여, $3x+y=2$, $x-y=2$를 만족한다. 두 식을 연립하여 풀면, $x=1$, $y=-1$이다.

복소수의 사칙연산은 실수의 사칙연산을 일반화하는 방법으로 다음과 같이 정의한다.

정의 2.6

실수 a, b, c, d에 대하여 다음과 같이 정의한다.

(1) $(a+bi)+(c+di)=(a+c)+(b+d)i$

(2) $(a+bi)-(c+di)=(a-c)+(b-d)i$

(3) $(a+bi)(c+di)=(ac-bd)+(ad+bc)i$

(4) $\dfrac{a+bi}{c+di}=\dfrac{ac+bd}{c^2+d^2}+\dfrac{bc-ad}{c^2+d^2}i$ (단, $c+di=0$)

예제 2.8 다음을 계산하여라.

(1) $(3+2i)-(2-2i)$

(2) $(1+2i)(1-i)$

(3) $\dfrac{1-i}{1+i}$

[풀이] (1) $1+4i$ (2) $3+i$ (3) $-i$

복소수의 연산에는 사칙연산 외에도 복소수만의 특별한 연산들이 있다. 복소수 $z=a+bi$에 대해서 허수부만을 바꾸어 주는 연산 $\bar{z}=a-bi$를 복소수 z의 **켤레복소수**(conjugate)라 하고 간단히 $\bar{z}$로 나타낸다. 즉, $\bar{z}=a-bi$. 또한, 복소수 $z=a+bi$의 크기 $|z|$를

$$|z|=\sqrt{a^2+b^2}$$

으로 정의한다.

임의의 복소수 $z=a+bi$ (단, $a, b\in\mathbb{R}$)에 대하여

$$z+\bar{z}=2a, \quad z-\bar{z}=2bi, \quad z\bar{z}=a^2+b^2=|z|^2$$

이 성립한다. 특히, 임의의 복소수와 그 켤레복소수의 합과 곱은 항상 실수이다.

정리 2.7

복소수 z, w에 대하여 다음이 성립한다.

(1) $(\overline{z+w}) = \overline{z} + \overline{w}$

(2) $(\overline{zw}) = \overline{z}\,\overline{w}$

(3) $\dfrac{1}{z} = \dfrac{\overline{z}}{|z|^2}$ (단, $z \neq 0$)

예제 2.9 $z = 2 - i$에 대하여, $z\overline{z}$, $|z|$를 구하여라.

[풀이] $\overline{z} = 2 + i$이므로, $z\overline{z} = (2-i)(2+i) = 4 - i^2 = 4 + 1 = 5$, $|z| = \sqrt{4+1} = \sqrt{5}$ ■

예제 2.10 복소수 $\dfrac{2+i}{1-i}$를 $a+bi$의 꼴로 나타내어라.

[풀이] $\dfrac{2+i}{1-i} = \dfrac{(2+i)(1+i)}{(1-i)(1+i)} = \dfrac{3+3i-1}{2} = 1 + \dfrac{3}{2}i$ ■

연습문제 2.3

1. $x+3+(x+y-1)i=0$을 만족시키는 실수 $x,\ y$를 구하여라.

2. 다음을 계산하여라.

(1) $(3+2i)(1-i)$

(2) $\dfrac{1+i}{2+i}-\dfrac{1-i}{2-i}$

(3) $(5+\sqrt{-2})(2-\sqrt{-2})$

(4) $1+\dfrac{1}{i}+\dfrac{1}{i^2}+\dfrac{1}{i^3}$

(5) $\left(\dfrac{1+i}{1-i}\right)^{100}$

3. $z=1-i$일 때, $\dfrac{\bar{z}}{z-1}+\dfrac{z-1}{\bar{z}}$의 값을 구하여라.

4. 복소수 집합의 곱셈에 대하여 항등원과 0이 아닌 원소의 역원이 존재함을 증명하여라.

Chapter

03

Elementary Mathematics

다항식

3.1 다항식의 전개

3.1.1 다항식의 전개

유한 개의 수 또는 문자의 곱의 합으로 이루어진 식을 **다항식**이라 한다. 예를 들면,

$$x^2+2x+1,\quad \frac{1}{2}x^2+xy^3+\sqrt{2}\,xy$$

등이 다항식이다. 이러한 다항식에 대해서도 수에서와 같이 연산을 정의할 수 있을 뿐 아니라, 여러 성질들을 다룰 수 있다. 이 장에서는 다항식의 연산 및 성질에 대해서 공부해보자.

다항식에서 사용되는 주요 개념을 먼저 알아보도록 하자. 문자의 부분이 같은 항을 **동류항**이라 하고 예를 들면,

$$3x^2y^2\text{과}\ \ \sqrt{7}\,x^2y^2,\qquad \frac{1}{2}xy\text{와}\ \ \sqrt{\frac{2}{3}}\,xy$$

는 각각 동류항이다. 다항식에서 각 항의 차수 중 가장 높은 항의 차수를 그 다항식의 **차수**라고 한다. 예를 들면, x^2y-2xy^3+1은 x에 관하여 2차 다항식, y에 관하여 3차 다항식이다.

다항식을 표현하는 방법에는 동류항을 정리하여 차수가 큰 순서대로 정리하는 방법인 **내림차순**이 있고, 차수가 작은 것부터 정리하는 방법인 **올림차순**이 있다. 예를 들면,

$$A=2x^2+xy+5y^3+4y-1$$

에서 A를 각각 x와 y에 관하여 내림차순으로 정리하면 다음과 같다.

$$A = 2x^2 + yx + (5y^3 + 4y - 1): \ x\text{에 관하여 내림차순}$$

$$A = 5y^3 + (4 + x)y + (2x^2 - 1): \ y\text{에 관하여 내림차순}$$

3.1.2 다항식의 연산

다항식에 대해서도 다음의 성질을 이용하여 다항식의 연산을 정의할 수 있다.

1) 덧셈과 뺄셈: 다항식을 한 문자에 관해 정리한 후 동류항끼리 정리한다.
2) 곱셈과 나눗셈

다항식의 곱셈과 나눗셈을 하기 위해서는 지수법칙이 필요하다. 단, m, n은 자연수이다.

① $x^m x^n = x^{m+n}$	② $(x^m)^n = x^{mn}$	③ $(xy)^n = x^n y^n$
④ $x^m \div x^n = \dfrac{x^m}{x^n} = x^{m-n}$	⑤ $\left(\dfrac{y}{x}\right)^n = \dfrac{y^n}{x^n}$	⑥ $x^0 = 1$ (단, ④, ⑤, ⑥: $x \neq 0$)

위 식에 의하여 숫자는 숫자끼리, 같은 문자끼리 두 단항식의 곱셈과 나눗셈을 지수법칙을 이용하여 간단히 한다.

예제 3.1 다음 식을 간단히 하여라.

(1) $3x^2y + x - 2 - 5x^2y + 3x - 1$

(2) $(6x^2y^3) \div (2x^4y)$

(3) $14x^3 \times (-yz)^2 \div (2xy^2)$

[풀이] (1) $3x^2y + x - 2 - 5x^2y + 3x - 1 = (3-5)x^2y + (1+3)x + (-2-1)$

$$= -2x^2y + 4x - 3$$

(2) $(6x^2y^3) \div (2x^4y) = \left(\dfrac{6}{2}\right)x^{2-4}y^{3-1} = 3y^2x^{-2} = \dfrac{3y^2}{x^2}$

(3) $\dfrac{14x^3 \times (-yz)^2}{2xy^2} = 7x^2z^2$

다항식 사이에서는 곱셈에 대해서 **교환법칙**, **결합법칙**, **분배법칙**이 성립한다.

$$ab = ba,\ a(bc) = (ab)c$$

$$(a+b)c = ac+bc,\ a(b+c) = ab+ac$$

3.1.3 곱셈공식

다항식을 전개할 때 분배법칙을 이용하여 다음과 같은 곱셈공식을 얻을 수 있다.

(1) $(a+b)^2 = a^2+2ab+b^2,\ (a-b)^2 = a^2-2ab+b^2$

(2) $(a+b)(a-b) = a^2-b^2$

(3) $(x+a)(x+b) = x^2+(a+b)x+ab$

(4) $(ax+b)(cx+d) = acx^2+(ad+bc)x+bd$

(5) $(x+a)(x+b)(x+c) = x^3+(a+b+c)x^2+(ab+bc+ca)x+abc$

(6) $(a+b)(a^2-ab+b^2) = a^3+b^3,\ (a-b)(a^2+ab+b^2) = a^3-b^3$

(7) $(a+b)^3 = a^3+3a^2b+3ab^2+b^3,\ (a-b)^3 = a^3-3a^2b+3ab^2-b^3$

(8) $(a+b+c)^2 = a^2+b^2+c^2+2ab+2bc+2ca$

(9) $(a^2+ab+b^2)(a^2-ab+b^2) = a^4+a^2b^2+b^4$

(10) $(a+b+c)(a^2+b^2+c^2-ab-bc-ca) = a^3+b^3+c^3-3abc$

예제 3.2 다음 식을 전개하여라.

(1) $(2x+y)^2$

(2) $(2x+3)(2x-3)$

(3) $(x-2y)(x+y)$

(4) $(2x-y)(4x+3y)$

(5) $(2x-3)^3$

(6) $(x-2)(x^2+2x+4)$

[풀이] (1) $4x^2+4xy+y^2$

(2) $4x^2-9$

(3) $x^2-xy-2y^2$

(4) $8x^2+(6-4)xy-3y^2=8x^2+2xy-3y^2$

(5) $a=2x$, $b=3$

$(2x-3)^3=(2x)^3-3(2x)^2(3)+3(2x)(3)^2-(3)^3=8x^3-36x^2+54x-27$

(6) $(x-2)(x^2+2x+4)=x^3-8$

연습문제 3.1

1. 다음 각 식을 전개하여라.

(1) $(x^2-2)(x^2+1)$

(2) $(2x+y-3z)^2$

(3) $(x-1)(x-2)(x+3)(x+4)$

(4) $(x^2+x+1)(x^2-x+1)$

(5) $(x-y+1)(2x+y-3)$

2. 다음 물음에 답하여라.

(1) $x+y=2$, $x^2+y^2=4$일 때, x^3+y^3의 값을 구하여라.

(2) $x+y+z=4$, $x^2+y^2+z^2=2$일 때, $xy+yz+zx$의 값을 구하여라.

3. $x^2+x+1=0$일 때, x^5+x의 값을 구하여라.

3.2 인수분해와 나머지 정리

3.2.1 인수분해

이제 다항식을 사용하기 편리하게 표현하는 방법에 대해 알아보자. 하나의 다항식을 두 개 이상의 다항식의 곱으로 나타내는 것을 **인수분해**라고 한다. 이때 곱해진 다항식들을 **인수**라고 한다. 또한, 다항식의 곱으로 나타낸 식을 하나의 식으로 표현하기 위해 **전개**한다고 한다. 인수분해를 이용하면 차수가 큰 다항식을 차수가 작은 여러 개의 다항식의 곱으로 표현할 수 있게 되어 다루기가 편리해진다.

예를 들면,

$$x^2+3x+2 \underset{\text{전개}}{\overset{\text{인수분해}}{\rightleftarrows}} (x+1)(x+2)$$

이고, $x+1$과 $x+2$는 x^2+3x+2의 인수라고 한다.

이와 같이 인수분해는 다항식의 전개의 역연산과정으로 곱셈공식을 역으로 나타낼 수 있다.

3.2.2 인수분해 공식

다음과 같은 인수분해 공식들을 이용하면 편리하다.

(1) $ax+ay=a(x+y)$

(2) $a^2+2ab+b^2=(a+b)^2,\ a^2-2ab+b^2=(a-b)^2$

(3) $a^2-b^2=(a+b)(a-b)$

(4) $x^2+(a+b)x+ab=(x+a)(x+b)$

(5) $acx^2+(ad+bc)x+bd=(ax+b)(cx+d)$

(6) $a^3+b^3=(a+b)(a^2-ab+b^2)\ \ a^3-b^3=(a-b)(a^2+ab+b^2)$

(7) $a^3+3a^2b+3ab^2+b^3=(a+b)^3,\ a^3-3a^2b+3ab^2-b^3=(a-b)^3$

(8) $a^2+b^2+c^2+2ab+2bc+2ca=(a+b+c)^2$

(9) $a^3+b^3+c^3-3abc=(a+b+c)(a^2+b^2+c^2-ab-bc-ca)$

(10) $a^4+a^2b^2+b^4=(a^2+ab+b^2)(a^2-ab+b^2)$

예제 3.3 다음 주어진 다항식을 인수분해하여라.

(1) $-2x^2-6xy-2y$

(2) $x^2+2x-15$

(3) $2x^2+5x-3$

(4) $x^3-6x^2+12x-8$

[풀이] (1) $-2x^2-6xy-2y=-2(x^2+3xy+y)$

(2) $(x+5)(x-3)$

(3) $(2x-1)(x+3)$

(4) $x^3-3x^2(2)+3x(2)^2-(2)^3=(x-2)^3$

3.2.3 복잡한 식의 인수분해

주어진 다항식의 형태가 공식에 대입하기 쉽지 않을 경우 다음과 같은 차례로 인수분해를 생각한다.

(1) 먼저 공통인수로 묶은 다음 주어진 인수분해 기본공식을 만족하는지를 생각해본다.

(2) 항이 4개 있는 다항식의 경우, 한꺼번에 인수분해가 어려우므로 세 개의 항+한 개의 항 또는 두 개의 항+두 개의 항의 그룹으로 묶어서 생각한다.

(3) 공통부분을 치환하거나 공통부분이 없을 때는 공통부분이 나올 수 있도록 식을 변형하여 치환한다.

(4) 여러 문자가 포함된 식에서는 차수가 가장 낮은 문자에 대해 정리하여야 한다.

예제 3.4 다음 각 다항식을 인수분해하여라.

(1) $(x-1)^2-3(x-1)-28$

(2) $ab+a+b+1$

(3) $x^2-6xy+9y^2-4$

[풀이] (1) $x-1=t$, $t^2-3t-28=(t-7)(t+4)=(x-8)(x+3)$

$\therefore (x-1)^2-3(x-1)-28=(x-8)(x+3)$

(2) $a(b+1)+(b+1)=(b+1)(a+1)$

(3) $x^2-6xy+9y^2-4=(x-3y)^2-2^2=(x-3y+2)(x-3y-2)$

3.2.4 항등식

좌변과 우변이 항상 같은 값을 갖게 되는 등식을 **항등식**이라 한다. 항등식은 미지수를 포함하고 있더라도, 미지수값에 상관없이 등식이 성립하게 된다. 항등식인 경우 양변에 같은 차수의 항, 즉 동류항이 있다면 그 항의 계수가 같아야 한다는 성질을 이용할 수 있다.

예제 3.5 다음 등식이 x와 관계없이 성립할 때, a, b, c의 값을 구하여라.

$$x^2-5x+6=a(x-1)^2+b(x+1)-c$$

[풀이] $x^2-5x+6=a(x^2-2x+1)+b(x+1)-c=ax^2+(b-2a)x+(a+b-c)$

$a=1,\ b-2a=-5 \Rightarrow b=-3,\ a+b-c=6 \Rightarrow c=-8$

$\therefore a=1,\ b=-3,\ c=-8$

3.2.5 나머지 정리

$f(x)=x^3-x+1$을 $x-2$로 나누어 보자.

$$\begin{array}{r|l}
 & \quad x^2+2x+3 \\
\cline{2-2}
x-2 & x^3+0x^2-x+1 \\
 & x^3-2x^2 \\
\cline{2-2}
 & \qquad 2x^2-x+1 \\
 & \qquad 2x^2-4x \\
\cline{2-2}
 & \qquad\qquad 3x+1 \\
 & \qquad\qquad 3x-6 \\
\cline{2-2}
 & \qquad\qquad\quad 7
\end{array}$$

나눗셈 정리를 이용해 보면 $q(x)=x^2+2x+3$이고 나머지 $r(x)=7$이다. 따라서, $f(x)=x^3-x+1=(x-2)(x^2+2x+3)+7$이다.

위의 내용에서 나눗셈 정리를 이끌어낼 수 있다.

> 다항식 $f(x)$를 $p(x)$로 나누었을 때, 몫을 $q(x)$라 하고 나머지를 $r(x)$라 하면,
>
> $$f(x)=p(x)q(x)+r(x)\quad (p(x)\text{의 차수} \geq r(x)\text{의 차수})$$
>
> 가 성립한다. 이때 $f(x)=p(x)q(x)+r(x)$는 x에 관한 항등식이다.

여기서, $x=2$를 대입하면, $f(2)=7$이다.

이것을 다음과 같이 정리해 보자.

	1	0	−1	1
2	↓	2	4	6
	1	2	3	7
		$q(x)$: 몫		$r(x)$: 나머지

이와 같은 방법으로 계수들만 이용해서 나머지를 구하는 방법을 **조립제법**이라고 한다. 즉 주어진 식 $f(x)$를 $p(x)$로 나누었을 때, 나눗셈 정리가 아닌 $x=2$를 대입해도 나머지를 구할 수 있다. 이것을 **나머지 정리**라고 한다.

> **[나머지 정리]**
>
> $f(x)$를 일차식 $x-\alpha$로 나누었을 때 나머지는 $f(\alpha)$와 같다.

예제 3.6 다항식 $f(x)=2x^3+x^2-8x+3$을 다음 식으로 나눈 나머지를 각각 구하여라.

(1) $x+1$

(2) $2x-1$

[풀이] (1) $f(-1)=2(-1)^3+(-1)^2-8(-1)+3=10$

(2) $f\left(\frac{1}{2}\right)=2\left(\frac{1}{2}\right)^3+\left(\frac{1}{2}\right)^2-8\left(\frac{1}{2}\right)+3=-\frac{1}{2}$

나머지 정리로부터, $f(\alpha)=0$이라는 것은 주어진 식 $f(x)$가 일차식 $x-\alpha$로 나누었을 때 나누어떨어진다는 의미라는 것을 알 수 있다. 이러한 사실을 **인수정리**라고 한다.

> **[인수정리]**
>
> $$f(\alpha)=0 \Leftrightarrow f(x)=(x-\alpha)q(x)$$

인수정리를 이용하여 고차식의 인수분해를 쉽게 할 수 있다.

예제 3.7 x^3-7x-6을 인수분해하여라.

[풀이] $f(x)=x^3-7x-6$이라 놓았을 때, $f(\alpha)=0$이 되는 $\alpha=-1$을 구할 수 있다. 즉, $f(-1)=0 \Leftrightarrow f(x)=(x+1)q(x)$이다.

	1	0	−7	−6
−1	↓	−1	1	6
	1	−1	−6	0
		$q(x)$: 몫		$r(x)$: 나머지

$\therefore\ f(x)=x^3-7x-6=(x+1)(x^2-x-6)=(x+1)(x-3)(x+2)$이다.

인수정리에서 α를 구할 때, $f(x)=a_nx^n+\cdots+a_0$(단, $a_n, \cdots, a_0$: 정수)이고, $\alpha=\pm\dfrac{a_0\text{의 약수}}{a_n\text{의 약수}}$를 대입하여 $f(\alpha)=0$이 되는 α를 찾을 수 있다.

예제 3.8 $2x^3-3x^2-11x+6$을 인수분해하여라.

[풀이] $f(x)=2x^3-3x^2-11x+6$으로 놓고, $f(\alpha)=0$을 만족하는 $\alpha=\dfrac{6}{2}=3$의 약수이다. $f(3)=0$이므로 $f(x)=(x-3)q(x)$이다.

$$2x^3-3x^2-11x+6=(x-3)(2x^2+3x-2)=(x-3)(x+2)(2x-1)$$

이다.

연습문제 3.2

1. 다음 각 식을 인수분해하여라.

(1) $3x^3y^2 - 12xy^5 - 9x^2y$

(2) $3 - x + x^3 - 3x^2$

(3) $4x^2 - 4x + 1 + 2xy - y$

(4) $2xy + yz - 4x^2 - 4xz - z^2$

(5) $x^2yz + xy^2z - x^2y^2 - xy^3$

(6) $16x^4 - y^4$

(7) $2x^2 + 5xy - 3y^2$

(8) $(x^2 + 3x)^2 - 8(x^2 + 3x) - 20$

(9) $x^4 - 15x^2 + 9$

(10) $x^3 + 3x + 4$

(11) $x^3 + 4x^2 + 5x + 2$

(12) $x^4 - 5x^3 + 5x^2 + 5x - 6$

(13) $6x^4 + 3x^3 - 5x^2 - x + 1$

(14) $x^4 + 2x^3y + x + 2y$

2. $y - z = 3$, $x - z = 7$일 때, $x^2 + y^2 + z^2 - xy - yz - zx$의 값을 구하여라.

3. $x + y + z = 1$, $x^2 + y^2 + z^2 = 2$, $x^3 + y^3 + z^3 = 2$일 때, xyz의 값을 구하여라.

4. $x^3 + ax + b$를 $(x+1)(x-2)$로 나눌 때, 나누어떨어지도록 상수 a, b의 값을 정하여라.

5. 다항식 $2x^3 + ax^2 - 3x - 1$을 $x^2 + a$로 나눈 몫은 $2x - 1$이라 한다. 이때 나머지를 구하여라.

6. 다항식 $f(x)$를 $x + 1$로 나눈 나머지는 3이고, $x - 3$으로 나눈 나머지는 5이다. 이 다항식 $f(x)$를 $(x+1)(x-3)$으로 나눌 때의 나머지를 구하여라.

3.3 다항식의 약수와 배수

3.3.1 다항식의 약수와 배수

두 다항식 $A(x)$와 $B(x)$(단, $B(x) \neq 0$)에 대하여, 어떤 다항식 $C(x)$가 있어 다음과 같은 관계식을 만족시키면

$$A(x) = B(x)C(x)$$

$A(x)$를 $B(x)$의 **배수**, $B(x)$를 $A(x)$의 **약수**라고 한다.

두 개 이상의 다항식에 대하여, 각 다항식의 약수 중 공통으로 포함된 약수를 **공약수**라고 하며, 이러한 공약수 중에서 차수가 가장 높은 것을 **최대공약수**(G.C.D) 한다. 따라서, 최대공약수는 공통인수를 모두 찾아서 곱하면 된다. 마찬가지로 두 개 이상의 다항식에 대하여, 각 다항식의 배수 중 공통으로 나타나는 배수를 **공배수**라고 하며, 이러한 공배수 중에서 차수가 가장 낮은 것을 **최소공배수**(L.C.M)라 한다. 즉, 다항식 중 적어도 한 곳에라도 있는 인수를 모두 곱해 주면 된다.

다음 예제를 통해 알아보자.

예제 3.9 두 다항식$(x+1)^2(x+3)(x-2)$, $(x+1)(x+3)^2(x-4)$의 공약수, 공배수, 최대공약수, 최소공배수를 구하여라.

[풀이] 공약수 : $(x+1), (x+3), (x+1)(x+3)$ 최대공약수 : $(x+1)(x+3)$

공배수 : $(x+1)^2(x+3)^2(x-2)(x-4)$, $(x+1)^3(x+3)^2(x-2)(x-4)$, $(x+1)^2(x+3)^3(x-2)(x-4)$

최소공배수 : $(x+1)^2(x+3)^2(x-2)(x-4)$

3.3.2 최대공약수와 최소공배수

다항식 A, B의 최대공약수를 G, 최소공배수를 L이라 하면,

(1) $A = G\alpha,\ B = G\beta$ (단, α, β : 서로소)

(2) $L = G\alpha\beta\,,\ LG = AB$

를 만족하는 두 개의 서로소인 다항식 α, β가 존재하게 된다.

예제 3.10 $A = x^3 + 4x^2 + x - 6\,,\ B = x^2 - x - 6$의 최대공약수와 최소공배수를 구하여라.

[풀이] $A = x^3 + 4x^2 + x - 6 = (x-1)(x+2)(x+3),\ B = x^2 - x - 6 = (x-3)(x+2)$

최대공약수: $G = x + 2$

최소공배수: $L = (x-1)(x+2)(x+3)(x-3)$

연습문제 3.3

1. 다음 두 다항식 x^3-2x^2-5x+6, x^3+4x^2+x-6의 최대공약수와 최소공배수를 구하여라.

2. 두 다항식 $2x^3+x^2+ax-2$, $2x^2+bx+1$의 최대공약수가 $2x-1$일 때, $a+b$ 값을 구하여라.

3. 두 다항식 x^2-2x+a와 x^2-x+2a가 일차식의 최대공약수를 가질 때, 0이 아닌 상수 a의 값과 그때의 최소공배수를 구하여라.

3.4 유리식과 무리식

3.4.1 유리식의 연산

$f(x)$, $g(x)$(단, $g(x) \neq 0$)가 다항식일 때, 분수식 $\dfrac{f(x)}{g(x)}$꼴로 나타내게 되는 형태의 식을 **유리식**이라 하며, 분수식의 결과는 다항식 $f(x)$, $g(x)$의 최대공약수가 1이 되는 기약분수로 나타내야 한다. 유리식의 기본 연산을 통해 간단히 할 수 있다.

1) 분모, 분자를 인수분해할 수 있으면 인수분해하고 기약분수식으로 만든다.
2) 다음과 같은 분수식의 성질을 이용해서 할 수 있다.

(1) $\dfrac{f(x)\,r(x)}{g(x)r(x)} = \dfrac{f(x)}{g(x)}$

(2) $\dfrac{f(x) \div r(x)}{g(x) \div r(x)} = \dfrac{f(x)}{g(x)}$

(3) $\dfrac{f(x)}{g(x)} \times \dfrac{r(x)}{k(x)} = \dfrac{f(x)r(x)}{g(x)k(x)}$

(4) $\dfrac{f(x)}{g(x)} \div \dfrac{r(x)}{k(x)} = \dfrac{f(x)}{g(x)} \times \dfrac{k(x)}{r(x)} = \dfrac{f(x)k(x)}{g(x)r(x)}$

(5) $\dfrac{g(x)}{f(x)} + \dfrac{r(x)}{f(x)} - \dfrac{k(x)}{f(x)} = \dfrac{g(x)+r(x)-k(x)}{f(x)}$

3) 분수식의 덧셈과 뺄셈에서는 분모가 같으면 성질 (5)를 이용하고, 다르면 통분한다.

예제 3.11 다음 분수식을 간단히 하여라.

(1) $\dfrac{6x^2-13x-5}{2x^2-11x+15}$

(2) $\dfrac{x}{x+1} - \dfrac{x-2}{x-1}$

[풀이] (1) $\dfrac{6x^2-13x-5}{2x^2-11x+15} = \dfrac{(3x+1)(2x-5)}{(2x-5)(x-3)} = \dfrac{(3x+1)}{(x-3)}$

(2) 분모 $(x+1)$과 $(x-1)$의 최소공배수 x^2-1로 분모를 통분하면,

$$\begin{aligned}\frac{x}{x+1}-\frac{x-2}{x-1} &= \frac{x(x-1)-(x-2)(x+1)}{x^2-1}\\ &= \frac{x^2-x-(x^2-x-2)}{x^2-1}\\ &= \frac{2}{x^2-1}\end{aligned}$$

3.4.2 유리식의 응용

분수식의 분모 또는 분자가 분수식으로 되어 있는 식을 **번분수식**이라고 한다. 번분수식은 다음과 같은 방법을 이용해서 풀 수 있다.

$$\frac{\frac{g(x)}{f(x)}}{\frac{k(x)}{r(x)}} = \frac{g(x)}{f(x)} \div \frac{k(x)}{r(x)} = \frac{g(x)}{f(x)} \times \frac{r(x)}{k(x)} = \frac{g(x)r(x)}{f(x)k(x)}$$

$$\therefore \frac{\frac{g(x)}{f(x)}}{\frac{k(x)}{r(x)}} = \frac{g(x)r(x)}{f(x)k(x)}$$

예제 3.12 식 $\frac{x+1}{4x^2+4x+1}+\frac{x^2+1}{4x^2-1}$을 간단히 하여라.

[풀이]
$$\begin{aligned}\frac{x+1}{4x^2+4x+1}+\frac{x^2+1}{4x^2-1} &= \frac{(x+1)}{(2x+1)^2}+\frac{x^2+1}{(2x-1)(2x+1)}\\ &= \frac{(x+1)(2x-1)+(x^2+1)(2x+1)}{(2x+1)^2(2x-1)}\\ &= \frac{(2x^2+x-1)+(2x^3+x^2+2x+1)}{(2x+1)^2(2x-1)}\\ &= \frac{x(2x^2+3x+3)}{(2x+1)^2(2x-1)}\end{aligned}$$

예제 3.13 식 $1+\dfrac{1}{1+\dfrac{1}{x}}$ 을 간단히 하여라.

[풀이] $1+\dfrac{1}{1+\dfrac{1}{x}}=1+\dfrac{1}{\dfrac{x+1}{x}}=1+\dfrac{x}{x+1}=\dfrac{2x+1}{x+1}$

예제 3.14 식 $\dfrac{x}{x-1}+\dfrac{x-1}{x-2}-\dfrac{x+1}{x}-\dfrac{x-2}{x-3}$ 를 간단히 하여라.

[풀이] 네 식을 바로 통분하면 분자가 사차식이 되어 복잡하다. 이런 꼴의 경우 분자를 분모로 직접 나누거나, 분자를 $(x-1)+1$, $(x-2)+1$, $(x)+1$, $(x-3)+1$과 같이 변형하여, (분자의 차수) < (분모의 차수)의 꼴로 변형하여 계산한다. 단항식 $\dfrac{x}{x-1}$ 를 살펴보면 다음과 같이 된다.

$$\frac{x}{x-1}=\frac{(x-1)+1}{x-1}=\frac{x-1}{x-1}+\frac{1}{x-1}=1+\frac{1}{x-1}$$

위와 같은 과정을 통해 $\dfrac{x}{x-1}=1+\dfrac{1}{x-1}$ 로 변형할 수 있다. 이와 같이 준 식을 계산해 보면,

$$\begin{aligned}
&\frac{x}{x-1}+\frac{x-1}{x-2}-\frac{x+1}{x}-\frac{x-2}{x-3}\\
&=\left(1+\frac{1}{x-1}\right)+\left(1+\frac{1}{x-2}\right)-\left(1+\frac{1}{x}\right)-\left(1+\frac{1}{x-3}\right)\\
&=\left(\frac{1}{x-1}-\frac{1}{x}\right)+\left(\frac{1}{x-2}-\frac{1}{x-3}\right)\\
&=\frac{1}{x(x-1)}-\frac{1}{(x-2)(x-3)}\\
&=\frac{(x-2)(x-3)-x(x-1)}{x(x-1)(x-2)(x-3)}\\
&=\frac{-2(2x-3)}{x(x-1)(x-2)(x-3)}
\end{aligned}$$

예제 3.15 $x+\dfrac{1}{x}=2\sqrt{3}$ 일 때, 다음 분수식의 값을 구하여라.

(1) $x-\dfrac{1}{x}$

(2) $x^2 - \frac{1}{x^2}$

(3) $x^3 - \frac{1}{x^3}$

[풀이] (1) $\left(x - \frac{1}{x}\right)^2 = \left(x + \frac{1}{x}\right)^2 - 4 = (2\sqrt{3})^2 - 4 = 8$

$\therefore x - \frac{1}{x} = \pm 2\sqrt{2}$

(2) $x^2 - \frac{1}{x^2} = \left(x + \frac{1}{x}\right)\left(x - \frac{1}{x}\right) = (2\sqrt{3})(\pm 2\sqrt{2}) = \pm 4\sqrt{6}$

(3) $x^3 - \frac{1}{x^3} = \left(x - \frac{1}{x}\right)\left(x^2 + 1 + \frac{1}{x^2}\right) = \left(x - \frac{1}{x}\right)\left\{\left(x + \frac{1}{x}\right)^2 - 1\right\}$

$= (\pm 2\sqrt{2})((2\sqrt{3})^2 - 1) = \pm 22\sqrt{2}$

예제 3.16 식 $\frac{1}{x(x-1)} + \frac{1}{(x-1)(x-2)}$을 간단히 하여라.

[풀이] 부분분수로 변형한다.

$$\frac{1}{f(x) \cdot g(x)} = \frac{1}{g(x) - f(x)}\left(\frac{1}{f(x)} - \frac{1}{g(x)}\right)$$

$$\frac{1}{x(x-1)} + \frac{1}{(x-1)(x-2)}$$

$$= \frac{1}{x-1-x}\left(\frac{1}{x} - \frac{1}{x-1}\right) + \frac{1}{(x-2)-(x-1)}\left(\frac{1}{x-1} - \frac{1}{x-2}\right)$$

$$= -\left(\frac{1}{x} - \frac{1}{x-1}\right) - \left(\frac{1}{x-1} - \frac{1}{x-2}\right)$$

$$= -\frac{1}{x} + \frac{1}{x-1} - \frac{1}{x-1} + \frac{1}{x-2}$$

$$= \frac{1}{x-2} - \frac{1}{x} = \frac{x-(x-2)}{x(x-2)} = \frac{2}{x(x-2)}$$

예제 3.17 다음 등식이 항상 성립하도록 상수 a, b, c의 값을 정하여라.

$$\frac{x^2+3}{x^3-1} = \frac{a}{x-1} + \frac{bx+c}{x^2+x+1}$$

[풀이] 우변을 통분하면,

$$\frac{x^2+3}{x^3-1} = \frac{a(x^2+x+1)}{(x-1)(x^2+x+1)} + \frac{(bx+c)(x-1)}{(x-1)(x^2+x+1)}$$

$$= \frac{(a+b)x^2+(a-b+c)x+a-c}{x^3-1}$$

등식이 성립하기 위해서

$$x^2+3 = (a+b)x^2+(a-b+c)x+a-c$$

계수를 비교하면, $a+b=1$, $a-b+c=0$, $a-c=3$이다.

삼원연립일차방정식을 풀면, $a=\frac{4}{3}$, $b=-\frac{1}{3}$, $c=-\frac{5}{3}$이다. ■

3.4.3 무리식의 연산

유리식 $\frac{f(x)}{g(x)}$(단, $f(x)$, $g(x)$: 다항식, $g(x)\neq 0$)의 꼴로 나타낼 수 없는 식, 즉 근호 안에 문자를 포함한 식 $\sqrt{h(x)}$ 또는 $\frac{\sqrt{f(x)}}{\sqrt{g(x)}}$ $(g(x)\neq 0)$을 **무리식**이라고 한다. 무리식 $\sqrt{h(x)}$ 의 연산에서는 $h(x)\geq 0$ 이어야 한다. 예를 들어, $\sqrt{x-3}$ 에서는 $x-3\geq 0$이므로 $x\geq 3$이다.

무리식의 연산을 위해서 제곱근의 성질과 분모의 유리화를 살펴보자.

제곱근 성질

$a>0$, $b>0$

(1) $\sqrt{a}\sqrt{b}=\sqrt{ab}$ (2) $\sqrt{a^2b}=a\sqrt{b}$

(3) $\frac{\sqrt{a}}{\sqrt{b}}=\sqrt{\frac{a}{b}}$ (4) $\sqrt{\frac{a}{b^2}}=\frac{\sqrt{a}}{b}$

예제 3.18 식 $\sqrt{\frac{5}{7}}\left(\frac{\sqrt{14}}{\sqrt{15}}-\frac{\sqrt{7}}{\sqrt{20}}\right)$을 간단히 하여라.

[풀이] $\sqrt{\frac{5}{7}}\left(\frac{\sqrt{14}}{\sqrt{15}}-\frac{\sqrt{7}}{\sqrt{20}}\right)=\sqrt{\frac{5}{7}\cdot\frac{14}{15}}-\sqrt{\frac{5}{7}\cdot\frac{7}{20}}=\sqrt{\frac{2}{3}}-\frac{1}{2}$ ■

분모의 유리화

분모에 근호를 포함한 식이 있을 때, 그 식의 값을 변하지 않게 하고 분모를 유리수로 고치는 것을 **분모의 유리화**라고 한다. 무리식에서는 곱셈공식을 이용하여 분모의 유리화를 할 수 있다.

예제 3.19 다음 무리식을 유리화하여라.

(1) $\frac{2}{\sqrt{x+1}}$ (2) $\frac{1}{\sqrt{x}+1}$

(3) $\frac{5}{2x-\sqrt{x-1}}$ (4) $\frac{1}{\sqrt[3]{x}-\sqrt[3]{y}}$

[풀이] (1) $\frac{2}{\sqrt{x+1}}=\frac{2\sqrt{x+1}}{(\sqrt{x+1})(\sqrt{x+1})}=\frac{2\sqrt{x+1}}{x+1}$

(2) $\frac{1}{\sqrt{x}+1}=\frac{(\sqrt{x}-1)}{(\sqrt{x}+1)(\sqrt{x}-1)}=\frac{(\sqrt{x}-1)}{x-1}$

(3) $\frac{5}{2x-\sqrt{x-1}}=\frac{5(2x+\sqrt{x-1})}{(2x-\sqrt{x-1})(2x+\sqrt{x-1})}=\frac{5(2x+\sqrt{x-1})}{4x^2-(x-1)}$

(4) $\frac{1}{\sqrt[3]{x}-\sqrt[3]{y}}=\frac{(\sqrt[3]{x})^2+\sqrt[3]{x}\sqrt[3]{y}+(\sqrt[3]{y})^2}{(\sqrt[3]{x}-\sqrt[3]{y})[(\sqrt[3]{x})^2+\sqrt[3]{x}\sqrt[3]{y}+(\sqrt[3]{y})^2]}$

$$=\frac{(\sqrt[3]{x})^2+\sqrt[3]{x}\sqrt[3]{y}+(\sqrt[3]{y})^2}{x-y}$$ ■

무리식의 연산

유리식과 마찬가지로 무리식에서도 같은 방법으로 계산할 수 있다.

예제 3.20 다음 무리식을 간단히 하여라.

$$\frac{1}{\sqrt{x+1}-\sqrt{x-1}}+\frac{1}{\sqrt{x+1}+\sqrt{x-1}}$$

[풀이] $\frac{1}{\sqrt{x+1}-\sqrt{x-1}}+\frac{1}{\sqrt{x+1}+\sqrt{x-1}}$

$$=\frac{(\sqrt{x+1}+\sqrt{x-1})+(\sqrt{x+1}-\sqrt{x-1})}{(\sqrt{x+1}-\sqrt{x-1})(\sqrt{x+1}+\sqrt{x-1})}$$

$$=\frac{2\sqrt{x+1}}{(x+1)-(x-1)}=\sqrt{x+1}$$

무리수의 상등

항등식과 마찬가지로 무리수나 무리식에서도 다음 성질이 성립한다.

> a, b, c, d : 유리수, $\sqrt{m}$: 무리수
>
> $$a+b\sqrt{m}=0+0\sqrt{m} \Leftrightarrow a=0,\ b=0$$
> $$a+b\sqrt{m}=c+d\sqrt{m} \Leftrightarrow a=c,\ b=d$$
>
> a, b, c, d : 유리수, $\sqrt{c}$, $\sqrt{d}$: 무리수
>
> $$a+\sqrt{c}=b+\sqrt{d} \Leftrightarrow a=b,\ c=d$$

예제 3.21 다음 식을 만족시키는 유리수 x, y를 구하여라.

(1) $x-2+\sqrt{5}=y+1+\sqrt{x-2}$

(2) $\frac{x}{\sqrt{3}-\sqrt{2}}+\frac{y}{\sqrt{3}+\sqrt{2}}=\frac{1}{\sqrt{3}+\sqrt{2}}$

[풀이] (1) $x-2=y+1,\ x-2=5 \quad \therefore x=7,\ y=4$

(2) $x(\sqrt{3}+\sqrt{2})+y(\sqrt{3}-\sqrt{2})=\sqrt{3}-\sqrt{2}$

$(x+y)\sqrt{3}+(x-y)\sqrt{2}=\sqrt{3}-\sqrt{2}$

$x=0,\ y=1$

연습문제 3.4

1. 다음 식을 간단히 하여라.

(1) $\dfrac{1}{a(a-1)}+\dfrac{2}{(a-1)(a-3)}+\dfrac{3}{(a-3)(a-6)}$

(2) $\dfrac{x}{x-\dfrac{x-3}{2-\dfrac{x+2}{x}}}$

(3) $\dfrac{2}{\sqrt{3}-\sqrt{2}+1}$

2. $x^2+x+1=0$일 때, 다음 분수식의 값을 구하여라.

(1) $x+\dfrac{1}{x}$

(2) $x^2+\dfrac{1}{x^2}$

(3) $x^5+\dfrac{1}{x^5}$

3. $x=\dfrac{\sqrt{3}}{2}$일 때, $\sqrt{\dfrac{1-x}{1+x}}-\sqrt{\dfrac{1+x}{1-x}}$의 값을 구하여라.

4. $x^2+\sqrt{2}\,y^2-3x-5\sqrt{2}\,y-4+6\sqrt{2}=0$을 만족시키는 유리수 x, y에 대하여 $x-y$의 최댓값을 구하여라.

5. $x=\sqrt{5}-\sqrt{3}$, $y=\sqrt{5}+\sqrt{3}$일 때, 다음 각 식의 값을 구하여라.

(1) $2x^2+xy+2y^2$

(2) $\dfrac{y}{x^2}-\dfrac{x}{y^2}$

6. $x=2-\sqrt{5}$일 때, $\sqrt{6-2\sqrt{x^2-4x+4}}$의 값을 구하여라.

Chapter 04 Elementary Mathematics

도형

4.1 두 점 사이의 관계

4.1.1 두 점 사이의 거리

n차원 공간에서 한 점을 A라 하면 $A=(a_1,\ a_2,\ \cdots,\ a_n)$으로 표현한다. 그리고 각각의 a_i가 실수이면, n차원 실공간이라 하고 R^n으로 표현한다. 이러한 실수 공간에 대해서 공부해 보자. 예를 들면, R^1에서 한 점은 $A=(a_1)$, R^2에서 $A=(a_1,\ a_2)$, R^3에서 $A=(a_1,\ a_2,\ a_3)$이고 좌표 안의 각각의 원소는 모두 실수로 가정하자.

실수 공간상에서 두 점 사이의 거리를 계산해 보자. 먼저 1차원 실공간 R^1상의 두 점을 $A=(a_1)$, $B=(b_1)$이라 하면, 두 점 사이의 거리 $\overline{AB}=|b_1-a_1|$이다.

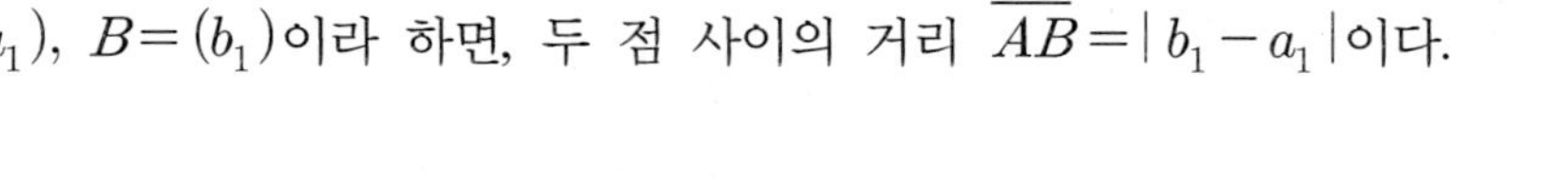

[그림 4.1]

2차원 실공간 R^2에서 두 점 $A=(a_1,\ a_2)$, $B=(b_1,\ b_2)$라고 하자. 1차원 공간상의 두 점 사이의 거리와 피타고라스 정리를 활용하면, 두 점 사이의 거리는 다음과 같다.

$$\overline{AB}=\sqrt{(b_1-a_1)^2+(b_2-a_2)^2}$$

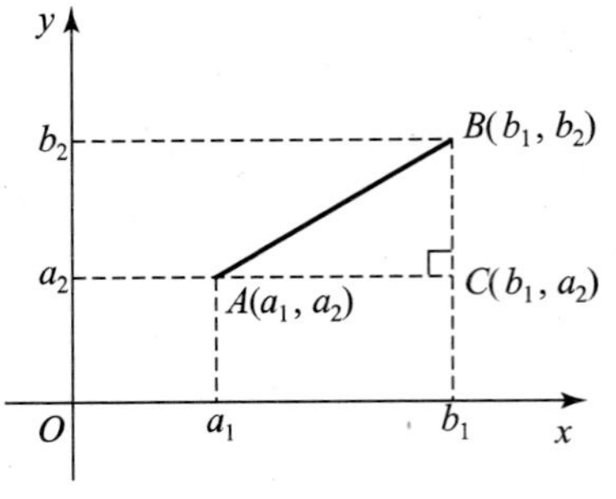

[그림 4.2]

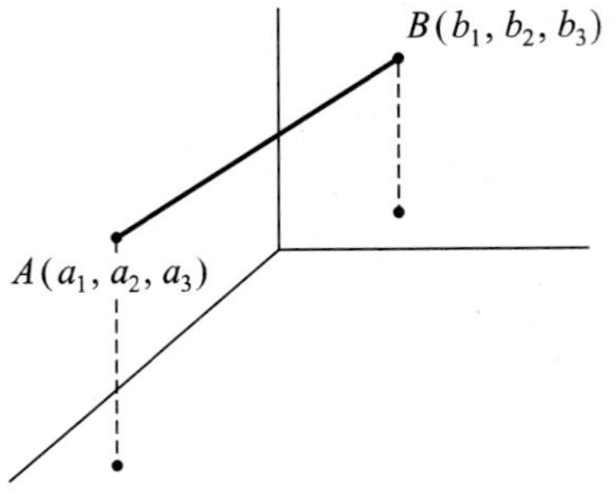

[그림 4.3]

마찬가지 방법으로, 3차원 실공간 R^3상의 두 점 $A=(a_1, a_2, a_3)$와 $B=(b_1, b_2, b_3)$ 사이의 거리를 생각해보면 다음과 같다(그림 4.3).

$$\overline{AB} = \sqrt{(b_1-a_1)^2+(b_2-a_2)^2+(b_3-a_3)^2}$$

이다.

예제 4.1 R^2상의 두 점 $A=(2,-3)$, $B=(-1, 5)$ 사이의 거리를 구하여라.

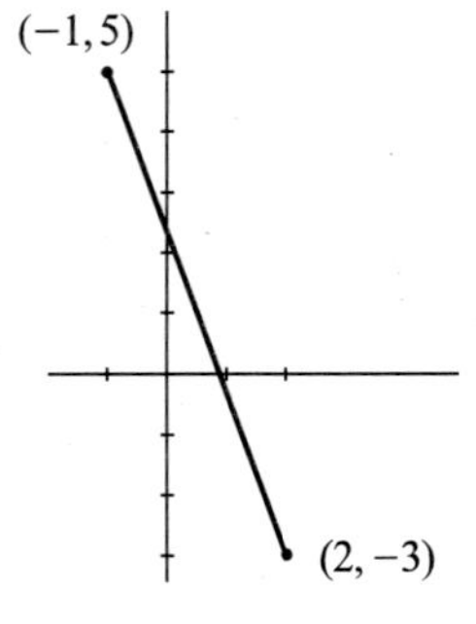

[풀이] $\overline{AB} = \sqrt{(-1-2)^2+(5-(-3))^2} = \sqrt{73}$ 이다.

> **[R^n상의 두 점 사이의 거리]**
>
> n차원 실공간 R^n에서 두 점을 $A=(a_1, a_2, \cdots, a_n)$, $B=(b_1, b_2, \cdots, b_n)$이라 놓으면, 두 점 사이의 거리 $\overline{AB}$는 다음과 같다.
>
> $$\overline{AB} = \sqrt{(b_1-a_1)^2+(b_2-a_2)^2+\cdots+(b_n-a_n)^2}$$

4.1.2 내분점, 외분점, 중점

n차원 실공간 R^n상의 두 점 A, B에 대하여 여러 가지 형태의 분점을 찾을 수 있는데 그 중에서 몇 가지 형태를 살펴보도록 하자.

내분점

두 양의 실수 s, t에 대하여, R^1상의 두 점 $A(a)$, $B(b)$를 $s:t$로 내분하는 점을 찾아보자. 내분하는 점을 $C(x)$라고 하자.

- $a < b$이면 $x-a : b-x = s:t$이고, 따라서 $s(b-x)=(x-a)t$, 즉 $x=\dfrac{ta+sb}{s+t}$이다.
- $a > b$이면 $a-x : x-b = s:t$이고, 따라서 $s(x-b)=(a-x)t$, 즉 $x=\dfrac{ta+sb}{s+t}$이다.

따라서 두 경우 모두 내분점 $C=\left(\dfrac{ta+sb}{s+t}\right)$이다.

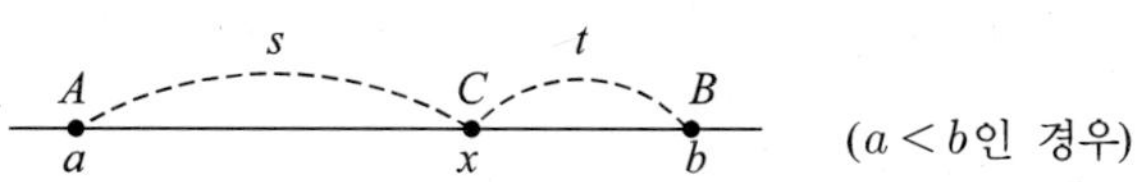

[그림 4.4]

이를 이용하여 R^2상의 두 점 $A=(a_1,\ a_2)$와 $B=(b_1,\ b_2)$를 잇는 선분을 $s:t$로 내분하는 점은 어떻게 표현하는지 알아보자.

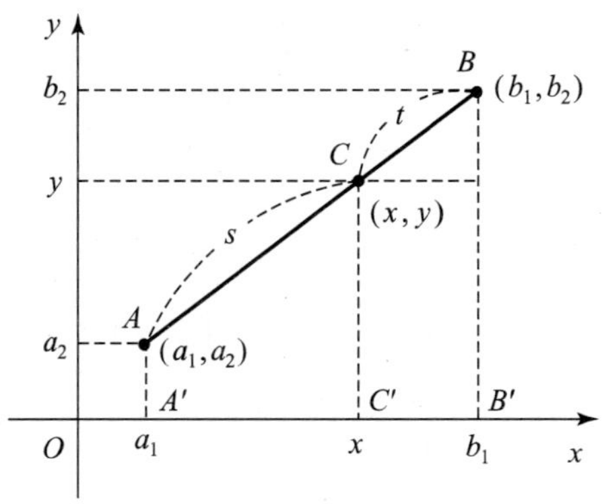

[그림 4.5]

위의 그림을 살펴보면, 내분점 (x, y)는 다음과 같은 형태를 갖는다.

$$\text{내분점}\left(\frac{ta_1+sb_1}{s+t},\ \frac{ta_2+sb_2}{s+t}\right)$$

같은 방법으로, n차원 실공간 R^n상에서 내분점을 다음과 같이 정의할 수 있다.

[내분점]

n차원 공간 R^n상의 두 점 $A=(a_1,\ a_2,\ \cdots,\ a_n)$, $B=(b_1,\ b_2,\ \cdots,\ b_n)$에 대하여 A와 B를 잇는 선분을 $s:t$로 내분하는 점은

$$\left(\frac{ta_1+sb_1}{s+t},\ \frac{ta_2+sb_2}{s+t},\ \cdots,\ \frac{ta_n+sb_n}{s+t}\right)$$

이고, $s,\ t$는 양의 실수이다.

예제 4.2 (1) 두 점 $A=(2,\ 3)$과 $B=(5,\ 4)$를 $2:3$으로 내분하는 점을 구하여라.

(2) 위의 두 점 사이를 $1:1$로 내분하는 점인 중점을 구하여라.

[풀이] (1) 두 점 $A=(2,\ 3)$과 $B=(5,\ 4)$에 대하여 $2:3$으로 내분하는 점을 $(x,\ y)$라 하면,

$$x=\frac{3\cdot 2+2\cdot 5}{2+3}=\frac{16}{5},\quad y=\frac{3\cdot 3+2\cdot 4}{2+3}=\frac{17}{5}$$

이다.

(2) 또한 두 점의 중점은 두 점을 $1:1$로 내분하는 점이므로,

$$x=\frac{2+5}{2}=\frac{7}{2},\ y=\frac{3+4}{2}=\frac{7}{2}$$

이다.

위의 예제에서 정의한 중점은 두 점 사이를 $1:1$로 내분하는 점으로서 다음과 같이 정의할 수 있다.

[중점]

n차원 공간 R^n상의 두 점 $A=(a_1, a_2, \cdots, a_n)$, $B=(b_1, b_2, \cdots, b_n)$에 대하여 A와 B를 잇는 선분의 중점은

$$\left(\frac{a_1+b_1}{2}, \frac{a_2+b_2}{2}, \cdots, \frac{a_n+b_n}{2}\right)$$

이다.

예제 4.3 R^2상에서 세 점 $A(x_1, y_1)$, $B(x_2, y_2)$, $C(x_3, y_3)$로 이루어진 삼각형의 무게중심을 구하여라.

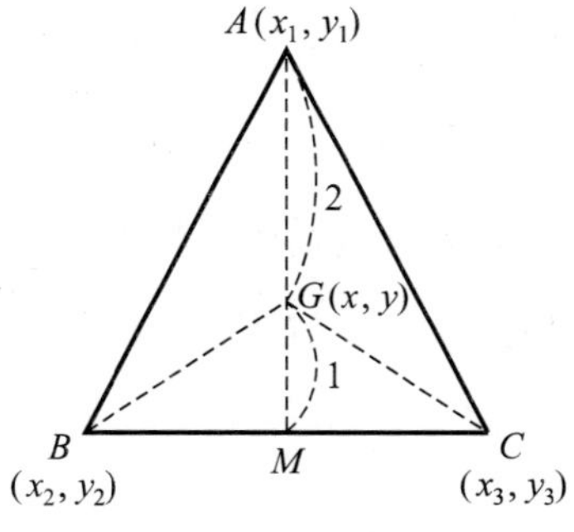

[그림 4.6]

[풀이] 삼각형의 무게중심을 $G(x, y)$라 하자. 두 점 B와 C를 잇는 선분의 중점을 M이라 하면, 점 A와 M을 잇는 선분을 $2:1$로 내분한 점이 주어진 삼각형의 무게중심이다.

먼저, 선분 $\overline{BC}$의 중점 M은 $\left(\frac{x_2+x_3}{2}, \frac{y_2+y_3}{2}\right)$이고, 따라서 $\overline{AM}$을 $2:1$로 내분하는 점 $G(x, y)$는

$$x=\frac{2\cdot\frac{(x_2+x_3)}{2}+x_1}{2+1}=\frac{x_1+x_2+x_3}{3},$$

$$y=\frac{2\cdot\frac{(y_2+y_3)}{2}+y_1}{2+1}=\frac{y_1+y_2+y_3}{3}$$

이다. ■

외분점

두 양의 실수 $s, t(s\neq t)$에 대하여, 먼저 R^1상의 두 점 $A(a)$, $B(b)$를 $s:t$로 외분하는 점을 찾아보자. 외분하는 점을 $C(x)$라 하면, 선분 $\overline{AB}$의 연장선 위에 점 C가 존재한다. $a<b$라 가정하자.

- $s>t$이면, $x-a:x-b=s:t$이고, 따라서 $s(x-b)=(x-a)t$, 즉 $x=\dfrac{sb-ta}{s-t}$이다.
- $s<t$이면, $a-x:b-x=s:t$이고, 따라서 $s(b-x)=(a-x)t$, 즉 $x=\dfrac{sb-ta}{s-t}$이다.

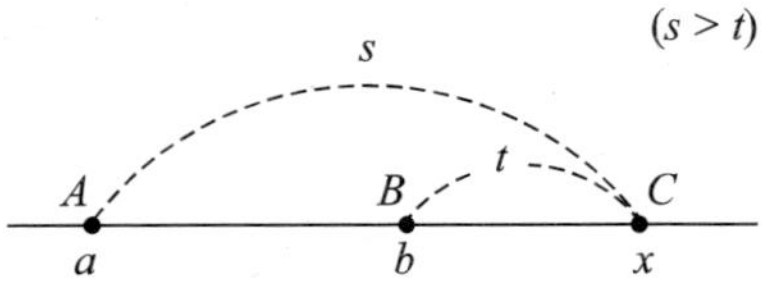

[그림 4.7]

따라서 두 점 $A(a)$, $B(b)$를 $s:t$로 외분하는 점 $C=\left(\dfrac{sb-ta}{s-t}\right)$이다.

이를 이용하여 R^2상의 두 점 $A=(a_1,\ a_2)$와 $B=(b_1,\ b_2)$에 대하여 두 점을 잇는 선분을 $s:t$로 외분하는 점 $C=(x,\ y)$도 각 좌표별로 외분하는 값을 찾는다. 즉,

$$x=\frac{sb_1-ta_1}{s-t},\quad y=\frac{sb_2-ta_2}{s-t}$$

이다.

따라서, n차원 실공간 R^n상에서 외분점을 다음과 같이 정의할 수 있다.

[외분점]

n차원 실공간 R^n상의 두 점 $A=(a_1,\ a_2,\ \cdots,\ a_n)$, $B=(b_1,\ b_2,\cdots,\ b_n)$에 대하여 A와 B를 잇는 선분을 $s:t$로 외분하는 점은

$$\left(\frac{sb_1-ta_1}{s-t},\ \frac{sb_2-ta_2}{s-t},\ \cdots,\ \frac{sb_n-ta_n}{s-t}\right)$$

이고, $s,\ t\,(s\neq t)$는 양의 실수이다.

예제 4.4 R^2공간상의 두 점 $A(2,\ 5)$, $B(-1,\ 3)$을 $3:2$로 외분하는 점 C와 $2:3$으로 외분하는 점 D를 구하여라.

[풀이] 먼저 두 점 $A(2,\ 5)$, $B(-1,\ 3)$를 $3:2$로 외분하는 점 $C=(x,\ y)$를 구해 보면,

$$x=\frac{3\cdot(-1)-2\cdot 2}{3-2}=-7,\quad y=\frac{3\cdot 3-2\cdot 5}{3-2}=-1$$

이다. 또한 두 점을 $2:3$으로 외분하는 점 $D=(x,\ y)$를 구해 보면,

$$x=\frac{2\cdot(-1)-3\cdot 2}{2-3}=8,\quad y=\frac{2\cdot 3-3\cdot 5}{2-3}=9$$

이다.

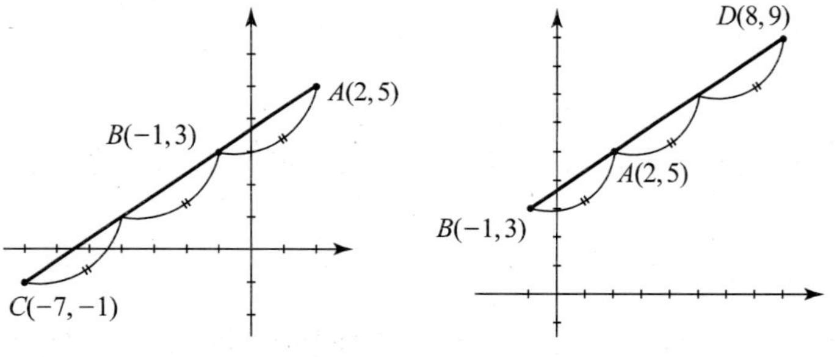

[그림 4.8]

연습문제 4.1

1. 주어진 두 점 사이의 거리를 구하여라.

(1) $(2,\ -1),\ (-4,\ -5)$　　(2) $(2,\ 1,\ 1),\ (4,\ -3,\ -1)$

2. 주어진 두 점 사이의 중점을 구하여라.

(1) $(4,\ -3),\ (2,\ 1)$　　(2) $(3,\ 1,\ 2),\ (-2,\ 7,\ 1)$

3. 두 점 $A(-3,\ 4)$와 $B(2,\ 2)$를 $1:6$으로 내분하는 점과 $6:1$로 내분하는 점을 순서대로 구하여라.

4. 두 점 $A(5,\ 1,\ -2)$와 $B(2,\ 1,\ 2)$를 $5:2$로 외분하는 점과 $2:5$로 외분하는 점을 순서대로 구하여라.

5. 점 $(3,\ 4)$와 점 $(x,\ y)$가 $(2,\ -1)$에 대하여 대칭이 되도록 $(x,\ y)$를 구하여라.

6. 세 점 $(2,\ 5,\ 2),\ (-1,\ -1,\ 3),\ (1,\ 0,\ 1)$로 이루어진 삼각형의 무게중심을 구하여라.

4.2 직선의 방정식

집합 $R\times R$의 원소 중 $f(x,\ y)=0$을 만족하는 순서쌍 $(x,\ y)$를 모아 놓은 부분집합을 다음과 같이 나타내고 xy 좌표평면에 그래프로 표현할 수 있다.

$$\text{Graph}(f)=\{(x,\ y)\mid f(x,\ y)=0 \ \ \text{그리고} \ \ x,\ y\in R\}\subseteq R\times R$$

여기서 특정한 조건 $f(x,\ y)=0$을 만족시키는 점들의 자취의 방정식 중 세 가지 형태의 그래프를 살펴보고자 한다.

1) 직선의 방정식(4.2절, 4.3절)
2) 원의 방정식(4.4절)
3) 타원의 방정식(4.4절)

4.2.1 직선의 방정식

평면상에서 주어진 조건에 따라 직선의 다양한 형태에 대해서 공부해 보자. 먼저 평면상의 두 점 사이의 기울기를 정의해 보자.

$x_1\neq x_2$인 경우 임의의 두 점 $A(x_1,\ y_1)$와 $B(x_2,\ y_2)$를 잇는 선분의 기울기는

$$\frac{y_2-y_1}{x_2-x_1}\ \left(\text{또는}\ \frac{y_1-y_2}{x_1-x_2}\right)$$

로 정의한다. 또한 $x_1=x_2$인 경우 선분은 수직인 형태를 이루며 이때에는 기울기를 정의하지 않는다.

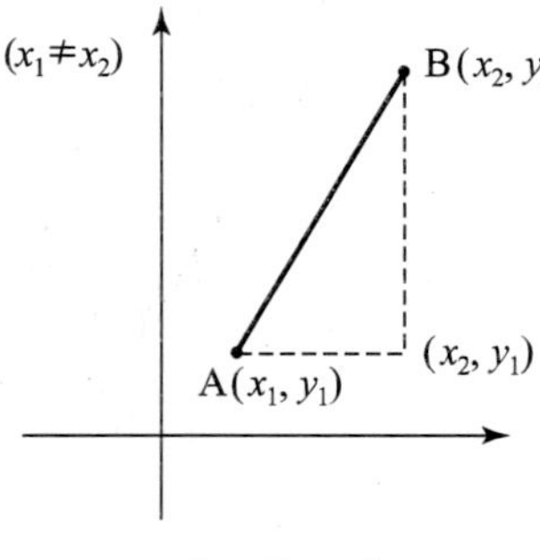

[그림 4.9]

(1) 기울기와 y절편이 주어진 경우

직선 L의 기울기가 m이고 y절편이 n으로 주어진다고 가정하자. 직선 L 위의 임의의 점을 $(x,\ y)$라 하고 $(x,\ y)$가 만족하는 조건을 찾아보자. y절편이 n이면 직선은 점 $(0,\ n)$을 지난다고 할 수 있고, 이 점과 직선 위의 임의의 점 사이의 기울기는 항상 m이다. 따라서 $m=\dfrac{y-n}{x-0}$이고, 직선의 방정식은 $y=mx+n$이다.

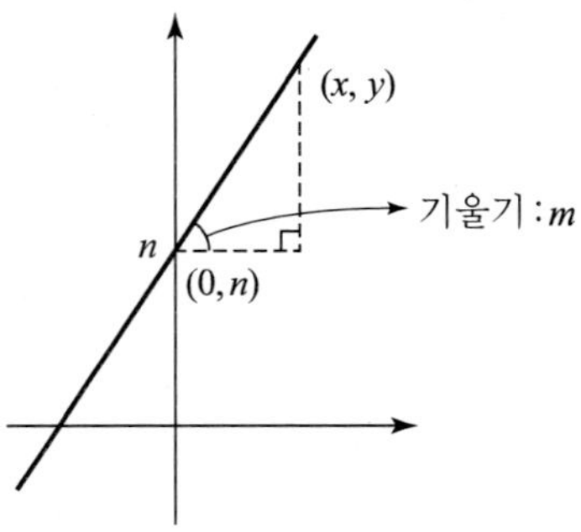

[그림 4.10]

> 직선 L이 기울기가 m이고 y절편이 n으로 주어진 경우 직선의 방정식은
>
> $$y=mx+n$$
>
> 이다.

예제 4.5 기울기가 -2이고 y절편이 3인 직선의 방정식을 구하고 그래프를 그려라.

[풀이] $y=-2x+3$이고 그래프는 다음과 같다.

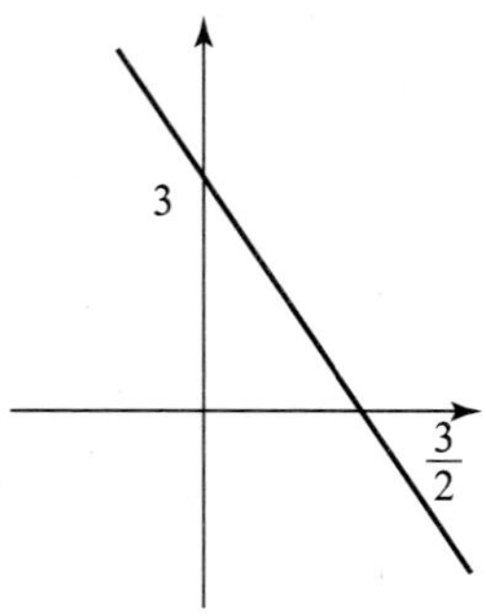

(2) 기울기와 직선 위의 한 점이 주어진 경우

직선 L이 기울기가 m이고 점 $(a,\ b)$를 지난다고 할 때, 직선 L 위의 임의의 점 $(x,\ y)$라 하고 $(x,\ y)$가 만족하는 조건을 찾아보자. 임의의 점 $(x,\ y)$와 점 $(a,\ b)$ 사이의 기울기가 항상 m이므로 다음과 같은 식을 찾을 수 있다. 즉 $\dfrac{y-b}{x-a}=m$이고, 따라서 직선의 방정식은 $y-b=m(x-a)$이다.

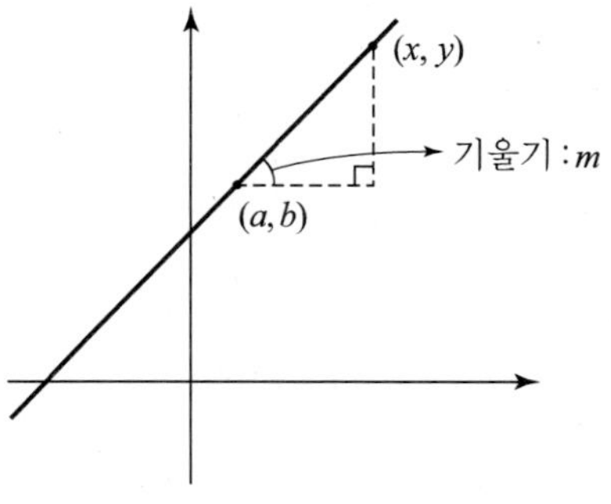

[그림 4.11]

> 직선 L이 기울기가 m이고 직선 위의 한 점 $(a,\ b)$가 주어진 경우 직선의 방정식은
>
> $$y-b=m(x-a)$$
>
> 이다.

예제 4.6 기울기가 3이고 한 점 $(-1,\ 2)$를 지나는 직선의 방정식을 구하고 그래프를 그려라.

[풀이] 조건을 만족하는 직선의 방정식은 $\dfrac{y-2}{x-(-1)}=3$, 즉 $y=3x+5$이고 그래프는 다음과 같다.

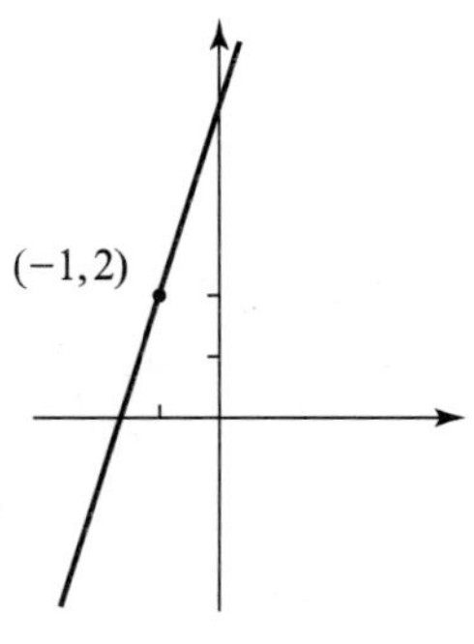

(3) 직선 위의 서로 다른 두 점이 주어진 경우

직선 L이 서로 다른 두 점 $A(x_1,\ y_1)$와 $B(x_2,\ y_2)$를 지난다고 가정하자. 이 경우 먼저 주어진 두 점 사이를 잇는 선분의 기울기는 직선의 기울기와 일치하므로, 직선 L의 기울기 기는 $\dfrac{y_2-y_1}{x_2-x_1}$이고, 기울기가 주어지므로 (2)의 경우를 적용하면, $y-y_1=\dfrac{y_2-y_1}{x_2-x_1}(x-x_1)$을 찾을 수 있다.

단, $x_1=x_2$인 경우는 y축에 평행한 수직인 직선이고, 직선의 방정식은 $x=x_1$ 또는 $x=x_2$로 표현한다.

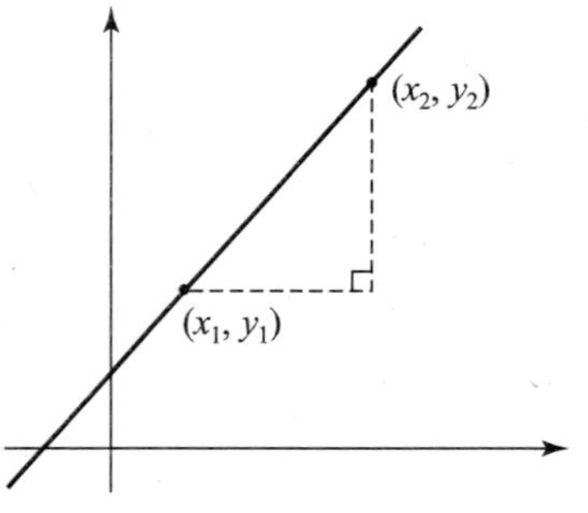

[그림 4.12]

직선 L 위의 서로 다른 두 점 $A(x_1,\ y_1)$와 $B(x_2,\ y_2)$가 주어진 경우 직선의 방정식은

$$y-y_1=\frac{y_2-y_1}{x_2-x_1}(x-x_1)$$

이다.

예제 4.7 두 점 $(-3,\ 2)$와 $(5,\ -1)$을 지나는 직선의 방정식을 구하고 그래프를 그려라.

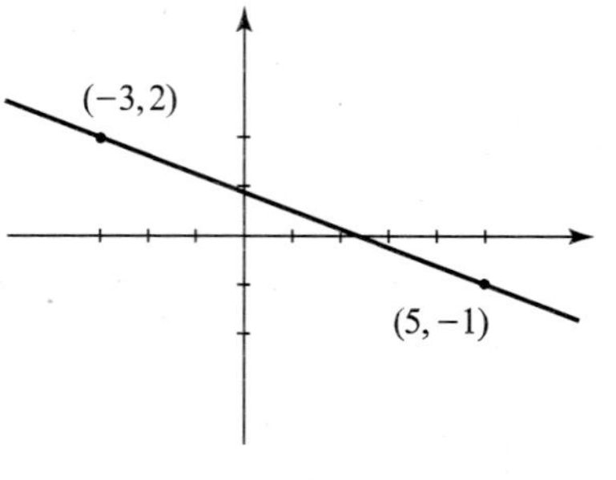

[그림 4.13]

[풀이] 두 점 $(-3,\ 2)$와 $(5,\ -1)$을 잇는 선분의 기울기는 $\dfrac{-1-2}{5-(-3)}=-\dfrac{3}{8}$이므로 직선의 방정식은

$$y-2=-\frac{3}{8}(x-(-3)) \text{ 또는 } y-(-1)=-\frac{3}{8}(x-5)$$

이고, 정리하면 하나의 방정식 $3x+8y-7=0$을 얻는다. ■

4.2.2 $\mathrm{Graph}(f)=\{(x,\ y)\in \boldsymbol{R}\times \boldsymbol{R}\mid ax+by+c=0\}$

위에서 살펴본 직선의 방정식 형태를 기초로 주어진 조건 $f(x,\ y)=ax+by+c=0$을 만족하는 그래프를 살펴보고자 한다.

(1) $ab=0$인 경우

다시 말해, $a=0$ 또는 $b=0$인 경우를 말하며, 단 여기서는 $a=0$ 그리고 $b=0$인 경우는 생각하지 않는다.

- $a=0$이면, $b\neq 0$이고 $by+c=0$이다. 따라서 $y=-\dfrac{c}{b}$로서 x축에 평행한 직선이다.
- $b=0$이면, $a\neq 0$이고 $ax+c=0$이다. 따라서 $x=-\dfrac{c}{a}$로서 y축에 평행한 직선이다.

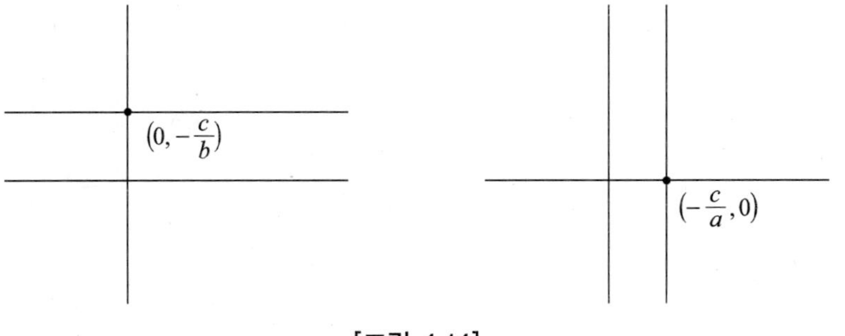

[그림 4.14]

(2) $ab\neq 0$인 경우

즉 $a\neq 0$이고 $b\neq 0$인 경우를 말한다. 주어진 조건을 만족하는 방정식 $ax+by+c=0$은 $y=-\dfrac{a}{b}x-\dfrac{c}{b}$의 형태로 바꿀 수 있고, 따라서 기울기가 $-\dfrac{a}{b}$이고, y절편이 $-\dfrac{c}{b}$인

형태의 직선의 그래프를 이룬다. 예를 들어 $2x+3y-4=0$인 경우 $y=-\frac{2}{3}x+\frac{4}{3}$이고 다음과 같은 직선의 형태이다.

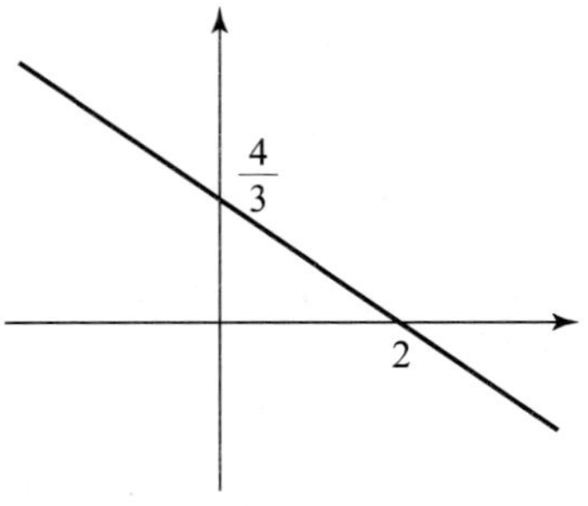

[그림 4.15]

따라서 주어진 방정식 $f(x, y)=ax+by+c=0$의 형태는 $a\neq 0$ 또는 $b\neq 0$이면 모두 직선의 그래프를 가지고 좌표평면상의 모든 직선의 형태는 주어진 형태로 표현 가능하므로 **직선의 방정식의 일반형**이라고 한다.

연습문제 4.2

1. $(1, 4)$와 $(2, -1)$을 지나는 직선의 기울기를 구하여라.

2. $(-3, 4)$를 지나고 기울기가 $\frac{1}{2}$인 직선의 방정식을 구하여라.

3. 두 점 $(2, 3)$과 $(-4, 1)$을 지나는 직선의 방정식을 구하여라.

4. x절편이 3이고 기울기가 $\frac{2}{3}$인 직선의 방정식을 구하여라.

5. 다음 조건을 만족하는 직선의 방정식을 구하여라.

(1) $(4, 1)$을 지나고 x축에 평행한 직선의 방정식

(2) $\left(-\frac{4}{3}, \frac{1}{2}\right)$을 지나고 y축에 평행한 직선의 방정식

6. $4x - 3y + 1 = 0$의 그래프를 그려라.

7. x절편이 4, y절편이 -1인 직선의 방정식을 구하여라.

8. $(5, 3)$과 $(4, -2)$를 지나는 직선과 평행하고, $(1, -1)$을 지나는 직선의 방정식을 구하여라.

9. $(-2, 5)$와 $(3, 2)$의 중점을 지나고 기울기가 -4인 직선의 방정식을 구하여라.

4.3 직선 사이의 위치관계와 직선과 한 점 사이의 거리

4.3.1 두 직선의 위치관계

주어진 임의의 두 개의 직선은 좌표평면에서 어떤 위치관계를 가질 수 있는지, 구체적으로 주어진 직선의 방정식에서 어떤 조건을 살펴보면 두 직선의 위치관계를 파악할 수 있는지에 대해 공부해 보자.

먼저 두 개의 직선의 위치관계는 **만난다, 일치한다** 또는 **평행하다**로 나누어 생각할 수 있다. 이러한 관계는 이차원(x, y) 좌표평면에서의 관계이며 만약 삼차원 공간에서의 위치관계를 논한다면 '꼬인 위치에 있다'라는 것도 포함시켜야 한다.

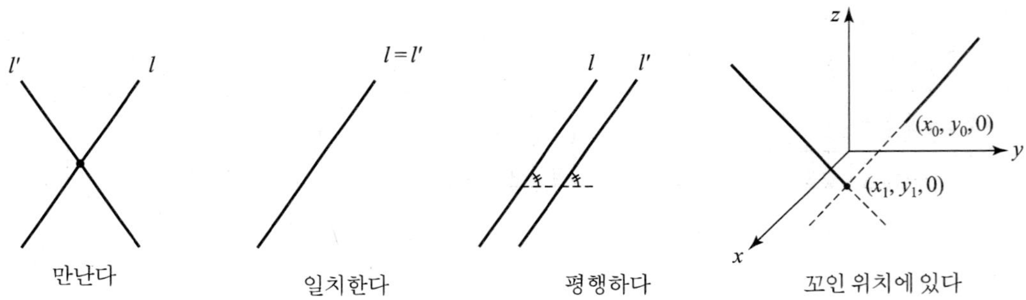

[그림 4.16]

그렇다면 평면상의 두 개의 직선 $y=mx+n$과 $y=m'x+n'$이 주어진다면, 어떤 조건에 따라 위치관계를 결정할 수 있는지 생각해보자.

1) 두 직선의 기울기가 일치한다면 평행하다. 즉, $m=m'$이면 두 직선은 평행하다.

예를 들어 $y=3x+2$와 $y=3x-1$은 평행함을 확인할 수 있다.

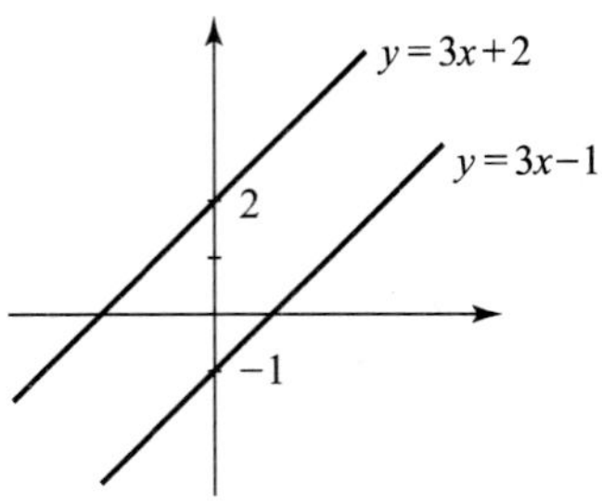

[그림 4.17]

더불어 y절편 $n=n'$이면 두 직선은 일치한다.

2) 두 직선의 기울기가 같지 않으면, 즉 $m \neq m'$이면 두 직선은 만나게 된다.

예를 들어 $y=3x-4$와 $y=-2x+1$은 만난다. 만나는 점을 확인하기 위해 두 직선의 방정식을 연립하면(등치법 활용) $3x-4=-2x+1$이고, 따라서 $x=1$, $y=-1$인 점에서 만난다.

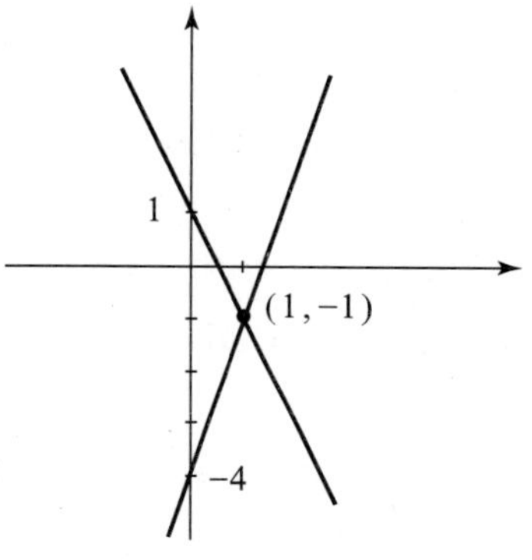

[그림 4.18]

예제 4.8 두 직선 $y=2x+1$과 $y=-\frac{1}{2}x+3$은 서로 어떠한 위치관계를 갖는지 판단하고 그래프를 그려라.

[풀이] 두 직선의 기울기가 2, $-\frac{1}{2}$로 서로 다르므로 두 직선은 만난다. 만나는 점을 구해 보면 $x=\frac{4}{5}$, $y=\frac{13}{5}$이다. 또한 두 개의 직선은 서로 수직의 관계를 이룬다.

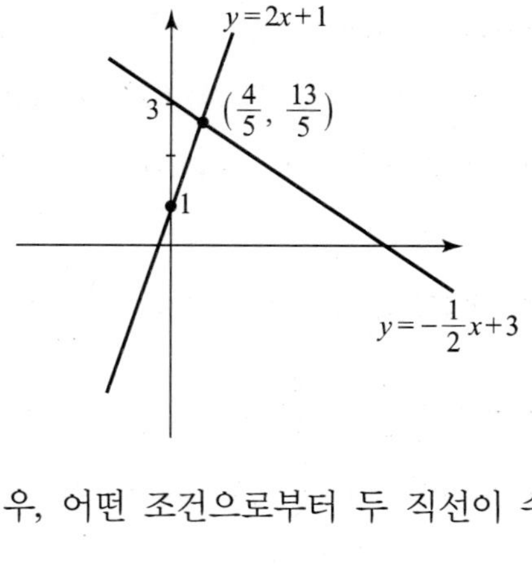

이제 두 직선이 만나는 경우, 어떤 조건으로부터 두 직선이 수직으로 만나는지를 판단할 수 있는지 살펴보자.

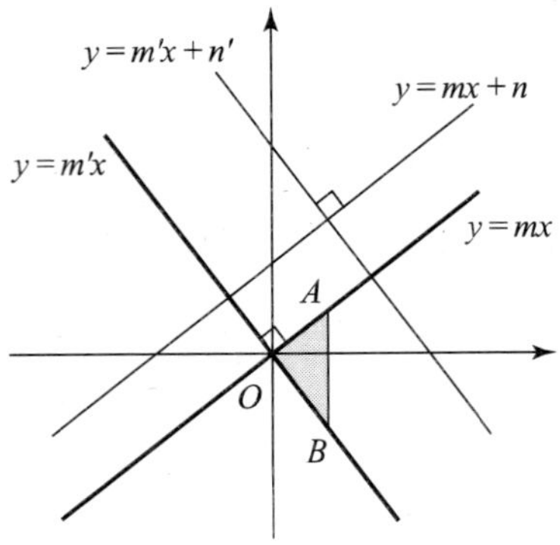

[그림 4.19]

임의의 두 직선 $y=mx+n$과 $y=m'x+n'$이 서로 수직으로 만난다면, 각각의 직선은 $y=mx$와 $y=m'x$와 평행하다. 따라서 주어진 두 직선의 수직관계에 대한 조건은 $y=mx$와 $y=m'x$에서 살펴보도록 하자.

$y=mx$는 $(0,\ 0)$과 $(1,\ m)$을 지나고, $y=m'x$는 $(0,\ 0)$과 $(1,\ m')$을 지난다. 따라서 세 점 $O(0,\ 0)$, $A(1,\ m)$ 그리고 $B(1,\ m')$로 이루어진 직각삼각형을 구할 수 있고, 피타고라스 정리를 적용하면 다음과 같은 관계식을 얻을 수 있다.

$$\overline{OA}^2+\overline{OB}^2=\overline{AB}^2$$

즉,

$$1+m^2+1+(m')^2=(m'-m)^2$$

따라서 이를 정리하면, $mm'=-1$이다.

[평면상의 두 직선 $y=mx+n$, $y=m'x+n'$의 위치관계]

- $m=m'$이면 두 직선은 평행하고, 더불어 $n=n'$이면 일치한다.
- $m\neq m'$이면 두 직선은 한 점에서 만나고, 특히 $mm'=-1$이면 수직으로 만난다.

예제 4.9 점 $(2,\ -1)$을 지나고 $3x+2y-1=0$에 수직인 직선의 방정식을 구하여라.

[풀이] $3x+2y-1=0$, 즉 $y=-\dfrac{3}{2}x+\dfrac{1}{2}$에 수직인 직선의 기울기를 m이라 하면, $-\dfrac{3}{2}\cdot m=-1$이다. 따라서 $m=\dfrac{2}{3}$이고 $(2,\ -1)$을 지나는 직선의 방정식은 $y+1=\dfrac{2}{3}(x-2)$이다.

4.3.2 점과 직선 사이의 거리

평면상의 주어진 한 점과 직선 사이의 거리에 대해서 알아보자.

$ax+by+c=0$의 형태로 주어진 직선과 한 점 (m, n)이 있다고 가정하자. 둘 사이의 거리를 구하기 위해 최단거리를 그려보면, 한 점에서 주어진 직선에 수선을 그으면 된다. 따라서 주어진 직선에 대한 수직인 직선을 찾을 수 있는데(그림 4.20 참조) 이 직선의 방정식을 찾아보자.

(1) $b \neq 0$인 경우

$y=-\frac{a}{b}x-\frac{c}{b}$에서 기울기가 $-\frac{a}{b}$이므로 수직인 직선의 기울기는 $\frac{b}{a}$이고 한 점으로 (m, n)을 택하면, 수선의 연장 직선은 $y-n=\frac{b}{a}(x-m)$이다. 이 직선과 주어진 직선 사이의 만나는 점을 구해 보자.

$$\left(\frac{b}{a}+\frac{a}{b}\right)x=-\frac{c}{b}+\frac{bm}{a}-n, \text{ 즉 } x=-\frac{ac+abn-b^2m}{a^2+b^2}\text{이고,}$$

$$y=\frac{a^2bn-ab^2m-b^2c}{b(a^2+b^2)}$$

이다. 여기서 (m, n)과 $\left(-\frac{ac+abn-b^2m}{a^2+b^2}, \frac{a^2bn-ab^2m-b^2c}{b(a^2+b^2)}\right)$ 사이의 거리 d를 구해 보면,

$$\begin{aligned} d &= \sqrt{\frac{(a^2m+ac+abn)^2+(b^2n+abm+bc)^2}{(a^2+b^2)^2}} \\ &= \sqrt{\frac{(a^2+b^2)(am+bn+c)^2}{(a^2+b^2)^2}}=\frac{|am+bn+c|}{\sqrt{a^2+b^2}} \end{aligned}$$

이다.

(2) $b=0$인 경우

$x=-\frac{c}{a}$와 (m, n) 사이의 거리를 구해 보면, $d=\left|m+\frac{c}{a}\right|$로서 (1)에서 구한 식에 대

입해도 같은 결과가 나옴을 확인할 수 있다. 따라서 주어진 공식을 찾을 수 있다.

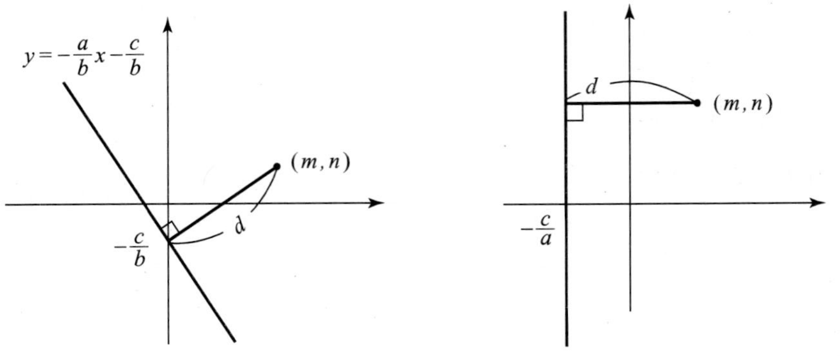

[그림 4.20]

> 평면상의 주어진 한 점 (m,n)과 직선 $ax+by+c=0$ 사이의 거리 d는 다음과 같다.
>
> $$d=\frac{|am+bn+c|}{\sqrt{a^2+b^2}}$$

예제 4.10 $y=3x-4$와 한 점 $(-2,\ 1)$ 사이의 거리를 구하여라.

[풀이] 주어진 직선 $y=3x-4$를 $3x-y-4=0$의 형태로 고친 후, 한 점 $(-2,\ 1)$과의 거리를 구한다. 거리 $d=\frac{|3\cdot(-2)+(-1)\cdot 1-4|}{\sqrt{3^2+(-1)^2}}=\frac{11}{\sqrt{10}}$이다.

연습문제 4.3

1. 주어진 두 직선이 평행인지, 일치하는지 혹은 한 점에서 만나는지를 판단하여라.

(1) $3x+4y-1=0,\ y=-\dfrac{3}{4}x$

(2) $5x+2y+1=0,\ x-3y+2=0$

(3) $y=\dfrac{1}{2}x+4,\ x-2y+8=0$

(4) $-5x+2y=0,\ 2x+5y+3=0$

2. 한 점 $(1,\ 1)$을 지나고 $3x+2y-6=0$에 수직인 직선의 방정식을 구하여라.

3. 한 점 $(4,\ 1)$과 직선 $y=\dfrac{4}{3}x-1$ 사이의 거리를 구하여라.

4. y절편이 $-\dfrac{1}{2}$이고, $4x+3y=1$에 평행한 직선의 방정식을 구하여라.

5. 두 직선 $2x-4y-5=0$과 $-x+2y+1=0$의 위치관계를 구하여라. 그리고 구할 수 있다면 두 직선 사이의 거리를 구하여라.

6. $x=-1$과 점 $(4,\ 3)$ 사이의 거리를 구하여라.

7. 세 점 $(1,\ 2)$, $(-2,\ 5)$, $(a,\ b)$가 한 직선 위에 있을 조건을 만족하는 a와 b를 구하여라.

8. 두 점 $(6,\ 1)$, $(-3,\ 2)$를 잇는 선분의 수직이등분선을 구하여라.

9. $(0,\ 2)$를 지나고, $(3,\ 2)$에서의 거리가 $\dfrac{3}{2}$인 직선의 방정식을 구하여라.

4.4 원의 방정식과 타원의 방정식

이 절에서는 주로 $ax^2+by^2+cx+dy+e=0\ (a,\ b>0)$의 형태로 주어진 식의 그래프를 공부한다. 먼저 좌표평면상에서 한 점을 중심으로 일정한 거리를 가진 점들의 자취를 생각해 본다.

4.4.1 원의 방정식

좌표평면상의 한 점을 $(a,\ b)$라 하고 일정한 거리를 $r(>0)$이라고 하자. 임의의 점 $(x,\ y)$에 대하여 점 $(a,\ b)$와의 거리를 구하면 $\sqrt{(x-a)^2+(y-b)^2}$ 이고 두 점 사이의 거리를 $r(>0)$로 고정하면 주어진 식을 만족해야 한다.

$$\sqrt{(x-a)^2+(y-b)^2}=r$$

즉,

$$(x-a)^2+(y-b)^2=r^2$$

이고 이러한 형태의 식은 다음과 같은 그래프를 가진다.

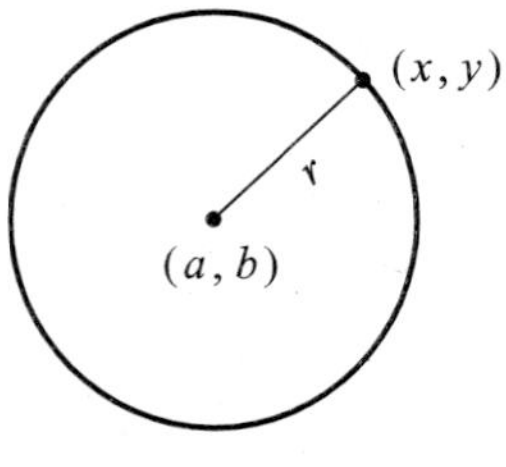

[그림 4.21]

따라서 주어진 방정식 $(x-a)^2+(y-b)^2=r^2$을 **원의 방정식의 표준형**이라고 한다.

[원의 방정식]

중심이 $(a,\ b)$이고 반지름의 길이가 $r(>0)$인 원의 방정식은

$$(x-a)^2+(y-b)^2=r^2$$

이다.

예제 4.11 좌표평면상의 한 점 $(0,\ 0)$에서 일정한 길이 $\sqrt{3}$을 가진 점들의 자취의 방정식을 구하고 그래프를 설명하여라.

[풀이] 좌표평면상의 임의의 점을 $(x,\ y)$라 하면, 원점까지의 거리는 $\sqrt{(x-0)^2+(y-0)^2}$이고 항상 거리가 $\sqrt{3}$이어야 하므로 다음과 같은 식을 찾을 수 있다.

$$\sqrt{(x-0)^2+(y-0)^2}=\sqrt{3}\text{, 즉 } x^2+y^2=3$$

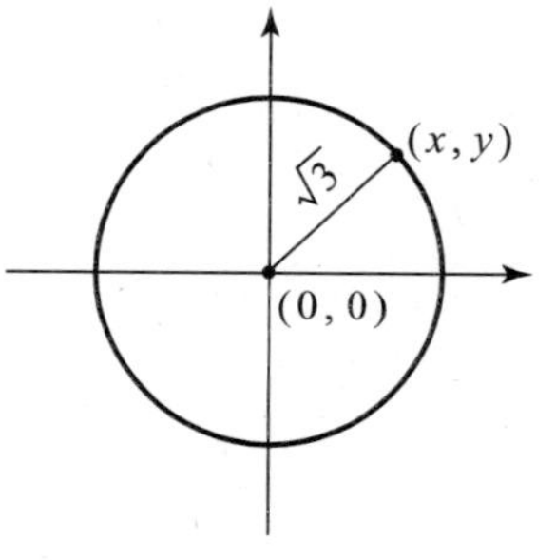

주어진 자취의 식은 다음과 같은 그래프를 의미하고 따라서 원의 형태를 이룬다. 즉, 좌표평면상의 한 점 $(0,\ 0)$에서 일정한 길이 $\sqrt{3}$을 가진 점들의 자취는 중심이 원점이고 반지름이 $\sqrt{3}$인 원의 방정식이다.

또한, $(x-a)^2+(y-b)^2=r^2$을 전개하면, $x^2+y^2+Ax+By+C=0$의 형태가 나오고 이를 **원의 방정식의 일반형**이라고 한다. 단, $A^2+B^2>4C$의 조건을 만족하는 경우로 제한된다.

예제 4.12 원 $x^2+y^2-4x+6y+1=0$과 중심이 일치하고 한 점 $(1,\ 3)$을 지나는 원의 방정식을 구하여라.

[풀이] $x^2+y^2-4x+6y+1=0$은 $(x-2)^2+(y+3)^2=12$이므로, 원의 중심은 $(2,\ -3)$이다. 따라서 구하려는 원의 형태는 $(x-2)^2+(y+3)^2=r^2$이고 이 원이 $(1,\ 3)$을 지나므로 대입해 보면, $r=\sqrt{37}$이다. 따라서 구하는 형태는 $(x-2)^2+(y+3)^2=37$인 원이다.

4.4.2 타원의 방정식

각 점 $(-c, 0)$, $(c, 0)$에 대한 거리의 합이 $2a$인 점 (x, y)의 자취의 방정식을 구해 보자(단, $a > c > 0$). 즉 $(x, y) = P$라 놓고, $A(-c, 0)$, $B(c, 0)$라고 하면, $\overline{PA} + \overline{PB} = 2a$를 만족하는 방정식과 같다. 즉

$$\sqrt{(x+c)^2 + y^2} + \sqrt{(x-c)^2 + y^2} = 2a$$

이다.

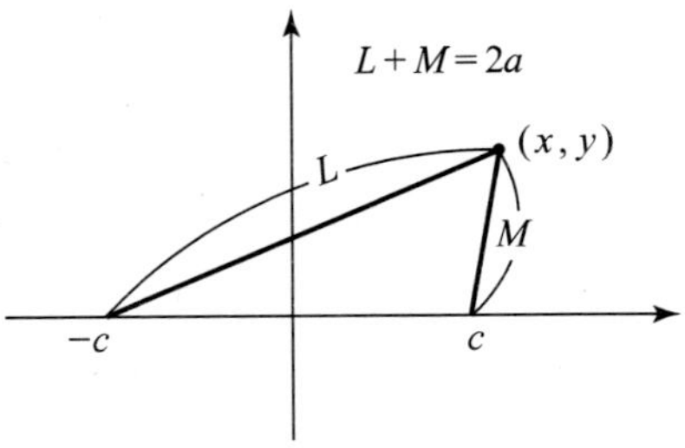

[그림 4.22]

이 식을 $\sqrt{(x-c)^2 + y^2} = 2a - \sqrt{(x+c)^2 + y^2}$ 으로 이항하고, 양변을 제곱해서 정리하면 $x^2 - 2cx + c^2 + y^2 = 4a^2 - 4a\sqrt{(x+c)^2 + y^2} + x^2 + 2cx + c^2 + y^2$이고, 다시 제곱해서 정리하면

$$(a^2 - c^2)x^2 + a^2y^2 = a^2(a^2 - c^2)$$

이다. 여기서 $a > c$이므로 $b^2 = a^2 - c^2 (b > 0)$으로 놓고 양변을 a^2b^2으로 나누어 정리하면 다음과 같은 식을 찾을 수 있고, 이러한 성질을 만족하는 자취의 방정식을 **타원의 방정식**이라고 한다. 또한 $(\pm c, 0)$을 **타원의 초점**이라고 정의한다.

$$\frac{x^2}{a^2} + \frac{y^2}{b^2} = 1$$

다시 이 타원의 방정식의 a와 b의 값을 살펴보면,

- $y = 0$이면, $x = \pm a = \pm \frac{\text{거리의 합}}{2}$이고,
- $x = 0$이면, $y = \pm b = \sqrt{\left(\frac{\text{거리의 합}}{2}\right)^2 - (\text{초점의 } x\text{값})^2}$ 을 만족한다.

또한 초점 c의 값은 다음 관계식을 만족한다. 즉, $c^2 = a^2 - b^2$이고 $a > b > 0$이다.

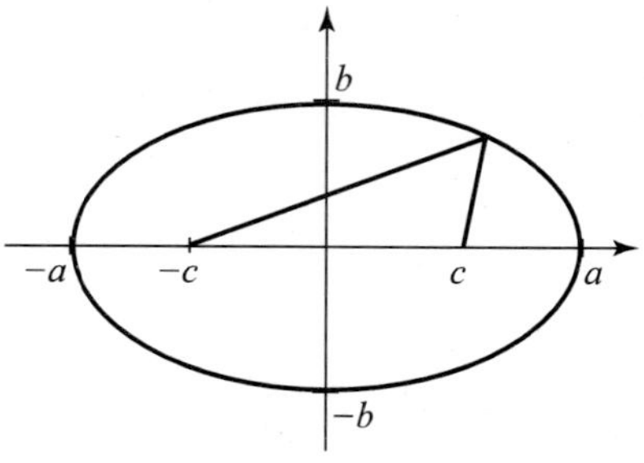

[그림 4.23]

예제 4.13 각 점 $(\pm 2, 0)$으로부터 거리의 합이 항상 6인 점 (x, y)의 자취의 방정식을 구하여라.

[풀이] 방법 1: 두 점 $A(-2, 0)$, $B(2, 0)$를 잇는 동점 $P(x, y)$는 $\overline{PA} + \overline{PB} = 6$의 조건을 만족시켜야 하므로, 이 조건식을 전개하면 $\dfrac{x^2}{9} + \dfrac{y^2}{5} = 1$의 식을 구할 수 있다.

방법 2: 이러한 조건을 만족하는 그래프는 타원이고 $\dfrac{x^2}{a^2} + \dfrac{y^2}{b^2} = 1$인데 거리의 합이 6이고 초점이 $(\pm 2, 0)$이므로 $2a = 6$이고, $c = 2$를 만족한다. 또한 $c^2 = a^2 - b^2$이므로, $b = \sqrt{5}$이다. 따라서 방정식은 $\dfrac{x^2}{9} + \dfrac{y^2}{5} = 1$이다. ■

4.4.3 $\mathrm{Graph}(f) = \left\{ (x, y) \in R \times R \,\middle|\, \dfrac{x^2}{a^2} + \dfrac{y^2}{b^2} = 1 \right\}$

지금까지 살펴본 원의 기본형과 타원의 기본형은 다음과 같은 형태를 가진다.

$$\frac{x^2}{a^2} + \frac{y^2}{b^2} = 1$$

주어진 형태의 그래프를 조건에 따라 나누어 보면 다음과 같이 분류할 수 있다. 여기서 $a > 0$이고 $b > 0$으로 제한한다.

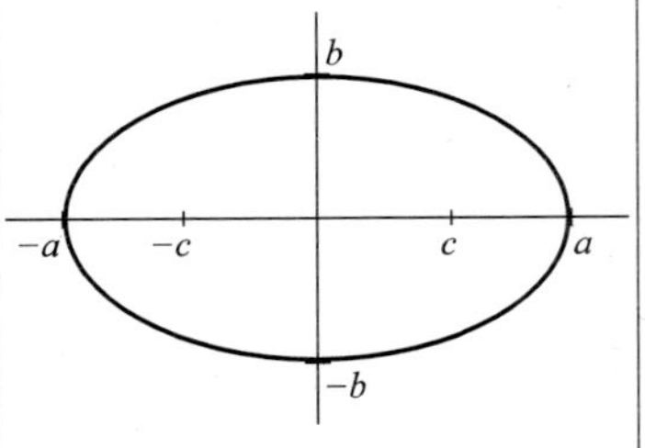

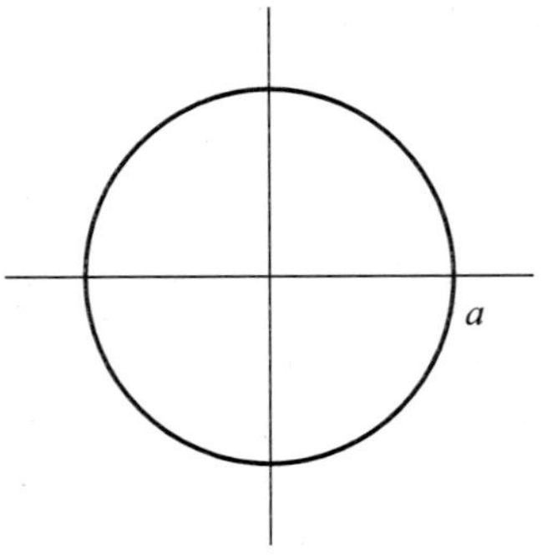

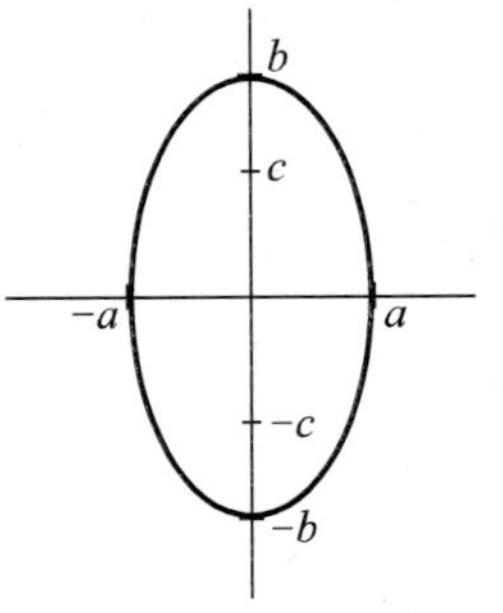

$a > b > 0$, $c^2 = a^2 - b^2$, $c > 0$, 초점$(\pm c,\ 0)$인 타원	$a = b > 0$, 중심$(0,\ 0)$인 원	$b > a > 0$, $c^2 = b^2 - a^2$, $c > 0$, 초점$(0,\ \pm c)$인 타원

연습문제 4.4

1. 점 $(-2,\ 5)$를 중심으로 일정한 거리 3을 갖는 평면 위의 점 $(x,\ y)$의 자취의 방정식을 구하여라.

2. 다음 주어진 원의 방정식의 중심과 반지름을 구하여라.

(1) $x^2+4x+y^2+3y-8=0$

(2) $4x^2+4y^2-x-y=16$

3. 두 점 $(4,\ 2)$와 $(-5,\ 1)$을 지름의 양 끝으로 하는 원의 방정식을 구하여라.

4. 한 점 $(2,\ 5)$를 지나고 중심이 $(3,\ 0)$인 원의 방정식을 구하여라.

5. $x^2+6x+y^2=10$과 중심이 같고 $(4,\ -2)$를 지나는 원의 방정식을 구하여라.

6. 세 점 $\left(\frac{1}{2},\ 0\right)$, $(-1,\ 1)$, $(0,\ 2)$를 지나는 원의 방정식을 구하여라.

7. 각 점 $(0,\ \pm 3)$으로부터 거리의 합이 8인 $(x,\ y)$의 자취의 방정식을 구하고, 그림을 그려라.

8. $9x^2+4y^2-72=0$과 $4x^2+9y^2-72=0$의 그래프를 각각 그리고 초점을 구하여라.

4.5 도형의 평행이동

이 장에서는 이미 배운 도형의 방정식을 평행이동시켰을 때 기존의 식을 활용해서 자취를 구하는 방법을 공부하고자 한다. 이와 관련된 내용은 함수에서 다시 한 번 언급될 것이다.

좌표평면상의 점 $P(x,\ y)$에 대하여 x축으로 m만큼, y축으로 n만큼 이동시킨 점을 $Q(x',\ y')$라 하면 $(x+m,\ y+n)$, 즉 $x'=x+m,\ y'=y+n$의 관계식을 얻을 수 있다. 이러한 점의 이동을 **평행이동**이라고 한다.

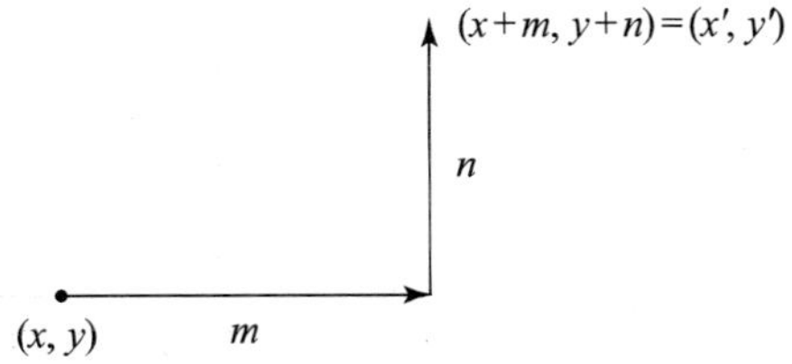

[그림 4.24]

예제 4.14 $P(2,\ 3)$를 x축으로 -1만큼, y축으로 2만큼 이동한 점의 좌표를 구하여라.

[풀이] $x=2$는 x축으로 -1만큼 이동하면 $x'=2+(-1)=1$이고, $y=3$은 y축으로 2만큼 이동하면 $y'=3+2=5$이다. 따라서 평행이동한 점의 좌표는 $(1,\ 5)$이다. ■

이번에는 도형의 평행이동에 대해 살펴보자.

좌표평면 $R\times R$상의 부분집합 $\text{Graph}(f)=\{(x,\ y)\mid f(x,\ y)=0\}$으로 이루어진 점들이 하나의 그래프를 이룰 때 각각의 원소(점)들을 평행이동한다면 새롭게 구해진 점 $(x',\ y')$들은 과연 $f(x,\ y)=0$의 조건을 여전히 만족할 것인가? 답은 '아니다'이다. 그렇다면 평행이동에 의해 얻어진 그래프의 점들이 만족하는 조건은 어떤 형태를 이룰 것인가? 과연 기존의 조건 $f(x,\ y)=0$에서 구할 수 있는 것인가에 대해 생각해 보고자 한다.

$\text{Graph}(f)=\{(x,\ y)\mid f(x,\ y)=0\}$상의 각각의 점을 x축으로 m만큼, y축으로 n만큼 이동할 때 이 과정을 **도형의 평행이동**이라 하는데 이렇게 이동한 도형은 그 형태나 크기가 전혀 변하지 않는다. 따라서 이렇게 이동한 각각의 점을 $(x',\ y')$이라 하면, 이 점들 사이는 여전히 일정한 관계를 유지하는데, 이를 $g(x',\ y')=0$이라 놓자.

임의의 점 $(a,\ b)\in\text{Graph}(f)$를 x축으로 m만큼, y축으로 n만큼 평행이동한다고 가정하자. 이동한 점은 주어진 조건 $(a+m,\ b+n)\in\text{Graph}(g)$를 만족하고 $g(x',\ y')=0$이므로

$$\begin{cases} x'=a+m \\ y'=b+n \end{cases} \quad \text{즉} \quad \begin{cases} a=x'-m \\ b=y'-n \end{cases}$$

의 관계식을 찾을 수 있다. 그리고 $(x',\ y')$의 관계식은 다음과 같이 두 가지 형태로 표현할 수 있는데

$$g(x',\ y')=0,\ \text{즉}\ f(x'-m,\ y'-n)=0$$

이다. 왜냐하면 $f(a,\ b)=0$의 조건을 만족하기 때문이다.

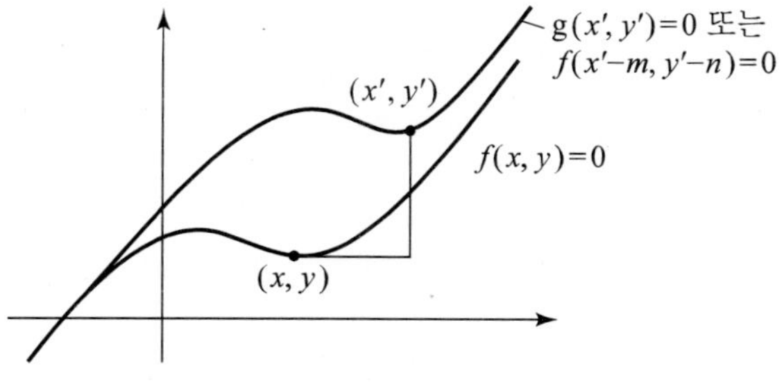

[그림 4.25]

따라서 $f(x,\ y)=0$상의 각각의 점 $(x,\ y)$를 x축으로 m만큼, y축으로 n만큼 평행이동하면 우리는 새로운 점 $(x',\ y')$과 식 $f(x'-m,\ y'-n)=0$을 구할 수 있다. 그런데 x', y'은 좌표평면상의 점을 표현하는 기호에 불과하므로 간단히 x, y로 대체하고 새로운 식을 $f(x-m,\ y-n)=0$이라고 놓아도 된다. 다만 기존의 식 $f(x,\ y)=0$을 만족하는 점 $(x,\ y)$와 같은 값을 대입해서는 안 된다는 점만 구별하면 된다.

[도형의 평행이동]

$f(x,\ y)=0$상의 각각의 점 $(x,\ y)$를 x축으로 m만큼, y축으로 n만큼 평행이동한 도형의 방정식은 $f(x-m,\ y-n)=0$이다.

예제 4.15 주어진 직선의 방정식 $y=x-5$의 각각의 점을 x축으로 2만큼, y축으로 3만큼 이동한 식을 구하여라.

[풀이] 방법 1: 도형의 평행이동 활용

$y=x-5$상의 모든 점이 x축으로 2만큼, y축으로 3만큼 이동하므로,

$$(y-3)=(x-2)-5$$

로 변환시키면 된다.

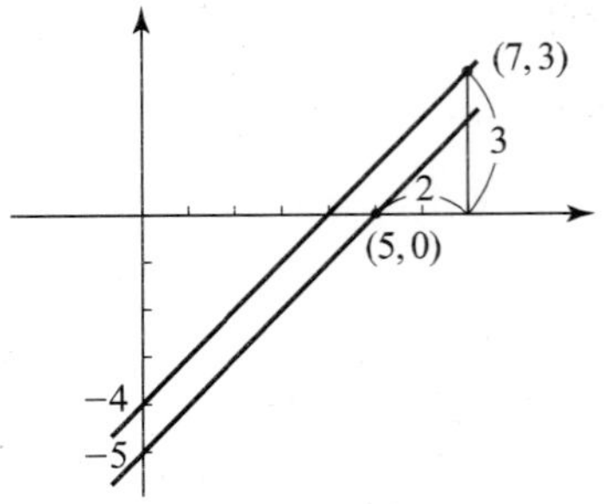

[그림 4.26]

방법 2: 직선의 방정식 활용

$y=x-5$를 평행이동해도 직선의 형태를 유지하고 기울기도 일치한다. 따라서 이동한 직선의 방정식을 $y=mx+n$이라고 하면, $m=1$이다. 또한, $y=x-5$상의 한 점은 $(5,\ 0)$이므로 이를 x축으로 2만큼, y축으로 3만큼 이동하면, 주어진 점은 $(5+2,\ 0+3)$을 구할 수 있다. 따라서 $y=mx+n$은 $(7,\ 3)$을 지나므로 $3=7+n$이다. 따라서 평행이동한 식은 $y=x-4$인 직선이다.

방법 1로 구해진 식이 훨씬 더 간편함을 확인할 수 있다.

예제 4.16 중심이 원점이고, 반지름이 $\sqrt{3}$인 원의 방정식을 x축으로 1만큼, y축으로 2만큼 이동시킨 도형의 식을 구하여라.

[풀이] 원점을 지나고 반지름이 $\sqrt{3}$인 원의 방정식을 x축으로 1만큼, y축으로 2만큼 이동시키면 원의 형태나 크기는 변하지 않는다. 따라서 원의 중심이 원점 $(0,\ 0)$에서 $(0+1,\ 0+2)$로 바뀌고 반지름은 여전히 $\sqrt{3}$이므로 따라서 주어진 원의 방정식은 $(x-1)^2+(y-2)^2=3$이다. 이

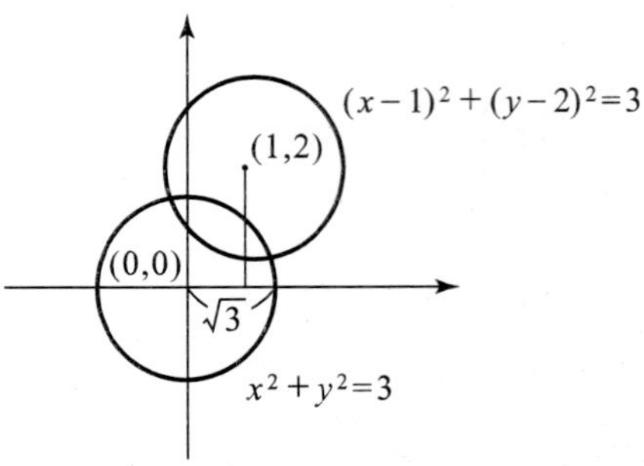

[그림 4.27]

식은 도형의 평행이동을 활용해서 $x^2+y^2=(\sqrt{3})^2$에 x를 $x-1$, y를 $y-2$로 변환해서 구한 식과 일치함을 알 수 있다.

예제 4.17 초점이 $(\pm 1,\ 0)$이고 거리의 합이 6인 타원의 방정식을 x축으로 -2만큼, y축으로 3만큼 이동시킨 자취의 방정식을 구하여라.

[풀이] 초점이 $(\pm 1,\ 0)$이고 거리의 합이 6이므로 타원의 방정식은 $\dfrac{x^2}{9}+\dfrac{y^2}{8}=1$이다. 따라서 x축으로 -2만큼, y축으로 3만큼 평행이동하면 $\dfrac{(x+2)^2}{9}+\dfrac{(y-3)^2}{8}=1$이다.

연습문제 4.5

1. 점 $(0, 2)$를 x축으로 4만큼, y축으로 -1만큼 이동한 점의 좌표를 구하여라.

2. 직선의 방정식 $3x-5y+1=0$을 x축으로 -2만큼, y축으로 3만큼 이동한 자취의 방정식을 구하여라.

3. 직선 $4x+y-1=0$을 평행이동하면 직선 위의 점 $(1, -3)$이 $(2, 1)$로 이동한다. 평행이동 방법을 설명하고 이동한 직선의 방정식을 구하여라.

4. 중심이 $\left(-\frac{3}{4}, 2\right)$이고, 반지름이 1인 원을 x축으로 a만큼, y축으로 b만큼 평행이동해서 중심을 원점으로 이동할 때, $a+b$의 값을 구하고 이동된 원의 방정식을 구하여라.

5. 타원 $4x^2+9y^2=36$을 x축으로 3만큼, y축으로 2만큼 이동시킨 자취의 방정식을 구하고 그래프를 그린 후 초점을 표시하여라.

6. $f:(x, y)\to(x-1, y-3)$에 의하여 주어진 방정식을 평행이동시킨 자취의 방정식을 구하고 그래프를 그려라.

(1) $3y-9x=2$

(2) $x^2+4x+y^2+2y+4=0$

(3) $x^2+8y^2=16$

7. 평행이동 $f:(x, y)\to(x+2, y-1)$에 의하여 직선의 방정식이 $4x+3y-1=0$으로 이동한다. 옮겨지기 전의 방정식을 구하여라.

8. 원의 방정식 $x^2+y^2=4$가 $x=3$을 기준으로 대칭이동한 식을 구하여라. 먼저 평행이동의 방법을 설명하고, 자취의 방정식을 구하여라.

Chapter 05 Elementary Mathematics

함수

5.1 함수의 정의

수학적으로 함수의 정의는 다음과 같다. 두 집합 X, Y에 대하여, X의 각 원소에 대하여 Y의 단 하나의 원소로 대응시키는 관계 f를 X에서 Y로의 **함수**(a function from X into Y)라고 한다. 이 관계를 $f: X \to Y$ 또는 $X \xrightarrow{f} Y$로 나타낸다.

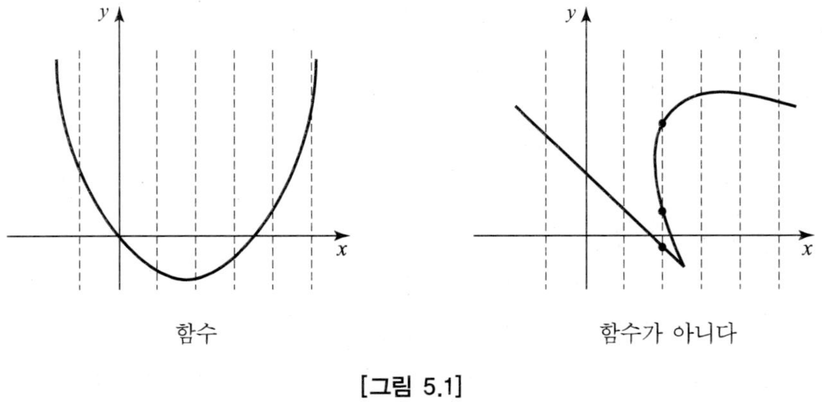

[그림 5.1]

함수 $f: X \to Y$가 주어졌을 때, X를 함수 f의 정의역(domain), Y를 함수 f의 공역(codomain)이라고 한다. X의 원소 x에 Y의 원소 y가 f에 의해 대응되었을 때, y를 f에 의한 x의 상(image)이라고 하고 $f(x)$로 표기한다. 함숫값 전체의 집합

$$f(X) = \{f(x) \mid x \in X\}$$

를 함수 f의 치역(range)이라고 한다. 각 $y \in Y$에 대하여

$$f^{-1}(\{y\}) = \{x \in X \mid f(x) = y\}$$

로 나타낸다. 또한 함수 $f: X \to Y$ 또는 $y = f(x)$에서 X의 원소를 나타내는 변수 x를 **독립변수**(independent variable), Y의 원소를 나타내는 변수 y를 **종속변수**(dependent variable)라고 한다.

예제 5.1 $X = \{a, b\}$, $Y = \{1, 2, 3\}$일 때 다음 중 X에서 Y로의 함수인 것은?

(1) $f = \{(a, 1), (b, 2)\}$
(2) $g = \{(a, 1), (b, 1)\}$
(3) $h = \{(a, 3)\}$
(4) $k = \{(a, 1), (b, 2), (a, 3)\}$

[풀이] f, g는 함수이고 h, k는 함수가 아니다. ■

함수의 상등

두 함수 $f: X \to Y$, $g: X \to Y$가 조건

$$f(x) = g(x) \ (\forall x \in X)$$

를 만족하면 **함수 f와 g가 같다**고 하고 간단히 $f = g$로 나타낸다.

[주의] $f(x) = x^2$으로 정의된 함수 $f: (0, \infty) \to \mathbb{R}$과 $g(x) = x^2$으로 정의된 함수 $g: \mathbb{R} \to \mathbb{R}$에 대하여 $f(x) = g(x) \ (x > 0)$이지만 $f \neq g$이다.

함수의 중요한 개념 중 단사, 전사, 전단사함수가 있다. 먼저, 함수 $f: X \to Y$에서 함숫값에 대응하는 X의 원소가 단 하나만 있을 때, 함수 f를 **단사**(injective) 또는 **일대일**(one-to-one) **함수**라고 한다. 단사함수의 정의를 수학기호를 사용하여 표현하면 다음과 같다.

$$x_1, x_2 \in X, \ x_1 \neq x_2 \Rightarrow f(x_1) \neq f(x_2)$$ [1)]

1) 위 조건은 '어떤 x_1, $x_2 \in X$에 대하여 $f(x_1) = f(x_2)$이면 $x_1 = x_2$이다'와 동치이다.

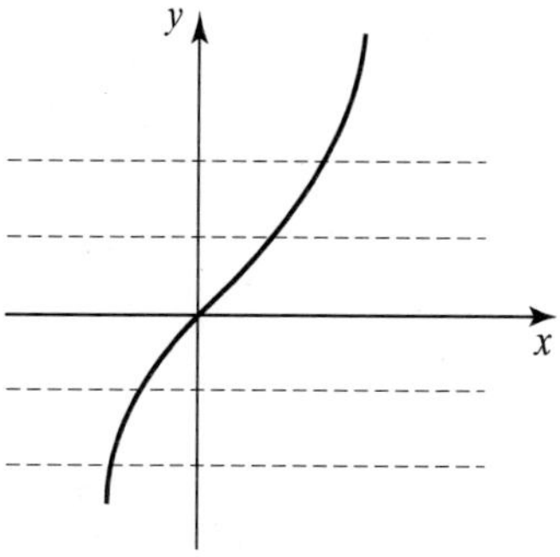

[그림 5.2] 일대일 함수

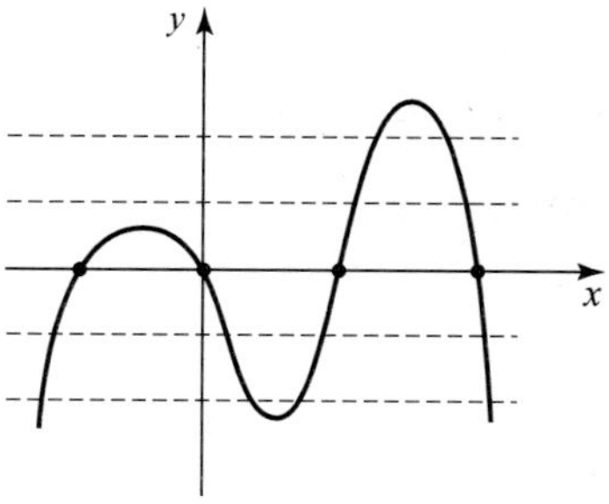

[그림 5.3] 일대일 함수가 아니다.

함수 $f: X \to Y$에서 집합 Y의 모든 원소 $y \in Y$에 대하여 $f(x) = y$를 만족시키는 집합 X의 원소 $x \in X$가 있으면 f를 X에서 Y **위(onto)로의 함수** 또는 **전사(surjective)함수**라고 하며, x를 y의 역상(inverse image)이라고 한다. 전사함수의 정의를 수학적 기호를 사용하여 표현하면 다음과 같다.

$$\forall y \in Y,\ \exists x \in X,\ s.t.\ f(x) = y$$

이때 y의 역상은 하나만 가질 필요는 없으므로 일반적으로 집합으로 표현된다.

$$f^{-1}(y) = \{x \in X \mid f(x) = y\}$$

함수 f가 단사이면서 전사함수이면, 이때 함수 f를 **전단사함수**(bijection)라고 한다.

이제 특수한 형태의 함수에 대해 알아보자. 정의역과 공역이 같고 $f(x) = x$와 같이 정의역에 속하는 원소와 대응하는 함숫값이 모두 같은 함수를 **항등함수**라 하며, 간단히 $1_X = f$로 나타낸다. $f(x) = a$와 같이 정의역의 모든 원소에 대응하는 함숫값이 하나의 상수일 경우 이러한 함수를 **상수함수**라고 한다.

함수의 사칙연산을 다음과 같이 정의한다.

(1) 두 함수의 합 : $(f+g)(x) = f(x) + g(x)$

(2) 두 함수의 차 : $(f-g)(x) = f(x) - g(x)$

(3) 두 함수의 곱 : $(fg)(x) = f(x)g(x)$

(4) 두 함수의 몫: $\left(\frac{f}{g}\right)(x) = \frac{f(x)}{g(x)}$, (단, $g(x) \neq 0$)

함수 $f: X \to Y$, $g: Y \to Z$가 주어졌을 때,

$$h(x) = g(f(x)) \quad (\forall x \in X)$$

로 정의된 함수 $h: X \to Z$를 f와 g의 **합성함수**(composite function)라 하고 $(g \circ f)(x) = h(x)$로 나타낸다. 즉, $(g \circ f)(x) = g(f(x))\,(\forall x \in X)$이다.

예제 5.2 다음 함수의 정의역과 치역을 구하여라.

(1) $f(x) = x + 2$

(2) $f(x) = \frac{1}{x-2}$

(3) $f(x) = \sqrt{x-2}$

[풀이] (1) 모든 실수에 대하여 정의되므로 정의역은 $\mathbb{R}$, 치역도 $\mathbb{R}$이다.

(2) 분모가 2일 때는 함수가 정의되지 않으므로, 정의역은 $\mathbb{R} - \{2\}$, 치역은 $\mathbb{R} \setminus \{0\}$이다.

(3) 근호 안이 0보다 크거나 같아야 하므로, 정의역은 $\{x \mid x \geq 2\}$, 또한 제곱근의 값도 0보다 크거나 같으므로 치역은 $\{y \mid y \geq 0\}$이다.

예제 5.3 $f(x) = \sqrt{1-x^2}$, $g(x) = x + 2$일 때 다음 함수를 구하여라.

(1) $g \circ f(x)$

(2) $f \circ g(x)$

[풀이] (1) $g \circ f(x) = g(f(x)) = \sqrt{1-x^2} + 2$

(2) $f \circ g(x) = f(g(x)) = \sqrt{1-(x+2)^2} = \sqrt{1-x^2-4x-4}$

$$= \sqrt{-x^2+4x+3} = \sqrt{-(x+1)(x+3)}$$

함수 $f: X \to Y$, $g: Y \to Z$, $h: Z \to W$가 주어졌을 때

(1) 비록 $Z = X$일지라도 일반적으로 $g \circ f \neq f \circ g$이다.

(2) $h \circ (g \circ f) = (h \circ g) \circ f$

(3) $f \circ 1_X = 1_Y \circ f = f$

함수 $f: X \to Y$가 일대일이고 위로의 함수일 때, Y의 임의의 원소 y에 대하여 $f(x)=y$가 되는 X의 원소 x가 단 하나 존재한다. 이 경우 역상 x를 y에 대응하는 어떤 함수의 함숫값으로 할 수 있다. 이 함수를 f의 **역함수**(inverse function)라 하고 f^{-1}로 나타낸다. 즉,

$$y=f(x) \Leftrightarrow x=f^{-1}(y)$$

이다.

역함수를 구하는 방법

(1) 주어진 함수 $y=f(x)$가 일대일 대응인지 확인한다.

(2) $y=f(x)$를 x에 대하여 푼다. 즉, $x=g(y)$의 꼴로 바꾼다.

(3) x와 y를 서로 바꾸어, $y=g(x)$로 나타낸다.

(4) 원함수의 치역은 역함수의 정의역이 되고, 원함수의 정의역은 역함수의 치역이 된다.

예제 5.4 다음 함수의 역함수를 구하고 역함수의 정의역과 치역을 구하여라.

(1) $f(x)=2x+1$

(2) $f(x)=\dfrac{x+2}{2x+1}$

[풀이] (1) $f(x)$를 y라고 하면 $y=2x+1$이다. 이를 x에 관해서 풀면, $x=\dfrac{y-1}{2}$이고 x와 y를 바꾸면 $y=\dfrac{x-1}{2}$, 즉 $y=\dfrac{x}{2}-\dfrac{1}{2}$이다. 원함수의 정의역과 치역은 모두 실수이므로 역함수의 정의역과 치역은 $\mathbb{R}$이다.

(2) $y=\dfrac{x+2}{2x+1}$라 하고 이를 x에 관해 풀면,

$2xy+y=x+2 \Rightarrow (2y-1)x=-y+2 \Rightarrow x=\dfrac{-y+2}{2y-1}$이며, x와 y를 바꾸면 $y=\dfrac{-x+2}{2x-1}$이다. 원함수의 정의역은 $\mathbb{R}-\left\{-\dfrac{1}{2}\right\}$이고, 치역은 $\mathbb{R}-\left\{\dfrac{1}{2}\right\}$이므로 역함수의 정의역은 $\mathbb{R}-\left\{\dfrac{1}{2}\right\}$, 치역은 $\mathbb{R}-\left\{-\dfrac{1}{2}\right\}$이다. ■

또한 함수와 그 역함수와의 합성함수는 항상 항등함수가 된다. 즉,

정리 5.1

함수 $f: X \to Y$의 역함수가 f^{-1}일 때, 다음 관계를 만족한다.

모든 $x \in X$에 대하여 $(f^{-1} \circ f)(x) = x$이며, $f^{-1} \circ f = 1_X$

모든 $y \in Y$에 대하여 $(f \circ f^{-1})(y) = y$이다. $f \circ f^{-1} = 1_Y$

정리 5.2

전단사함수 $f: X \to Y$와 $g: Y \to Z$에 대하여 다음이 성립한다.

(1) $(f^{-1})^{-1} = f$

(2) $(g \circ f)^{-1} = f^{-1} \circ g^{-1}$

증명 (1) 정리 5.1에 의해 간단히 증명된다.

(2) 함수의 합성은 결합법칙이 성립하므로,

$$(f^{-1} \circ g^{-1}) \circ (g \circ f) = f^{-1} \circ (g^{-1} \circ g) \circ f = f^{-1} \circ 1_Y \circ f = f^{-1} \circ f = 1_X$$

또한 $(g \circ f) \circ (f^{-1} \circ g^{-1}) = 1_Z$이므로 정리 5.1에 의하여 $(g \circ f)^{-1} = f^{-1} \circ g^{-1}$이다. ■

예제 5.5 $f(x) = x+1$이고 $g(x) = x^2 - 1 (x \geq 0)$일 때 다음을 구하여라.

(1) $f^{-1}(x)$

(2) $g^{-1}(x)$

(3) $(f \circ g)^{-1}(x)$

(4) $(g \circ f)^{-1}(x)$

[풀이] (1) $y = x+1$의 역함수는 $y = x-1$이다.

(2) $y = x^2 - 1$의 역함수는 $y = \sqrt{x+1}\ (x \geq -1)$이다.

(3) $(f \circ g)(x) = f(g(x)) = f(x^2-1) = x^2 + 1 - 1 = x^2$이므로 역함수를 구하면 $y = \sqrt{x}$ 이다.

(4) $(g \circ f)(x) = g(f(x)) = g(x+1) = (x+1)^2 - 1$이므로 역함수를 구하면 $y = \sqrt{x+1} - 1$이다. ■

연습문제 5.1

1. 다음 함수의 정의역과 치역을 구하여라.

(1) $f(x)=x^2+1$

(2) $f(x)=\sin x$

2. $f(x)=x^2+1$과 $g(x)=\dfrac{x}{2}+3$에 대하여 다음 함수를 구하여라.

(1) $(f+g)(x)$

(2) $\left(\dfrac{g}{f}\right)(x)$

(3) $(f\circ g)(x)$

(4) $(g\circ f)(x)$

3. 두 함수 $f(x)=2x-1,\ g(x)=-x+k$에 대하여, $f\circ g=g\circ f$를 만족하는 상수 k의 값을 구하여라.

4. 다음 함수의 역함수를 구하여라.

(1) $f(x)=\sqrt{2x+3}$

(2) $f(x)=\dfrac{3x+2}{x+1}$

5. $f(x)=\dfrac{x+1}{x-2}$의 역함수가 $f^{-1}(x)=\dfrac{ax+b}{x+c}$일 때, abc의 값을 구하여라.

6. $f(x)=x-a$일 때, $(f\circ f)(2)=a$가 되는 a의 값을 구하여라.

7. 함수 $f:\mathbb{R}\to\mathbb{R}$이 $f(2)=3$과 $f(x+2)=f(2)f(x)$를 만족할 때, $f(-2)$를 구하여라.

8. 함수 $f: X \to Y$와 $g: Y \to Z$가 주어졌을 때 다음이 성립함을 보여라.

(1) 함수 $g \circ f$가 단사이면 함수 f도 단사이다.

(2) 함수 $g \circ f$가 전사이면 함수 g도 전사이다.

9. 함수 $f: X \to Y$와 $g: Y \to X$가 주어져 있을 때 $g = f^{-1}$일 필요충분조건은 조건

$$f \circ g = 1_Y \text{와 } g \circ f = 1_X$$

를 만족하는 것임을 보여라.

5.2 그래프의 대칭성

함수 $f: X \to Y$에 대하여 다음과 같이 정의된 순서쌍들의 집합

$$\{(x, f(x)) \mid x \in X\}$$

를 함수 f의 그래프(graph)라고 한다.

유용한 몇 가지 함수에 대해 알아보자.

함수 중에서 정의역의 모든 원소 x에 대하여 $f(-x)=f(x)$가 성립하는 함수 f를 **우함수**라 하고, $f(-x)=-f(x)$가 성립하는 함수를 **기함수**라 한다.

실수 x보다 크지 않은 정수 중 가장 큰 정수를 x의 최대정수라고 한다. 그러한 정수는 단 하나 있으므로 실수와 그에 대응하는 최대정수의 함수를 **최대정수함수** 또는 **가우스 함수**라고 하며 $f(x)=[x]$와 같이 나타낸다. 즉 최대정수함수의 그래프는 다음 그림과 같고, 모든 정수 n에 대하여 함숫값은 다음과 같다.

$$[x]=n, \quad x \in [n, n+1)$$

예제 5.6 가우스 함수 $y=[x]$의 그래프를 그려라.

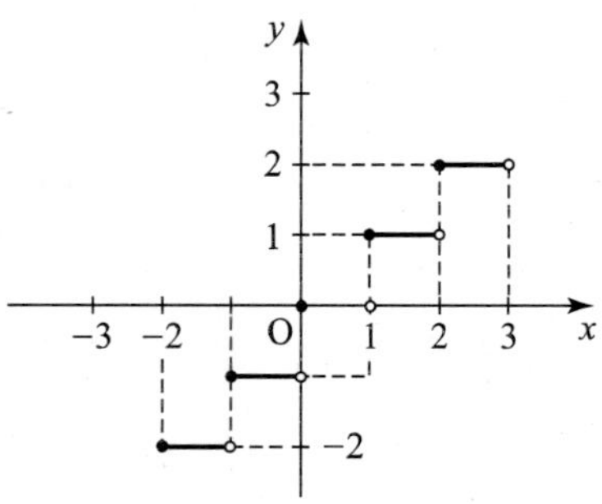

다음은 함수 대칭에 대해서 알아보자.

곡선 위의 점 (x, y)에 대하여 그림 5.4와 같이 $(-x, y)$도 곡선 위에 있으면, **y축에 대하여 대칭** 또는 간단히 **y축 대칭**이라고 한다. 따라서 y축에 대해 대칭인 함수 $y=f(x)$는 x 대신 $-x$를 대입하여도 식이 성립한다. 즉, $f(x)=f(-x)$이다.

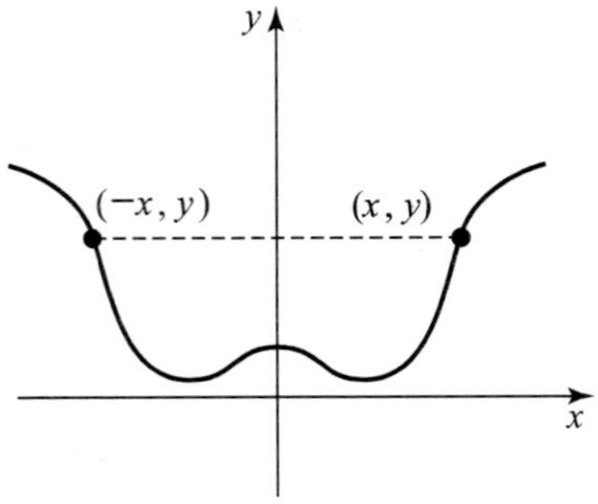

[그림 5.4] y축 대칭

그림 5.5와 같이 $(x, -y)$가 곡선 위에 있으면, **x축에 대하여 대칭** 또는 간단히 **x축 대칭**이라고 한다. 따라서 x축에 대하여 대칭인 함수 $x=g(y)$는 y 대신 $-y$를 대입하여도 식이 성립한다. 즉 $g(y)=g(-y)$이다.

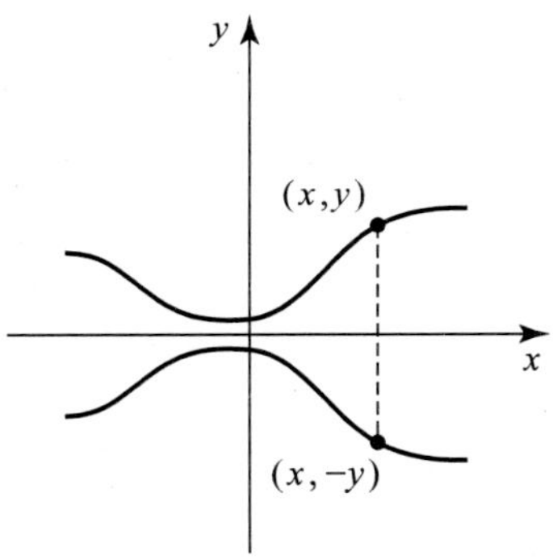

[그림 5.5] x축 대칭

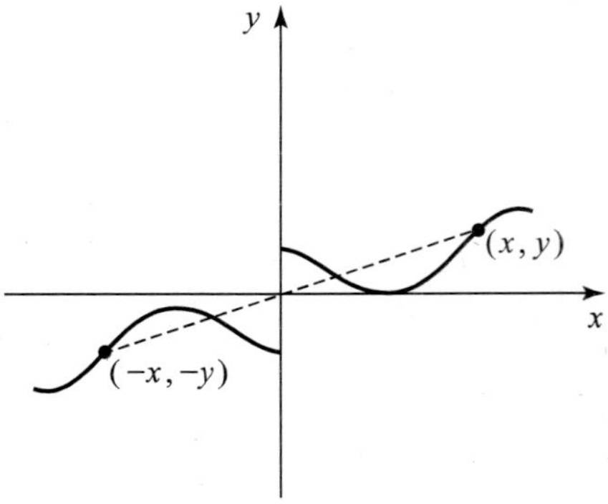

[그림 5.6] 원점 대칭

마지막으로 그림 5.6과 같이 점 $(-x, -y)$가 곡선 위에 있으면 **원점에 대하여 대칭** 또는 간단히 **원점 대칭**이라고 한다. 따라서 원점 대칭인 함수 $y=f(x)$는 x 대신 $-x$를, y 대신 $-y$를 대입하여도 식이 성립한다. 즉, $f(x)=-f(-x)$이다.

역함수 그래프의 성질

함수 $y=f(x)$의 그래프와 그 역함수 $y=f^{-1}(x)$의 그래프는 직선 $y=x$에 대하여 대칭이다.

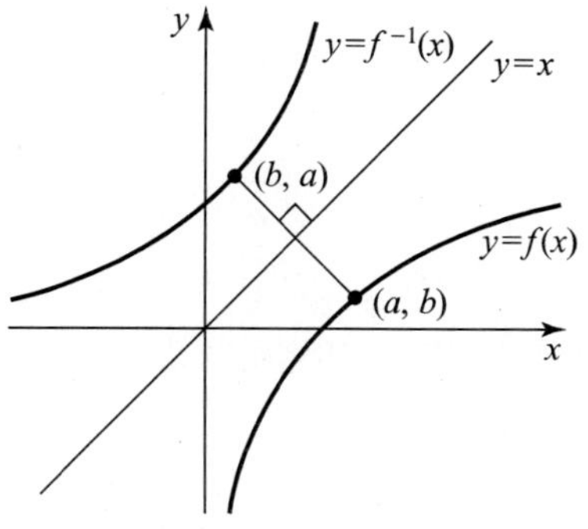

[그림 5.7] f와 f^{-1}의 그래프

연습문제 5.2

1. 다음 함수의 그래프를 그려라.

(1) $y = 2x + 1$

(2) $y = x^2 - 2$

(3) $y = \sqrt{x+1} - 1$

2. 다음 함수가 우함수인지 기함수인지를 판별하여라.

(1) $f(x) = |x| + 1$

(2) $f(x) = \dfrac{1}{x}$

3. 다음 곡선의 그래프를 그려라.

(1) $y = (x-1)^2 - 1$

(2) $y = (|x| - 1)^2 + 1$

(3) $y = |(x-1)^2 - 1|$

(4) $|y| = (x-1)^2 - 1$

(5) $|y| = (|x| - 1)^2 - 1$

4. 함수 $f, g : \mathbb{R} \to \mathbb{R}$에 대하여 다음을 증명하여라.

(1) f, g가 우함수이면 $f + g$, fg가 우함수이다.

(2) f가 우함수이고 g가 기함수이면 fg는 기함수이다.

5. 다음 함수를 그려라.

$y = x - [x]$

5.3 다항함수

음이 아닌 정수 n과 실수 $a_0,\ a_1,\ \cdots,\ a_n$에 대하여 함수

$$p(x)=a_0x^n+a_1x^{n-1}+\cdots+a_n$$

을 **다항함수**라 한다. 특히 상수도 다항식이므로, $p(x)=c$(c는 상수)도 다항함수이다.

중학교 때부터 배웠던 일차함수는 위의 다항함수에서 $n=1$인 함수이다. 즉, $y=ax+b$ $(a\neq 0)$ 형태이다.

이차함수는 $n=2$인 경우로 일반적으로 $y=ax^2+bx+c(a\neq 0)$로 표현된다. 이는 기본 형태인 $y=ax^2(a\neq 0)$을 평행이동한 것이다.

먼저 $y=ax^2$의 그래프의 성질을 알아보자.

(1) 꼭짓점은 원점$(0,\ 0)$이다.
(2) 대칭축은 $x=0$, 즉 y축이다.
(3) $a>0$이면 아래로 볼록하고, $a<0$이면 위로 볼록하다.
(4) $|a|$가 클수록 y축에 가깝다.

이차함수 $y=ax^2+bx+c(a\neq 0)$의 그래프를 그리기 위해서는 먼저 완전제곱꼴 형태 $y=a(x-p)^2+q$로 변환시킨다. 이것은 $y=ax^2(a\neq 0)$을 x축 방향으로 p만큼, y축 방향으로 q만큼 평행이동한 것이다.

예제 5.7 이차함수 $y=2x^2+4x+3$의 그래프를 그려라.

[풀이] $y=2x^2+4x+3=2(x^2+2x+1-1)+3=2(x^2+2x+1)-2+3=2(x+1)^2+1$

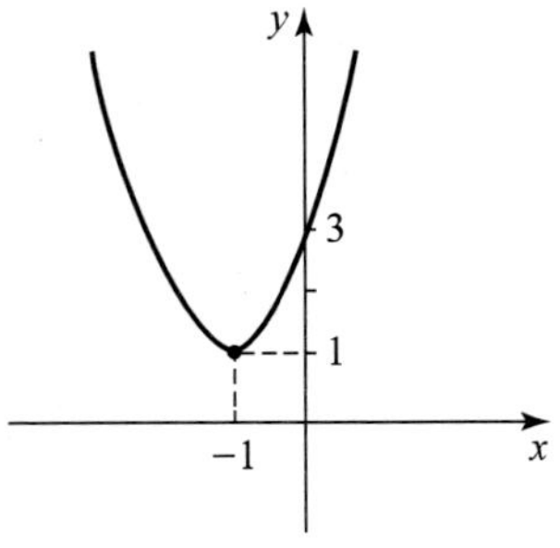

[그림 5.8]

이차함수 $y=ax^2+bx+c(a\neq 0)$의 최댓값 또는 최솟값은 a의 부호와 완전제곱꼴로 변환하여 쉽게 구할 수 있다. 즉, $y=a(x-p)^2+q$로 변환한 후

$a>0$이면 $x=p$에서 최솟값 q를,

$a<0$이면 $x=p$에서 최댓값 q를 갖는다.

또한 제한된 범위에서의 최댓값, 최솟값은 제한 범위의 양 끝점에서의 함숫값과 꼭짓점에서의 함숫값에 의하여 결정된다.

예제 5.8 함수 $y=2x^2-4x+2$의 최댓값과 최솟값을 구하여라.

[풀이] $y=2x^2-4x+2$를 완전제곱꼴로 변형시키면 $y=2(x-1)^2+4$이므로 최솟값은 4, 최댓값은 없다.

삼차함수에 대해 간단히 언급하고자 한다.

미분을 하지 않고는 삼차 이상의 함수를 정확히 그릴 수 없다. 미분을 이용하지 않고 간단한 형태의 그래프를 그려 보자.

$y=ax^3+bx^2+cx+d$의 그래프 $a>0$일 때는 오른쪽 위로 올라가는 모양이고, $a<0$일 때는 오른쪽 아래로 내려가는 모양이다. 일반적으로 삼차함수는 인수분해하여 그래프를 그릴 수 있다.

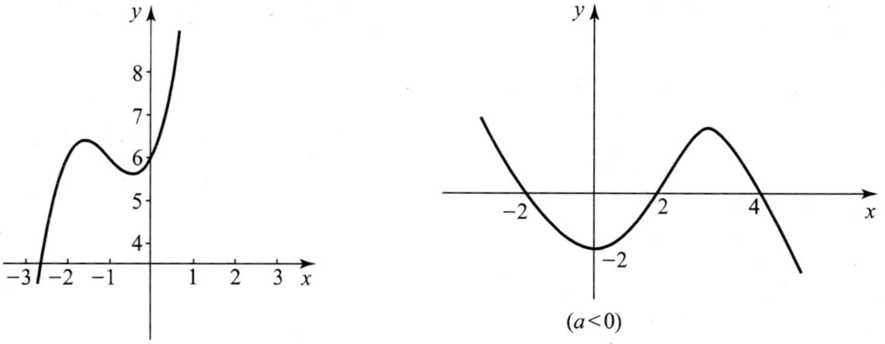

[그림 5.9]

예제 5.9 다음 함수의 그래프를 그려라.

(1) $y=x^3-5x^2+6x$　　　　(2) $y=-x^3+2x^2+4x-8$

[풀이] (1) $y=x^3-5x^2+6x=x(x-2)(x-3)$으로 인수분해가 된다.

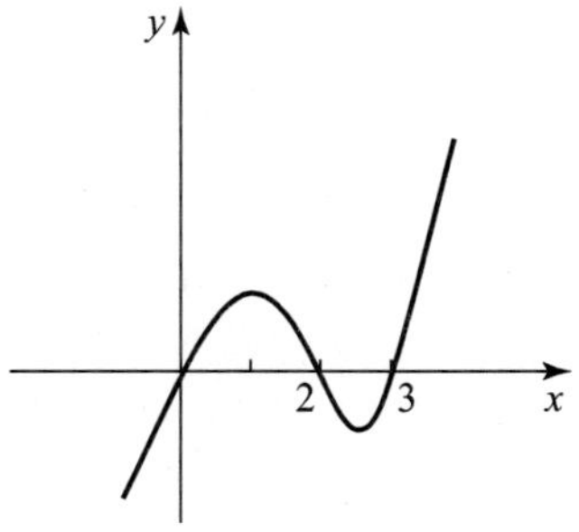

(2) $y=-x^3+2x^2+4x-8=-x^2(x-2)+4(x-2)=(x-2)(-x^2+4)$

$=-(x+2)(x-2)^2$

으로 인수분해가 된다.

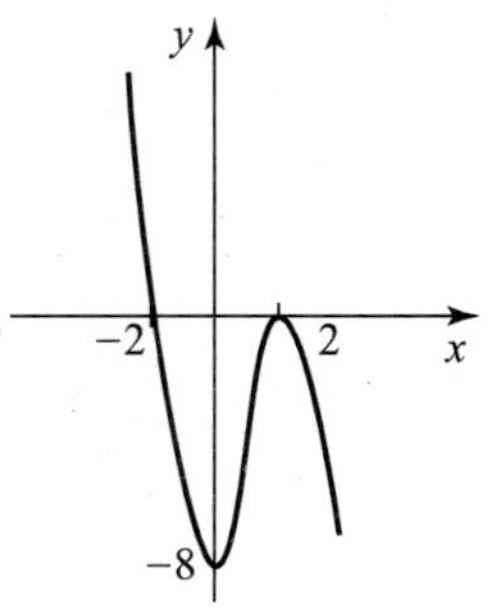

또한 부등식의 해를 구할 때 그래프를 이용하면 편리하다.

예제 5.10 다음 부등식의 해를 구하여라.

(1) $x^3 + x^2 - 2x < 0$

(2) $x^3 - 3x^2 - x + 3 \geqq 0$

[풀이] (1) $y = x^3 + x^2 - 2x$라 하면, $y = x(x^2 + x - 2) = x(x+2)(x-1)$로 인수분해가 된다. $y < 0$인 범위를 찾으면 $x < -2$ 또는 $0 < x < 1$

(2) $y = x^3 - 3x^2 - x + 3$이라 하면, $y = x^2(x-3) - (x-3) = (x+1)(x-1)(x-3)$으로 인수분해가 된다. $y \geqq 0$인 범위를 찾으면 $x \geqq 3$ 또는 $-1 \leqq x \leqq 1$

연습문제 5.3

1. 모든 실수 x에 대하여 $x^2 - 2x + a$가 항상 0보다 크도록 a값의 범위를 구하여라.

2. 다음 부등식의 해를 구하여라.

(1) $x^2 - 2x - 3 \leqq 0$

(2) $-2x^3 - x^2 + x > 0$

3. 포물선 $y = x^2 - 3x - 10$과 직선 $y = 3x + b$가 만나지 않기 위한 b의 값의 범위를 구하여라.

4. 다음 함수의 최댓값과 최솟값을 구하여라.

(1) $y = x^3 - x^2 - 4x + 4 \ (x \leqq -2)$

(2) $y = \sqrt{2x+4} + 1 \ (0 \leqq x \leqq 2)$

5. $0 \leqq x \leqq 1$에서 이차함수 $y = x^2 - 2mx + m^2 + 1$의 최솟값이 5일 때, m의 값을 구하여라.

5.4 유리함수와 무리함수

함수 $y=f(x)$에서 $f(x)$가 x에 대한 유리식일 때, 즉 다항함수가 분수로 나타나면 **유리함수**라고 한다.

유리함수의 기본 형태는 $y=\frac{k}{x}(k\neq 0)$이다. 이 그래프에 대하여 아래의 성질이 성립한다.

유리함수 $y=\frac{k}{x}(k\neq 0)$의 그래프

(1) 정의역과 치역은 모두 0을 제외한 실수 전체의 집합이다.

(2) 원점에 대하여 대칭이다.

(3) 점근선이 x축, y축인 직각쌍곡선이다.

(4) $k>0$이면 그래프가 제 1, 3사분면에 있고, $k<0$이면 그래프가 제 2, 4사분면에 있다.

(5) $|k|$의 값이 클수록 곡선은 원점에서 멀어진다.

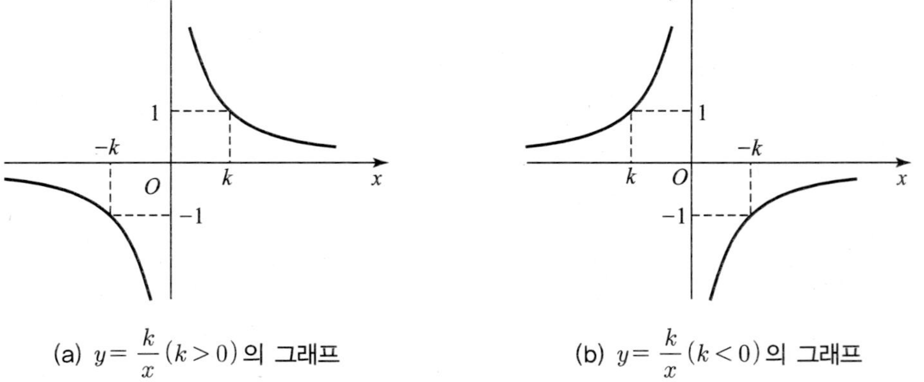

(a) $y=\frac{k}{x}(k>0)$의 그래프 (b) $y=\frac{k}{x}(k<0)$의 그래프

[그림 5.10]

일반적인 형태의 유리함수는 $y=\frac{ax+b}{cx+d}$이다. 이 경우에는 유리함수를 $y=\frac{k}{x-p}+q$ $(k\neq 0)$ 형태로 변형하여 위의 기본형태의 성질과 평행이동을 이용하여 그래프를 그리면 된다.

유리함수 $y=\dfrac{k}{x-p}+q\ (k\neq 0)$의 그래프

(1) 함수 $y=\dfrac{k}{x}$의 그래프를 x축의 방향으로 p만큼, y축의 방향으로 q만큼 평행이동한 것이다.

(2) 정의역은 $\{x \mid x\neq p$인 모든 실수$\}$, 치역은 $\{y \mid y\neq q$인 모든 실수$\}$이다.

(3) 점 (p, q)에 대하여 대칭이다.

(4) 점근선의 방정식은 $x=p$, $y=q$이다.

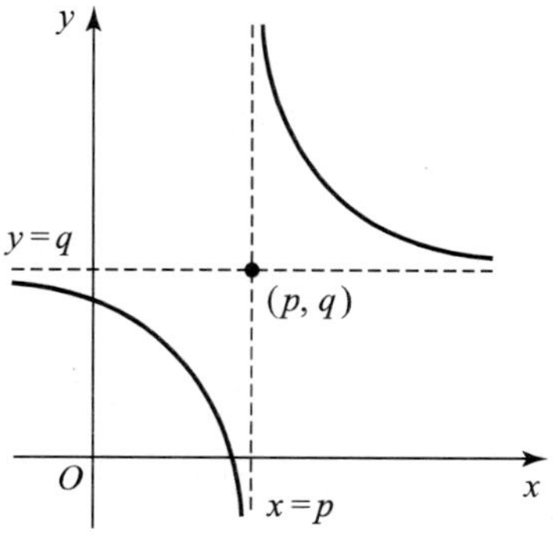

[그림 5.11]

예제 5.11 유리함수 $y=\dfrac{3}{x-2}+1$의 그래프를 그려라. 또한 정의역과 치역을 구하여라.

[풀이] 정의역 $\{x \mid x\neq 2$인 모든 실수$\}$, 치역 $\{y \mid y\neq 1$인 모든 실수$\}$

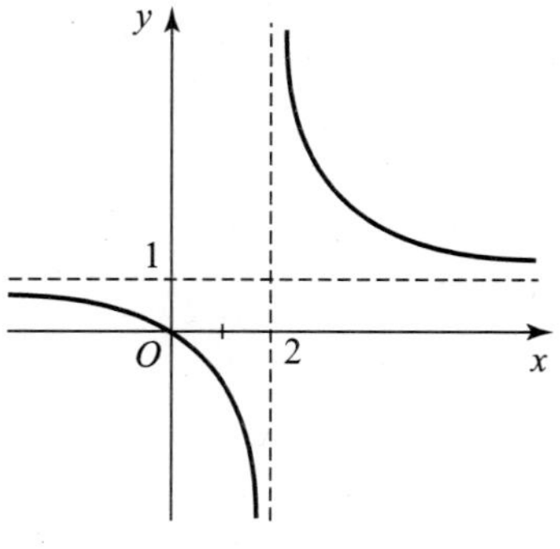

예제 5.12 유리함수 $y=\dfrac{2x-1}{-x+2}$의 그래프를 그려라. 또한 이 유리함수의 역함수를 구하여라.

[풀이] $y=\dfrac{2x-1}{-x+2}=\dfrac{3}{-x+2}-2$이므로 점근선은 $x=2,\ y=-2$이다.

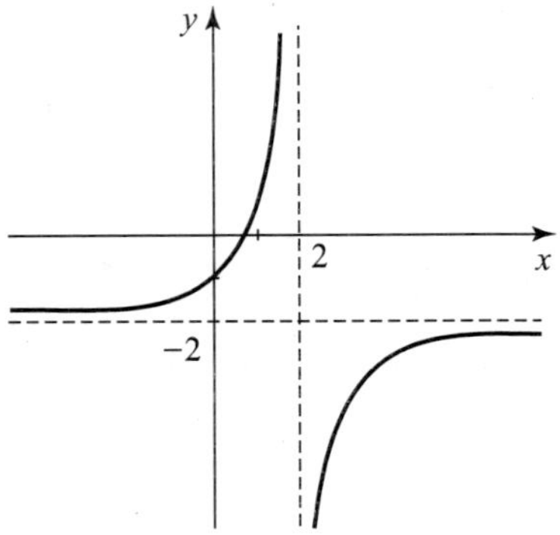

역함수는 $y=\dfrac{-3}{x+2}+2$이다.

무리함수

무리함수란 $y=f(x)$에서 $f(x)$가 x에 대한 무리식이 포함된 함수이다. 무리함수의 정의역은 근호 안의 값이 0 이상인 x의 범위를 구하면 된다.

무리함수 $y=\pm\sqrt{ax}\ (a\neq 0)$의 그래프

$y=\sqrt{ax}\ (a\neq 0)$

(1) $a>0$일 때 정의역은 $\{x\,|\,x\geqq 0\}$, 치역은 $\{y\,|\,y\geqq 0\}$이다.

(2) $a<0$일 때 정의역은 $\{x\,|\,x\leqq 0\}$, 치역은 $\{y\,|\,y\geqq 0\}$이다.

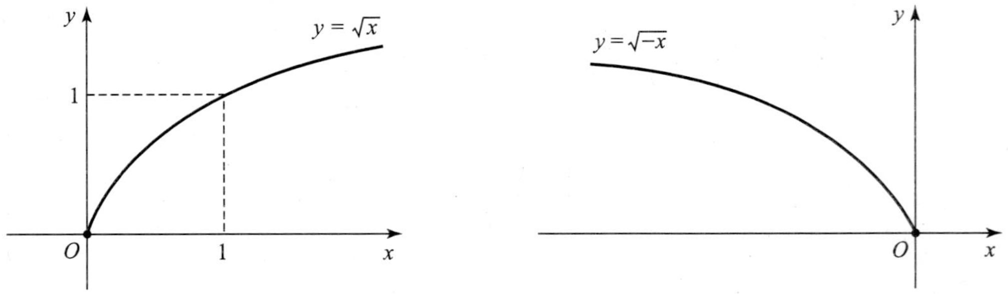

[그림 5.12]

$y = -\sqrt{ax}\ (a \neq 0)$

(1) $a > 0$일 때 정의역은 $\{x \mid x \geq 0\}$, 치역은 $\{y \mid y \leq 0\}$이다.

(2) $a < 0$일 때 정의역은 $\{x \mid x \leq 0\}$, 치역은 $\{y \mid y \leq 0\}$이다.

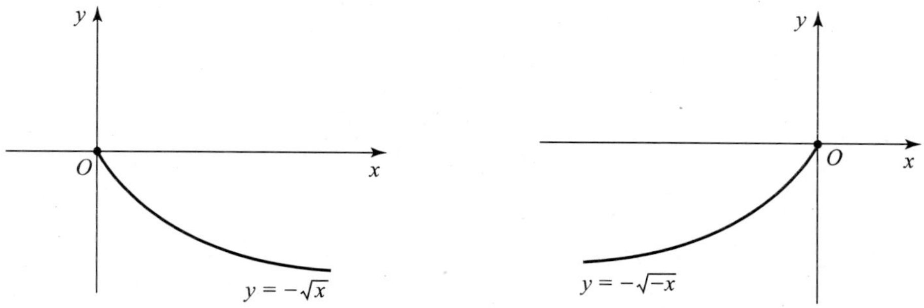

[그림 5.13]

무리함수 $y = \sqrt{a(x-p)} + q\ (a \neq 0)$의 그래프

(1) 함수 $y = \sqrt{ax}$의 그래프를 x축의 방향으로 p만큼, y축의 방향으로 q만큼 평행이동한 것이다.

(2) $a > 0$일 때, 정의역은 $\{x \mid x \geq p\}$, 치역은 $\{y \mid y \geq q\}$이다.
$a < 0$일 때, 정의역은 $\{x \mid x \leq p\}$, 치역은 $\{y \mid y \geq q\}$이다.

(3) $y = \sqrt{ax+b} + c$의 그래프는 $y = \sqrt{a(x-p)} + q$의 꼴로 변형하여 그린다.

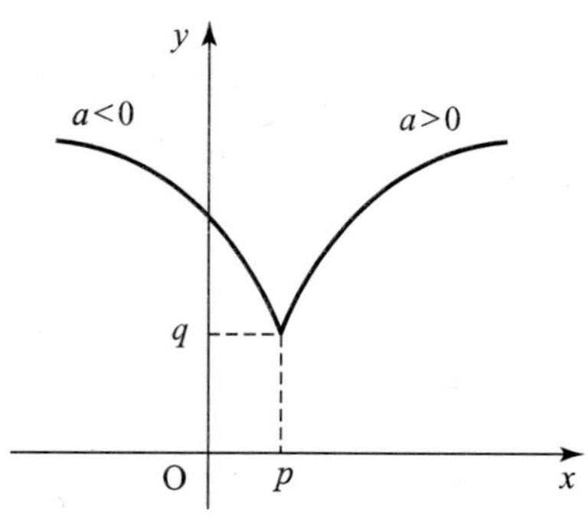

[그림 5.14]

예제 5.13 무리함수 $y = 2 - \sqrt{2x-4}$ 의 그래프를 그려라. 또한 정의역과 치역을 구하여라.

[풀이] 정의역은 $\{x \mid x \geq 2\}$, 치역은 $\{y \mid y \leq 2\}$ 이다.

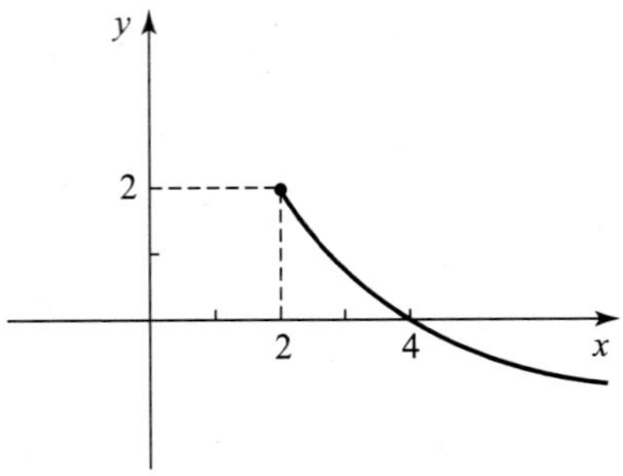

예제 5.14 무리함수 $y = \sqrt{x-2} + 1$ 의 역함수를 구하고, 역함수의 정의역과 치역을 구하여라.

[풀이] $y = \sqrt{x-2} + 1$ 의 역함수를 구하기 위해서 x에 관해서 푼다. 즉, $\sqrt{x-2} = y - 1$ 이다. 양변을 제곱한 후 x와 y를 바꾸면, $y = (x-1)^2 - 2$ 이다. 원함수의 치역은 $y \geq 1$ 이므로 역함수의 정의역은 $x \geq 1$ 이다. 또한 원함수의 정의역은 $x \geq 2$ 이므로, 역함수의 치역은 $y \geq 2$ 이다.

연습문제 5.4

1. 유리함수의 그래프를 그리고 정의역, 치역, 점근선의 방정식을 구하여라.

(1) $y=\dfrac{2x+1}{x-1}$

(2) $y=\dfrac{-3x+1}{x+1}$

2. 무리함수의 그래프를 그리고 정의역과 치역을 구하여라.

(1) $y=\sqrt{-2x-4}+1$

(2) $y=-\sqrt{x+2}+1$

3. 함수 $y=\dfrac{2x-1}{x-2}$에 대하여 다음 물음에 답하여라.

(1) 정의역이 $\{x|-1 \leqq x<2$ 또는 $2<x \leqq 3\}$일 때, 치역을 구하여라.

(2) 치역이 $\{y|y \leqq -1$ 또는 $y \geqq 3\}$일 때, 정의역을 구하여라.

4. 다음 함수의 역함수를 그리고, 역함수의 정의역과 치역을 구하여라.

(1) $y=\dfrac{2x+3}{x-1}$

(2) $y=2-\sqrt{x+1}$

5. 두 함수 $y=\sqrt{x-2}$와 $y=mx$의 그래프가 만날 때, 실수 m의 값의 범위를 구하여라.

6. $2 \leqq x \leqq 6$에서 함수 $y=\sqrt{x+1}-3$의 최댓값과 최솟값을 구하여라.

Chapter 06 Elementary Mathematics

방정식과 부등식

6.1 일차 · 이차방정식

6.1.1 일차방정식

등식의 미지수에 어떤 값을 대입해도 항상 성립하는 식을 **항등식**이라 하고, 특정값을 대입하였을 때에만 성립하는 식을 **방정식**이라 한다. 예를 들면, $x^2+2x+1=(x+1)^2$은 항등식이고, $2x+2=10$은 방정식이다. 주어진 방정식에서 등식을 만족시키는 미지수의 값을 방정식의 **해** 또는 **근**이라 하고, 해 전체의 집합을 **해집합**이라 하며 방정식의 해집합을 구하는 것을 **방정식을 푼다**라고 말한다.

실수 a, b에 대하여 $ax+b=0$을 일차방정식이라 하고 해는 다음과 같다.

$a \neq 0$이면 $x=-\dfrac{b}{a}$

$a=0$일 때, $b=0$이면 부정, 즉 모든 실수가 해가 되고,

$a=0$일 때, $b \neq 0$이면 불능, 즉 해가 존재하지 않는다.

예제 6.1 방정식 $a(x-2)=x+5$의 해를 구하여라.

[풀이] $ax-2a=x+5$

$x(a-1)=2a+5$

$$\therefore \begin{cases} a \neq 1, & x=\dfrac{2a+5}{a-1} \\ a=1, & x: \text{불능} \end{cases}$$

절댓값 기호가 포함되어 있는 방정식은 절댓값 기호 안의 값이 양수일 때와 음수일 때를 구분하여 풀어 주면 된다.

예제 6.2 다음 방정식을 풀어라.

$$|x-1| = -2x+3$$

[풀이] i) $x \geq 1$이면 $|x-1| \geq 0$이므로, $|x-1| = x-1$.

$$x-1 = -2x+3,\ 3x=4,\ x=\frac{4}{3}$$

ii) $x < 1$이면, $|x-1| = -(x-1)$

$$-x+1 = -2x+3,\ x=2$$

그러나 $x=2$는 $x<1$의 조건을 만족하지 못하므로 해가 될 수 없다.

$$\therefore x = \frac{4}{3}$$

6.1.2 이차방정식

방정식의 모든 항을 좌변으로 이항하여 정리하였을 때, (x에 관한 이차식)$=0$의 꼴로 나타내어지는 방정식을 x에 관한 **이차방정식**이라고 한다. 즉,

$$ax^2+bx+c=0 \text{ (단, } a \neq 0,\ a, b, c\text{: 상수)}$$

이차방정식의 풀이는 인수분해에 의한 풀이와 근의 공식을 이용하는 방법 두 가지가 있다.

인수분해에 의한 해법

이차방정식 $ax^2+bx+c=0\,(a \neq 0,\ a,\ b,\ c\text{: 상수})$이

$$(\alpha x-\beta)(rx-\delta)=0 \text{ (단, } \alpha, \gamma \neq 0)$$

과 같이 인수분해되었을 때, 두 근은

$$x = \frac{\beta}{\alpha} \text{ 또는 } x = \frac{\delta}{\gamma}$$

이다.

예제 6.3 다음 이차방정식을 풀어라.

(1) $x^2-3x+2=0$

(2) $5x^2-6x-27=0$

[풀이] (1) $x^2-3x+2=0$을 풀어 보면,

(좌변) $= x^2-3x+2=(x-1)(x-2)=0=$(우변)

$x-1=0$ 또는 $x-2=0$

$\therefore\ x=1$ 또는 $x=2$

(2) (좌변) $=5x^2-6x-27=(x-3)(5x+9)$

$(x-3)(5x+9)=0$, $x=3$ 또는 $x=-\dfrac{9}{5}$

근의 공식에 의한 해법

주어진 이차방정식이 인수분해되지 않거나 인수분해가 힘들 때, 완전제곱의 형태로 변형하여 해를 구할 수 있는데 그 식을 근의 공식이라 하고, 이 공식을 이용하여 이차방정식의 근을 구할 수 있다. 임의의 실수 a, b, c에 대하여 $ax^2+bx+c=0\,(a\neq 0)$을 풀어 보자. 좌변을 완전제곱의 형태로 변형하여 정리하면,

$$\begin{aligned}ax^2+bx+c &= a\left(x^2+\frac{b}{a}x+\frac{b^2}{4a^2}-\frac{b^2}{4a^2}\right)+c\\ &= a\left(x+\frac{b}{2a}\right)^2-\frac{b^2}{4a}+c\\ &= a\left(x+\frac{b}{2a}\right)^2-\left(\frac{b^2-4ac}{4a}\right)\end{aligned}$$

이다. $ax^2+bx+c=0\,(a\neq 0)$이므로

$$ax^2+bx+c=a\left(x+\frac{b}{2a}\right)^2-\left(\frac{b^2-4ac}{4a}\right)=0$$

이다. 이것을 x에 관해 풀어 보면,

$$a\left(x+\frac{b}{2a}\right)^2=\left(\frac{b^2-4ac}{4a}\right)$$

$a \neq 0$, 양변을 a로 나누어 정리하면,

$$\left(x+\frac{b}{2a}\right)^2=\left(\frac{b^2-4ac}{4a^2}\right)$$

$$\left(x+\frac{b}{2a}\right)=\pm\sqrt{\frac{b^2-4ac}{4a^2}}$$

$$x=-\frac{b}{2a}\pm\sqrt{\frac{b^2-4ac}{(2a)^2}}$$

$$\therefore\ x=\frac{-b\pm\sqrt{b^2-4ac}}{2a}$$

이다.

[이차방정식의 근의 공식]

(i) $ax^2+bx+c=0\,(a\neq 0)$의 근

$$x=\frac{-b\pm\sqrt{b^2-4ac}}{2a}$$

(ii) b의 계수가 2의 배수일 경우, $ax^2+2b'x+c=0\,(a\neq 0)$의 근

$$x=\frac{-(2b')\pm\sqrt{(2b')^2-4ac}}{2a}=\frac{-2(b')\pm 2\sqrt{(b')^2-ac}}{2a}=\frac{-(b')\pm\sqrt{(b')^2-ac}}{a}$$

예제 6.4 다음 이차방정식의 근을 구하여라.

(1) $x^2-4x+2=0$

(2) $2x^2+7x-3=0$

(3) $3x^2-3x+5=0$

[풀이] (1) $b=2b'=2(-2)\ \therefore b'=-2$

$$x=\frac{-(-2)\pm\sqrt{(-2)^2-2}}{1}=2\pm\sqrt{2}$$

(2) $x = \dfrac{-(7) \pm \sqrt{49+24}}{2(2)} = \dfrac{-7 \pm \sqrt{73}}{4}$

(3) $x = \dfrac{-(-3) \pm \sqrt{9-4(3)(5)}}{2(3)} = \dfrac{3 \pm \sqrt{51}\,i}{6}$ ■

6.1.3 이차방정식의 근의 판별

이차방정식의 풀이를 통해 근이 세 가지 형태로 구해진다는 것을 알 수 있다. 서로 다른 두 실근과 중근, 그리고 서로 다른 두 허근으로 나눌 수 있는데, 근의 종류를 결정하는 것은 근의 공식에 대입하여 풀어 본 결과 근의 공식에서 $\sqrt{b^2-4ac} = D$에 의하여 알 수 있다. $D>0$이면 서로 다른 두 실근을 갖고, $D=0$이면 중근, $D<0$이면 서로 다른 허근임을 알 수 있다. 이것을 즉 D를 우리는 **판별식**이라고 부른다.

예제 6.5 $x^2 + 2(3+\sqrt{2})x + 6\sqrt{2} + 1 = 0$

[풀이] $D = (3+\sqrt{2})^2 - (6\sqrt{2}+1) = 10 > 0$ 서로 다른 두 실근 ■

6.1.4 이차방정식의 근과 계수와의 관계

이차방정식에 있어서 근의 공식을 통해서 두 근과 이차방정식의 계수와의 관계를 간단히 살펴보면 다음과 같은 결과를 얻을 수 있다.

> 이차방정식 $ax^2 + bx + c = 0 (a \neq 0)$의 두 근 α, β를
>
> $$\alpha = \frac{-b+\sqrt{b^2-4ac}}{2a}, \quad \beta = \frac{-b-\sqrt{b^2-4ac}}{2a}$$
>
> 라 놓으면,
>
> $$\alpha+\beta = -\frac{b}{a}, \quad \alpha\beta = \frac{c}{a}, \quad |\alpha-\beta| = \frac{\sqrt{b^2-4ac}}{|a|} \quad (\text{단, } \alpha, \beta\text{는 실수})$$
>
> 이다.

위의 결과를 토대로 이차방정식은

$$ax^2+bx+c=a(x-\alpha)(x-\beta)=a(x^2-(\alpha+\beta)x+\alpha\beta)$$

이다. 우변을 전개하고 좌변과 계수비교를 하면,

$$\alpha+\beta=-\frac{b}{a},\quad \alpha\beta=\frac{c}{a}$$

이므로

$$ax^2+bx+c=a(x^2-(\alpha+\beta)x+\alpha\beta)=a\left(x^2+\frac{b}{a}x+\frac{c}{a}\right)$$

이다.

$a(x^2-(\alpha+\beta)x+\alpha\beta)=0$이고 $a\neq 0$으로 양변을 나누면,

> α,β를 두 근으로 하는 이차방정식은
>
> $$x^2-(\alpha+\beta)x+\alpha\beta=0$$

예제 6.6 이차방정식 $7x^2+2x-5=0$의 두 근을 α,β라 할 때, 다음 물음에 답하여라.

(1) $\alpha+\beta$　　(2) $\alpha\beta$　　(3) $\alpha-\beta$

[풀이] $a=7,\ b=2,\ c=-5$

(1) $\alpha+\beta=-\dfrac{b}{a}=-\dfrac{2}{7}$

(2) $\alpha\beta=\dfrac{c}{a}=-\dfrac{5}{7}$

(3) $|\alpha-\beta|=\dfrac{\sqrt{b^2-4ac}}{|a|}=\dfrac{\sqrt{144}}{7}=\dfrac{12}{7}$　　$\therefore\ \alpha-\beta=\pm\dfrac{12}{7}$

연습문제 6.1

1. x에 관한 방정식 $a(x+1)=x-1$을 풀어라.

2. 다음 주어진 방정식을 풀어라.

(1) $|3-2x|=-x+2$

(2) $|x-2|-|3-x|=0$

3. 다음 이차방정식을 풀어라.

(1) $6x^2+11x-7=0$

(2) $2x^2+7x-1=0$

(3) $3x^2-8x+2=0$

(4) $x^2+2|x-3|-2=0$

4. 다음 $2+\sqrt{3}$, $2-\sqrt{3}$을 두 근으로 하고 이차항의 계수가 1인 이차방정식을 구하여라.

5. 이차방정식 $(2m-1)x^2+4x-2=0$이 서로 다른 두 실근을 갖도록 상수 m의 범위를 정하여라.

6. 다음 x의 이차방정식이 k의 값에 관계없이 중근을 갖도록 상수 a, b의 값을 구하여라.

$$x^2-ax+a^2+ka+3k-b=0$$

7. 이차방정식 $x^2+ax+b=0$의 두 근을 $\alpha+1, \beta+1$이라 할 때, 이차방정식 $x^2-bx+a=0$의 두 근을 α, β라 한다.

(1) 상수 a, b를 구하여라.

(2) $\alpha^2+\beta^2$, $\alpha^3+\beta^3$을 구하여라.

6.2 고차방정식

삼차 이상인 방정식은 인수분해를 이용하거나 조립제법을 이용하여 근을 찾을 수 있다. 그러나 제시한 두 가지 방법이 되지 않을 때는 치환을 이용하며 쉽게 근을 찾을 수 있는 경우가 있다. 먼저 인수분해를 이용한 방정식의 풀이를 알아보자.

6.2.1 인수분해를 이용한 풀이

예제 6.7 다음 방정식을 풀어라.

(1) $x^3 - 1 = 0$

(2) $x^4 - 4x^2 = 0$

[풀이] (1) 인수분해를 이용하면,

(좌변) $= x^3 - 1 = (x-1)(x^2+x+1) = 0$

$x - 1 = 0$ 또는 $x^2 + x + 1 = 0$

$x = 1$ 또는 $x^2 + x + 1 = 0$은 근의 공식을 이용하면, $x = \dfrac{-1 \pm \sqrt{3}\,i}{2}$이다.

(2) 인수분해를 이용하면,

$$x^4 - 4x^2 = x^2(x^2 - 4) = x^2(x+2)(x-2) = 0$$

이므로 근은 $x = 0$(중근), 2, -2이다.

6.2.2 조립제법을 이용한 풀이

예제 6.8 다음 방정식을 풀어라.

(1) $x^3 + x^2 - 7x - 3 = 0$

(2) $x^4 - x^3 - x^2 + 7x - 6 = 0$

[풀이] 주어진 방정식의 좌변을 $p(x) = x^3 + x^2 - 7x - 3$이라 놓고, 계수를 써서 조립제법을 이용하여 풀 수 있다.

	1	1	−7	−3
−3		−3	6	3
	1	−2	−1	0

$p(x) = (x+3)(x^2-2x-1)$로 인수분해를 할 수 있다.

$p(x) = 0$인 해를 구하면, $x+3=0$ 또는 $x^2-2x-1=0$이다.

$x = -3$ 또는 $x = \dfrac{-(-2) \pm \sqrt{(-2)^2 - 4(-1)}}{2(1)} = \dfrac{2 \pm 2\sqrt{2}}{2} = 1 \pm \sqrt{2}$이다.

(2) 주어진 방정식의 좌변의 계수를 조립제법을 이용하여 풀 수 있다.

	1	−1	−1	7	−6
1		1	0	−1	6
	1	0	−1	6	0
−2		−2	4	−6	
	1	−2	3	0	

$$x^4 - x^3 - x^2 + 7x - 6 = (x-1)(x+2)(x^2-2x+3) = 0$$

해를 구하면, $x = 1, -2$ 또는 근의 공식을 이용하면, $x = 1 \pm \sqrt{1-3} = 1 \pm \sqrt{2}i$ 이다. ■

6.2.3 치환법을 이용한 풀이

예제 6.9 다음 방정식을 풀어라.

(1) $x^4 - 3x^2 + 2 = 0$

(2) $(x^2+3x-1)(x^2+3x-2) = 6$

[풀이] (1) $x^2 = X$라 하면, $X^2 - 3X + 2 = 0$이다. 이 식을 인수분해하면, $(X-2)(X-1) = 0$ 이므로 $X = 2$ 또는 $X = 1$이다.

$x^2 = 2$ 또는 $x^2 = 1$이므로,

$\therefore\ x = \pm\sqrt{2}$ 또는 $x = \pm 1$이다.

(2) $x^2 + 3x = X$라 하면, $(X-1)(X-2) = 6$이다. 이 식을 인수분해하면,

$$X^2 - 3X - 4 = (X-4)(X+1) = 0$$

이므로 $X = 4$ 또는 $X = -1$이다.

$x^2+3x=4$ 또는 $x^2+3x=-1$이다.

$x^2+3x-4=(x+4)(x-1)=0$이므로 해는 $x=-4, 1$이고,

$x^2+3x+1=0$이므로 근의 공식을 이용하여, $x=\frac{-3\pm\sqrt{5}}{2}$이다.

$\therefore x=-4, 1$ 또는 $x=\frac{-3\pm\sqrt{5}}{2}$이다.

연습문제 6.2

1. 다음 고차방정식을 풀어라.

(1) $x^3+5x+6=0$

(2) $x^4-8x=0$

(3) $(x+1)(x-1)(x-3)(x-5)-9=0$

(4) $\left(x-\dfrac{1}{x}\right)^2-2\left(x-\dfrac{1}{x}\right)-8=0$

(5) $x^3+3x^2+9x+27=0$

2. 방정식 $x^3-1=0$의 한 허근을 ω라 할 때, $(\omega-1)(\omega^2-2)-\omega^2$의 값을 구하여라.

3. 삼차방정식 $x^3+2x^2-6x-3=0$의 세 근을 α, β, γ라 할 때, 다음 각 식의 값을 구하여라.

(1) $\dfrac{1}{\alpha}+\dfrac{1}{\beta}+\dfrac{1}{\gamma}$

(2) $\alpha^3+\beta^3+\gamma^3$

(3) $(1+\alpha)(1+\beta)(1+\gamma)$

6.3 연립방정식

6.3.1 연립일차방정식

두 개 이상의 미지수를 포함하고 있는 방정식을 연립방정식이라고 한다. 이러한 연립방정식 중 차수가 일차인 연립방정식을 이원 연립일차방정식이라 한다. 이원 연립일차방정식은 미지수를 소거하여 해를 구할 수 있는데 그 방법에는 가감법, 대입법, 등치법이 있다. 같은 방법으로 미지수가 세 개이고 차수가 일차인 연립일차방정식, 즉 삼원 연립일차방정식은 한 변수를 소거하여 미지수 두 개를 포함하는 연립일차방정식으로 만든 후 푼다.

예제 6.10 다음 연립방정식을 풀어라.

(1) $\begin{cases} x+y+z=4 & \cdots\cdots ① \\ x-y-2z=3 & \cdots\cdots ② \\ x+2y-3z=-1 & \cdots\cdots ③ \end{cases}$

(2) $\begin{cases} x+y=4 & \cdots\cdots ① \\ y+z=3 & \cdots\cdots ② \\ z+x=-1 & \cdots\cdots ③ \end{cases}$

[풀이] (1) ①+② $\Rightarrow 2x-z=7$ $\cdots\cdots$ ④

$2\times$②+③$\Rightarrow 3x-7z=5$ $\cdots\cdots$ ⑤

$7\times$④−⑤$\Rightarrow 11x=44 \quad \therefore x=4$

$x=4$를 ④에 대입하면, $z=1$

$x=4,\ z=1$을 ①에 대입하면, $y=-1$이다.

$\therefore x=4,\ y=-1,\ z=1$

(2) ①+②+③을 하면, $2(x+y+z)=6,\ \therefore x+y+z=3$ $\cdots\cdots$ ④

④−① $\Rightarrow z=-1$, ④−② $\Rightarrow x=0$, ④−② $\Rightarrow y=4$

$\therefore x=0,\ y=4,\ z=-1$

6.3.2 연립이차방정식

연립방정식에서 차수가 가장 높은 것이 이차방정식일 경우, 연립이차방정식이라고 한다. 일차방정식의 한 문자에 관해 정리 후 이차방정식에 대입하여 푸는 형태와 이차방정식을 인수분해하면 일차식이 되는데, 이 일차방정식과 이차방정식을 연립하여 푸는 두 가지 형태로 나눌 수 있다.

예제 6.11 다음 연립방정식을 풀어라.

(1) $\begin{cases} x^2+y^2=10 \cdots\cdots ① \\ x-y=2 \quad \cdots\cdots ② \end{cases}$

(2) $\begin{cases} 2x^2-xy-3y^2=0 \cdots\cdots ① \\ 4x^2+y^2=40 \quad \cdots\cdots ② \end{cases}$

[풀이] (1) ② 식을 정리하면, $x-2=y$ ...... ③

③ 식을 ① 식에 대입하면, $x^2+(x-2)^2=10 \Rightarrow x^2-2x-3=0$으로 정리가 되고 이차방정식을 인수분해하면 $(x-3)(x+1)=0$, $x=-1$ 또는 $x=3$이다.

구한 x값을 ③ 식에 대입하면 다음과 같다.

$$\begin{cases} x=-1, & y=-3 \\ x=3, & y=1 \end{cases}$$

(2) ① 식을 인수분해하면, $2x^2-xy-3y^2=(x+y)(2x-3y)=0$

$$\therefore\ x=-y \text{ 또는 } x=\frac{3}{2}y$$

$x=-y \Rightarrow$ ② 식에 대입: $4y^2+y^2=5y^2=40$, $y^2=8 \Rightarrow y=\pm 2\sqrt{2}$

$x=\frac{3}{2}y \Rightarrow$ ② 식에 대입: $9y^2+y^2=10y^2=40$, $y^2=4 \Rightarrow y=\pm 2$

답: $x=\mp 2\sqrt{2}$, $y=\pm 2\sqrt{2}$, $x=\pm 3$, $y=\pm 2$

연습문제 6.3

1. 다음 연립방정식을 풀어라.

(1) $\begin{cases} x+2y+z=-1 \\ -x+2y+z=5 \\ -2x+3y+3z=6 \end{cases}$

(2) $\dfrac{x+y}{2}=\dfrac{-y+z}{4}=\dfrac{x-z}{6}=1$

(3) $\begin{cases} x^2-5xy+2y^2=4 \\ xy-4y^2=2 \end{cases}$

(4) $x^2-y=1,\ y^2-x=1$

(5) $\begin{cases} xy-x-y=-3 \\ x^2+y^2+xy=5 \end{cases}$

2. 어떤 일을 하는데 A, B 두 사람이 하면 2시간 30분이 걸리고, B, C 두 사람이 하면 2시간이 걸리며, C, A 두 사람이 하면 1시간 40분이 걸린다. A, B, C 세 사람이 할 때 걸리는 시간을 구하여라.

6.4 분수방정식과 무리방정식

6.4.1 분수방정식

분수식에 미지수가 있는 분수방정식과 다항식이 있는 방정식을 정방정식이라 하는데, 이를 통틀어 유리방정식이라고 한다. 분수방정식을 풀 때는 좌변과 우변에 분모의 최소공배수를 곱하여 풀 수 있고, 분모는 0이 아니어야 한다.

분수방정식

$$\frac{f(x)}{g(x)r(x)} = \frac{p(x)}{q(x)r(x)} \quad (\text{단, } g(x),\, q(x),\, r(x) \neq 0)$$

$g(x)$와 $q(x)$의 분모의 최소공배수 $l(x) = g(x)q(x)r(x)$를 곱한다.

$$\frac{f(x)}{g(x)r(x)} \times l(x) = \frac{p(x)}{q(x)r(x)} \times l(x)$$

정방정식으로 고친 후 우변을 이항하여 인수분해하면,

$$\{f(x)q(x) - p(x)g(x)\}r(x) = 0$$

$$\therefore\ f(x)q(x) = p(x)g(x) \ \text{ 또는 } \ r(x) = 0$$

이 된다.

그러나 가정에서 $r(x) \neq 0$이 아니라고 했으므로 분모가 0이 되는 **무연근**, 즉 $r(x)$가 포함될 수 있다.

분수방정식은 다음과 같은 순서로 풀 수 있다.

(1) 분수식의 분모의 최소공배수를 양변에 곱하여 정방정식으로 만든다.

(2) 정방정식을 인수분해하여 푼다.

(3) 정방정식의 무연근이 존재하는지 확인한다.

예제 6.12 분수방정식을 풀어라.

(1) $\dfrac{2}{x+1}+\dfrac{1}{x-1}=1$

(2) $\dfrac{1}{x}-\dfrac{3}{x^2-4}=\dfrac{-2}{x^2-2x}$

[풀이] (1) 분모의 최소공배수 $(x-1)(x+1)$을 곱하면,

$$2(x-1)+(x+1)=x^2-1 \quad \therefore x(x-3)=0, \quad x=0,3$$

(2) 분모의 최소공배수 $(x+2)(x-2)x$를 곱하면,

$$x^2-4-3x=-2(x+2), \quad x^2-x=x(x-1)=0 \quad \therefore x=0,1$$

그러나 $x=0$은 무연근이다. 따라서 근은 $x=1$이다. ■

위의 예에서 $x=0$과 같이 분모를 0이 되게 하는 근을 **무연근**이라 한다.

예제 6.13 다음 분수방정식을 풀어라.

(1) $\dfrac{1}{x+1}+\dfrac{1}{x+4}=\dfrac{1}{x+2}+\dfrac{1}{x+3}$

(2) $x^2-x=\dfrac{4}{x}-\dfrac{4}{x-1}+4$

[풀이] (1) 준 식을 정리하면,

$$\frac{1}{x+1}-\frac{1}{x+3}=\frac{1}{x+2}-\frac{1}{x+4} \qquad \therefore \frac{2}{(x+1)(x+3)}=\frac{2}{(x+2)(x+4)}$$

양변에 분모의 최소공배수 $(x+1)(x+2)(x+3)(x+4)$를 곱하면,

$$2(x+2)(x+4)=2(x+1)(x+3) \qquad \therefore x=-\frac{5}{2}$$

이것은 분수방정식의 분모를 0으로 하지 않으므로 근이다.

(2) 준 식을 정리하면,

$$x^2-x=\frac{4(x-1)-4x}{x^2-x}+4 \quad \therefore x^2-x=\frac{-4}{x^2-x}+4$$

$x^2 - x = X$로 치환하면, $X = \dfrac{-4}{X} + 4, \Rightarrow X^2 - 4X + 4 = 0 \quad \therefore (X-2)^2 = 0$

$x^2 - x = 2, \; x^2 - x - 2 = (x-2)(x+1) = 0 \quad \therefore x = 2, \; -1$

6.4.2 무리방정식

무리식에 미지수가 들어 있는 방정식을 무리방정식이라 하는데, 풀 때는 방정식의 각 항을 적당히 이항하여 양변을 제곱하여 근호를 벗겨 변형하여 푼다.

예제 6.14 다음 무리방정식 $\sqrt{x-1} = x - 3$을 풀어라.

[풀이] 양변을 제곱하여 정리하면,

$$(x-1) = (x-3)^2, \; x^2 - 7x + 10 = (x-2)(x-5) = 0 \quad \therefore x = 2, \; 5$$

(i) $x = 2$를 준 식에 대입하면, $1 \neq -1$이므로 방정식의 근이 아니다.

(ii) $x = 5$를 준 식에 대입하면, $2 = 2$이다.

$$\therefore x = 5$$

위의 예제에서 $x = 2$를 무연근이라고 한다. 무연근의 의미를 그래프를 통해 알아보자.

실제 그래프를 그려서 확인해 보면,

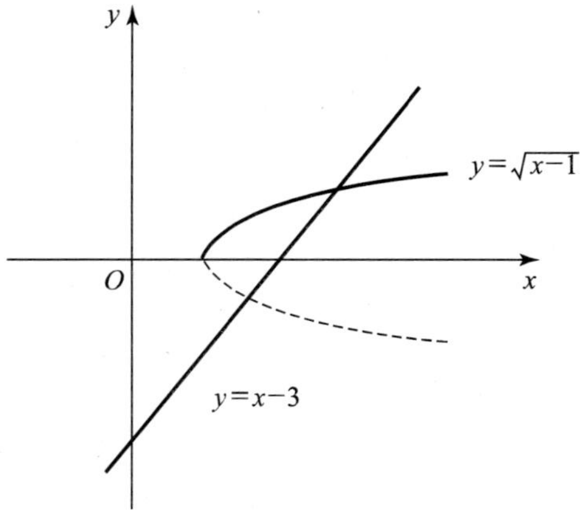

[그림 6.1]

준 식에 대한 그래프의 교점의 x좌표를 찾아보면 5이지만, $x=2$가 가리키는 부분은 $y=-\sqrt{x-1}$과 $y=x-3$의 교점의 x좌표이다. 그러므로 준 식을 만족하는 값이 아니므로 무연근임을 확인할 수 있다.

한 변에 두 개의 무리식이 있을 때는 하나의 무리식을 다른 변으로 이동하여 변형하여 푼다.

예제 6.15 다음 무리방정식을 풀어라.

$$\sqrt{x+4}-\sqrt{1-x}=1$$

[풀이] $\sqrt{x+4}=\sqrt{1-x}+1$. 양변을 제곱하면, $(x+4)=(1-x)+2\sqrt{1-x}+1$이다.

정리하면, $x+1=\sqrt{1-x} \Rightarrow (x+1)^2=(1-x) \quad x(x+3)=0 \quad \therefore x=0, -3$

(i) $x=0 \Rightarrow 1=1$이므로 근이다.

(ii) $x=-3 \Rightarrow -1=1$이므로 무연근이다.

$$\therefore x=0$$

연습문제 6.4

1. 다음 분수방정식을 풀어라.

(1) $\dfrac{1}{x}+\dfrac{3}{x(x-3)}=1$

(2) $\dfrac{2}{x+3}-\dfrac{1}{x-7}=\dfrac{1}{x-1}$

(3) $\dfrac{x^2}{x+2}+\dfrac{x+2}{x^2}=2$

2. 다음 무리방정식을 풀어라.

(1) $x^2-\sqrt{x^2-1}=3$

(2) $\sqrt{3x-8}-\sqrt{4-x}=2$

(3) $x^2-2x=\sqrt{x^2-2x-4}+6$

6.5 부등식

6.5.1 일차부등식

수나 식의 값의 대소관계를 나타낸 것을 부등식이라고 하는데, 부등식에는 문자에 어떤 값을 대입해도 항상 성립하는 절대부등식과, 부등식 중 문자에 특별한 범위의 값을 대입할 때만 성립하는 조건부등식이 있다. 부등식을 만족시키는 미지수의 값을 부등식의 해라 하고, 해 전체의 집합을 그 부등식의 해집합이라고 한다.

실수 a, b에 대하여 일차방정식 $ax = b$에서 등호 대신에 부등호를 넣으면 준 식이 $ax \geqq b$, $ax \leqq b$, $ax < b$, $ax > b$를 x에 대한 일차부등식이라고 한다.

일차부등식의 풀이는 부등식의 기본 성질을 이용하여 구할 수 있다.

[부등식의 기본 성질]

(1) $a \geqq b \Rightarrow a \pm c \geqq b \pm c$

(2) $a > 0,\ b > c \Rightarrow ab > ac$

(3) $a < 0,\ b < c \Rightarrow ab > ac$

(4) $b > a \Rightarrow \dfrac{1}{b} < \dfrac{1}{a}$ ($ab > 0$일 때)

일차부등식 $ax > b$의 해는 다음과 같다.

• $a \neq 0$일 때, $a > 0 \Rightarrow x > \dfrac{b}{a}$

$a < 0 \Rightarrow x < \dfrac{b}{a}$

• $a = 0$일 때, $b \geqq 0$이면 해는 없다

$b < 0$이면 x는 모든 실수

예제 6.16 다음 부등식을 풀어라.

(1) $ax+b > cx-d$

(2) $0 < |x-1| < 3$

(3) $|x-2|+|x+1| < 5$

[풀이] (1) $ax+b > cx-d$, $(c-a)x < b+d$

$$c > a \Rightarrow x < \frac{b+d}{c-a},\ c < a \Rightarrow x > \frac{b+d}{c-a}$$

$c=a$일 때, $b+d>0 \Rightarrow 0\cdot x < b+d$ $\therefore$ $b>-d$, x는 모든 실수

$b+d \leqq 0 \Rightarrow 0\cdot x < b+d$ $\therefore b \leqq -d$, x는 해가 없다.

(2) i) $x-1 \geqq 0$, $x \geqq 1$일 때,

$$|x-1| = x-1,\ 0 < x-1 < 3 \Rightarrow 1 < x < 4$$

ii) $x-1<0$, $x<1$일 때,

$$|x-1| = -x+1,\ 0 < -(x-1) < 3 \Rightarrow 0 > x-1 > -3,\ 1 > x > -2$$

$\therefore -2 < x < 1$

i), ii)의 합집합을 구하면, $-2 < x < 1$ 또는 $1 < x < 4$이다.

(3) i) $x-2 \geqq 0$, $x \geqq 2$일 때,

$$(x-2)+(x+1) < 5,\ 2x-1 < 5 \Rightarrow x < 3$$

$$\therefore 2 \leqq x < 3$$

ii) $x-2<0 \Rightarrow x<2$, $x+1 \geqq 0 \Rightarrow x \geqq -1$일 때, 즉 $-1 \leqq x < 2$,

$$-(x-2)+(x+1) < 5,\ \therefore 3 < 5$$

$\therefore -1 \leqq x < 2$일 때, 항상 성립.

iii) $x<-1$일 때, $-(x-2)-(x+1) < 5$, $\therefore x > -2$.

$x < -1$일 때, $x > -2$이므로, $-2 < x < -1$

i), ii), iii)의 합집합을 구하면, $-2 < x < 3$이다.

6.5.2 이차부등식

$ax^2+bx+c \geq 0 (a \neq 0)$, $ax^2+bx+c \leq 0 (a \neq 0)$ 꼴의 부등식을 이차부등식이라고 한다. 이차부등식은 부등식의 성질을 이용하여 풀 수 있다.

$$f(x)\cdot g(x)>0 \Leftrightarrow f(x)>0,\ g(x)>0 \text{ 또는 } f(x)<0,\ g(x)<0$$

$$f(x)\cdot g(x)<0 \Leftrightarrow f(x)>0,\ g(x)<0 \text{ 또는 } f(x)<0,\ g(x)>0$$

이차부등식은 먼저 모든 항을 좌변으로 이항하여 인수분해가 가능한지 알아본다. 다음 예를 통해 풀어보면,

$$x^2-2x-15 \geqq 0$$

주어진 좌변의 다항식을 $f(x)=x^2-2x-15$라 놓고, 인수분해하면 $f(x)=(x-5)(x+3)$이다. $f(x)=0$인 값을 찾아서 다음 표를 나누어 생각해보자.

x	$x<-3$	$x=-3$	$-3<x<5$	$x=5$	$x>5$
$x+3$	$-$	0	$+$	$+$	$+$
$x-5$	$-$	$-$	$-$	0	$+$
$f(x)$	$+$	0	$-$	0	$+$

$f(x)=0$인 $x=-3, 5$를 경계로 $f(x)$의 부호를 조사해 본 결과 만족하는 x의 범위는

$$x \leqq -3 \text{ 또는 } x \geqq 5$$

이다. 이것을 그림으로 표현해 보면 다음과 같다.

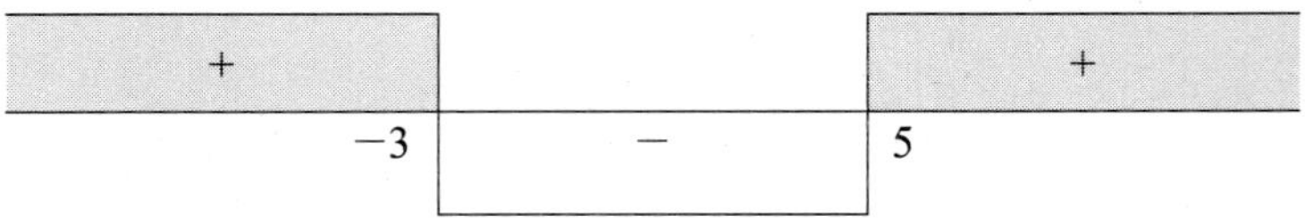

[그림 6.2]

마찬가지로 위의 예에서 부등호 방향이 바뀌었을 때 위의 표를 작성하여 간단히 살펴보면,

$$x^2-2x-15 \leqq 0$$

x의 범위는 $-3 \leqq x \leqq 5$이다.

위의 예를 통해 이차부등식의 풀이를 다음과 같이 정리할 수 있다.

[이차부등식 $ax^2+bx+c>0$, $ax^2+bx+c<0$의 풀이]

$D=b^2-4ac>0$일 때, 인수분해 후

α, β: 실수, $\alpha<\beta$일 때,

(1) $(x-\alpha)(x-\beta)>0 \iff x<\alpha$ 또는 $x>\beta$

(2) $(x-\alpha)(x-\beta)<0 \iff \alpha<x<\beta$

예제 6.17 다음 이차부등식을 풀어라.

(1) $x^2-5x>6$

(2) $-x^2+2x+35>0$

(3) $x^2<6x-3$

[풀이] (1) $x^2-5x-6>0$

$x^2-5x-6=(x-6)(x+1)>0$

$x<-1$ 또는 $6<x$

(2) $x^2-2x-35<0$

$(x-7)(x+5)<0$

$-5<x<7$

(3) $x^2-6x+3<0$, 여기서 $x^2-6x+3=0$의 근을 구하면, $x=3\pm\sqrt{6}$이므로

$(x-3-\sqrt{6})(x-3+\sqrt{6})<0 \quad \therefore 3-\sqrt{6}<x<3+\sqrt{6}$

6.5.3 절대부등식

두 식의 대소를 판정하는 데 다음 성질을 이용하면 된다.

(1) $f(x)>g(x) \iff f(x)-g(x)>0$

(2) $f(x)$, $g(x)\geq 0$일 때,

$$f(x)>g(x) \iff \{f(x)\}^2-\{g(x)\}^2>0$$

(3) $f(x)$, $g(x)>0$

$$f(x)>g(x) \iff \frac{f(x)}{g(x)}>1$$

6.5.4 고차부등식

삼차 이상의 다항식으로 된 부등식을 고차부등식이라고 한다. 고차부등식을 푸는 방법은 부등식의 성질을 이용하는 방법과 그래프를 이용하는 두 가지 방법이 있다.

예제 6.18 삼차부등식 $x^3-6x^2+11x-6<0$을 풀어라.

$f(x)=x^3-6x^2+11x-6$을 인수분해하면, $f(x)=(x-1)(x-2)(x-3)$이다.

$f(x)=0$인 값을 찾아서 다음 표를 나누어 생각해보자.

x	$x<1$	$x=1$	$1<x<2$	$x=2$	$2<x<3$	$x=3$	$x<3$
$x-1$	$-$	0	$+$	$+$	$+$	$+$	$+$
$x-2$	$-$	$-$	$-$	0	$+$	$+$	$+$
$x-3$	$-$	$-$	$-$	$-$	$-$	0	$+$
$f(x)$	$-$	0	$+$	0	$-$	0	$+$

$f(x)=0$인 $x=1, 2, 3$을 경계로 $f(x)$의 부호를 조사해 본 결과 만족하는 x의 범위는

$$x<1 \text{ 또는 } 2<x<3$$

이다. 이것을 그림으로 표현해 보면 다음과 같다.

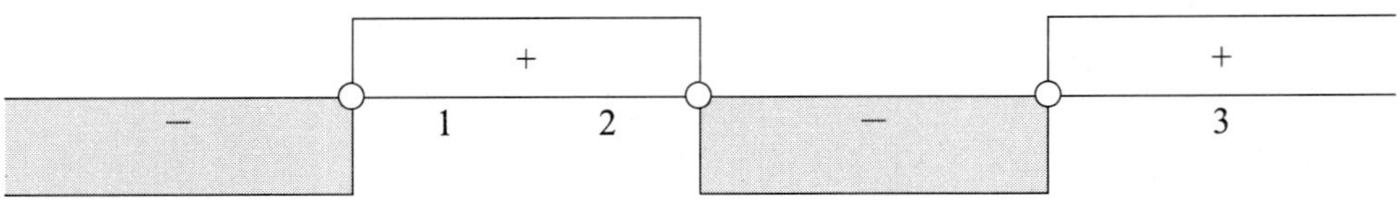

[그림 6.3]

[고차부등식의 풀이]

(1) 주어진 부등식의 모든 항을 좌변으로 이항하여 $f(x)\leqq 0$, $f(x)\geqq 0$의 꼴로 정리한다.

(2) $f(x)$를 실수 범위에서 인수분해한 후 부호를 조사하여 부등식의 해를 구한다.

예제 6.19 사차부등식 $-x^4+2x^3+x^2-2x\geqq 0$을 풀어라.

[풀이] 주어진 부등식을 -1로 나누면 부등호의 방향이 바뀌어 정리하면,

$$x^4-2x^3-x^2+2x \leqq 0$$

이 된다.

$f(x)=x^4-2x^3-x^2+2x$를 인수분해하면

$$f(x)=x(x+1)(x-1)(x-2) \leqq 0.$$

x의 범위를 구하면, $-1 \leqq x \leqq 0$ 또는 $1 \leqq x \leqq 2$이다.

6.5.5 분수부등식

분수식으로 된 부등식을 분수부등식이라고 한다. 분수부등식을 푸는 방법은 부등식의 모든 항을 좌변으로 이항하여 $f(x) \geqq 0$, $f(x) \leqq 0$으로 고친 후 통분하여 분모에 있는 다항식을 제곱하여 양변에 곱한 후 정리하여 부호를 조사한다.

예제 6.20 다음 분수부등식을 풀어라.

(1) $\dfrac{1+x}{1-x} \geqq 1$

(2) $\dfrac{1}{x} \leqq 1-\dfrac{3}{x(x-3)}$

[풀이] (1) $\dfrac{1+x-(1-x)}{1-x}=\dfrac{2x}{1-x} \geqq 0,\ 2x(x-1) \leqq 0 \quad x \neq 1$이므로, $0 \leqq x < 1$

(2) $\dfrac{1}{x}+\dfrac{3}{x(x-3)}-1 \leqq 0$을 정리하면,

$$\frac{x-3+3-x(x-3)}{x(x-3)} \leqq 0$$

$\dfrac{x(x-4)}{x(x-3)} \geqq 0 \Rightarrow x^2(x-4)(x-3) \geqq 0,\ x^2 \geqq 0$이고,

$x \neq 0,\ x \neq 3$이므로, $x < 0$ 또는 $0 < x < 3$ 또는 $4 \leqq x$

연습문제 6.5

1. 이차부등식을 풀어라.

(1) $x^2-3x-28 \leqq 0$

(2) $5x^2-3x-3 \geqq 3x^2+3x+5$

2. 고차부등식을 풀어라.

(1) $x^4+8x^3+15x^2 \geqq 0$

(2) $x^4-2x^3-x+2>0$

(3) $x^4-3x^3+x^2+3x-2<0$

3. 다음 부등식을 풀어라.

(1) $\dfrac{1}{x-1}+\dfrac{x+1}{2(x-1)}<\dfrac{1}{3}$

(2) $\dfrac{(x-1)(x+3)(x-2)^2}{(x+1)(x^2+2x+5)}<0$

(3) $2x-3 \leqq -\dfrac{1}{x}$

4. 다음 연립부등식을 풀어라.

$$\begin{cases} x^3-x^2-4x+4 \geqq 0 \\ x^2-5x+6<0 \end{cases}$$

Chapter

07 수열과 급수

Elementary Mathematics

7.1 등차수열과 등비수열

1, 3, 5, 7, ⋯, $2n-1$, ⋯과 같은 순서를 갖는 수의 배열을 **수열**(sequence)이라 하고 각각의 수를 그 수열의 **항**이라고 한다. 수열은 자연수 집합에서 정의된 함수로 생각할 수 있으며 함숫값

$$f(1),\ f(2),\ f(3),\ \cdots,\ f(n),\ \cdots$$

의 배열이라 할 수 있다. 간단히, $f(n)=a_n$이라 하면 수열은

$$a_1,\ a_2,\ \cdots,\ a_n,\ \cdots$$

과 같이 표현할 수 있다. 여기서 a_n은 수열의 모든 항을 결정하므로 **일반항**이라 하며 수열은 일반항을 이용하여 간단히 $\{a_n\}$으로 표현하기로 한다.

예제 7.1 다음 수열의 처음 네 항을 차례로 구하여라.

(1) $a_n = 2n+1$

(2) $b_n = \dfrac{(-1)^n}{n+1}$

(3) $c_n = 2^n$

(4) $d_{n+1} = d_n + 2n,\ d_1 = 3$

[풀이] (1) 3, 5, 7, 9

(2) $-\dfrac{1}{2},\ \dfrac{1}{3},\ -\dfrac{1}{4},\ \dfrac{1}{5}$

(3) $2,\ 4,\ 8,\ 16$

(4) $3,\ 5,\ 9,\ 15$

위의 예제 (4)에서처럼 이웃하는 항끼리의 관계식을 **점화식**이라고 한다.

수열 $1,\ 3,\ 5,\ 7,\ \cdots$과 같이 첫째항에 일정한 수를 더하여 얻어진 수열을 **등차수열**이라고 하며, 더하는 일정한 수를 등차수열의 **공차**라고 한다.

정리 7.1

첫째 항이 a이고 공차가 d인 등차수열의 일반항을 a_n이라고 하면

$$a_n = a + (n-1)d \quad (n \geq 1)$$

이다. 특히, 점화식은

$$a_{n+1} - a_n = d \qquad (n \geq 1)$$

이다.

예제 7.2 다음 등차수열의 일반항을 구하여라.

(1) $2,\ 5,\ 8,\ 11,\ \cdots$

(2) $4,\ -1,\ -6,\ -11,\ \cdots$

(3) $1,\ 1,\ 1,\ 1,\ \cdots$

[풀이] (1) $a_n = 3n - 1$

(2) $b_n = -5n + 9$

(3) $c_n = 1$

예제 7.3 제2항이 3, 제7항이 13인 등차수열의 일반항을 구하여라.

[풀이] 첫째 항을 a, 공차를 d라고 하면

$$a + d = 3,\ a + 6d = 13 \Rightarrow d = 2,\ a = 1 \Rightarrow a_n = 2n - 1$$

예제 7.4 $a_7 = 70$이고 $a_{10} = 61$인 등차수열 $\{a_n\}$은 몇 번째 항에서 처음으로 음수가 나오는가?

[풀이] $a+6d=70$, $a+9d=61$ 이므로 $d=-3$, $a=88 \Rightarrow a_n=-3n+91<0$

$\Rightarrow n>30$. ***. 따라서 31번 째 항부터 음수가 나온다. ■

세 수 a, x, b가 이 순서대로 등차수열을 이룰 때 x를 a와 b의 **등차중항**이라고 한다.

예제 7.5 a와 b의 등차중항을 구하여라.

[풀이] $\dfrac{a+b}{2}$ ■

예제 7.6 세 수 x, $2x+3$, $6x$가 이 순서대로 등차수열을 이룰 때 x의 값을 구하여라.

[풀이] $2(2x+3)=x+6x$ 이므로 $x=2$ ■

각 항의 역수들이 등차수열을 이룰 때 원래의 수열을 **조화수열**(harmonic sequence)이라고 한다.

예제 7.7 a, x, b가 이 순서대로 조화수열을 이룰 때 a와 b의 조화중항 x를 구하여라.

[풀이] $x=\dfrac{2ab}{a+b}$ ■

예제 7.8 조화수열 $6,\ 3,\ 2,\ \dfrac{3}{2},\ \cdots$ 의 일반항을 구하여라.

[풀이] 역수가 등차수열 $\dfrac{n}{6}$ 이므로 일반항은 $\dfrac{6}{n}$ 이다. ■

정리 7.2

첫째 항이 a이고 공차가 d인 등차수열의 처음 n항까지의 합 s_n은 다음과 같다.

$$s_n=\frac{n\{2a+(n-1)d\}}{2}$$

예제 7.9 다음 등차수열의 합을 구하여라.

(1) $3+5+7+\cdots+21$

(2) $15+12+9+\cdots+(-6)$

[풀이] (1) 첫째 항이 3이고 공차가 2인 등차수열의 10항까지의 합이므로

$$\frac{10(2 \cdot 3+9 \cdot 2)}{2}=120$$

이다.

(2) 첫째 항이 15이고 공차가 -3인 등차수열의 8항까지의 합이므로

$$\frac{8 \cdot (2 \cdot 15+7 \cdot (-3))}{2}=36$$

이다. ▬

예제 7.10 첫째 항이 a이고 제n항이 l인 등차수열의 처음 n항까지의 합을 구하여라.

[풀이] $\frac{n(a+l)}{2}$ ▬

예제 7.11 처음 13항까지의 합이 52이고 처음 20항까지의 합이 -60인 등차수열의 처음 30항까지의 합을 구하여라.

[풀이] 첫째 항을 a라 하고 공차를 d라고 하면

$$s_{13}=\frac{13(2a+12d)}{2}=52,\ s_{20}=\frac{20(2a+19d)}{2}=-60$$

이므로 정리하면, $a+6d=4,\ 2a+19d=-6$이다.

연립방정식을 풀면, $d=-2,\ a=16$이므로

$$s_{30}=\frac{30(2 \cdot 16+29 \cdot (-2))}{2}=-390$$

이다. ▬

수열 2, 4, 8, 16, ⋯과 같이 첫째 항에 일정한 수를 곱하여 얻어진 수열을 **등비수열**이라 하고 곱하는 일정한 수를 그 수열의 **공비**라고 한다.

정리 7.3

첫째 항이 a이고 공비가 r인 등비수열의 일반항을 a_n이라고 하면

$$a_n=ar^{n-1}(n \geq 1)$$

이다. 특히, 점화식은

$$\frac{a_{n+1}}{a_n} = r \ (n \geq 1) \text{ 또는 } a_{n+1} = r \cdot a_n$$

이다.

예제 7.12 다음 등비수열의 일반항을 구하여라.

(1) $2, \ -4, \ 8, \ -16, \ \cdots$

(2) $108, \ 36, \ 12, \ 4, \ \cdots$

(3) $x^2, \ x^5, \ x^8, \ x^{11}, \ \cdots \quad (x > 0)$

[풀이] (1) $a_n = 2(-2)^{n-1} = (-1)^{n-1}2^n$

(2) $b_n = 108\left(\frac{1}{3}\right)^{n-1} = 108 \cdot 3^{1-n} = 4 \cdot 3^{4-n}$

(3) $c_n = x^2(x^3)^{n-1} = x^{3n-1}$

예제 7.13 제2항이 9이고 제5항이 243인 등비수열의 일반항을 구하여라.

[풀이] 첫째 항을 a, 공비를 r이라고 하면, $ar = 9$이고 $ar^4 = 243$이므로 $r = 3, \ a = 3$이다.

예제 7.14 $a_3 = 2$이고 $a_7 = 162$인 등비수열 a_n은 몇째 항부터 100000보다 커지는가?(공비는 양수로 가정)

[풀이] 첫째 항을 a, 공비를 r이라고 하면, $ar^2 = 2$이고 $ar^6 = 162$이므로 $r = 3, \ a = \frac{2}{9}$이다. $a_n = \frac{2}{9} \cdot 3^{n-1} = 2 \cdot 3^{n-3} > 100000$을 풀면, $n > 10.\times\times\times$이므로 11번째 항부터 100000보다 커진다.

세 수 $a, \ x, \ b$가 이 순서대로 등비수열을 이룰 때 x를 a와 b의 **등비중항**이라 한다.

예제 7.15 두 양수 a와 b의 등비중항을 구하여라.

[풀이] a, x, b 가 공비가 r인 등비수열이라면 $x = ar, \ x = \frac{b}{r}$이므로 $x^2 = ab$이다. 따라서 $x = \pm\sqrt{ab}$ 이다.

예제 7.16 $x, \ x+12, \ 9x$가 등비수열을 이룰 때 x를 구하여라.(단, $x > 0$)

[풀이] $(x+12)^2 = 9x^2$이므로 $x=6$이다.

예제 7.17 세 수 8, x, y는 등차수열을 이루고 세 수 x, y, 36은 등비수열을 이룰 때, 양수 x, y를 구하여라.

[풀이] $2x = 8+y$이고 $y^2 = 36x$이므로 대입하면, $(2x-8)^2 = 36x$이므로 $x=1, 16$이다. 이때 $y=-6, 24$이므로 $x=16$, $y=24$이다.

> **정리 7.4**
> 첫째 항이 a이고 공비가 r인 등비수열의 처음 n항까지의 합 s_n은 다음과 같다.
>
> $$s_n = \begin{cases} \dfrac{a(1-r^n)}{1-r} & (r \neq 1) \\ na & (r=1) \end{cases}$$

예제 7.18 다음 등비수열의 합을 구하여라.

(1) $3+6+12+24+\cdots$ (제 10 항 까지)

(2) $1+\dfrac{1}{3}+\dfrac{1}{9}+\cdots$ (제 n 항까지)

(3) $\sqrt{2}-2+2\sqrt{2}-\cdots$ (제 10항 까지)

[풀이] (1) $s_{10} = \dfrac{3(1-2^{10})}{1-2} = 3069$

(2) $s_n = \dfrac{1\cdot\left\{1-\left(\dfrac{1}{3}\right)^n\right\}}{1-\dfrac{1}{3}} = \dfrac{3}{2}\left\{1-\left(\dfrac{1}{3}\right)^n\right\}$

(3) $s_{10} = \dfrac{\sqrt{2}\{1-(-\sqrt{2})^n\}}{1+\sqrt{2}} = -62+31\sqrt{2}$

예제 7.19 처음 5항까지의 합이 1 이고 처음 10항까지의 합이 3인 등비수열의 처음 15항까지의 합을 구하여라.

[풀이] 첫째 항을 a, 공비를 r이라고 하면 $s_5 = \dfrac{a(1-r^5)}{1-r} = 1$, $s_{10} = \dfrac{a(1-r^{10})}{1-r} = 3$이므로 $1+r^5 = 3$, 즉 $r^5 = 2$이다. 따라서 $s_{15} = \dfrac{a(1-r^{15})}{1-r} = \dfrac{a(1-r^5)(1+r^5+r^{10})}{1-r} = 7$이다.

예제 7.20 처음 n항까지의 합이 $s_n = 10^n - 1$인 수열의 일반항 a_n을 구하여라.

[풀이] $a_n = s_n - s_{n-1} = (10^n - 1) - (10^{n-1} - 1) = 9 \cdot 10^{n-1}$ $(n \geq 2)$ 또한 $s_1 = 9 = a_1$이므로 $a_n = 9 \cdot 10^{n-1}$ $(n \geq 1)$ ■

연습문제 7.1

1. 다음 수열의 일반항 a_n을 구하여라.

(1) $4,\ 7,\ 10,\ 13,\ \cdots$

(2) $2,\ \frac{3}{2},\ 1,\ \frac{1}{2},\ \cdots$

(3) $-1,\ 1,\ -1,\ 1,\ \cdots$

(4) $-3,\ 1,\ -\frac{1}{3},\ \frac{1}{9},\ \cdots$

2. 다음 수열의 주어진 항까지의 합을 구하여라.

(1) $1+3+5+\cdots+19$

(2) $3+5+7+\cdots$ (10항까지의 합)

(3) $\sqrt{2}+2+2\sqrt{2}+\cdots$ (10항까지의 합)

(4) $6+18+54+\cdots$ (n항까지의 합)

3. 첫째 항부터 제n항까지의 합이 $s_n = 2n^2 - n - 1$인 등차수열 $\{a_n\}$에서 $a_1 + a_3 + a_5$의 값을 구하여라.

4. 세 수 $x-2,\ x^2-1,\ 2x+5$가 이 순서대로 등차수열을 이룰 때 x의 값을 구하여라.

5. 네 수 $\frac{1}{4},\ x,\ y,\ \frac{1}{13}$이 조화수열을 이룰 때 $\frac{1}{x}+\frac{1}{y}$을 구하여라.

6. 등비수열을 이루는 세 수의 합이 26이고 곱이 216일 때, 이 세 수를 구하여라.

7. 세 수 $2,\ a,\ b$가 이 순서대로 등비수열을 이루고 세 수 $a,\ b,\ 30$이 이 순서대로 등차수열을 이룰 때 양수 a와 b를 구하여라.

8. 첫째 항이 2이고 공비가 2인 등비수열 $\{a_n\}$에 대하여 $\log_2 a_1 + \log_2 a_2 + \cdots + \log_2 a_{10}$의 값을 구하여라.

9. 매년 초에 10000원씩 연이율 8%의 복리로 10년간 적립하였을 때 10년 후의 원리합계를 구하여라. (단, $1.08^{10} \fallingdotseq 2.16$)

10. 삼차방정식 $x^3 - 3x^2 - 6x + k = 0$의 세 근 α, β, γ가 이 순서대로 등비수열을 이룰 때, k의 값을 구하여라.

7.2 합의 기호

수열 a_1, a_2, a_3, $\cdots$, a_n에서 첫째 항부터 제n항까지의 합을 다음과 같이 기호 $\sum$를 이용하여 나타내면 편리하다.

$$a_1 + a_2 + \cdots + a_n = \sum_{k=1}^{n} a_k$$

이때 k 대신 다른 문자를 써도 된다. $\sum$는 알파벳 S에 해당하는 그리스 문자로서 **시그마**(sigma)라고 읽는다.

예제 7.21 다음 합을 $\sum$를 이용하여 나타내어라.

(1) $2+4+8+\cdots+2^n$

(2) $3+3+3+3+3$

(3) $1^2+3^2+5^2+\cdots+121^2$

[풀이] (1) $\sum_{k=1}^{n} 2^k$ (2) $\sum_{k=1}^{5} 3$ (3) $\sum_{k=1}^{61} (2k-1)$

정리 7.5

$\{a_n\}$과 $\{b_n\}$은 임의의 수열이고 c는 상수일 때

(1) $\sum_{k=1}^{n} (a_k + b_k) = \sum_{k=1}^{n} a_k + \sum_{k=1}^{n} b_k$

(2) $\sum_{k=1}^{n} ca_k = c\sum_{k=1}^{n} a_k$

(3) $\sum_{k=1}^{n} c = cn$

예제 7.22 $\sum_{k=1}^{10} a_k = 2$이고 $\sum_{k=1}^{10} a_k^2 = 5$일 때 $\sum_{k=1}^{10} (a_k+2)^2$의 값을 구하여라.

[풀이] $\sum_{k=1}^{10} (a_k+2)^2 = \sum_{k=1}^{10} (a_k^2+4a_k+4) = \sum_{k=1}^{10} a_k^2 + 4\sum_{k=1}^{10} a_k + \sum_{k=1}^{10} 4 = 5+4\cdot 2+40 = 53$

정리 7.6 Σ 용법

n이 자연수일 때

(1) $\displaystyle\sum_{k=1}^{n} k = \frac{n(n+1)}{2}$

(2) $\displaystyle\sum_{k=1}^{n} k^2 = \frac{n(n+1)(2n+1)}{6}$

(3) $\displaystyle\sum_{k=1}^{n} k^3 = \left\{\frac{n(n+1)}{2}\right\}^2$

예제 7.23 다음 합을 구하여라.

(1) $\displaystyle\sum_{k=1}^{10} (2k+1)$

(2) $\displaystyle\sum_{k=1}^{5} (3^k+2)$

(3) $\displaystyle\sum_{k=1}^{10} (k+1)(2k-1)$

(4) $\displaystyle\sum_{k=3}^{7} k^2$

[풀이] (1) $\displaystyle\sum_{k=1}^{10} (2k+1) = 2\sum_{k=1}^{10} k + \sum_{k=1}^{10} 1 = 2 \cdot \frac{10(10+1)}{2} + 10 = 120$

(2) $\displaystyle\sum_{k=1}^{5} (3^k+2) = \sum_{k=1}^{5} 3^k + \sum_{k=1}^{5} 2 = \frac{3(3^5-1)}{3-1} + 10 = 373$

(3) $\displaystyle\sum_{k=1}^{10} (k+1)(2k-1) = \sum_{k=1}^{10} (2k^2+k-1) = 2\sum_{k=1}^{10} k^2 + \sum_{k=1}^{10} k - \sum_{k=1}^{10} 1 = 815$

(4) $\displaystyle\sum_{k=3}^{7} k^2 = \sum_{k=1}^{7} k^2 - \sum_{k=1}^{2} k^2 = \frac{7 \cdot 8 \cdot 15}{6} - \frac{2 \cdot 3 \cdot 5}{6} = 140 - 5 = 135$ ■

예제 7.24 다음 합을 구하여라.

(1) $1 \times n + 2(n-1) + 3(n-2) + \cdots + (n-1)2 + n \times 1$

(2) $\displaystyle\sum_{m=1}^{n} \left\{\sum_{k=1}^{m} k\right\}$

(3) $\sum_{k=1}^{n} \frac{1}{k(k+2)}$

[풀이] (1) $\sum_{k=1}^{n} k(n-k+1) = -\sum_{k=1}^{n} k^2 + (n+1)\sum_{k=1}^{n} k = \frac{n(n+1)(2n+1)}{6}$

(2) $\sum_{m=1}^{n} \frac{m(m+1)}{2} = \frac{1}{2}\left\{\sum_{m=1}^{n} m^2 + \sum_{m=1}^{n} m\right\} = \frac{n(n+1)(2n+1)}{6}$

(3) $\sum_{k=1}^{n} \frac{1}{2}\left(\frac{1}{k} - \frac{1}{k+2}\right) = \frac{1}{2}\sum_{k=1}^{n}\left(\frac{1}{k} - \frac{1}{k+2}\right) = \frac{1}{2}\left(1 + \frac{1}{2} - \frac{1}{n+1} - \frac{1}{n+2}\right)$

$= \frac{n(3n+5)}{4(n+1)(n+2)}$ ■

연습문제 7.2

1. 다음 급수를 $\sum$를 사용하여 나타내어라.

(1) $2+5+8+\cdots+(3n-1)$

(2) $1+3+5+\cdots+25$

2. 다음 급수를 구하여라.

(1) $1^2+4^2+7^2+\cdots+28^2$

(2) $\dfrac{1}{3^2-1}+\dfrac{1}{5^2-1}+\dfrac{1}{7^2-1}+\cdots+\dfrac{1}{21^2-1}$

(3) $\dfrac{1}{\sqrt{3}+1}+\dfrac{1}{\sqrt{4}+\sqrt{2}}+\dfrac{1}{\sqrt{5}+\sqrt{3}}+\cdots+\dfrac{1}{\sqrt{50}+\sqrt{48}}$

(4) $\dfrac{1}{2}+\dfrac{2}{2^2}+\dfrac{3}{2^2}+\cdots+\dfrac{10}{2^{10}}$

(5) $1\cdot 3+2\cdot 5+3\cdot 7+\cdots+10\cdot 21$

3. $\displaystyle\sum_{i=1}^{10}\sum_{j=1}^{i}(j+1)$의 값을 구하여라.

4. $\displaystyle\sum_{k=1}^{n}a_k=n^2+3n$일 때 a_{100}을 구하여라.

5. 수열 $1,\ \dfrac{1}{2},\ \dfrac{2}{2},\ \dfrac{1}{3},\ \dfrac{2}{3},\ \dfrac{3}{3},\ \dfrac{1}{4},\cdots$에서 $\dfrac{10}{11}$은 몇 째 항인가?

6. 수열 $4,\ 6,\ 10,\ 18,\ 34,\ \cdots$의 첫째 항부터 제$n$항까지의 합을 s_n이라 할 때, $s_n=a\cdot 2^n+bn+c$이다. $a,\ b,\ c$를 구하여라.

7. $\displaystyle\sum_{k=1}^{n}(k+2)^2-\sum_{k=3}^{n}(k^2+4)=157$을 만족하는 자연수 n을 구하여라.

8. $\sum_{k=1}^{n} a_k = n^2 + 2n$일 때, $\sum_{k=1}^{2n} a_{2k}$를 구하여라.

9. $7 + 77 + 777 + \cdots$의 제n항까지의 합을 구하여라.

10. 자연수 n에 대하여 7^n의 일의 자릿수를 a_n이라 하자. $\sum_{k=1}^{n} a_k = s_n$이라 할 때, s_{20}을 구하여라.

7.3 수열의 극한

수열 $\left\{\frac{1}{n}\right\}$은 n이 커질수록 0에 한없이 가까워짐을 알 수 있다. 반면에 수열 $\{(-1)^n\}$은 n이 커지더라도 어느 특정한 값으로 다가가지 않음을 알 수 있다. 이처럼 수열은 특정한 값에 한없이 다가가는 경우도 있고 그렇지 않은 경우도 있다. 이를 다음과 같이 표현하자.

수열 $\{a_n\}$이 어떤 수 l에 한없이 다가갈 때, $\{a_n\}$은 l에 **수렴한다**(converge)고 하고 l을 $\{a_n\}$의 **극한값**(limit)이라고 하며 $\lim\limits_{n\to\infty} a_n = l$로 표현한다. 수열 $\{a_n\}$이 어떤 수로도 수렴하지 않을 때 $\{a_n\}$은 **발산한다**(diverge)고 한다. 특히, 수열 $\{a_n\}$이 n이 커짐에 따라 한없이 커지거나 반대로 한없이 작아질 때 이 수열은 **정발산**(properly divergent)한다고 하며 $\lim\limits_{n\to\infty} a_n = \infty$ 또는 $\lim\limits_{n\to\infty} a_n = -\infty$로 표현한다. 그 이외의 발산은 **진동한다**고 한다.

예제 7.25 다음 수열의 수렴, 발산을 조사하여라.

(1) $\left\{\frac{3}{n}\right\}$

(2) $\left\{\frac{n}{n+2}\right\}$

(3) $\left\{\frac{2n}{n+1}\right\}$

(4) $\{n^2\}$

(5) $\left\{\frac{n}{n^2+1}\right\}$

[풀이] (1) 수렴 (2) 수렴 (3) 수렴 (4) 발산 (5) 수렴

예제 7.26 다음 수열의 극한값을 추정하여라.

(1) $\left\{\frac{2n-3}{n}\right\}$

(2) $\left\{\left(\frac{1}{2}\right)^n\right\}$

(3) $\{n^2-n\}$

(4) $\left\{(-1)^n \cdot \frac{1}{n}\right\}$

[풀이] (1) 2 (2) 0 (3) ∞ (4) 0

정리 7.7

두 수열 $\{a_n\}$와 $\{b_n\}$이 수렴하면 다음이 성립한다.

(1) $\lim_{n\to\infty} ka_n = k\lim_{n\to\infty} a_n$ (k는 상수)

(2) $\lim_{n\to\infty} (a_n + b_n) = \lim_{n\to\infty} a_n + \lim_{n\to\infty} b_n$

(3) $\lim_{n\to\infty} a_n b_n = \lim_{n\to\infty} a_n \cdot \lim_{n\to\infty} b_n$

(4) $\lim_{n\to\infty} \frac{a_n}{b_n} = \frac{\lim_{n\to\infty} a_n}{\lim_{n\to\infty} b_n}$ (단, $\lim_{n\to\infty} b_n \neq 0$)

예제 7.27 다음 극한값을 구하여라.

(1) $\lim_{n\to\infty} \frac{n+2}{2n+1}$

(2) $\lim_{n\to\infty} \frac{2n^2+3n+1}{n^2+n}$

(3) $\lim_{n\to\infty} \frac{2n^2+3n}{n+1}$

(4) $\lim_{n\to\infty} \frac{3n}{n^2+1}$

[풀이] (1) 준식 $= \lim_{n\to\infty} \frac{1+\frac{1}{n}}{2+\frac{1}{n}} = \frac{1}{2}$

(2) 준식 $= \lim_{n\to\infty} \frac{2+\frac{3}{n}+\frac{1}{n^2}}{1+\frac{1}{n}} = 2$

(3) 준식 $= \lim_{n\to\infty} \dfrac{2n+3}{1+\dfrac{1}{n}} = \infty$

(4) 준식 $= \lim_{n\to\infty} \dfrac{\dfrac{3}{n}}{1+\dfrac{1}{n^2}} = 0$

예제 7.28 다음 극한값을 구하여라.

(1) $\lim_{n\to\infty} (\sqrt{n^2+n} - n)$

(2) $\lim_{n\to\infty} (n^2 - n^3)$

(3) $\lim_{n\to\infty} \dfrac{1}{\sqrt{n+1} - \sqrt{n}}$

[풀이] (1) $\lim_{n\to\infty} \dfrac{(\sqrt{n^2+n}-n)(\sqrt{n^2+n}+n)}{\sqrt{n^2+n}+n} = \lim_{n\to\infty} \dfrac{n}{\sqrt{n^2+n}+n}$

$$= \lim_{n\to\infty} \frac{1}{\sqrt{1+\dfrac{1}{n}}+1} = \frac{1}{2}$$

(2) $\lim_{n\to\infty} n^3\left(\dfrac{1}{n} - 1\right) = -\infty$

(3) $\lim_{n\to\infty} \dfrac{\sqrt{n+1}+\sqrt{n}}{(\sqrt{n+1}-\sqrt{n})(\sqrt{n+1}+\sqrt{n})} = \lim_{n\to\infty} (\sqrt{n+1}+\sqrt{n}) = \infty$

정리 7.8

등비수열 $\{r^n\}$에 대하여

(1) $|r| < 1$이면 $\lim_{n\to\infty} r^n = 0$

(2) $r = 1$이면 $\lim_{n\to\infty} r^n = 1$

(3) $r = -1$이면 발산한다.

(4) $|r| > 1$이면 발산한다.

예제 7.29 다음 극한값을 구하여라.

(1) $\lim_{n\to\infty}\left(\frac{1}{2}\right)^{n+1}$

(2) $\lim_{n\to\infty}\frac{2^n}{2^n+3^n}$

(3) $\lim_{n\to\infty}(3^n-4^n)$

[풀이] (1) 0

(2) $\lim_{n\to\infty}\frac{\left(\frac{2}{3}\right)^n}{\left(\frac{2}{3}\right)^n+1}=0$

(3) $\lim_{n\to\infty}4^n\left\{\left(\frac{3}{4}\right)^n-1\right\}=-\infty$

정리 7.9 압축정리

세 수열 $\{a_n\}$, $\{b_n\}$, $\{c_n\}$에 대하여 적당한 자연수 m과 실수 L이 존재하여 $a_n \le b_n \le c_n$ $(n \ge m)$이고 $\lim_{n\to\infty} a_n = \lim_{n\to\infty} c_n = L$이면 $\lim_{n\to\infty} b_n = L$이다.

연습문제 7.3

1. 다음 수열의 수렴, 발산을 조사하고 수렴하면 그 극한값을 구하여라.

(1) $-1,\ -\dfrac{1}{4},\ -\dfrac{1}{9},\ -\dfrac{1}{16},\ \cdots$

(2) $\dfrac{3}{2},\ \dfrac{5}{4},\ \dfrac{9}{8},\ \dfrac{17}{16},\ \cdots$

(3) $-2,\ \dfrac{3}{2},\ -\dfrac{4}{3},\ \dfrac{5}{4},\ \cdots$

(4) $\dfrac{1+1}{2},\ \dfrac{3+4}{4},\ \dfrac{5+7}{6},\ \dfrac{7+10}{8},\ \cdots$

2. 다음 수열의 극한값을 구하여라.

(1) $\displaystyle\lim_{n\to\infty}\frac{2n^2-5n-2}{4n^2+3n+2}$

(2) $\displaystyle\lim_{n\to\infty}\left(\sqrt{n^2+2n}-n\right)$

(3) $\displaystyle\lim_{n\to\infty}\frac{3^{n+1}}{3^n-2^n}$

(4) $\displaystyle\lim_{n\to\infty}\frac{(n+1)^2}{1+2+3+\cdots+n}$

3. 수열 $\{a_n\}$이 수렴하고 $\displaystyle\lim_{n\to\infty}\frac{2a_{n+1}+4}{a_n+1}=3$일 때, $\displaystyle\lim_{n\to\infty}a_n$의 값을 구하여라.

4. $\displaystyle\lim_{n\to\infty}\frac{an^2+bn+8}{2n-3}=3$을 만족하는 실수 $a,\ b$의 값을 구하여라.

5. 무한등비수열 $\{(4-x)^n\}$이 수렴하기 위한 x의 범위를 구하여라.

6. $\displaystyle\lim_{n\to\infty}\frac{\sqrt{n^2+1}-n}{\sqrt{n^2+a}-n}=\frac{1}{2}$일 때, 실수 a의 값을 구하여라.

7. 자연수 n에 대하여 $\sqrt{n^2+1}$의 소수부분을 a_n이라 할 때, $\lim_{n\to\infty} a_n$을 구하여라.

8. x가 양의 실수일 때 $f(x) = \lim_{n\to\infty} \frac{x^{2n-1}}{1+x^{2n}}$의 그래프를 그려라.

9. 다음 수열의 극한값을 구하여라.

$$\sqrt{7},\ \sqrt{\sqrt{7}},\ \sqrt{\sqrt{\sqrt{7}}},\ \cdots$$

7.4 무한급수

수열 $\{a_n\}$의 각 항을 무한히 더한

$$a_1 + a_2 + \cdots + a_n + \cdots$$

을 **무한급수**(infinite series)라 하고 $\sum_{n=1}^{\infty} a_n$으로 표시한다. 이 무한급수는 유한급수와는 달리 계산과정이 무한하므로 그 값의 존재성을 확인하기가 어렵다. 이에 수열의 극한 개념을 이용하여 무한급수를 명확히 정의하기로 하자.

수열 $\{a_n\}$에 대하여 $s_n = \sum_{k=1}^{n} a_k$를 $\{a_n\}$의 n항까지의 **부분합**이라 하자. 부분합으로 이루어진 수열 $\{s_n\}$이 s로 수렴할 때 **무한급수 $\sum_{n=1}^{\infty} a_n$은 s로 수렴한다**고 하며 수열 $\{s_n\}$이 발산할 때 **무한급수 $\sum_{n=1}^{\infty} a_n$은 발산한다**고 한다.

예제 7.30 다음 무한급수의 수렴, 발산을 조사하여라.

(1) $\sum_{n=1}^{\infty} \frac{1}{n(n+1)}$

(2) $\sum_{n=1}^{\infty} \left(\frac{3}{2}\right)^n$

[풀이] (1) $\lim_{n\to\infty} \sum_{k=1}^{n} \frac{1}{k(k+1)} = \lim_{n\to\infty} \sum_{k=1}^{n} \left(\frac{1}{k} - \frac{1}{k+1}\right) = \lim_{n\to\infty} \left(1 - \frac{1}{n+1}\right) = 1$

(2) $\lim_{n\to\infty} \sum_{k=1}^{n} \left(\frac{3}{2}\right)^k = \lim_{n\to\infty} \frac{\frac{3}{2}\left\{1 - \left(\frac{3}{2}\right)^n\right\}}{1 - \frac{3}{2}} = \lim_{n\to\infty} 3\left\{\left(\frac{3}{2}\right)^n - 1\right\} = \infty$ ■

정리 7.10

$\sum_{n=1}^{\infty} a_n$이 수렴하면 $\lim_{n\to\infty} a_n = 0$이다.

정리 7.11 발산정리

$\lim_{n\to\infty} a_n \neq 0$이면 $\sum_{n=1}^{\infty} a_n$은 발산한다.

예제 7.31 다음 무한급수가 발산함을 보여라.

(1) $\sum_{n=1}^{\infty} \frac{n}{n+2}$

(2) $\sum_{n=1}^{\infty} \left(1-\frac{1}{n}\right)$

[풀이] (1) $\lim_{n\to\infty} \frac{n}{n+2} = 1 \neq 0$이므로 발산정리에 의하여 발산한다.

(2) $\lim_{n\to\infty} \left(1-\frac{1}{n}\right) = 1 \neq 0$이므로 발산정리에 의하여 발산한다.

예제 7.32 다음 무한급수의 수렴, 발산을 조사하고 수렴하면 그 값을 구하여라.

(1) $\sum_{n=1}^{\infty} \frac{1}{n(n+2)}$

(2) $\sum_{n=1}^{\infty} \frac{1}{n\sqrt{n+1}+(n+1)\sqrt{n}}$

(3) $\sum_{n=1}^{\infty} \left(\sqrt{n+1}-\sqrt{n}\right)$

[풀이] (1) $\frac{3}{4}$으로 수렴 (2) 1로 수렴 (3) 발산

정리 7.12

등비수열 $\{ar^{n-1}\}$에 대하여 그 무한급수는 다음과 같다.

$$\sum_{n=1}^{\infty} ar^{n-1} = \begin{cases} \frac{a}{1-r}, & |r|<1 \\ \text{발산}, & |r| \geq 1 \end{cases}$$

예제 7.33 다음 무한급수의 수렴, 발산을 조사하고 수렴하면 그 극한값을 구하여라.

(1) $\sum_{n=1}^{\infty} \frac{2}{5^n}$

(2) $1-\sqrt{3}+3-3\sqrt{3}+\cdots$

(3) $\sum_{n=1}^{\infty}\left(2^n-\left(\frac{1}{3}\right)^n\right)$

(4) $\sum_{n=1}^{\infty} \frac{2^n+3^n}{5^n}$

[풀이] (1) $\dfrac{\frac{2}{5}}{1-\frac{1}{5}}=\dfrac{1}{2}$

(2) 공비가 $-\sqrt{3}$ 인 무한등비급수이므로 발산한다.

(3) 발산한다.

(4) $\sum_{n=1}^{\infty}\left(\frac{2}{5}\right)^n+\sum_{n=1}^{\infty}\left(\frac{3}{5}\right)^n=\dfrac{\frac{2}{5}}{1-\frac{2}{5}}+\dfrac{\frac{3}{5}}{1-\frac{3}{5}}=\dfrac{2}{3}+\dfrac{3}{2}=\dfrac{13}{6}$ ■

연습문제 7.4

1. 다음 무한급수의 수렴, 발산을 조사하고 수렴하면 그 합을 구하여라.

(1) $\dfrac{1}{1\cdot 3}+\dfrac{1}{3\cdot 5}+\dfrac{1}{5\cdot 7}+\cdots+\dfrac{1}{(2n-1)(2n+1)}+\cdots$

(2) $\dfrac{1}{\sqrt{2}+1}+\dfrac{1}{\sqrt{3}+\sqrt{2}}+\dfrac{1}{\sqrt{4}+\sqrt{3}}+\cdots+\dfrac{1}{\sqrt{n+1}+\sqrt{n}}+\cdots$

(3) $1+(-1)+1+(-1)+\cdots+(-1)^{n-1}$

(4) $1-\dfrac{1}{2}+\dfrac{1}{2}-\dfrac{1}{3}+\dfrac{1}{3}-\dfrac{1}{4}+\cdots$

(5) $1+\sqrt{2}+2+2\sqrt{2}+\cdots$

(6) $\displaystyle\sum_{n=1}^{\infty}\left(-\frac{1}{9}\right)^{n}\left(\frac{3}{2}\right)^{2n}$

2. 무한등비급수 $1+\dfrac{2}{x}+\dfrac{4}{x^2}+\dfrac{8}{x^3}+\cdots+\left(\dfrac{2}{x}\right)^{n-1}+\cdots$가 수렴하도록 x의 값의 범위를 구하여라.

3. 첫째 항이 1인 무한등비급수의 합이 $2+\sqrt{2}$일 때, 공비 r을 구하여라.

4. 무한급수 $\displaystyle\sum_{n=1}^{\infty}\frac{1}{n(n+1)(n+2)}$을 구하여라.

5. 공비가 $\dfrac{2}{3}$인 등비수열 $\{a_n\}$에 대하여 $a_2+a_4=26$일 때, $\displaystyle\sum_{n=1}^{\infty}a_n$의 값을 구하여라.

6. 한 변의 길이가 2인 정사각형의 각 변의 중점을 차례로 이어 정사각형을 만든다. 이와 같이 한없이 되풀이할 때, 모든 정사각형의 둘레의 길이의 합을 구하여라.

Chapter 08 Elementary Mathematics

행렬과 행렬식

8.1 행렬의 정의와 연산

행렬(matrix)이란 수나 문자들을 다음과 같이 직사각형의 모양으로 배열한 것이다.

$$A = \begin{bmatrix} a_{11} & a_{12} & \cdots & a_{1n} \\ a_{21} & a_{22} & \cdots & a_{2n} \\ \vdots & \vdots & & \vdots \\ a_{m1} & a_{m2} & \cdots & a_{mn} \end{bmatrix}$$

행렬 A의 가로줄을 행(row)이라 하고 세로줄을 열(column)이라 하며 m개의 행과 n개의 열을 가지는 행렬을 $m \times n$행렬이라 하고 $A = [a_{ij}]_{m \times n}$로 표기한다.

행렬 A에서 가로줄 $i = 1, 2, \cdots, m$에 대하여

$$[a_{i1} \; a_{i2} \; \cdots \; a_{in}]$$

을 행렬 A의 제i행(i-th row)이라 하고, 세로줄 $j = 1, 2, \cdots, n$에 대하여

$$\begin{bmatrix} a_{1j} \\ a_{2j} \\ \vdots \\ a_{mj} \end{bmatrix}$$

를 행렬 A의 제j열(j-th column)이라 한다. 행렬 $A = [a_{ij}]_{m \times n}$의 i행과 j열의 원소 a_{ij}를 (i, j)원소 또는 (i, j)성분이라 하고, 특별히 모든 (i, j)성분 a_{ij}가 0인 행렬을 **영 행렬**(zero matrix)이라 부르고 O(또는 $O_{m \times n}$)로 표기한다. 또한 $m \times n$ 행렬에서 $m = n$인 경

우, 즉 행과 열의 수가 같은 행렬을 **n차 정방행렬**(square matrix)이라 한다.

n차 정방행렬 $A=[a_{ij}]_{n\times n}$의 모든 (i,i)성분 $a_{11}, a_{22}, \cdots, a_{nn}$을 **주대각선원소**(main diagonal element) 또는 대각원소라고 하고, A의 주대각선원소 이외의 모든 원소들이 0일 때 A를 **대각행렬**(diagonal matrix)이라 한다. 주대각선원소가 모두 1인 (n차) 대각행렬을 (n차) **단위행렬**(unit matrix)이라 하고 I_n으로 표기한다. 즉,

$$I_n=[a_{ij}]_{n\times n}=\begin{cases} a_{ii}=1, & i=1,2,\cdots,n \\ a_{ij}=0, & i\neq j. \end{cases}$$

예제 8.1 $A=[a_{ij}]=\begin{bmatrix}-3 & 2 & 0\\ -5 & 1 & 7\end{bmatrix}$, $B=[b_{ij}]=\begin{bmatrix}-2\\ 4\\ -9\end{bmatrix}$, $C=[c_{ij}]=[-3\ \ 2\ \ 0\ \ 5]$,

$$U=[u_{ij}]=\begin{bmatrix}-3 & 2 & 0\\ -5 & 1 & 7\\ 6 & -1 & 3\end{bmatrix},\quad V=[v_{ij}]=\begin{bmatrix}-5 & 0 & 0\\ 0 & 1 & 0\\ 0 & 0 & 7\end{bmatrix}$$

라 하자. 위 행렬에서 A는 2×3행렬, B는 3×1행렬, C는 1×4행렬이고, U는 3차 정방행렬, 그리고 V는 대각행렬이다. 행렬 A에서 $a_{23}=7$, 행렬 B에서 $b_{31}=-9$, 행렬 C에서 $c_{13}=0$이다. 행렬 U의 주대각선원소는 $u_{11}=-3$, $u_{22}=1$, $u_{33}=3$이다.

이제 행렬의 대수적 연산을 정의하고 이에 관한 기본적인 성질들을 살펴보자. 행렬의 연산에는 행렬의 합, 스칼라배, 곱이 있다.

정의 8.1 행렬의 상등

행렬 $A=[a_{ij}]$, $B=[b_{ij}]$가 모두 $m\times n$행렬이고 대응되는 원소가 모두 같을 때 두 행렬은 서로 같다고 정의한다. 즉 두 행렬의 크기가 같고 모든 i,j에 대하여 $a_{ij}=b_{ij}$ $(1\le i\le m,\ 1\le j\le n)$일 때 두 행렬은 서로 같다고 하고 $A=B$로 표기한다.

예제 8.2 두 행렬의 관계식이 $\begin{bmatrix}-1 & -2x+y\\ x-2y & 2\end{bmatrix}=\begin{bmatrix}-1 & -2\\ 7 & 2\end{bmatrix}$이면, 미지수 x,y는 다음 연립 방정식 $\begin{cases}-2x+y=-2\\ x-2y=7\end{cases}$을 만족하므로, 이것을 풀면 $x=-1$, $y=-4$이다.

정의 8.2 행렬의 스칼라곱

행렬 $A=[a_{ij}]_{m\times n}$이고, r을 임의의 수라 할 때 A의 모든 원소 a_{ij}에 r을 곱하여 얻은 새로운 행렬을 A의 r에 의한 스칼라곱(scalar multiple)이라 하고 rA로 표기한다. 즉

$$rA=[ra_{ij}]_{m\times n}$$

이고 특별히

$$-A=(-1)A=[-a_{ij}]_{m\times n}$$

$$0\cdot A=[0\cdot a_{ij}]=[0]_{m\times n}=O_{m\times n}$$

이다.

정의 8.3 행렬의 합과 차

행과 열의 수가 같은 두 행렬 $A=[a_{ij}]_{m\times n}$, $B=[b_{ij}]_{m\times n}$의 합과 차는 대응되는 원소들의 합과 차로 정의한다.

즉 모든 $i=1,\cdots,m$과 $j=1,\cdots,n$에 대하여

$$A+B=[a_{ij}+b_{ij}]_{m\times n},\quad A-B=[a_{ij}-b_{ij}]_{m\times n}.$$

예제 8.3 행렬 $A=\begin{bmatrix}3&1&5\\-2&4&1\end{bmatrix}$, $B=\begin{bmatrix}2&-1&-3\\1&-2&1\end{bmatrix}$, $C=\begin{bmatrix}5&4\\-1&6\\9&0\end{bmatrix}$이라 하면

$$\begin{aligned}2A-B&=2\begin{bmatrix}3&1&5\\-2&4&1\end{bmatrix}-\begin{bmatrix}2&-1&-3\\1&-2&1\end{bmatrix}\\&=\begin{bmatrix}6&2&10\\-4&8&2\end{bmatrix}-\begin{bmatrix}2&-1&-3\\1&-2&1\end{bmatrix}\\&=\begin{bmatrix}6-2&2-(-1)&10-(-3)\\-4-1&8-(-2)&2-1\end{bmatrix}\\&=\begin{bmatrix}4&3&13\\-5&10&1\end{bmatrix}\end{aligned}$$

$$C+C=2C=2\begin{bmatrix}5&4\\-1&6\\9&0\end{bmatrix}=\begin{bmatrix}10&8\\-2&12\\18&0\end{bmatrix}$$

이 되고 A와 C, B와 C는 연산 가능하지 않다. ∎

행렬의 연산에 관한 성질을 알아보자. 증명은 연습문제로 남겨둔다.

정리 8.4

A, B, C를 $m\times n$ 행렬이라 하고 α와 β를 임의의 수라 할 때 다음이 성립한다.

(1) $A+B=B+A$ (교환법칙)

(2) $(A+B)+C=A+(B+C)$ (결합법칙)

(3) $A+O=O+A=A$ (O은 영행렬)

(4) $A+(-A)=(-A)+A=O$

(5) $\alpha(A+B)=\alpha A+\alpha B$ (분배법칙)

(6) $(\alpha+\beta)A=\alpha A+\beta A$ (분배법칙)

(7) $(\alpha\beta)A=\alpha(\beta A)=\beta(\alpha A)$

(8) $1A=A$

예제 8.4 $A=\begin{bmatrix}1&4\\2&5\\3&6\end{bmatrix}$, $B=\begin{bmatrix}-3&1\\0&-2\\1&4\end{bmatrix}$일 때 $-2A+3B+D=O$을 만족하는 행렬 D를 구하여라.

[풀이] $$D=2A-3B=2\begin{bmatrix}1&4\\2&5\\3&6\end{bmatrix}-3\begin{bmatrix}-3&1\\0&-2\\1&4\end{bmatrix}$$

$$=\begin{bmatrix}2&8\\4&10\\6&12\end{bmatrix}+\begin{bmatrix}9&-3\\0&6\\-3&-12\end{bmatrix}=\begin{bmatrix}11&5\\4&16\\3&0\end{bmatrix}$$

정의 8.5 행렬의 곱

$1\times n$행렬 $A=[a_{11}\ a_{12}\cdots\ a_{1n}]$과 $n\times 1$행렬 $B=\begin{bmatrix}b_{11}\\b_{21}\\\vdots\\b_{n1}\end{bmatrix}$의 곱 AB는 대응하는 원을 차례로 곱하여 모두 더한 것으로 정의한다.

즉 $$AB=[a_{11}\,a_{12}\cdots\ a_{1n}]\begin{bmatrix}b_{11}\\b_{21}\\\vdots\\b_{n1}\end{bmatrix}=[a_{11}b_{11}+a_{12}b_{21}+\cdots+a_{1n}b_{n1}]_{1\times 1}=\left[\sum_{k=1}^{n}a_{1k}b_{k1}\right].$$

일반적으로 행렬 $A = [a_{ij}]_{m \times n}$, $B = [b_{ij}]_{n \times l}$에 대하여 A의 열의 수와 B의 행의 수가 같을 때 두 행렬의 곱 AB는 정의되고 $m \times l$ 행렬이 된다. $AB = C = [c_{ij}]_{m \times l}$이라고 하면 c_{ij}는 A의 i행과 B의 j열의 서로 대응하는 원소끼리 곱하여 모두 더한 값으로 정의된다. 즉 $c_{ij} = \sum_{k=1}^{n} a_{ik}b_{kj} = a_{i1}b_{1j} + a_{i2}b_{2j} + \cdots + a_{in}b_{nj}$ $(1 \le i \le m,\ 1 \le j \le l)$.

예제 8.5 $A = \begin{bmatrix} 2 & -1 & -3 \\ 1 & -2 & 1 \end{bmatrix}$, $B = \begin{bmatrix} -3 & 1 & 0 \\ -1 & 4 & 2 \\ 1 & 0 & 5 \end{bmatrix}$에서

(1) $AB = \begin{bmatrix} 2 & -1 & -3 \\ 1 & -2 & 1 \end{bmatrix} \begin{bmatrix} -3 & 1 & 0 \\ -1 & 4 & 2 \\ 1 & 0 & 5 \end{bmatrix}$

$$= \begin{bmatrix} 2(-3)+(-1)(-1)+(-3)1 & 2\cdot 1+(-1)4+(-3)\cdot 0 & 2\cdot 0+(-1)2+(-3)5 \\ 1(-3)+(-2)(-1)+1\cdot 1 & 1\cdot 1+(-2)4+1\cdot 0 & 1\cdot 0+(-2)2+1\cdot 5 \end{bmatrix}$$

$$= \begin{bmatrix} -6+1-3 & 2-4+0 & 0-2-15 \\ -3+2+1 & 1-8+0 & 0-4+5 \end{bmatrix} = \begin{bmatrix} -8 & -2 & -17 \\ 0 & -7 & 1 \end{bmatrix}$$

이고 BA는 정의되지 않는다. 특별히 $AB \neq BA$임을 알 수 있다.

(2) $B^2 = BB = \begin{bmatrix} -3 & 1 & 0 \\ -1 & 4 & 2 \\ 1 & 0 & 5 \end{bmatrix} \begin{bmatrix} -3 & 1 & 0 \\ -1 & 4 & 2 \\ 1 & 0 & 5 \end{bmatrix} = \begin{bmatrix} 8 & 1 & 2 \\ 1 & 15 & 18 \\ 2 & 1 & 25 \end{bmatrix}$이고

AA는 정의되지 않는다. ■

정리 8.6 행렬의 곱에 관한 성질

행렬 A, B, C는 연산이 가능하고 α는 임의의 실수일 때 다음이 성립한다.

(1) $(AB)C = A(BC)$ (결합법칙)

(2) $A(B+C) = AB + AC$ (분배법칙)

(3) $(A+B)C = AC + BC$ (분배법칙)

(4) $\alpha(AB) = (\alpha A)B = A(\alpha B)$

(5) $IA = A = AI$, $OA = O$

예제 8.6 행렬 $A = \begin{bmatrix} 2 & 1 \\ 0 & 3 \end{bmatrix}$, $B = \begin{bmatrix} -3 & 2 & 3 \\ 2 & 6 & -4 \end{bmatrix}$, $C = \begin{bmatrix} 2 & -4 & 1 \\ 5 & 2 & -1 \end{bmatrix}$, $D = \begin{bmatrix} -1 & 2 \\ 0 & 4 \\ -2 & 3 \end{bmatrix}$

에서 다음을 확인하여라.

(1) 행렬의 곱에 관한 결합법칙: $(AB)D = A(BD)$

(2) 행렬의 곱에 관한 분배법칙: $A(B+C) = AB + AC$

[풀이] (1) $AB=\begin{bmatrix}2&1\\0&3\end{bmatrix}\begin{bmatrix}-3&2&3\\2&6&-4\end{bmatrix}=\begin{bmatrix}-4&10&2\\6&18&-12\end{bmatrix}$

$(AB)D=\begin{bmatrix}-4&10&2\\6&18&-12\end{bmatrix}\begin{bmatrix}-1&2\\0&4\\-2&3\end{bmatrix}=\begin{bmatrix}0&38\\18&48\end{bmatrix}$

이고, 한편 $BD=\begin{bmatrix}-3&2&3\\2&6&-4\end{bmatrix}\begin{bmatrix}-1&2\\0&4\\-2&3\end{bmatrix}=\begin{bmatrix}-3&11\\6&16\end{bmatrix}$

$A(BD)=\begin{bmatrix}2&1\\0&3\end{bmatrix}\begin{bmatrix}-3&11\\6&16\end{bmatrix}=\begin{bmatrix}0&38\\18&48\end{bmatrix}$

이므로 $(AB)D=A(BD)$이다.

(2) $AB=\begin{bmatrix}2&1\\0&3\end{bmatrix}\begin{bmatrix}-3&2&3\\2&6&-4\end{bmatrix}=\begin{bmatrix}-4&10&2\\6&18&-12\end{bmatrix}$

$AC=\begin{bmatrix}2&1\\0&3\end{bmatrix}\begin{bmatrix}2&-4&1\\5&2&-1\end{bmatrix}=\begin{bmatrix}9&-6&1\\15&6&-3\end{bmatrix}$

$AB+AC=\begin{bmatrix}-4&10&2\\6&18&-12\end{bmatrix}+\begin{bmatrix}9&-6&1\\15&6&-3\end{bmatrix}=\begin{bmatrix}5&4&3\\21&24&-15\end{bmatrix}$

이고, 한편 $B+C=\begin{bmatrix}-3&2&3\\2&6&-4\end{bmatrix}+\begin{bmatrix}2&-4&1\\5&2&-1\end{bmatrix}=\begin{bmatrix}-1&-2&4\\7&8&-5\end{bmatrix}$

$A(B+C)=\begin{bmatrix}2&1\\0&3\end{bmatrix}\begin{bmatrix}-1&-2&4\\7&8&-5\end{bmatrix}=\begin{bmatrix}5&4&3\\21&24&-15\end{bmatrix}$

이므로 $A(B+C)=AB+AC$이다.

예제 8.7 다음을 확인하여라.

(1) $A=\begin{bmatrix}3&0\\5&0\end{bmatrix}$, $B=\begin{bmatrix}0&0\\2&4\end{bmatrix}$일 때 $AB=\begin{bmatrix}0&0\\0&0\end{bmatrix}=O$.

$AB=O$이지만 $A\neq O$, $B\neq O$이다.

(2) $A=\begin{bmatrix}3&0\\5&0\end{bmatrix}$, $B=\begin{bmatrix}1&0\\0&0\end{bmatrix}$일 때

$AB=\begin{bmatrix}3&0\\5&0\end{bmatrix}\begin{bmatrix}1&0\\0&0\end{bmatrix}=\begin{bmatrix}3&0\\5&0\end{bmatrix}$이지만 $BA=\begin{bmatrix}1&0\\0&0\end{bmatrix}\begin{bmatrix}3&0\\5&0\end{bmatrix}=\begin{bmatrix}3&0\\0&0\end{bmatrix}$이므로

$AB\neq BA$이다.

정의 8.7 행렬의 거듭제곱

n차의 정방행렬 A에 대하여 거듭제곱은 다음과 같이 정의된다.

$$A^0=I_n,\quad A^1=A,\quad A^k=AA\cdots A\,(A\text{가 } k\text{개}).$$

거듭제곱의 정의에 의해 A가 n차의 정방행렬이고 r과 s가 음이 아닌 정수일 때

$$A^rA^s=A^{r+s},\quad (A^r)^s=A^{rs}$$

가 성립함을 알 수 있다.

정의 8.8 삼각행렬

정방행렬 $A=[a_{ij}]_{n\times n}$에서 $i>j$일 때 $a_{ij}=0$인 행렬을 **상삼각행렬**(upper triangular matrix)이라 하고 $i<j$일 때 $a_{ij}=0$인 행렬을 **하삼각행렬**(lower triangular matrix)이라 한다. 예를 들면

$$A=\begin{bmatrix}-1 & 5 & 8\\ 0 & -3 & 4\\ 0 & 0 & 7\end{bmatrix},\quad B=\begin{bmatrix}8 & 0 & 0\\ -2 & 5 & 0\\ 0 & 3 & 7\end{bmatrix}$$

일 때 A는 상삼각행렬, B는 하삼각행렬이다.

정의 8.9 전치행렬

$m\times n$행렬 $A=[a_{ij}]_{m\times n}$에서 행을 열로 바꾸어 놓은 $n\times m$행렬을 A의 전치행렬(transposed matrix)이라 하고, 이 행렬을 A^t으로 나타낸다. 즉,

$$A=\begin{bmatrix}a_{11} & a_{12} & \cdots & a_{1n}\\ a_{21} & a_{22} & \cdots & a_{2n}\\ \vdots & \vdots & \vdots & \vdots\\ a_{m1} & a_{m2} & \cdots & a_{mn}\end{bmatrix},\quad A^t=\begin{bmatrix}a_{11} & a_{21} & \cdots & a_{m1}\\ a_{12} & a_{22} & \cdots & a_{m2}\\ \vdots & \vdots & \vdots & \vdots\\ a_{1n} & a_{2n} & \cdots & a_{mn}\end{bmatrix}$$

예를 들면, 행렬

$$A=\begin{bmatrix}1 & 2\\ -4 & 9\\ 7 & 1\end{bmatrix},\ B=\begin{bmatrix}-4 & 3 & 2\end{bmatrix},\ C=\begin{bmatrix}3 & -1 & 1\\ 0 & 7 & -5\end{bmatrix}$$

의 전치행렬은 다음과 같다.

$$A^t=\begin{bmatrix}1 & -4 & 7\\ 2 & -9 & 1\end{bmatrix},\quad B^t=\begin{bmatrix}-4\\ 3\\ 2\end{bmatrix},\quad C^t=\begin{bmatrix}3 & 0\\ -1 & 7\\ 1 & -5\end{bmatrix}.$$

정리 8.10

행렬 A와 B는 연산이 가능하고 r이 임의의 수일 때 다음이 성립한다.

(1) $(A^t)^t=A$

(2) $(A+B)^t=A^t+B^t$

(3) $(rA)^t=rA^t$

(4) $(AB)^t=B^tA^t$

증명 (4)의 경우만 증명한다. 행렬 $A = [a_{ij}]_{m \times p}$와 $B = [b_{ij}]_{p \times n}$이라 하자. 행렬 $(AB)^t$의 (i, j) 원소는 행렬 AB의 (j, i) 원소이므로

$$\sum_{k=1}^{p} a_{jk} b_{ki} = \sum_{k=1}^{p} b_{ki} a_{jk}$$

이다. 그리고 행렬 $B^t A^t$의 (i, j) 원소는 B^t의 (i, k) 원소와 A^t의 (k, j) 원소곱의 합임을 알 수 있다. 또한 B^t의 (i, k) 원소는 B의 (k, i) 원소 b_{ki}이고 A^t의 (k, j) 원소는 A의 (j, k) 원소 a_{jk}이므로 $B^t A^t$의 (i, j) 원소는 $\sum_{k=1}^{p} b_{ki} a_{jk}$이다. 따라서 두 행렬 $(AB)^t$과 $B^t A^t$의 서로 대응되는 (i, j) 원소가 모두 같으므로 $(AB)^t = B^t A^t$이다.

예제 8.8 행렬 $A = \begin{bmatrix} 1 & -1 \\ 4 & 1 \end{bmatrix}$, $B = \begin{bmatrix} 0 & 3 \\ -1 & 1 \end{bmatrix}$이라 하면

$$AB = \begin{bmatrix} 1 & -1 \\ 4 & 1 \end{bmatrix} \begin{bmatrix} 0 & 3 \\ -1 & 1 \end{bmatrix} = \begin{bmatrix} 1 & 2 \\ -1 & 13 \end{bmatrix}$$

이므로, 행렬 AB의 전치행렬은 $(AB)^t = \begin{bmatrix} 1 & -1 \\ 2 & 13 \end{bmatrix}$이다. 또한

$B^t A^t = \begin{bmatrix} 0 & -1 \\ 3 & 1 \end{bmatrix} \begin{bmatrix} 1 & 4 \\ -1 & 1 \end{bmatrix} = \begin{bmatrix} 1 & -1 \\ 2 & 13 \end{bmatrix}$이므로 $(AB)^t = B^t A^t$이다.

여기서 $A^t B^t = \begin{bmatrix} 1 & 4 \\ -1 & 1 \end{bmatrix} \begin{bmatrix} 0 & -1 \\ 3 & 1 \end{bmatrix} = \begin{bmatrix} 12 & 3 \\ 3 & 2 \end{bmatrix}$이고 $(AB)^t \neq A^t B^t$임에 유의하자.

연습문제 8.1

1. 행렬 $A=\begin{bmatrix}3 & -1 & 0\\ 2 & 0 & 1\end{bmatrix}$, $B=\begin{bmatrix}-4 & 1 & -6\\ 1 & -2 & 0\end{bmatrix}$, $C=\begin{bmatrix}2 & 0\\ -1 & 3\\ 2 & 5\end{bmatrix}$에 대하여 다음을 구하여라.

(a) $2A-B$

(b) $AC+2BC$

2. $A=\begin{bmatrix}1 & 2\\ 2 & 3\end{bmatrix}$, $B=\begin{bmatrix}1 & 4\\ a & b\end{bmatrix}$일 때 $AB=BA$이기 위한 a, b의 값을 구하여라

3. 행렬 $\begin{bmatrix}a+2b & b-2c\\ c-2d & d-2a\end{bmatrix}=\begin{bmatrix}1 & 2\\ 3 & -4\end{bmatrix}$를 만족하는 a, b, c, d를 구하여라.

4. A, B를 $n\times n$행렬이라 할 때 다음 등식이 성립하는지 조사하여라.

(1) $(A+B)^2=A^2+2AB+B^2$

(2) $(A+B)(A-B)=A^2-B^2$

5. $A=\begin{bmatrix}0 & 1\\ -1 & 1\end{bmatrix}$이라 하자.

(1) $A^n=I_2$(2차 단위행렬)인 최소의 자연수 n을 구하여라.

(2) A^{721}을 구하여라.

6. $A=\begin{bmatrix}0 & 1 & -2\\ 3 & -1 & 4\end{bmatrix}$에서 A^tA와 AA^t을 구하여라.

8.2 행렬식

이 절에서는 임의의 정방행렬에 실수를 대응시키는 함수인 행렬식에 대하여 살펴보기로 한다. 여기서는 행렬식에 대한 엄밀한 정의보다는 2×2와 3×3행렬의 행렬식을 계산하는 방법에 관하여 살펴본다. 행렬 $A=\left[a_{ij}\right]_{n\times n}$의 행렬식(Determinant)은 $|A|$, $\det(A)$ 또는 $|A|=\det(A)=\begin{vmatrix} a_{11} & a_{12} & \cdots & a_{1n} \\ a_{21} & a_{22} & \cdots & a_{21} \\ \vdots & \vdots & \vdots & \vdots \\ a_{n1} & a_{n2} & \cdots & a_{nn} \end{vmatrix}$로 나타낸다.

1×1행렬 $A_1=\left[a_{11}\right]$의 행렬식은 $|A_2|=|a_{11}|=a_{11}$로 2×2행렬 $A_2=\begin{vmatrix} a_{11} & a_{12} \\ a_{21} & a_{22} \end{vmatrix}$의 행렬식은 $|A_2|=\begin{vmatrix} a_{11} & a_{12} \\ a_{21} & a_{22} \end{vmatrix}=a_{11}a_{22}-a_{12}a_{21}$로 정의한다.

3×3 행렬 $A_3=\begin{bmatrix} a_{11} & a_{12} & a_{13} \\ a_{21} & a_{22} & a_{23} \\ a_{31} & a_{32} & a_{33} \end{bmatrix}$의 행렬식은 다음과 같이 정의한다.

$$\begin{aligned} \det(A_3)= & \ a_{11}a_{22}a_{33}+a_{12}a_{23}a_{31}+a_{13}a_{21}a_{32} \\ & -a_{11}a_{23}a_{32}-a_{12}a_{21}a_{33}-a_{13}a_{22}a_{31} \end{aligned}$$

2×2행렬과 3×3 행렬의 경우 다음과 같이 간편한 방법을 이용할 수 있다.

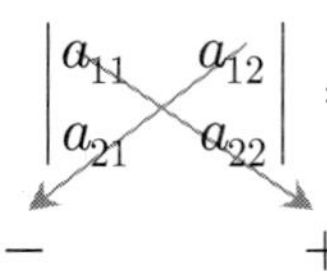

$$=a_{11}a_{22}-a_{12}a_{21}$$

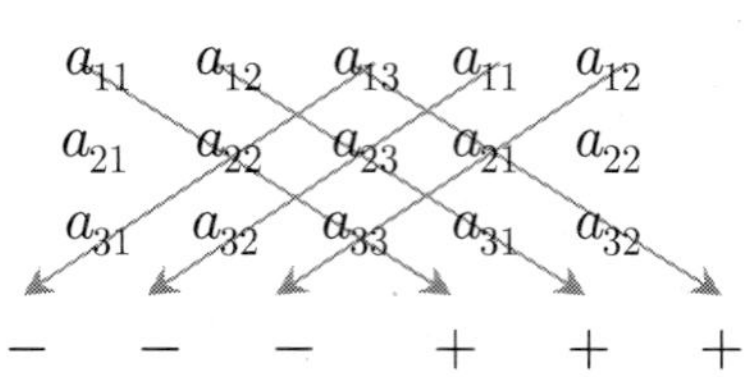

위의 그림에서와 같이 위에서 아래로 우측으로 향하는 화살표 위의 원소를 곱한 것에서 좌측으로 향하는 화살표 위의 원소의 곱을 뺀 것과 같다. 이와 같은 방법을 Sarrus의 전개방법이라 한다.

예제 8.9 다음 행렬의 행렬식을 구하여라.

$$A=\begin{bmatrix}1&2\\3&4\end{bmatrix},\ B=\begin{bmatrix}1&2&3\\4&5&6\\7&8&9\end{bmatrix},\ C=\begin{bmatrix}1&1&1\\a&b&c\\a^2&b^2&c^2\end{bmatrix}$$

[풀이] $|A|=\begin{bmatrix}1&2\\3&4\end{bmatrix}=1\cdot 4-2\cdot 3=-2$

$$|B|=\begin{bmatrix}1&2&3\\4&5&6\\7&8&9\end{bmatrix}$$
$$=1\cdot 5\cdot 9+2\cdot 6\cdot 7+3\cdot 4\cdot 8-3\cdot 5\cdot 7-1\cdot 6\cdot 8-2\cdot 4\cdot 9=0$$

$$|C|=\begin{vmatrix}1&1&1\\a&b&c\\a^2&b^2&c^2\end{vmatrix}=bc^2+ca^2+ab^2-ba^2-cb^2-ac^2$$

위에서 2×2행렬, 3×3행렬의 행렬식을 Sarrus의 방법으로 구하는 것을 알아보았다. 그러나 4차 이상의 정방행렬의 행렬식은 Sarrus의 방법으로 구할 수 없다. 따라서 4차 이상의 정방행렬의 행렬식을 구하기 위해서는 다른 방법을 아용해야 하며, 이를 위하여 일반적으로 $n\times n$행렬의 행렬식의 중요한 성질에 관하여 알아보자(증명은 연습문제로 남긴다).

행렬식의 성질 1.

n차의 정방행렬 A에서 $|A|=|A^t|$, 즉 행렬 A와 그의 전치행렬 A^t의 행렬식은 같다.

3×3 행렬 $A=\begin{bmatrix}a_{11}&a_{12}&a_{13}\\a_{21}&a_{22}&a_{23}\\a_{31}&a_{32}&a_{33}\end{bmatrix}$과 전치행렬 $A^t=\begin{bmatrix}a_{11}&a_{21}&a_{31}\\a_{12}&a_{22}&a_{32}\\a_{13}&a_{23}&a_{33}\end{bmatrix}$에서 Sarrus방법을 이용하여

$$|A|=a_{11}a_{22}a_{33}+a_{12}a_{23}a_{31}+a_{13}a_{21}a_{32}$$
$$-a_{11}a_{23}a_{32}-a_{12}a_{21}a_{33}-a_{13}a_{22}a_{31}=|A^t|$$

임을 알 수 있다.

위의 행렬식의 성질 1에 의해 행과 열을 바꾸어도 행렬식이 같으므로 앞으로 행에 대하여 성립하는 행렬식의 모든 성질은 열에 대해서도 모두 성립함을 알 수 있다.

행렬식의 성질 2.

행렬의 임의의 두 행(또는 두 열)을 바꾸면 행렬식의 부호만 바뀐다. 예를 들면

$$\begin{vmatrix} a & b & c \\ x & y & z \\ \alpha & \beta & \gamma \end{vmatrix} = -\begin{vmatrix} \alpha & \beta & \gamma \\ x & y & z \\ a & b & c \end{vmatrix} = \begin{vmatrix} \alpha & \gamma & \beta \\ x & z & y \\ a & c & b \end{vmatrix} = -\begin{vmatrix} \alpha & \gamma & \beta \\ a & c & b \\ x & z & y \end{vmatrix}$$

여기서 첫 번째 등식은 1행과 3행을, 두 번째 등식은 2열과 3열을, 세 번째 등식은 2행과 3행을 바꾸어 얻은 행렬식이다.

예제 8.10

$$\begin{vmatrix} 1 & -3 & 5 \\ -2 & 1 & 0 \\ 0 & 2 & 3 \end{vmatrix} = -\begin{vmatrix} 1 & 5 & -3 \\ -2 & 0 & 1 \\ 0 & 3 & 2 \end{vmatrix} = -35 \quad \text{(2열과 3열을 바꿈)}$$

$$\begin{vmatrix} 1 & -3 & 5 \\ -2 & 1 & 0 \\ 0 & 2 & 3 \end{vmatrix} = -\begin{vmatrix} 1 & -3 & 5 \\ 0 & 2 & 3 \\ -2 & 1 & 0 \end{vmatrix} = -35 \quad \text{(2행과 3행을 바꿈)}$$

행렬식의 성질 3.

행렬식에서 한 행(또는 열)의 공통인수는 밖으로 묶어낼 수 있다. 예를 들면,

$$\begin{vmatrix} a\ell & b\ell & c\ell k \\ x & y & zk \\ \alpha & \beta & \gamma k \end{vmatrix} = \ell \begin{vmatrix} a & b & ck \\ x & y & zk \\ \alpha & \beta & \gamma k \end{vmatrix} \quad \text{(1행에서 } \ell \text{로 묶음)}$$

$$= \ell k \begin{vmatrix} a & b & c \\ x & y & z \\ \alpha & \beta & \gamma \end{vmatrix} \quad \text{(3열에서 } k \text{로 묶음)}$$

예제 8.11 (1)

$$\begin{vmatrix} 10 & 20 & 30 \\ 3 & 8 & 6 \\ 2 & 5 & 9 \end{vmatrix} = 10 \begin{vmatrix} 1 & 2 & 3 \\ 3 & 8 & 6 \\ 2 & 5 & 9 \end{vmatrix} \quad \text{(1행에서 10으로 묶음)}$$

$$= 3 \cdot 10 \begin{vmatrix} 1 & 2 & 1 \\ 3 & 8 & 2 \\ 2 & 5 & 3 \end{vmatrix} \quad \text{(3열에서 3으로 묶음)}$$

$$= 30(24+8+15-16-10-18) = 30 \cdot 3 = 90.$$

(2)

$$\begin{vmatrix} a & b & c \\ a^2 & b^2 & c^2 \\ a^3 & b^3 & c^3 \end{vmatrix} = a \begin{vmatrix} 1 & b & c \\ a & b^2 & c^2 \\ a^2 & b^3 & c^3 \end{vmatrix} = ab \begin{vmatrix} 1 & 1 & c \\ a & b & c^2 \\ a^2 & b^2 & c^3 \end{vmatrix} = abc \begin{vmatrix} 1 & 1 & 1 \\ a & b & c \\ a^2 & b^2 & c^2 \end{vmatrix}$$

행렬식의 성질 4.

한 행(또는 열)의 각 원소가 두 수의 합으로 되어 있으면 이를 두 행렬식의 합으로 표현할 수 있다. 즉, 행렬식은 행이나 열에 대하여 선형적이다. 예를 들면,

$$\begin{vmatrix} a & b & c \\ x+x_1 & y+y_1 & z+z_1 \\ \alpha & \beta & \gamma \end{vmatrix} = \begin{vmatrix} a & b & c \\ x & y & z \\ \alpha & \beta & \gamma \end{vmatrix} + \begin{vmatrix} a & b & c \\ x_1 & y_1 & z_1 \\ \alpha & \beta & \gamma \end{vmatrix}$$

예제 8.12 (1) $\begin{vmatrix} 1 & 2 & 3 \\ 4 & 5 & 6 \\ 7 & 8 & 9 \end{vmatrix} = \begin{vmatrix} 1 & 2 & 3 \\ 1+3 & 2+3 & 3+3 \\ 7 & 8 & 9 \end{vmatrix} = \begin{vmatrix} 1 & 2 & 3 \\ 1 & 2 & 3 \\ 7 & 8 & 9 \end{vmatrix} + \begin{vmatrix} 1 & 2 & 3 \\ 3 & 3 & 3 \\ 7 & 8 & 9 \end{vmatrix}$

(2) $\begin{vmatrix} x+a & x+b & x+c \\ a & b & c \\ 1 & 2 & 3 \end{vmatrix} = \begin{vmatrix} x & x & x \\ a & b & c \\ 1 & 2 & 3 \end{vmatrix} + \begin{vmatrix} a & b & c \\ a & b & c \\ 1 & 2 & 3 \end{vmatrix}$

행렬식의 성질 5.

다음 성질을 가지는 행렬의 행렬식은 0이다.

(a) 한 행(또는 열)의 모든 원소가 0이다.

(b) 두 행(또는 열)의 대응하는 원소가 각각 같다.

(c) 두 행(또는 열)의 대응하는 원소가 비례한다.

예제 8.13 $\begin{vmatrix} a & b & c \\ 0 & 0 & 0 \\ \alpha & \beta & \gamma \end{vmatrix} = 0,\quad \begin{vmatrix} 4 & 5 & 0 \\ -3 & 7 & 0 \\ 11 & 2 & 0 \end{vmatrix} = 0,\quad \begin{vmatrix} a & b & c \\ x & y & z \\ 3a & 3b & 3c \end{vmatrix} = 0,\quad \begin{vmatrix} 1 & 5 & 3 \\ 2 & 7 & 6 \\ -2 & 1 & -6 \end{vmatrix} = 0.$

행렬식의 성질 6.

행렬의 한 행(또는 열)에 상수 λ를 곱하여 다른 행(또는 열)의 대응하는 원소에 더해주거나 빼주어도 행렬식은 변하지 않는다.

$$\begin{vmatrix} a & b & c \\ x & y & z \\ \alpha & \beta & \gamma \end{vmatrix} = \begin{vmatrix} a & b & c \\ x & y & z \\ \alpha-3a & \beta-3b & \gamma-3c \end{vmatrix} \quad \text{(1행에 3을 곱하여 3행에서 빼줌)}$$

행렬식의 성질 6은 성질 4와 5로부터 성립함을 쉽게 알 수 있다.

예제 8.14

(1) $\begin{vmatrix} 1 & 2 & 3 \\ 4 & 5 & 6 \\ -1 & -4 & -7 \end{vmatrix} = \begin{vmatrix} 1 & 2 & 3 \\ 3 & 3 & 3 \\ -1 & -4 & -7 \end{vmatrix}$ (2행을 [2행 −1행]으로 바꿈)

$= \begin{vmatrix} 1 & 2 & 3 \\ 3 & 3 & 3 \\ 2 & 2 & 2 \end{vmatrix}$ (3행을 [3행+3 · 1행]으로 바꿈)

$= 2 \cdot 3 \begin{vmatrix} 1 & 2 & 3 \\ 1 & 1 & 1 \\ 1 & 1 & 1 \end{vmatrix}$ (2행에서 3으로 3행에서 2로 묶음)

$= 0$ (2행과 3행이 같으므로 성질 5(b)에 의하여).

(2) $\begin{vmatrix} 1 & a & b+c \\ 1 & b & c+a \\ 1 & c & a+b \end{vmatrix} = \begin{vmatrix} 1 & a & b+c+a \\ 1 & b & c+a+b \\ 1 & c & a+b+c \end{vmatrix}$ (3열을 [3열+2열]로 바꿈)

$= (a+b+c)\begin{vmatrix} 1 & a & 1 \\ 1 & b & 1 \\ 1 & c & 1 \end{vmatrix}$ (3열을 $a+b+c$로 묶음)

$= 0$ (1열과 3열이 같음)

(3) $\begin{vmatrix} 1 & 1 & 1 \\ x & y & z \\ x^2 & y^2 & z^2 \end{vmatrix} = \begin{vmatrix} 1 & 0 & 1 \\ x & y-x & z \\ x^2 & y^2-x^2 & z^2 \end{vmatrix}$ (2열을 [2열-1열]로 바꿈)

$= \begin{vmatrix} 1 & 0 & 0 \\ x & y-x & z-x \\ x^2 & y^2-x^2 & z^2-x^2 \end{vmatrix}$ (3열을 [3열−1열]로 바꿈)

$= (y-x)(z-x)\begin{vmatrix} 1 & 0 & 0 \\ x & 1 & 1 \\ x^2 & y+x & z+x \end{vmatrix}$ (2열에서 $(y-x)$로 3열에서 $(z-x)$로 묶음)

$= (y-x)(z-x)\begin{vmatrix} 1 & 0 & 0 \\ x & 1 & 0 \\ x^2 & y+x & z-y \end{vmatrix}$ (3열을 [3열−2열]로 바꿈)

$= (y-x)(z-x)(z-y)\begin{vmatrix} 1 & 0 & 0 \\ x & 1 & 0 \\ x^2 & y+x & 1 \end{vmatrix}$ (3열을 $(z-y)$로 묶음)

$= (x-y)(y-z)(z-x)$

행렬식의 성질 7.

곱이 가능한 두 행렬 A와 B에서 $|AB| = |A| \cdot |B|$이다. 즉 두 행렬의 곱의 행렬식은 각각의 행렬식의 곱과 같다.

예제 8.15 $A = \begin{vmatrix} 1 & 2 \\ 3 & 1 \end{vmatrix}$, $B = \begin{vmatrix} -1 & 2 \\ 3 & 1 \end{vmatrix}$이라 하자.

(1) $AB = \begin{vmatrix} 1 & 2 \\ 3 & 4 \end{vmatrix} \begin{vmatrix} -1 & 2 \\ 3 & 1 \end{vmatrix} = \begin{vmatrix} 5 & 4 \\ 9 & 10 \end{vmatrix}$이므로 $|AB| = \begin{vmatrix} 5 & 4 \\ 9 & 10 \end{vmatrix} = 50 - 36 = 14$.

또한 $|A||B| = \begin{vmatrix} 1 & 2 \\ 3 & 4 \end{vmatrix} \cdot \begin{vmatrix} -1 & 2 \\ 3 & 1 \end{vmatrix} = (4-6) \cdot (-1-6) = 14$이므로 $|AB| = |A| \cdot |B|$임을 알 수 있다.

(2) $|A^5| = |A|^5 = \begin{vmatrix} 1 & 2 \\ 3 & 4 \end{vmatrix}^5 = (-2)^5 = -32$.

정의 8.11

$A = [a_{ij}]$를 $n \times n$행렬이라 하자. A의 i행과 j열을 제거하여 얻은 행렬을 M_{ij}라 하고 $|M_{ij}|$를 (i, j)원소의 소행렬식이라 한다. 그리고 $A_{ij} = (-1)^{i+j}|M_{ij}|$를 a_{ij}의 여인자 또는 여인수라 한다.

예제 8.16 $A = [a_{ij}] = \begin{bmatrix} 1 & 2 & 3 \\ 4 & 5 & 6 \\ 7 & 8 & 9 \end{bmatrix}$에서 원소 a_{12}, a_{23}, a_{33}의 소행렬식과 여인자를 구하여라.

[풀이] $|M_{12}| = \begin{vmatrix} 4 & 6 \\ 7 & 9 \end{vmatrix} = -6$, $|M_{23}| = \begin{vmatrix} 1 & 2 \\ 7 & 8 \end{vmatrix} = -6$, $|M_{33}| = \begin{vmatrix} 1 & 2 \\ 4 & 5 \end{vmatrix} = -3$

여기서 여인자는
$$A_{12} = (-1)^3|M_{12}| = 6$$
$$A_{23} = (-1)^5|M_{23}| = 6$$
$$A_{33} = (-1)^6|M_{33}| = -3$$

이다.

행렬식의 성질 8.

행렬식은 한 행(또는 열)에 대하여 여인자로 전개할 수 있다. 즉, $A = [a_{ij}]_{n \times n}$일 때 임의의 $i = 1, 2, \cdots, n$과 $j = 1, 2, \cdots, n$에 대하여

$$|A| = \sum_{k=1}^{n} a_{ik}A_{ik} = a_{i1}A_{i1} + a_{i2}A_{i2} + \cdots + a_{in}A_{in} \quad (i\text{행에 대한 여인자 전개})$$

$$|A| = \sum_{k=1}^{n} a_{kj}A_{kj} = a_{1j}A_{1j} + a_{2j}A_{2j} + \cdots + a_{nj}A_{nj} \quad (j\text{열에 대한 여인자 전개})$$

예제 8.17 $|A| = \begin{vmatrix} 1 & 2 & 3 \\ 4 & 5 & 6 \\ 7 & 8 & 9 \end{vmatrix}$를 제3행에 대하여 전개하여 보자.

[풀이] $|A| = a_{31}A_{31} + a_{32}A_{32} + a_{33}A_{33}$

$$= 7\begin{vmatrix} 2 & 3 \\ 5 & 6 \end{vmatrix} - 8\begin{vmatrix} 1 & 3 \\ 4 & 6 \end{vmatrix} + 9\begin{vmatrix} 1 & 2 \\ 4 & 5 \end{vmatrix}$$

$$= 7(-3) - 8(-6) + 9(-3)$$

$$= -21 + 48 - 27$$

$$= 0$$

행렬식의 성질 9.

삼각행렬의 행렬식은 주대각선 원소의 곱과 같다. 예를 들면, 상삼각행렬에서

$$\begin{vmatrix} a_{11} & a_{12} & \cdots & a_{1n-1} & a_{1n} \\ 0 & a_{22} & \cdots & a_{2n-1} & a_{2n} \\ 0 & 0 & \cdots & a_{3n-1} & a_{3n} \\ \vdots & \vdots & & \vdots & \vdots \\ 0 & 0 & \cdots & 0 & a_{nn} \end{vmatrix} = a_{11}a_{22}\cdots a_{nn}$$

예제 8.18 $\begin{vmatrix} 1 & 3 & 9 \\ 0 & 5 & 7 \\ 0 & 0 & -2 \end{vmatrix} = 1 \cdot 5 \cdot (-2) = -20$

행렬식의 성질 10.

여인자 전개에서 한 행(또는 열)의 원소와 다른 행(또는 열)에 대한 여인자를 곱하여 더하면 그 합은 0이 된다. 즉, $A = [a_{ij}]_{n\times n}$일 때

$$a_{i1}A_{k1} + a_{i2}A_{k2} + \cdots + a_{in}A_{kn} = 0 \quad (i \neq k\text{일 때})$$

$$a_{1j}A_{1k} + a_{2j}A_{2k} + \cdots + a_{nj}A_{nk} = 0 \quad (j \neq k\text{일 때})$$

이다.

예제 8.19 $|A| = \begin{vmatrix} a & b & c \\ x & y & z \\ \alpha & \beta & \gamma \end{vmatrix}$에 대하여 1행의 원소에 2행의 여인자를 곱하여 더하면

$$\begin{aligned} aA_{21} + bA_{22} + cA_{23} &= -a\begin{vmatrix} b & c \\ \beta & \gamma \end{vmatrix} + b\begin{vmatrix} a & c \\ \alpha & \gamma \end{vmatrix} - c\begin{vmatrix} a & b \\ \alpha & \beta \end{vmatrix} \\ &= -a(b\gamma - c\beta) + b(a\gamma - c\alpha) - c(\alpha\beta - b\alpha) \\ &= 0 \end{aligned}$$

연습문제 8.2

1. $\begin{vmatrix} a-1 & 4 & 0 \\ 1 & 2a & 0 \\ a+1 & 0 & a-1 \end{vmatrix} = 0$이 되는 a값을 구하여라.

2. 다음 행렬식을 구하여라.

(1) $\begin{vmatrix} -1 & -2 & 2 \\ -3 & 2 & -5 \\ 0 & 1 & 1 \end{vmatrix}$

(2) $\begin{vmatrix} 0 & 0 & -3 \\ 4 & 0 & 2 \\ -1 & 2 & 0 \end{vmatrix}$

(3) $\begin{vmatrix} 5 & -2 & 3 \\ 0 & 3 & 1 \\ 6 & 0 & 4 \end{vmatrix}$

3. 행렬 $A = \begin{vmatrix} a_1 & b_1 & c_1 \\ a_2 & b_2 & c_2 \\ a_3 & b_3 & c_3 \end{vmatrix}$의 행렬식 $|A| = -10$일 때 다음 행렬의 행렬식을 구하여라.

(1) $\begin{vmatrix} a_1-b_1 & a_1+b_1 & c_1 \\ a_2-b_2 & a_2+b_2 & c_2 \\ a_3-b_3 & a_3+b_3 & c_3 \end{vmatrix}$

(2) $\begin{vmatrix} a_3 & b_3 & c_3 \\ a_1 & b_1 & c_1 \\ a_2 & b_2 & c_2 \end{vmatrix}$

(3) $\begin{vmatrix} a_1 & b_1 & c_1 \\ a_2 & b_2 & c_2 \\ a_3-a_2+2a_1 & b_3-b_2+2b_1 & c_3-c_2+2c_1 \end{vmatrix}$

4. $\begin{vmatrix} 1 & a & a^2 \\ 1 & b & b^2 \\ 1 & c & c^2 \end{vmatrix} = (b-a)(c-a)(c-b)$임을 보여라.

5. 다음 명제가 참인지 거짓인지 판별하고 그 이유를 설명하여라.

(1) 연산 가능한 행렬 A, B에 대하여 $|AB| = |BA|$.

(2) $\det(AB) = 0$이면 $\det(A) = 0$ 또는 $\det(B) = 0$이다.

(3) 연산 가능한 행렬 A, B에 대해 $\det(A^t B^t) = \det(A)\det(B^t) = \det(A^t)\det(B)$이다.

8.3 역행렬과 연립일차방정식

정의 8.11에서 행렬 $A = [a_{ij}]_{n\times n}$의 원소 a_{ij}의 소행렬식과 여인자를 정의하였다. 이 절에서는 여인자를 이용하여 행렬식을 구하는 방법과 연립방정식의 해를 구하는 방법에 대하여 알아보자.

정의 8.12

행렬 $A = [a_{ij}]_{n\times n}$의 각 원소 a_{ij}의 여인자 A_{ij}로 이루어진 행렬의 전치행렬을 A의 여인자 행렬(adjoint matrix)이라 하고 $adj(A)$로 나타낸다. 즉,

$$adj(A) = \begin{bmatrix} A_{11} & A_{21} & \cdots & A_{n1} \\ A_{12} & A_{22} & \cdots & A_{n2} \\ \vdots & \vdots & \vdots & \vdots \\ A_{1n} & A_{2n} & \cdots & A_{nn} \end{bmatrix}$$

예제 8.20 행렬 $A = \begin{bmatrix} a & b \\ c & d \end{bmatrix}$의 여인자행렬을 구하여라.

[풀이] A의 각 원소의 여인자는 $A_{11} = (-1)^2 d = d,\quad A_{12} = (-1)^3 c = -c$이므로

$$A_{21} = (-1)^3 b = -b,\quad A_{22} = (-1)^4 a = a$$

$$adj(A) = \begin{bmatrix} A_{11} & A_{21} \\ A_{12} & A_{22} \end{bmatrix} = \begin{bmatrix} d & -b \\ -c & a \end{bmatrix}$$ 이다.

예제 8.21 행렬 $B = \begin{bmatrix} 1 & 2 & 3 \\ -2 & 1 & 0 \\ 3 & 2 & 1 \end{bmatrix}$의 여인자행렬을 구하여라.

[풀이] 행렬 B의 각 원소의 여인자를 구하여 보면

$$B_{11} = (-1)^2\begin{vmatrix} 1 & 0 \\ 2 & 1 \end{vmatrix} = 1,\ B_{12} = (-1)^3\begin{vmatrix} -2 & 0 \\ 3 & 1 \end{vmatrix} = 2,\ B_{13} = (-1)^4\begin{vmatrix} -2 & 1 \\ 3 & 2 \end{vmatrix} = -7,$$

$$B_{21} = (-1)^3\begin{vmatrix} 2 & 3 \\ 2 & 1 \end{vmatrix} = 4,\ B_{22} = (-1)^4\begin{vmatrix} 1 & 3 \\ 3 & 1 \end{vmatrix} = -8,\ B_{33} = (-1)^5\begin{vmatrix} 1 & 2 \\ 3 & 2 \end{vmatrix} = 4,$$

$$B_{31} = (-1)^4\begin{vmatrix} 2 & 3 \\ 1 & 0 \end{vmatrix} = -3,\ B_{32} = (-1)^5\begin{vmatrix} 1 & 3 \\ -2 & 0 \end{vmatrix} = -6,\ B_{33} = (-1)^6\begin{vmatrix} 1 & 2 \\ -2 & 1 \end{vmatrix} = 5,$$

이므로 $adj(B)=\begin{bmatrix} B_{11} & B_{21} & B_{31} \\ B_{12} & B_{22} & B_{32} \\ B_{13} & B_{23} & B_{33} \end{bmatrix}=\begin{bmatrix} 1 & 4 & -3 \\ 2 & -8 & -6 \\ -7 & 4 & 5 \end{bmatrix}$ 이다.

행렬식의 성질 11.

행렬 $A=[a_{ij}]_{n\times n}$일 때 다음 식이 성립한다.

$$A\cdot adj(A)=adj(A)\cdot A=|A|\cdot I_n=\begin{bmatrix} |A| & 0 & \cdots & 0 & 0 \\ 0 & |A| & \cdots & 0 & 0 \\ \vdots & \vdots & \vdots & \vdots & \vdots \\ 0 & 0 & \cdots & |A| & 0 \\ 0 & 0 & \cdots & 0 & |A| \end{bmatrix}_{n\times n}$$

위의 성질에 의해 $|A\cdot adj(A)|=|A|\cdot|adj(A)|=|A|^n$임에 유의하자. 따라서 $|A|\neq 0$일 때 $|adj(A)|=|A|^{n-1}$이 된다.

정의 8.13

n차 정방행렬 A와 단위행렬 I_n에 대하여

$$A\cdot B=B\cdot A=I_n$$

을 만족하는 n차 정방행렬 B가 존재하면 A를 정칙(nonsingular)이라 하고, 이때의 행렬 B를 A의 역행렬(Inverse matrix)이라 하고 A^{-1}로 나타낸다.

예제 8.22 $A=\begin{bmatrix} 2 & 1 \\ 4 & 3 \end{bmatrix}$, $B=\begin{bmatrix} \frac{3}{2} & -\frac{1}{2} \\ -2 & 1 \end{bmatrix}$이라 하면, $AB=BA=I_2$를 만족한다. 따라서 B는 A의 역행렬이고, 또한 역으로 A는 B의 역행렬이 된다. 모든 정방행렬이 역행렬을 갖는 것은 아니다. 예를 들면 $A=\begin{bmatrix} -4 & 2 \\ -2 & 1 \end{bmatrix}$의 역행렬 A^{-1}은 존재하지 않는다. 여기서 $\det(A)=0$임에 유의하자.

행렬 B와 C가 n차 정방행렬 A의 역행렬이면 $BA=I_n$이고 $AC=I_n$이다. 따라서

$$B=B\cdot I_n=B(AC)=(BA)C=I_n\cdot C=C$$

이므로 다음을 알 수 있다.

정리 8.14

행렬 A의 역행렬이 B와 C라면 $B = C$이다. 즉, 역행렬이 존재하면 유일하다.

행렬식의 성질 11에서 n차 정방행렬 A에 대해 다음 식이 성립한다.

$$A \cdot adj(A) = adj(A) \cdot A = |A| \cdot I_n$$

정리 8.15

정방행렬 $A = [a_{ij}]_{n \times n}$에 대하여 $|A| \neq 0$라 하자. 이때 A의 역행렬 A^{-1}가 존재하고

$$A^{-1} = \frac{1}{|A|} adj(A)$$

이다.

예제 8.23 $A = \begin{bmatrix} a & b \\ c & d \end{bmatrix}$의 역행렬을 구하여라.

[풀이] $|A| = ad - bd \neq 0$이라 하자.

$$\begin{aligned} A^{-1} &= \frac{1}{|A|} adj(A) = \frac{1}{|A|} \begin{bmatrix} A_{11} & A_{21} \\ A_{12} & A_{22} \end{bmatrix} \\ &= \frac{1}{ad - bc} \begin{bmatrix} d & -b \\ -c & a \end{bmatrix} \end{aligned}$$

예제 8.24 $A = \begin{bmatrix} 2 & 5 & 4 \\ 0 & 2 & -1 \\ 4 & -3 & 1 \end{bmatrix}$의 역행렬을 구하여라.

[풀이] $|A| = -54$이고 $adj(A) = \begin{bmatrix} -1 & -17 & -13 \\ -4 & -14 & 2 \\ -8 & 26 & 4 \end{bmatrix}$이므로

$$A^{-1} = \frac{1}{-54} \begin{bmatrix} -1 & -17 & -13 \\ -4 & -14 & 2 \\ -8 & 26 & 4 \end{bmatrix} = \begin{bmatrix} \frac{1}{54} & \frac{17}{54} & \frac{13}{54} \\ \frac{4}{54} & \frac{14}{54} & -\frac{2}{54} \\ \frac{8}{54} & -\frac{26}{54} & -\frac{4}{54} \end{bmatrix}$$

정리 8.16

행렬 A가 역행렬을 갖기 위한 필요충분조건은 $|A| \neq 0$이다.

정리 8.16은 주어진 행렬의 역행렬이 존재하는지 판단할 수 있는 중요한 기준이 된다. 이제 행렬식만을 이용하여 n개의 미지수를 가지는 n개의 일차방정식으로 이루어진 연립방정식의 해를 구하는 방법인 Crammer 공식을 소개한다.

n개의 미지수 $x_1, x_2, \cdots, x_n$ 그리고 상수 a_{ij}와 $b_j (i, j = 1, 2, \cdots, n)$를 포함하는 연립일차방정식

$$\begin{cases} a_{11}x_1 + a_{12}x_2 + \cdots + a_{1n}x_n = b_1 \\ a_{21}x_1 + a_{22}x_2 + \cdots + a_{2n}x_n = b_2 \\ \vdots \\ a_{n1}x_1 + a_{n2}x_2 + \cdots + a_{nn}x_n = b_n \end{cases} \tag{1}$$

을 아래와 같이 행렬로 나타내보자.

$$A = [a_{ij}]_{n \times n} = \begin{bmatrix} a_{11} & a_{12} & \cdots & a_{1n} \\ a_{21} & a_{22} & \cdots & a_{2n} \\ \vdots & \vdots & \vdots & \vdots \\ a_{n1} & a_{n2} & \cdots & a_{nn} \end{bmatrix}, \ X = \begin{bmatrix} x_1 \\ x_2 \\ \vdots \\ x_n \end{bmatrix}, \ B = \begin{bmatrix} b_1 \\ b_2 \\ \vdots \\ b_n \end{bmatrix}.$$

위의 연립방정식 (1)은 $AX = B$의 해가 되고 A^{-1}가 존재할 경우 $X = A^{-1}B$와 같이 해를 구할 수 있다. 또한 $|A| \neq 0$이면 $A^{-1} = \frac{1}{|A|} adj(A)$이므로

$$X = \left(\frac{adj(A)}{|A|} \right) B = \frac{1}{|A|} (adj(A))B$$

이다. 이를 성분으로 표시하면

$$\begin{bmatrix} x_1 \\ x_2 \\ \vdots \\ x_n \end{bmatrix} = \frac{1}{|A|} \begin{bmatrix} A_{11} & A_{21} & \cdots & A_{n1} \\ A_{12} & A_{22} & \cdots & A_{n2} \\ \vdots & \vdots & \cdots & \vdots \\ A_{1n} & A_{2n} & \cdots & A_{nn} \end{bmatrix} \begin{bmatrix} b_1 \\ b_2 \\ \vdots \\ b_n \end{bmatrix} \tag{2}$$

이다.

예제 8.25 연립방정식 $\begin{cases} 2x_1 + 5x_2 + 4x_3 = 1 \\ 2x_2 - x_3 = -2 \\ 4x_1 - 3x_2 + x_3 = 2 \end{cases}$ 의 해를 구하여라.

[풀이] $A = \begin{bmatrix} 2 & 5 & 4 \\ 0 & 2 & -1 \\ 4 & -3 & 1 \end{bmatrix}$ 이라 하면 $|A| = 54$ 이고 A의 역행렬은

$$A^{-1} = \frac{1}{54}\begin{bmatrix} 1 & 17 & 13 \\ 4 & 14 & -2 \\ 8 & -26 & -4 \end{bmatrix}$$

이므로 $X = \begin{bmatrix} x_1 \\ x_2 \\ x_3 \end{bmatrix} = \frac{1}{54}\begin{bmatrix} 1 & 17 & 13 \\ 4 & 14 & -2 \\ 8 & -26 & -4 \end{bmatrix}\begin{bmatrix} 1 \\ -2 \\ 2 \end{bmatrix} = \frac{1}{54}\begin{bmatrix} -7 \\ -28 \\ 52 \end{bmatrix}$

위의 식 (2)에서 각 $j = 1, 2, \cdots, n$에 대하여

$$x_j = \frac{1}{|A|}(b_1 A_{1j} + b_2 A_{2j} + \cdots + b_n A_{nj})$$

임을 알 수 있다. 여기서 A_j를

$$A_j = \begin{bmatrix} a_{11} & a_{12} & \cdots & a_{1j-1} & b_1 & a_{1j+1} & \cdots & a_{1n} \\ a_{21} & a_{22} & \cdots & a_{2j-1} & b_2 & a_{2j+1} & \cdots & a_{2n} \\ \vdots & \vdots & \vdots & \vdots & \vdots & \vdots & \vdots & \vdots \\ a_{n1} & a_{n2} & \cdots & a_{nj-1} & b_n & a_{nj+1} & \cdots & a_{nn} \end{bmatrix}$$

$\uparrow$ j열

으로 정의하면 A_j는 A와 j열의 원소만 다르고 나머지 원소는 모두 같은 행렬이고

$$|A_j| = b_1 A_{1j} + b_2 A_{2j} + \cdots + b_n A_{nj} \text{ (행렬 } A_j \text{의 } j \text{열에 대한 여인자 전개)}$$

이다.

정리 8.17 Crammer 공식

연립일차방정식 $\begin{cases} a_{11}x_1 + a_{12}x_2 + \cdots + a_{1n}x_n = b_1 \\ a_{21}x_1 + a_{22}x_2 + \cdots + a_{2n}x_n = b_2 \\ \vdots \\ a_{n1}x_1 + a_{n2}x_2 + \cdots + a_{nn}x_n = b_n \end{cases}$ 은 $|A| \neq 0$일 때 다음과 같은 유일한 해 $x_1, x_2, \cdots, x_n$을 가진다.

$$x_j = \frac{|A_j|}{|A|}, \quad (j = 1, 2, \cdots, n)$$

예제 8.26 Crammer 공식을 이용하여 다음 연립방정식의 해를 구하여라.

$$\begin{cases} 2x_1 - x_2 + 3x_3 = 1 \\ 3x_1 + 2x_2 + 2x_3 = -2 \\ -x_1 \qquad + x_3 = 2 \end{cases}$$

[풀이] $A = \begin{bmatrix} 2 & -1 & 3 \\ 3 & 2 & 2 \\ -1 & 0 & 1 \end{bmatrix}$, $B = \begin{bmatrix} 1 \\ -2 \\ 2 \end{bmatrix}$라 하자.

$|A| = 15$이고, Crammer 공식에 의하여

$$x_1 = \frac{|A_1|}{|A|} = \frac{\begin{vmatrix} 1 & -1 & 3 \\ -2 & 2 & 2 \\ 2 & 0 & 1 \end{vmatrix}}{15} = -\frac{16}{15}$$

$$x_2 = \frac{|A_2|}{|A|} = \frac{\begin{vmatrix} 2 & 1 & 3 \\ 3 & -2 & 2 \\ -1 & 2 & 1 \end{vmatrix}}{15} = -\frac{1}{3}$$

$$x_3 = \frac{|A_3|}{|A|} = \frac{\begin{vmatrix} 2 & -1 & 1 \\ 3 & 2 & -2 \\ -1 & 0 & 2 \end{vmatrix}}{15} = \frac{14}{15}$$

연습문제 8.3

1. 행렬 $A=\begin{bmatrix}\cos\theta & -\sin\theta \\ \sin\theta & \cos\theta\end{bmatrix}$의 역행렬을 구하여라.

2. 다음 행렬에서 역행렬이 존재하면 구하여라.

(1) $\begin{bmatrix}2 & 6 \\ 1 & 3\end{bmatrix}$

(2) $\begin{bmatrix}4 & -2 \\ 3 & 1\end{bmatrix}$

(3) $\begin{bmatrix}4 & 0 & 4 \\ 2 & 3 & 0 \\ -1 & 0 & 1\end{bmatrix}$

(4) $\begin{bmatrix}1 & 2 & 3 \\ 2 & 1 & 3 \\ 3 & 2 & 1\end{bmatrix}$

3. 다음 행렬 $A=\begin{bmatrix}3 & 1 & 2 \\ 0 & 1 & 4 \\ -1 & -1 & 1\end{bmatrix}$, $B=\begin{bmatrix}1 & 2 & 3 \\ 1 & 3 & 4 \\ 1 & 4 & 3\end{bmatrix}$의 여인자행렬을 구하여라.

4. 연립방정식의 해를 역행렬을 이용하여 구하여라.

(1) $\begin{cases}3x-y=2 \\ x+2y=3\end{cases}$

(2) $\begin{cases}7x-y+z=0 \\ 10x-2y-z=8 \\ 6x+3y+2z=7\end{cases}$

5. 다음 연립방정식을 Crammer공식을 이용하여 풀어라.

(1) $\begin{cases}3x+2y+4z=1 \\ 2x-y+z=0 \\ x+2y+3z=1\end{cases}$

(2) $\begin{cases}x+y+2z=1 \\ 2x+y=0 \\ 3x+2z=1\end{cases}$

Chapter

09

Elementary Mathematics

삼각함수

9.1 삼각함수의 정의와 그래프

9.1.1 각의 두 가지 측정법

1. 육십분법과 호도법의 정의

하나의 평면을 x축과 y축으로 표현하고, 원점과 양의 x축을 시작으로 해서 반직선을 반시계 방향으로 회전시킨 후 다시 양의 x축으로 되돌아오는 각을 **"한 번 회전한 전체각"**이라고 할 때 두 가지 대표적인 측정법을 적용한다.

1) 육십분법

전체각을 360등분한 뒤 한 등분을 $1°$로 표현해서 한 번 회전한 전체각을 $360°$로 나타낸다. 따라서 모든 각은 $360° n + \theta(\, 0° \leqq \theta < 360°,$ n은 정수)로 표현한다.

[주의] 여기서 n의 의미를 살펴보면, $n \geqq 0$이면 반시계 방향으로 n회 회전을, $n < 0$이면 시계 방향으로 $|n|$회 회전을 의미한다.

2) 호도법

중심을 $(0, 0)$으로 놓은 반지름 r인 원을 그린 후 $(r, 0)$을 중심으로 반시계 방향으로 회전시킨 호의 길이가 r이 되었을 때의 점과 원의 중심을 연결해서 얻는 각을 $1\,\mathrm{rad}$으로 표현한다. 원주는 반지름의 2π배이므로 한 번 회전으로 얻는 각은 $0\,\mathrm{rad} \leqq \theta < 2\pi\,\mathrm{rad}$이고 모든 각은 $(2\pi n + \theta)\mathrm{rad}$이다($n$은 정수). 단, 호도법은 비율에 의해 정의된 각이다 보니, 각의 기호인 radian이 생략되는 경우가 많다.

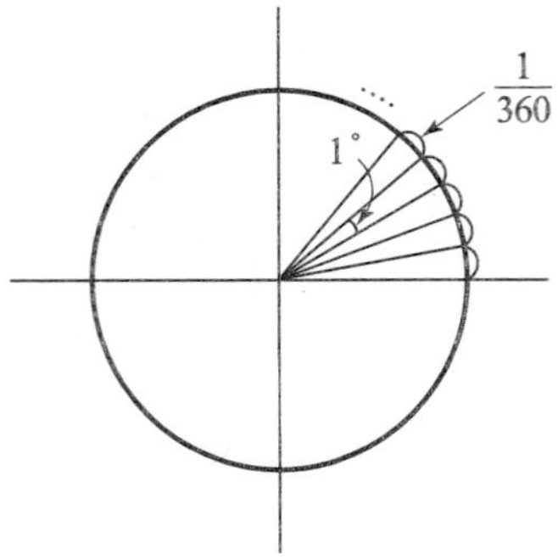

[그림 9.1] 육십분법

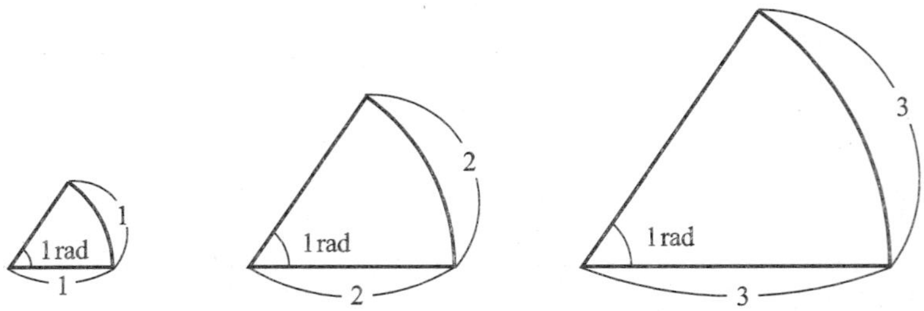

[그림 9.2] 호도법(원의 크기와 관계없음)

2. 육십분법과 호도법의 응용

1) π rad $=180°$이므로 $1\,\text{rad}=\dfrac{180°}{\pi}$, $1°=\dfrac{\pi}{180}$ rad으로 상호 표현이 가능하다.

2) 호도법은 비율이므로 부채꼴의 호의 길이와 넓이를 구할 때에도 비율의 의미를 생각하면 다음과 같은 공식을 구할 수 있다. 부채꼴의 반지름이 r이고, 중심각의 크기가 θ rad일 때 호의 길이를 l, 부채꼴의 넓이를 S라 하자. 이때 $\dfrac{l}{2\pi r}=\dfrac{\theta}{2\pi}=\dfrac{S}{\pi r^2}$이므로,

$$\text{호의 길이 } l=r\theta,\ \text{부채꼴의 넓이 } S=\frac{1}{2}r^2\theta=\frac{1}{2}rl$$

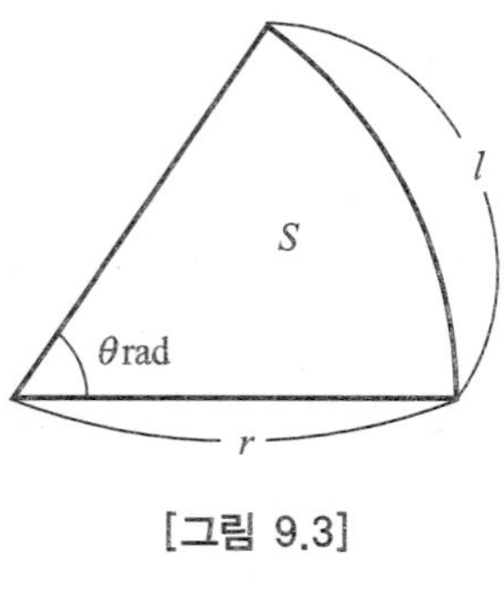

[그림 9.3]

비교 각을 육십분법으로 읽으면, $l:\theta=2\pi r:360°$이므로 $l=2\pi r\dfrac{\theta°}{360°}$이고 $S=\pi r^2\dfrac{\theta°}{360°}$이다.

예제 9.1 주어진 각을 육십분법은 호도법으로, 호도법은 육십분법으로 고쳐서 표현하여라.

(1) $225°$ (2) $-90°$ (2) $\dfrac{2}{3}\pi$ (4) $\dfrac{13}{6}\pi$

[풀이] (1) $225°\times\dfrac{\pi}{180°}=\dfrac{5}{4}\pi\text{ rad}$

(2) $-90°=-90°\times\dfrac{\pi}{180°}=-\dfrac{\pi}{2}\text{ rad}$

(3) $\dfrac{2}{3}\pi\times\dfrac{180°}{\pi}=120°$

(4) $\dfrac{13\pi}{6}\times\dfrac{180°}{\pi}=390°$

예제 9.2 중심각이 $\dfrac{3}{4}\pi\text{ rad}$이고 반지름이 3인 부채꼴의 호의 길이와 넓이를 계산하여라.

[풀이] 호의 길이 $l=r\theta=3\times\dfrac{3}{4}\pi=\dfrac{9}{4}\pi$이고, 넓이 $S=\dfrac{1}{2}r^2\theta=\dfrac{1}{2}3^2\dfrac{3}{4}\pi=\dfrac{27}{8}\pi$이다.

앞으로는 특별한 언급이 없는 경우 각의 표시는 라디안을 활용한다.

9.1.2 삼각함수의 정의

삼각함수는 직각삼각형의 닮음비인 삼각비 문제에서 유도된 함수이다. 직각삼각형은 하나의 각이 이미 직각이므로 다른 하나의 각 θ만 같으면 AA닮음에 의해 닮은 삼각형이 되고, 여기서 세 변의 길이를 활용해서 비율 6가지를 정의한다. 삼각함수의 경우 θ를 $0\leqq\theta<\dfrac{\pi}{2}$에서 $0\leqq\theta<2\pi$를 포함한 모든 각의 경우로 정의역을 확장한 함수이다.

먼저 직각삼각형에서 유도하는 삼각비를 살펴보면 다음과 같다.

$$\sin\theta=\frac{\text{대변}}{\text{빗변}}\qquad\cos\theta=\frac{\text{밑변}}{\text{빗변}}$$

$$\tan\theta = \frac{\text{대변}}{\text{밑변}} \qquad \cot\theta = \frac{\text{밑변}}{\text{대변}}$$

$$\sec\theta = \frac{\text{빗변}}{\text{밑변}} \qquad \csc\theta = \frac{\text{빗변}}{\text{대변}}$$

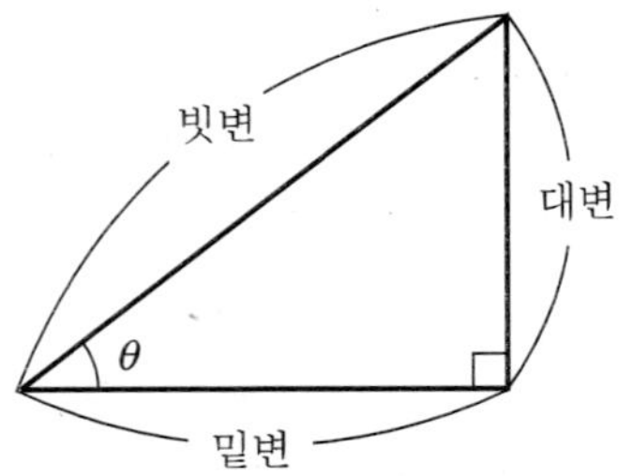

[그림 9.4]

위에 주어진 직각삼각형을 좌표평면의 일사분면에 놓고, 양의 x축을 중심으로 반시계 방향으로 회전하다 보면, 각 θ를 $0 \leqq \theta < 2\pi$로 확장할 수 있고 삼각비로 정의한 함수를 다음과 같이 삼각함수로 재정의할 수 있다.

$$\sin\theta = \frac{y\text{좌표}}{r}, \qquad \cos\theta = \frac{x\text{좌표}}{r}, \qquad \tan\theta = \frac{y\text{좌표}}{x\text{좌표}}$$

역수를 취해서

$$\csc\theta = \frac{r}{y\text{좌표}}, \qquad \sec\theta = \frac{r}{x\text{좌표}}, \qquad \cot\theta = \frac{x\text{좌표}}{y\text{좌표}}$$

의 여섯 가지 함수이다.

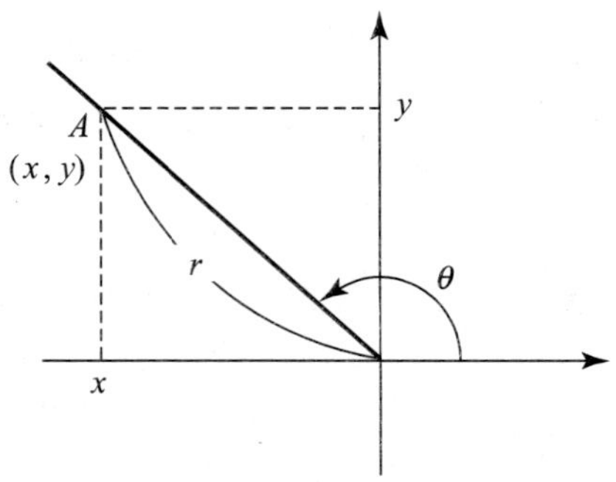

[그림 9.5]

삼각함수 사이의 관계

$$\tan\theta = \frac{\sin\theta}{\cos\theta},\qquad \cot\theta = \frac{\cos\theta}{\sin\theta},$$

$$\csc\theta = \frac{1}{\sin\theta},\qquad \sec\theta = \frac{1}{\cos\theta},\qquad \cot\theta = \frac{1}{\tan\theta}$$

예제 9.3 각 $210°$일 때의 그림을 그리고 삼각함숫값을 구하여라.

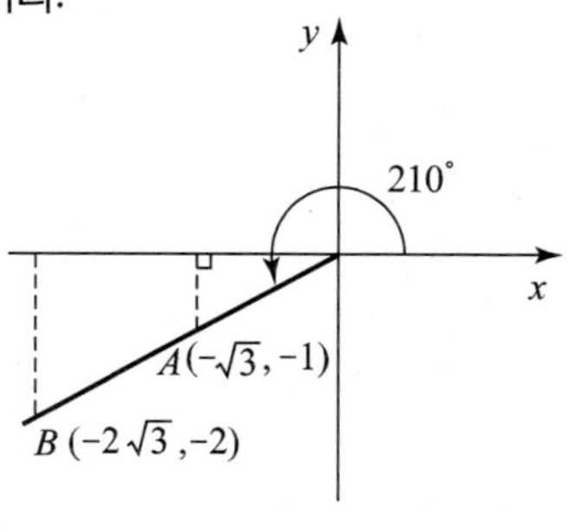

[풀이] $\sin 210° = -\frac{1}{2}$ $\qquad \cos 210° = -\frac{\sqrt{3}}{2}$

$\tan 210° = \frac{1}{\sqrt{3}}$ $\qquad \cot 210° = \sqrt{3}$

$\sec 210° = -\frac{2}{\sqrt{3}}$ $\qquad \csc 210° = -2$

9.1.3 삼각함수 그래프

여기서는 삼각함수의 정의를 활용해서 여섯 가지 그래프를 살펴보고 이를 응용해 본다.

1) $y=\sin x$ 그래프와 응용

① $y=\sin x$ 그래프

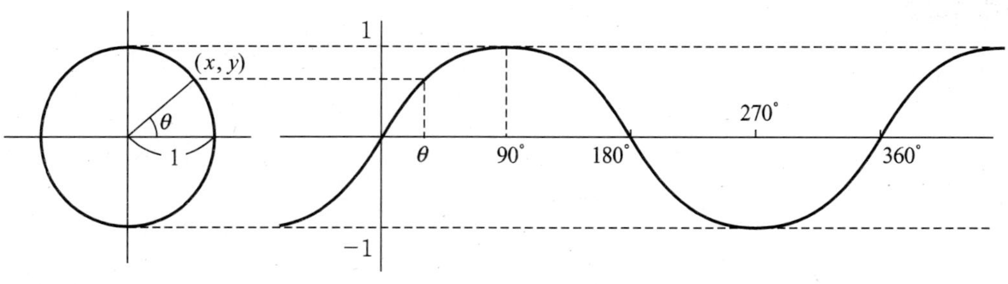

[그림 9.6]

성질

- 정의역은 모든 실수의 집합이고, 치역은 $-1 \leqq y \leqq 1$인 모든 실수 집합이다.

- 주기는 2π인 주기함수이다.
- 그래프는 원점에 대하여 대칭이다.

② $y=k\sin(ax+b)$ (단, $k \geqq 0$)

- $y=k\sin(ax+b)=k\sin\left(a\left(x-\left(-\frac{b}{a}\right)\right)\right)$이다.
- $y=k\sin ax$ 의 치역은 $[-k,\ k]$이고 주기는 $\frac{2\pi}{|a|}$이다.

따라서 $y=k\sin(ax+b)$는 $y=k\sin ax$ 그래프를 x축으로 $-\frac{b}{a}$만큼 평행이동시킨다.

③ $y=\csc x$의 그래프

$y=\csc x=\frac{1}{\sin x}$이므로 $y=\sin x$의 그래프를 $y=\pm 1$을 중심으로 뒤집어 그린다.

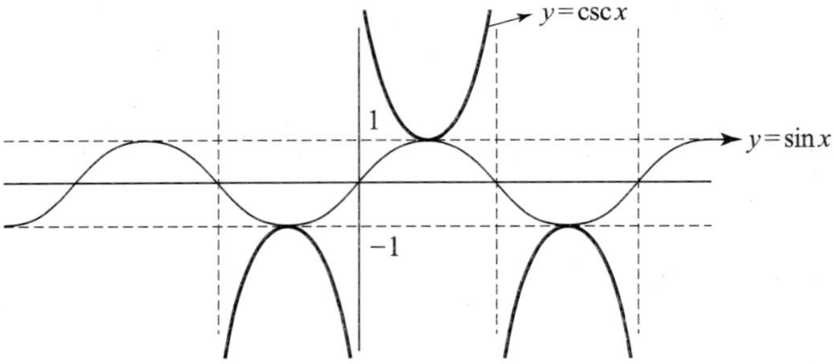

예제 9.4 주어진 함수의 그래프를 그려라.

(1) $y=3\sin\left(x-\frac{\pi}{2}\right)$ (2) $y=\sin 3x+1$

[풀이] (1) $y=3\sin\left(x-\frac{\pi}{2}\right)$

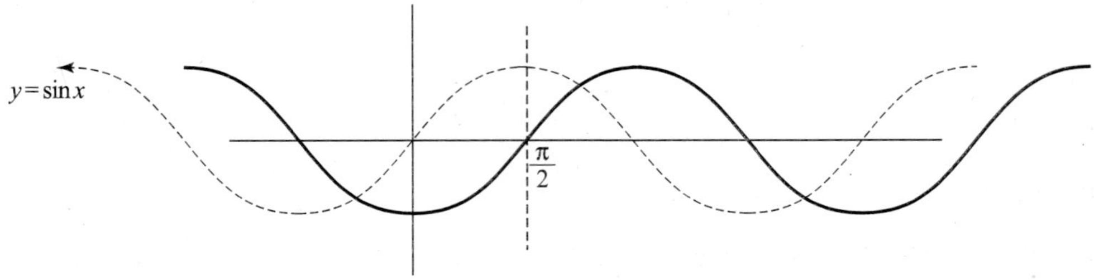

(2) $y = \sin 3x + 1$

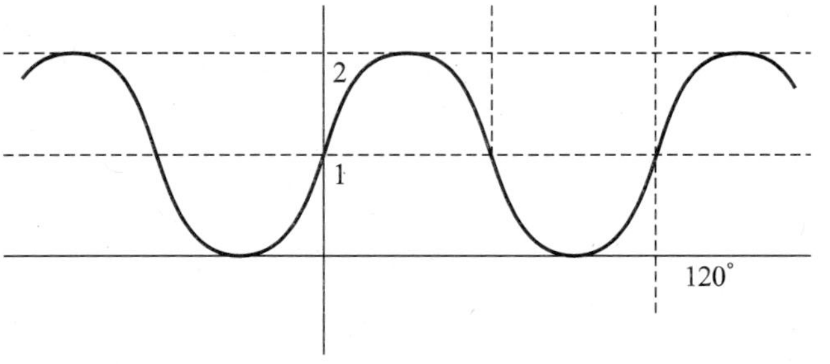

2) $y = \cos x$ 그래프와 응용

① $y = \cos x$의 그래프

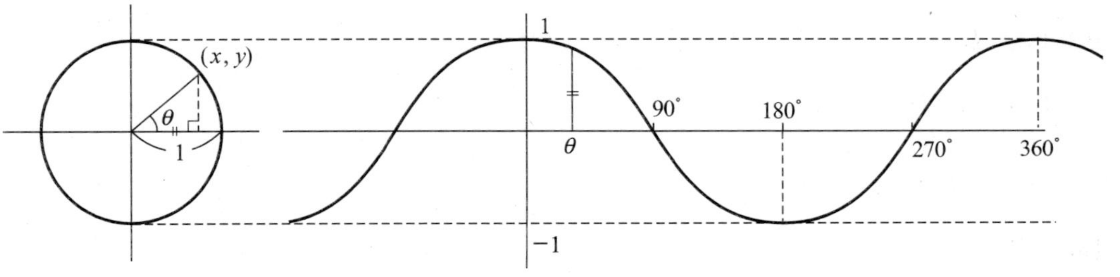

[그림 9.7]

성질

- 정의역은 모든 실수의 집합이고, 치역은 $-1 \leqq y \leqq 1$인 모든 실수 집합이다.
- 주기는 2π인 주기함수이다.
- 그래프는 y축에 대하여 대칭이다.

② $y = k\cos(ax + b)$의 경우 (단, $k \geqq 0$)

- $y = k\cos(ax+b) = k\cos\left(a\left(x - \left(-\frac{b}{a}\right)\right)\right)$이다.
- $y = k\cos ax$의 치역은 $[-k, k]$이고 주기는 $\frac{2\pi}{|a|}$이다.

따라서 $y = k\cos(ax+b)$는 $y = k\cos ax$ 그래프를 x축으로 $-\frac{b}{a}$만큼 평행이동시킨다.

③ $y = \sec x$의 그래프

$y = \sec x = \dfrac{1}{\cos x}$ 이므로 $y = \cos x$의 그래프를 $y = \pm 1$을 중심으로 뒤집어 그린다.

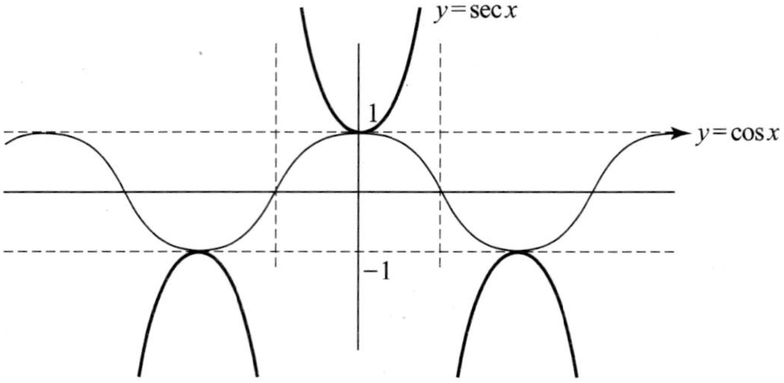

예제 9.5 주어진 함수의 그래프를 그려라.

(1) $y = 2\cos\left(x - \dfrac{\pi}{2}\right)$

(2) $y = \cos 2x - \dfrac{1}{2}$

[풀이]

(1)

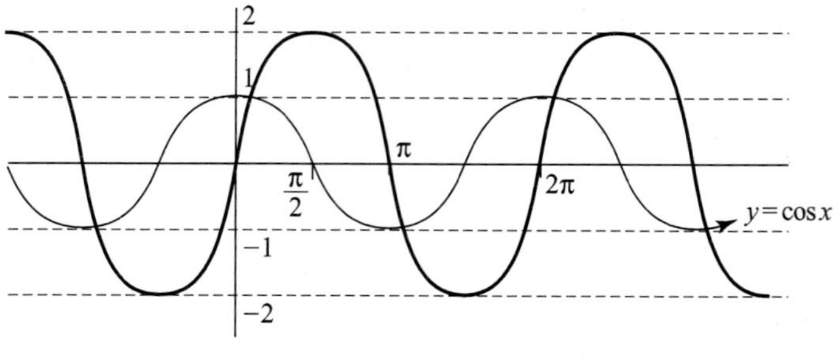

(2)

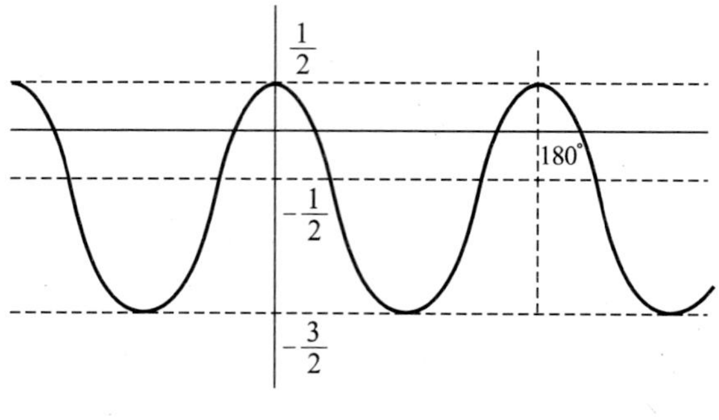

3) $y = \tan x$ 그래프와 응용

① $y = \tan x$ 그래프

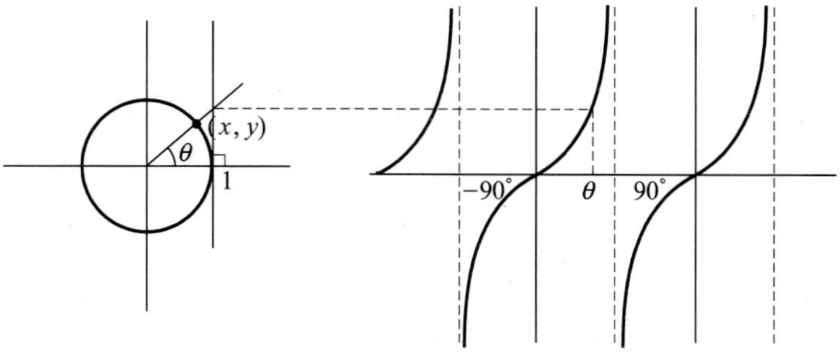

[그림 9.8]

성질

- 정의역은 $x \neq \dfrac{\pi}{2} + n\pi$ (n은 정수)이고, 치역은 모든 실수의 집합이다.
- 주기는 π인 주기함수이다.
- 그래프는 원점에 대하여 대칭이다.

② $y = k\tan(ax+b)$의 경우 (단, $k \geq 0$)

- $y = k\tan(ax+b) = k\tan\left(a\left(x - \left(-\dfrac{b}{a}\right)\right)\right)$이다.
- $y = k\tan ax$ 의 주기는 $\dfrac{\pi}{|a|}$ 이고, $\left(\dfrac{\pi}{4a},\ k\right)$를 지난다.

따라서 $y = k\tan(ax+b)$는 $y = k\tan ax$ 그래프를 x축으로 $-\dfrac{b}{a}$만큼 평행이동시킨다.

③ $y = \cot x$의 그래프

$y = \cot x = \dfrac{1}{\tan x}$ 이므로 $y = \tan x$의 그래프를 $y = \pm 1$을 중심으로 뒤집어 그린다.

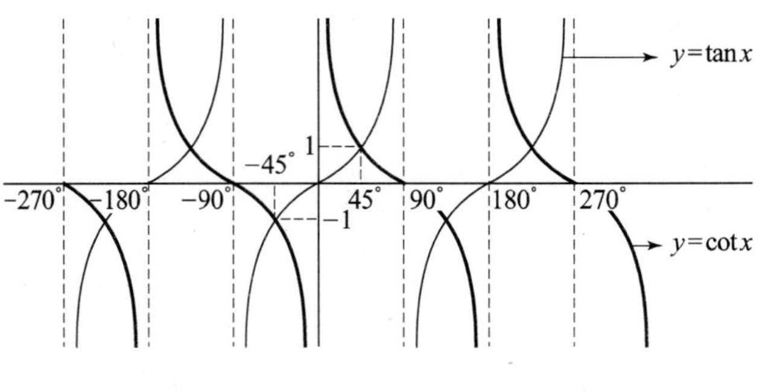

예제 9.6 주어진 함수의 그래프를 그려라.

(1) $y = 2\tan\left(x - \dfrac{\pi}{4}\right)$

(2) $y = \tan 4x - 1$

[풀이] (1)

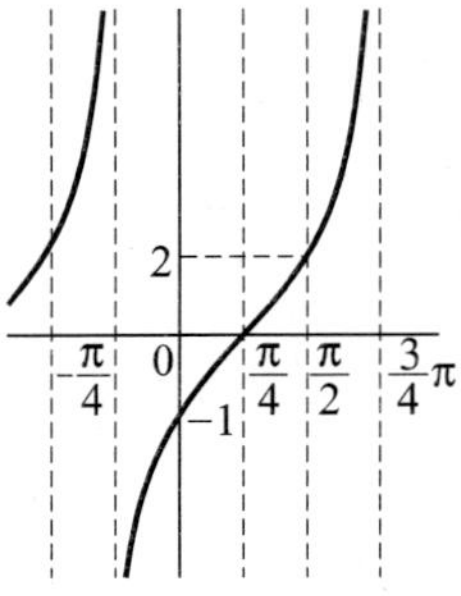

(2)

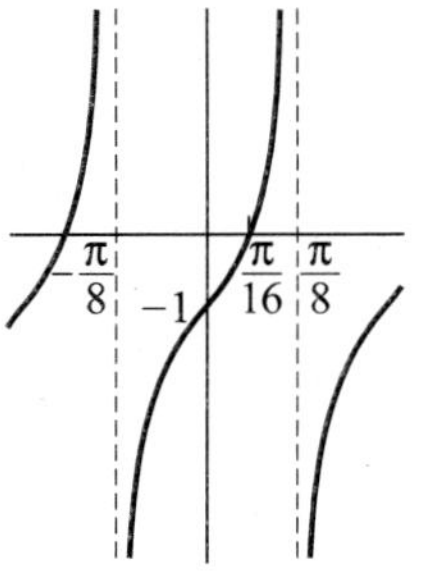

연습문제 9.1

1. 주어진 각을 호도법은 육십분법으로, 육십분법은 호도법으로 바꾸어 표현하여라.

(1) $\frac{\pi}{6}$　　(2) $\frac{11}{12}\pi$　　(3) $420°$　　(4) $270°$

(5) $-\frac{4}{3}\pi$　　(6) $\frac{5}{4}\pi$　　(7) $-200°$　　(8) $45°$

2. 점 $(-4,\ 5)$에 대응하는 각을 θ라 할 때 다음 삼각함수의 값을 표현하여라.

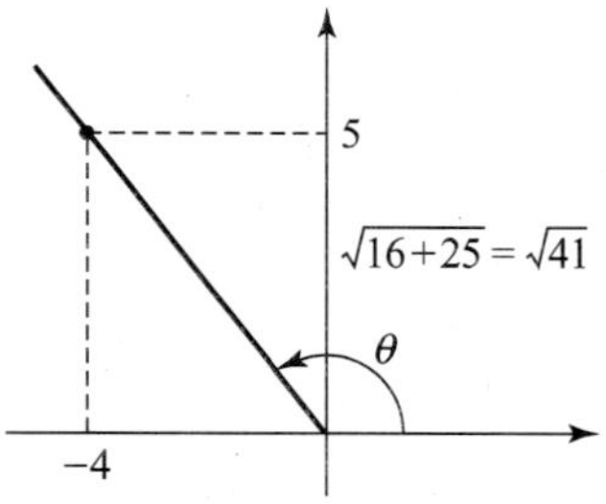

(1) $\sin\theta$　　(2) $\cos\theta$

(3) $\tan\theta$　　(4) $\sec\theta$

(5) $\csc\theta$　　(6) $\cot\theta$

3. 반지름이 3인 부채꼴의 넓이가 9일 때 부채꼴의 대응하는 각 θ를 구하고, 호의 길이를 구하여라.

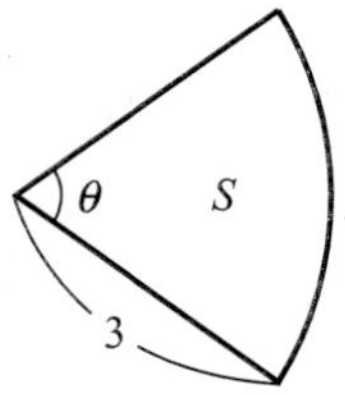

4. 제4사분면 각 θ에 대하여 $\sin\theta = -\frac{5}{7}$일 때, 주어진 삼각함수의 값을 구하여라.

(1) $\cos\theta$　　(2) $\tan\theta$

5. 제3사분면 각 θ에 대하여 $\sec\theta = -3$일 때 다음 주어진 삼각함수의 값을 구하여라.

(1) $\sin\theta$ (2) $\cot\theta$

6. 주어진 삼각함수의 주기를 구하여라.

(1) $y = \sin\dfrac{x}{2}$ (2) $y = \cos 3x$

(3) $y = -\tan x$ (4) $y = \sec\left(x - \dfrac{\pi}{2}\right)$

(5) $y = \sin(-4x)$ (6) $y = 3\cot x$

(7) $y = \csc x + 1$ (8) $y = \sec\dfrac{x}{2}$

7. 주어진 삼각함수의 치역을 구하여라.

(1) $y = \sin\dfrac{x}{2} + 3$ (2) $y = -3\tan x$

(3) $y = 2\sec x + 1$ (4) $y = -4\csc 3x - 2$

8. 주어진 함수의 그래프를 그려라.

(1) $y = 2\sin\left(x - \dfrac{\pi}{3}\right)$ (2) $y = 3\tan\dfrac{x}{4}$

(3) $y = 2\sec\left(x + \dfrac{\pi}{2}\right) - 1$

9. $y = \cot\left(x + \dfrac{\pi}{2}\right)$에서 정의역을 구하여라.

10. $\cot 90^\circ$의 값을 좌표평면 위에 점을 찍어 구하여라.

9.2 삼각함수의 성질을 활용한 삼각함숫값 계산

9.2.1 삼각함수 성질을 활용한 삼각함숫값 계산

모든 각에 대한 삼각함수의 값을 정의할 수 있는데 그 중에서 주로 사용하는 몇 가지 특수각에 대해서는 삼각함숫값을 암기해 두면 편리하다.

표 9.1 삼각함수 특수각에 대한 값

θ rad	0	$\frac{\pi}{6}$	$\frac{\pi}{4}$	$\frac{\pi}{3}$	$\frac{\pi}{2}$
$\sin\theta$	0	$\frac{1}{2}$	$\frac{\sqrt{2}}{2}$	$\frac{\sqrt{3}}{2}$	1
$\cos\theta$	1	$\frac{\sqrt{3}}{2}$	$\frac{\sqrt{2}}{2}$	$\frac{1}{2}$	0
$\tan\theta$	0	$\frac{\sqrt{3}}{3}$	1	$\sqrt{3}$	∞

증명 $\sin\theta$의 경우에 한하여 살펴보자.

- $\theta = 0\,\text{rad}$에 대응하는 좌표평면 위의 임의의 점은 $(a, 0)$(단, $a > 0$)이므로 $\sin 0 = \frac{0}{a} = 0$이다.
- $\theta = \frac{\pi}{6}$와 $\theta = \frac{\pi}{3}$인 경우는 정삼각형을 활용해서 아래 좌표평면 위의 점을 살펴보면, $\sin\frac{\pi}{6} = \frac{1}{2}$이고, $\sin\frac{\pi}{3} = \frac{\sqrt{3}}{2}$이다.

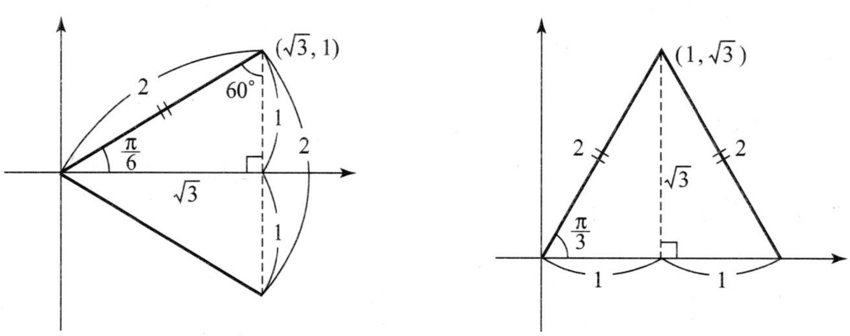

• $\theta = \frac{\pi}{4}$ 인 경우는 직각이등변삼각형을 활용해서 좌표평면에 표현해 보면 아래와 같고 따라서 $\sin\frac{\pi}{4} = \frac{\sqrt{2}}{2}$ 이다.

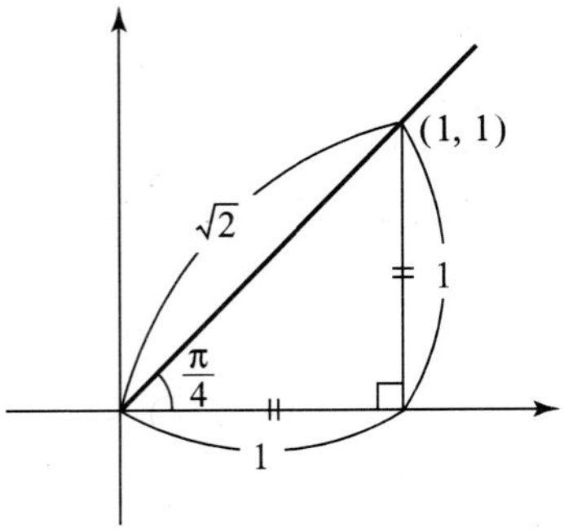

• $\theta = \frac{\pi}{2}$ 인 경우 대응하는 좌표평면 위의 점은 $(0, a)$(단, $a > 0$)이므로, $\sin\frac{\pi}{2} = \frac{a}{a} = 1$로 정의한다.

또한 임의의 각 θrad에 대해서는 다음 법칙이 성립한다.

$$\sin\left(\frac{\pi}{2}+\theta\right) = \cos\theta \quad \cos\left(\frac{\pi}{2}+\theta\right) = -\sin\theta \quad \tan\left(\frac{\pi}{2}+\theta\right) = -\cot\theta$$

증명

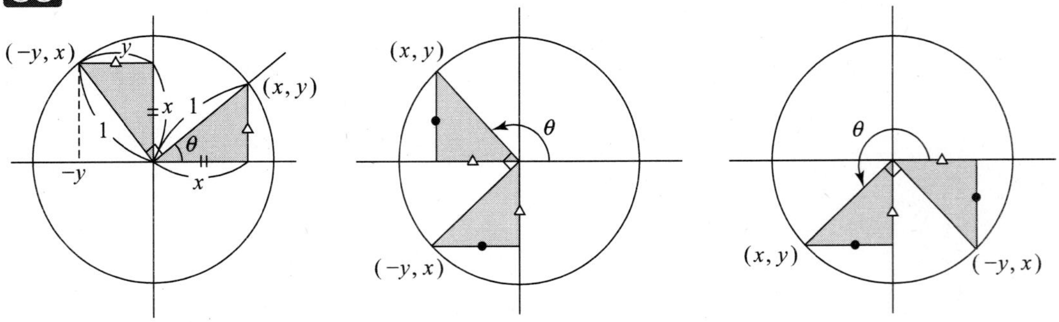

예제 9.7 (1) $\sin\frac{2}{3}\pi = \sin\left(\frac{\pi}{2}+\frac{\pi}{6}\right) = -\cos\frac{\pi}{6} = -\frac{\sqrt{3}}{2}$

(2) $\tan\left(\frac{5}{6}\pi\right) = -\cot\frac{\pi}{3} = -\frac{1}{\tan\frac{\pi}{3}} = -\frac{1}{\sqrt{3}}$

$$\sin(\pi+\theta) = -\sin\theta \qquad \cos(\pi+\theta) = -\cos\theta \qquad \tan(\pi+\theta) = \tan\theta$$

증명

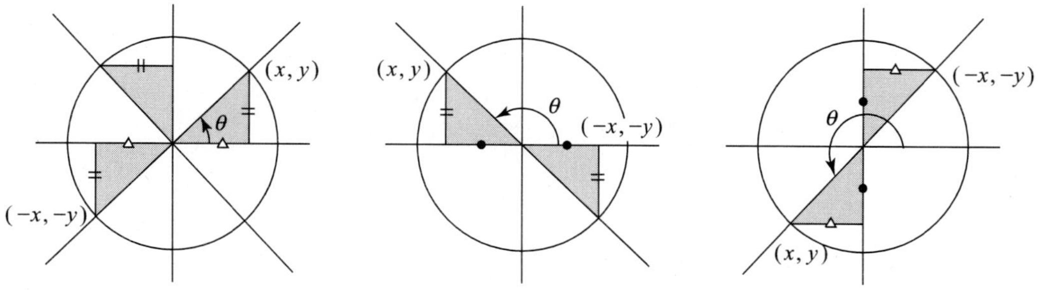

예제 9.8 (1) $\sin\left(\pi - \dfrac{\pi}{6}\right) = -\sin\left(-\dfrac{\pi}{6}\right) = \sin\dfrac{\pi}{6} = \dfrac{1}{2}$

(2) $\sec\left(\pi + \dfrac{1}{3}\pi\right) = \dfrac{1}{\cos\left(\pi + \dfrac{1}{3}\pi\right)} = \dfrac{-1}{\cos\dfrac{\pi}{3}} = -2$

$$\sin\left(\frac{3}{2}\pi+\theta\right) = -\cos\theta \qquad \cos\left(\frac{3}{2}\pi+\theta\right) = \sin\theta \qquad \tan\left(\frac{3}{2}\pi+\theta\right) = -\cot\theta$$

증명

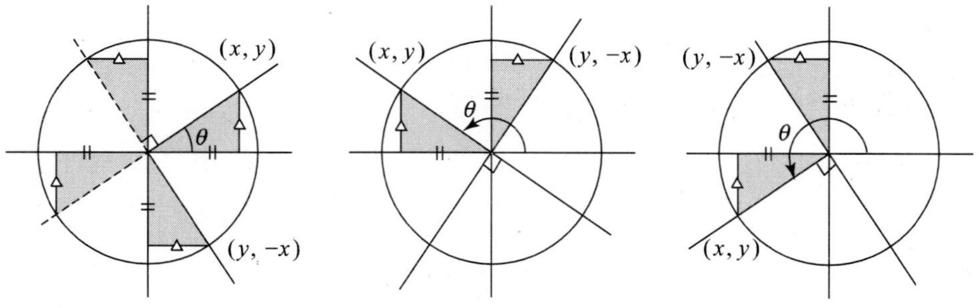

이를 일반화하여 임의의 각에 대하여 삼각함숫값을 구하는 특별한 규칙을 만들어 보자. 이 규칙을 살펴 두면, 특수각을 활용해서 좀 더 쉽게 값을 찾을 수 있다.

(규칙 1) 먼저 $\sin\theta$, $\cos\theta$, $\tan\theta$의 사분변별 부호를 살펴보면 다음과 같다.

2사분면	1사분면
$\sin\theta$: + $\cos\theta$: − $\tan\theta$: −	$\sin\theta$: + $\cos\theta$: + $\tan\theta$: +
$\sin\theta$: − $\cos\theta$: − $\tan\theta$: +	$\sin\theta$: − $\cos\theta$: + $\tan\theta$: −

그리고 다음 규칙을 적용하는 데 먼저 $\sin\theta$의 경우를 예를 들어보자.

단계 1 $\sin\theta=\sin\left(\frac{\pi}{2}n+x\right)$로 표시하는데 이때 n은 부호에 관계없이 정수이면 충분하고, 나머지 각인 x도 크기나 부호에 상관없다. 단, $\frac{\pi}{2}n$과 x 사이는 덧셈연산으로 표현되어야 한다.

단계 2 n이 짝수이면, $\sin\theta=\sin\left(\frac{\pi}{2}n+x\right)=(\text{부호 결정})\sin x$

n이 홀수이면, $\sin\theta=\sin\left(\frac{\pi}{2}n+x\right)=(\text{부호 결정})\cos x$로 놓는다.

[주의] $\cos\theta=\cos\left(\frac{\pi}{2}n+x\right)$와 $\tan\theta=\tan\left(\frac{\pi}{2}n+x\right)$의 경우는

n이 짝수이면, cos은 cos으로, tan는 tan로,

n이 홀수이면, cos은 sin으로, tan는 cot로 바꾼다.

단계 3 x를 예각$(0° < x < 90°)$으로 간주하고,

n이 양수이면 그 다음 사분면부터(즉, 2사분면) 반시계 방향으로 n회 회전하고,

n이 음수이면 그 다음 사분면부터(즉, 4사분면) 시계 방향으로 $(-n)$회 회전한다.

단계 4 도착한 사분면에서의 sin 함수의 부호(위 그림 참조)에 따라 단계 2에서 비워둔 부호를 (+) 또는 (−)로 결정한다.

[주의] cosine 함수, tangent 함수의 경우도 도착한 사분면에서의 부호에 따라 부호 결정을 해주면 된다.

예제 9.9 주어진 삼각함수의 값을 구하여라.

(1) $\sin 225°$

(2) $\tan 240°$

[풀이] (1) $\sin 225° = \sin(90° \times 2 + 45°) = -\sin 45° = -\dfrac{\sqrt{2}}{2}$ 이다. 또는 다음과 같이

$\sin(225°) = \sin(90° + 135°) = \cos(135°) = \cos(90° + 45°) = -\sin 45° = -\dfrac{\sqrt{2}}{2}$

를 활용해도 같은 값을 얻음을 확인할 수 있다.

(2) $\tan 240° = \tan(90° \times 2 + 60°) = \tan 60° = \sqrt{3}$ 이다. ■

(규칙 2) 규칙 1보다는 좀 더 특수한 경우에 적용되는 몇 가지 규칙을 정리하면 다음과 같다.

[삼각함수의 주기 공식]

$$\sin(2n\pi + \theta) = \sin\theta,\ \cos(2n\pi + \theta) = \cos\theta,\ \tan(n\pi + \theta) = \tan\theta,\ (n\text{은 정수})$$

[삼각함수의 음각 공식]

$$\sin(-\theta) = -\sin\theta,\quad \cos(-\theta) = \cos\theta,\quad \tan(-\theta) = -\tan\theta$$

증명

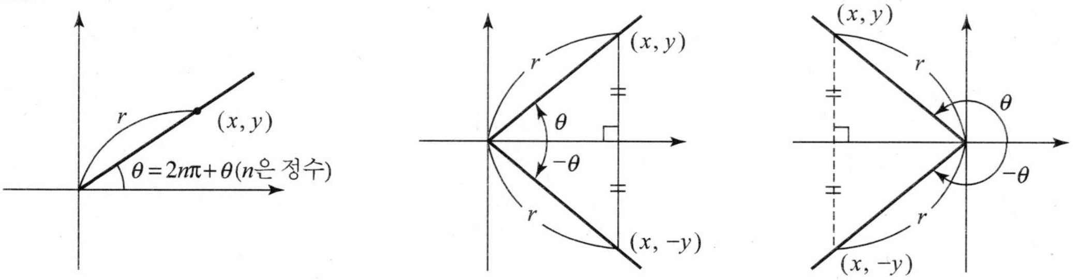

[그림 9.9] ■

예제 9.10 주어진 삼각함수의 값을 구하여라.

(1) $\sin 780°$

(2) $\cos 330°$

(3) $\tan(-45°)$

[풀이] (1) $\sin 780° = \sin(360° \times 2 + 60°) = \sin 60° = \dfrac{\sqrt{3}}{2}$

(2) $\cos 330° = \cos(-30°) = \cos 30° = \dfrac{\sqrt{3}}{2}$

(3) $\tan(-45°) = -\tan 45° = -1$

(규칙 3) 피타고라스 성질을 활용해서 $x^2 + y^2 = r^2$에 대해 양변을 각각 r^2, x^2 그리고 y^2으로 나누면 순서대로 다음과 같은 관계식을 얻는다.

$$\cos^2\theta + \sin^2\theta = 1,\ 1 + \tan^2\theta = \sec^2\theta,\ \cot^2\theta + 1 = \csc^2\theta$$

[주의] 단, 예를 들어 $\sin\theta^2 = \sin(\theta \times \theta)$, $\sin^2\theta = (\sin\theta)^2$임을 구별해야 한다.

예제 9.11 주어진 각 θ가 제2사분면각이고, $\sin\theta = a$일 때 $\cos\theta$와 $\tan\theta$의 값을 구하여라.

[풀이] $\cos^2\theta + \sin^2\theta = 1$이고 $\sin\theta = a$이므로, $\cos\theta = \pm\sqrt{1-\sin^2\theta} = \pm\sqrt{1-a^2}$이다. 여기서 θ가 제2사분면각이므로, $\cos\theta = -\sqrt{1-a^2}$이다.

또한 $1 + \tan^2\theta = \sec^2\theta = \dfrac{1}{\cos^2\theta} = \dfrac{1}{1-a^2}$을 활용하면, $\tan\theta = -\dfrac{a}{\sqrt{1-a^2}}$이다.

그런데 위의 예제를 그림을 활용하는 경우 더 쉽게 구할 수 있다. 아래 설명을 참고하라.

$$\sin\theta = a$$

$$\cos\theta = -\sqrt{1-a^2}$$

$$\tan\theta = \frac{-a}{\sqrt{1-a^2}}$$

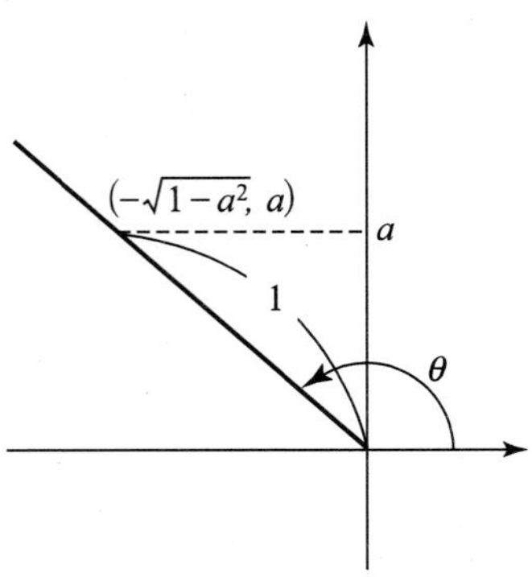

[그림 9.10]

9.2.2 삼각함수 덧셈정리 및 응용

[사인함수, 코사인함수, 탄젠트함수에 대한 합의 공식]

$$\sin(\alpha+\beta)=\sin\alpha\cos\beta+\cos\alpha\sin\beta$$

$$\cos(\alpha+\beta)=\cos\alpha\cos\beta-\sin\alpha\sin\beta$$

$$\tan(\alpha+\beta)=\frac{\tan\alpha+\tan\beta}{1-\tan\alpha\tan\beta}$$

증명 위의 두 식은 코사인함수의 제2법칙을 활용해야 한다. 또한 $\tan(\alpha+\beta)=\dfrac{\sin(\alpha+\beta)}{\cos(\alpha+\beta)}$ $=\dfrac{\sin\alpha\cos\beta+\cos\alpha\sin\beta}{\cos\alpha\cos\beta-\sin\alpha\sin\beta}$이고 분자, 분모를 $\cos\alpha\cos\beta$로 나누면 구하고자 하는 형태의 식이 유도된다. ■

[사인함수, 코사인함수, 탄젠트함수에 대한 차의 공식]

$$\sin(\alpha-\beta)=\sin\alpha\cos\beta-\cos\alpha\sin\beta$$

$$\cos(\alpha-\beta)=\cos\alpha\cos\beta+\sin\alpha\sin\beta$$

$$\tan(\alpha-\beta)=\frac{\tan\alpha-\tan\beta}{1+\tan\alpha\tan\beta}$$

증명 위 합의 공식에서 β 대신에 $-\beta$로 바꾸고, $\sin(-\beta)=-\sin\beta$, $\cos(-\beta)=\cos\beta$ 그리고 $\tan(-\beta)=-\tan\beta$를 적용하면 된다. ■

예제 9.12 주어진 삼각함수의 값을 위의 공식을 활용해서 구해 보아라.

(1) $\sin 105°$ (2) $\cos 15°$ (3) $\tan 75°$

[풀이] (1) $\sin 105°=\sin(45°+60°)=\sin 45°\cos 60°+\cos 45°\sin 60°$

$$=\frac{\sqrt{2}}{2}\frac{1}{2}+\frac{\sqrt{2}}{2}\frac{\sqrt{3}}{2}=\frac{\sqrt{2}+\sqrt{6}}{4}$$

(2) $\cos 15°=\cos(45°-30°)=\cos 45°\cos 30°+\sin 45°\sin 30°$

$$=\frac{\sqrt{2}}{2}\frac{\sqrt{3}}{2}+\frac{\sqrt{2}}{2}\frac{1}{2}=\frac{\sqrt{6}+\sqrt{2}}{4}$$

$$(3)\ \tan 75° = \frac{\tan 45° + \tan 30°}{1 - \tan 45° \tan 30°} = \frac{1 + \frac{\sqrt{3}}{3}}{1 - \frac{\sqrt{3}}{3}} = 2 + \sqrt{3}$$

이배각공식과 반각공식

사인함수, 코사인함수, 탄젠트함수에 대한 합의 공식에서 $\beta = \alpha$라 놓으면 다음과 같이 삼각함수의 배각공식을 유도할 수 있다.

[배각공식]

$$\sin 2\alpha = 2 \sin\alpha \cos\alpha$$

$$\cos 2\alpha = \cos^2\alpha - \sin^2\alpha$$

$$\tan 2\alpha = \frac{2\tan\alpha}{1 - \tan^2\alpha}$$

또한 코사인함수의 배각공식에 $\sin^2\alpha + \cos^2\alpha = 1$을 적용하면,

$$\begin{aligned}\cos 2\alpha &= 1 - 2\sin^2\alpha \\ &= 2\cos^2\alpha - 1\end{aligned}$$

의 형태를 구할 수 있고, 이 경우 α를 $\frac{\alpha}{2}$로 바꾸면, 다음과 같이 삼각함수에 대한 반각공식을 유도할 수 있다.

[반각공식]

$$\sin^2\frac{\alpha}{2} = \frac{1 - \cos\alpha}{2}$$

$$\cos^2\frac{\alpha}{2} = \frac{1 + \cos\alpha}{2}$$

$$\tan^2\frac{\alpha}{2} = \frac{1 - \cos\alpha}{1 + \cos\alpha}$$

예제 9.13 주어진 각 θ가 이사분면각이고, $\sin\theta = \frac{\sqrt{3}}{4}$일 때, $\sin 2\theta$, $\cos 2\theta$ 그리고 $\tan 2\theta$의 값을 구하여라.

[풀이] $\sin 2\theta = 2\sin\theta\cos\theta = 2\dfrac{\sqrt{3}}{4}\left(-\dfrac{\sqrt{13}}{4}\right) = -\dfrac{\sqrt{39}}{8}$ 이다. 여기서 $\cos\theta$는 그림을 그려 사분면을 고려한 값을 직접 찾거나, $\sin^2\theta + \cos^2\theta = 1$인 공식을 직접 활용해도 좋다. $\cos 2\theta = 1 - 2\sin^2\theta = 1 - 2\left(\dfrac{\sqrt{3}}{4}\right)^2 = \dfrac{5}{8}$ 이다. 그리고 $\tan 2\theta = \dfrac{\sin 2\theta}{\cos 2\theta}$ 에 적용하거나, 그림을 활용해서 $\tan\theta = -\sqrt{\dfrac{3}{13}}$ 을 구해서 $\tan 2\theta = \dfrac{2\tan\theta}{1-\tan^2\theta}$ 에 적용해서 구할 수 있는데 값은 $-\dfrac{\sqrt{39}}{5}$ 이다. ■

예제 9.14 위 예제에서 구한 $\cos 15°$의 값을 반각공식을 활용해서 구하여라.

[풀이] $\cos^2 15° = \dfrac{1+\cos 30°}{2} = \dfrac{1+\dfrac{\sqrt{3}}{2}}{2} = \dfrac{2+\sqrt{3}}{4}$ 이므로, $\cos 15° = \pm\dfrac{\sqrt{2+\sqrt{3}}}{2}$ 중에 1사분면 각이므로 양의 값을 취하면 $\cos 15° = \dfrac{\sqrt{6}+\sqrt{2}}{4}$ 이다. ■

몇 가지 삼각함수 합과 차 곱의 계산 공식

또한 몇 가지 유용한 삼각함수 관련 공식을 정리하면 다음과 같다. 사인과 코사인의 합의 공식과 차의 공식으로부터 간단히 유도된다.

[곱을 합과 차에 관한 형태로 바꾸는 공식]

$$\sin\alpha\cos\beta = \frac{1}{2}[\sin(\alpha+\beta) + \sin(\alpha-\beta)]$$

$$\sin\alpha\sin\beta = \frac{1}{2}[\cos(\alpha-\beta) - \cos(\alpha+\beta)]$$

$$\cos\alpha\cos\beta = \frac{1}{2}[\cos(\alpha+\beta) + \cos(\alpha-\beta)]$$

첫 번째 식에서 $\alpha+\beta=A$, $\alpha-\beta=B$라 치환하면, 합과 차를 곱에 관한 형태로도 나타낼 수 있다. 나머지 식도 비슷한 방법에 의해 유도할 수 있다.

[합과 차를 곱에 관한 형태로 바꾸는 공식]

$$\sin A + \sin B = 2\sin\frac{A+B}{2}\cos\frac{A-B}{2}$$

$$\sin A - \sin B = 2\sin\frac{A-B}{2}\cos\frac{A+B}{2}$$

$$\cos A + \cos B = 2\cos\frac{A+B}{2}\cos\frac{A-B}{2}$$

$$\cos A - \cos B = -2\sin\frac{A+B}{2}\sin\frac{A-B}{2}$$

예제 9.15 주어진 값을 계산하라.

(1) $\sin 15° \sin 75°$

(2) $\cos 15° + \cos 75°$

[풀이] (1) $\sin 15° \sin 75° = \frac{1}{2}[\sin 90° + \sin(-60°)] = \frac{1}{2}\left(1 - \frac{\sqrt{3}}{2}\right) = \frac{2-\sqrt{3}}{4}$ 이다.

(2) $\cos 15° + \cos 75° = 2\cos\frac{15°+75°}{2}\cos\frac{15°-75°}{2} = \frac{\sqrt{6}}{2}$ 이다.

$a\sin\theta + b\cos\theta$의 형태를 삼각함수로 변환

$$a\sin\theta + b\cos\theta = \sqrt{a^2+b^2}\left(\frac{a}{\sqrt{a^2+b^2}}\sin\theta + \frac{b}{\sqrt{a^2+b^2}}\cos\theta\right)$$ 이므로

$$\cos\alpha = \frac{a}{\sqrt{a^2+b^2}}, \quad \sin\alpha = \frac{b}{\sqrt{a^2+b^2}}$$

인 각 α를 찾은 후

$$a\sin\theta + b\cos\theta = \sqrt{a^2+b^2}\,\sin(\alpha+\theta)$$

로 표현이 가능하다. 또한 각 α는 좌표평면상의 점 (a, b)와 원점을 잇는 반직선의 각이다. (단, 각은 양의 x축으로부터 반시계 방향으로 읽는다.)

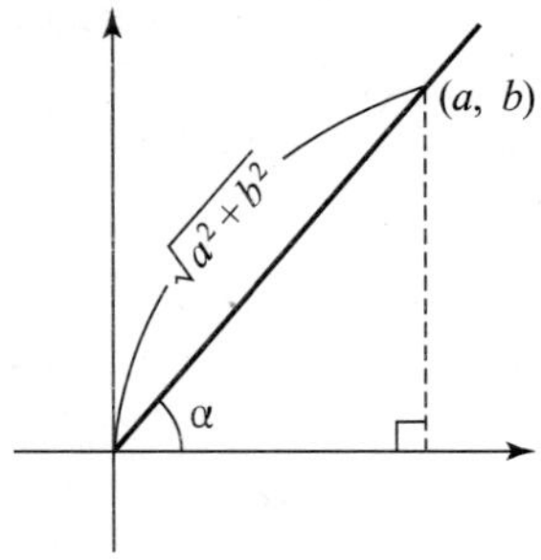

[그림 9.11]

예제 9.16 함수 $y=\sin\theta-\sqrt{3}\cos\theta$의 최댓값과 최솟값을 구하여라.

[풀이] $y=\sin\theta-\sqrt{3}\cos\theta=\sqrt{1+(-\sqrt{3})^2}\left(\frac{1}{2}\sin\theta-\frac{\sqrt{3}}{2}\cos\theta\right)$

$$=2\left(\cos\left(-\frac{\pi}{3}\right)\sin\theta+\sin\left(\frac{-\pi}{3}\right)\cos\theta\right)=2\sin\left(\theta-\frac{\pi}{3}\right)$$

로 표현이 가능하다. 또한 $-1\leq\sin\left(\theta-\frac{\pi}{3}\right)\leq 1$이므로 주어진 함수의 최댓값은 2, 최솟값은 -2이다.

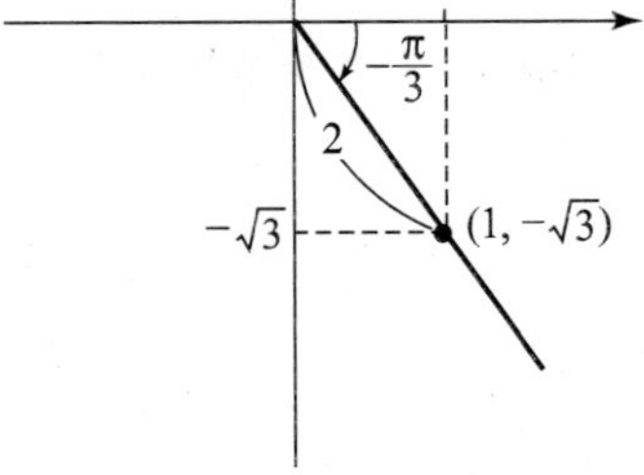

[그림 9.12]

연습문제 9.2

1. 주어진 삼각함수의 값을 구하여라.

(1) $\sin 240°$

(2) $\csc 225°$

(3) $\cot 300°$

(4) $\sec \frac{7}{4}\pi$

(5) $\tan \frac{7}{6}\pi$

(6) $\cos \frac{3}{4}\pi$

2. 주어진 삼각함수의 값을 구하여라.

(1) $\sin \frac{9}{4}\pi$

(2) $\cos(-60°)$

(3) $\tan\left(-\frac{3}{4}\pi\right)$

(4) $\sec(-390°)$

(5) $\csc \frac{17}{6}\pi$

3. 주어진 각 θ가 제3사분면 각이고, $\sin\theta = a$일 때 $\cos\theta$와 $\tan\theta$의 값을 구하여라. 단, 그림 9.10의 방법을 활용하지 않는다.

4. 삼각함수의 합의 공식을 활용하여 주어진 삼각함수의 값을 구하여라.

(1) $\cos 105°$

(2) $\cot 15°$

(3) $\sec 75°$

(4) $\csc 15°$

5. $\sin\theta + \cos\theta = \frac{1}{3}$일 때 $\sin\theta\cos\theta$의 값을 구하여라.

6. $\csc^2\theta - \tan^2\left(\frac{\pi}{2} - \theta\right)$의 값을 구하여라.

7. 반각 공식을 활용하여 $\sin 22.5°$, $\cos 22.5°$, $\tan 22.5°$의 값을 구하여라.

8. $\frac{\pi}{4} < x < \frac{\pi}{2}$ 이고, $\sin x = \frac{5}{7}$ 일 때, $\sin 2x$, $\cos 2x$, $\tan 2x$ 의 값을 구하여라.

9. 이배각 공식을 활용해서 $\sin 3\theta$에 대한 공식을 구하여라.

10. 곱을 합과 차로 바꾸는 공식을 활용하여 주어진 삼각함수의 값을 구하여라.

(1) $\sin 45° \cos 15°$

(2) $\cos 105° \cos 15°$

11. 합과 차를 곱으로 바꾸는 공식을 활용하여, $\cos 100° + \cos 80°$ 를 계산하여라.

12. $\sin 10° + \sin 130° - \sin 110°$ 의 값을 계산하여라.

13. 주어진 함수 $y = \sin\theta - \sqrt{3}\cos\theta + 2$ 의 최댓값과 최솟값을 구하여라.

14. $y = 3\sin\theta + 4\cos\theta$ 의 최댓값과 최솟값을 구하여라.

9.3 삼각형에서 유도되는 삼각함수 규칙과 응용

지금부터는 삼각형에서 유도할 수 있는 삼각함수와 관련된 법칙들을 살펴보고자 한다. 먼저 삼각형 ABC에 대하여 각각의 꼭짓점을 A, B, C라 하면 이에 대응하는 변을 차례대로 a, b, c로 놓는다.

9.3.1† 사인법칙

삼각형 ABC에 대하여 세 점을 포함하는 외접원을 그리면, 각 A의 형태에 따라 다음과 같이 세 가지 경우로 나눌 수 있다. 여기서 외접원의 반지름을 R이라 하자.

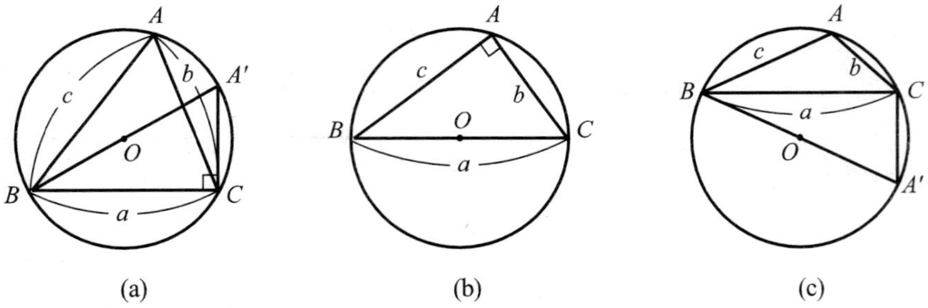

[그림 9.13]

각 A가 예각인 경우[그림 9.13(a)], $\sin A = \sin A' = \dfrac{a}{2R}$이고, 각 A가 직각인 경우[그림 9.13(b)], $\sin A = \dfrac{\text{대변}}{\text{빗변}} = \dfrac{a}{2R}(=1)$이다. 또한 각 A가 둔각인 경우[그림 9.13(c)] 그림과 같이 $A = 180^\circ - A'$으로 놓으면 $\sin A = \sin(180^\circ - A') = -\sin(-A') = \sin A' = \dfrac{a}{2R}$의 형태를 유도할 수 있다. 따라서 각의 크기에 관계없이 다음과 같은 공식이 유도된다.

[사인법칙]

삼각형 ABC에 대하여 대변의 길이를 a, b, c라 하고 외접원의 반지름을 R로 놓으면,

$$\frac{a}{\sin A} = \frac{b}{\sin B} = \frac{c}{\sin C} = 2R$$

이다.

예제 9.17 주어진 삼각형 ABC에 대하여 외접원의 반지름과 한 변을 구하여라.

[풀이] 주어진 삼각형의 외접원의 반지름을 R이라 하면,

$$\frac{4}{\sin 60°} = \frac{b}{\sin 45°} = 2R$$

이고, 따라서 $R = \frac{4\sqrt{3}}{3}$ 이고, $b = \frac{4\sqrt{6}}{3}$ 이다. ■

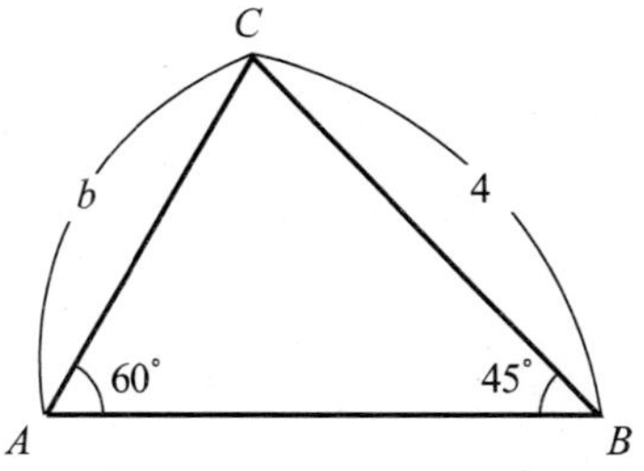

[그림 9.14]

9.3.2† 제1코사인법칙

삼각형 ABC에 대하여 꼭짓점 A에서 대변 또는 그 연장선에 내린 수선의 발을 D라고 하자. 그러면 각 C의 형태에 따라 다음과 같은 세 가지 경우로 나누어 생각해 볼 수 있다.

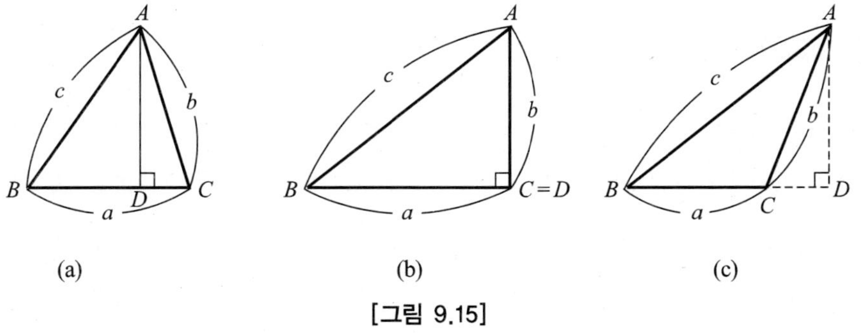

[그림 9.15]

- 각 C가 예각이면[그림 9.15(a)], $a = \overline{BD} + \overline{DC} = c\cos B + b\cos C$
- 각 C가 직각이면[그림 9.15(b)], $a = \overline{BD} = c\cos B = c\cos B + b\cos C$
- 각 C가 둔각이면[그림 9.15(c)], $a = \overline{BD} - \overline{CD} = c\cos B - b\cos(180° - C)$

$$= c\cos B + b\cos C$$

따라서 각의 크기에 관계없이 다음과 같은 공식이 유도된다.

[제1코사인법칙]

삼각형 ABC에 대하여 $a = b\cos C + c\cos B$

$$b = c\cos A + a\cos C$$

$$c = a\cos B + b\cos A$$

예제 9.18 위의 예제 9.17에서 각 C와 변의 길이 c를 구하여라.

[풀이] 주어진 예제에서 삼각형 ABC에서 $A = 60°$, $B = 45°$이고, $a = 4$, $b = \frac{4\sqrt{6}}{3}$이다.

따라서 나머지 한 각을 구하면, $C = 180° - (60° + 45°) = 75°$이고, 나머지 한 변은 $c = 4\cos 45° + \frac{4\sqrt{6}}{3}\cos 60° = 2\sqrt{2} + \frac{2\sqrt{6}}{3}$이다.

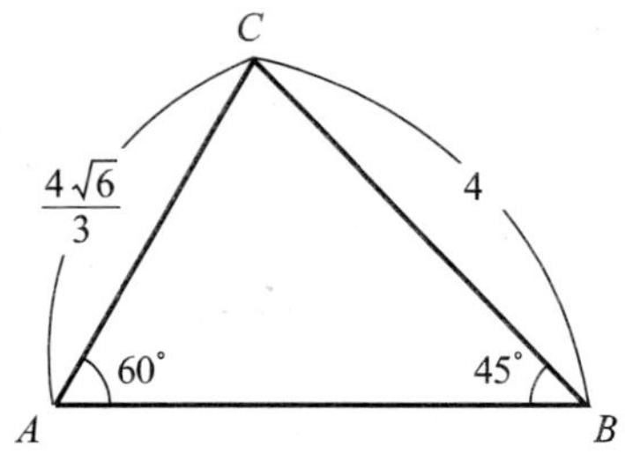

9.3.3† 제2코사인법칙

위에서 유도된 세 가지 형태의 제1코사인법칙을 활용하면 제2코사인법칙을 아래와 같이 유도할 수 있다. 위에서 얻은 세 식의 양변을 각각 차례대로 a, b, c를 곱하면,

$$a \times a = a \times (b\cos C + c\cos B)$$

$$b \times b = b \times (c\cos A + a\cos C)$$

$$c \times c = c \times (a\cos B + b\cos A)$$

이고, 좌변의 식을 $a^2 + b^2 - c^2$의 형태로 정리하면 다음과 같은 식을 유도할 수 있다. 즉,

$$a^2 + b^2 - c^2 = a(b\cos C + c\cos B) + b(c\cos A + a\cos C) - c(a\cos B + b\cos A) = 2ab\cos C$$

비슷한 방법으로 위의 세 식에서 좌변을 정리해 보면, 다음과 같은 제2코사인법칙이 유도된다.

[제2코사인법칙]

삼각형 ABC에 대하여

$$a^2 = b^2 + c^2 - 2bc\cos A$$

$$b^2 = c^2 + a^2 - 2ac\cos B$$

$$c^2 = a^2 + b^2 - 2ab\cos C$$

이다.

예제 9.19 두 변의 길이가 각각 4, 5이고, 그 끼인 각이 $60°$일 때 삼각형의 나머지 한 변의 길이를 구하여라.

[풀이] 주어진 삼각형 ABC에 제2코사인법칙을 적용시키면,
$x^2 = 4^2 + 5^2 - 40\cos 60° = 21$이다. 따라서 나머지 한 변의 길이는 $\sqrt{21}$이다.

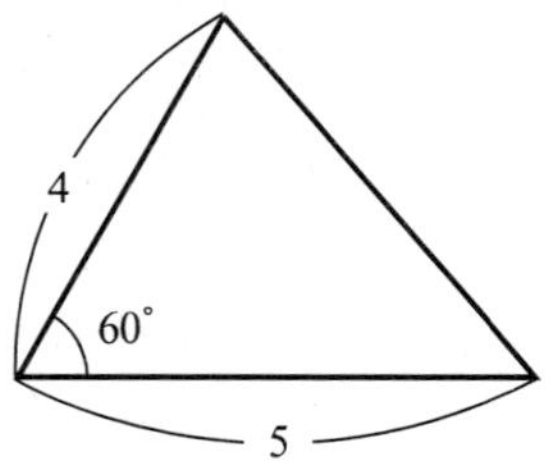

9.3.4 사인함수를 활용한 삼각형의 넓이 공식

삼각형 ABC에 대하여 넓이를 S라 하고, 두 변의 길이 b, c와 끼인 각 A가 주어졌다고 가정하자.

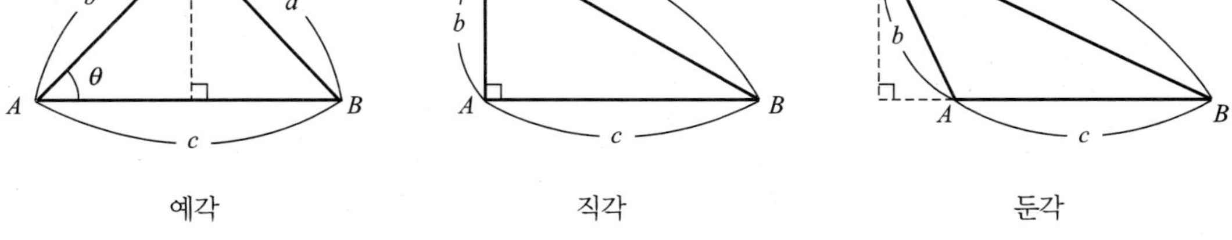

[그림 9.16]

여기서 점 C에서 선분 $\overline{AB}$ 또는 그 연장선상에 내린 수선의 발이 만나는 점을 H라고 하면, 넓이 $S=\frac{1}{2}\overline{AB}\cdot\overline{CH}=\frac{1}{2}cb\sin A$이다. 따라서 다음과 같이 삼각형의 넓이 구하는 공식을 유도한다.

> **[삼각형의 넓이 공식]**
>
> $$S=\frac{1}{2}bc\sin A=\frac{1}{2}ca\sin B=\frac{1}{2}ab\sin C$$

예제 9.20 주어진 삼각형의 두 변의 길이가 각각 3, 4이고 끼인 각의 크기가 $\frac{2}{3}\pi$일 때 삼각형의 넓이를 구하여라.

[풀이] 넓이 $S=\frac{1}{2}3\cdot 4\cdot\sin\frac{2}{3}\pi=6\cdot\frac{\sqrt{3}}{2}=3\sqrt{3}$이다. ■

제2코사인법칙을 활용해서 두 변 사이 끼인 각에 대한 $\cos\theta$를 구한 후, 위에 주어진 삼각형의 넓이 공식을 활용하면 다음과 같은 공식을 유도할 수 있다.

> **[헤론의 공식]**
>
> 세변의 길이가 a, b, c로 주어진 삼각형의 면적은
>
> $$S=\sqrt{s(s-a)(s-b)(s-c)}$$
>
> 이다. 단, $s=\frac{1}{2}(a+b+c)$이다.

예제 9.21 세 변의 길이가 2, 5, 6으로 주어진 삼각형의 넓이를 구하여라.

[풀이] 방법 1: 헤론의 공식 적용

$s=\frac{1}{2}(2+5+6)=\frac{13}{2}$이고, 면적

$$S=\sqrt{\frac{13}{2}\left(\frac{13}{2}-2\right)\left(\frac{13}{2}-5\right)\left(\frac{13}{2}-6\right)}=\frac{3\sqrt{39}}{4}$$

이다.

방법 2: 제2코사인법칙 활용

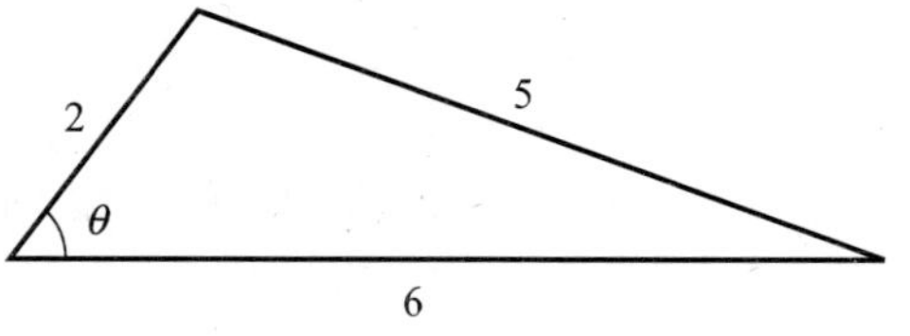

주어진 그림과 같이 끼인 각 θ를 놓으면 $\cos\theta = \dfrac{4+36-25}{2\cdot 2\cdot 6} = \dfrac{5}{8}$이므로 $\sin^2\theta + \cos^2\theta = 1$과 $\sin\theta > 0$을 활용하면 면적

$$S = \frac{1}{2}\cdot 2\cdot 6\sqrt{1-\frac{25}{64}} = 6\sqrt{\frac{39}{64}} = \frac{3\sqrt{39}}{4}$$

이다.

연습문제 9.3

1. 삼각형 ABC에서 $A=\frac{\pi}{3}$이고, 외접원의 반지름이 $R=3$일 때 각 A에 대응하는 변 a의 길이를 구하여라.

2. 삼각형 ABC에서 한 변의 길이가 $\sqrt{3}$이고, 외접원의 반지름이 2일 때 $\sqrt{3}$에 대응하는 예각의 크기를 구하여라.

3. 삼각형 ABC에서 $A=\frac{\pi}{4}$, $B=\frac{2}{3}\pi$ 그리고 한 변의 길이 $a=\sqrt{3}$일 때 나머지 각과 변의 길이를 구하여라. 단, 다음에 주어진 두 개의 법칙을 활용하라.

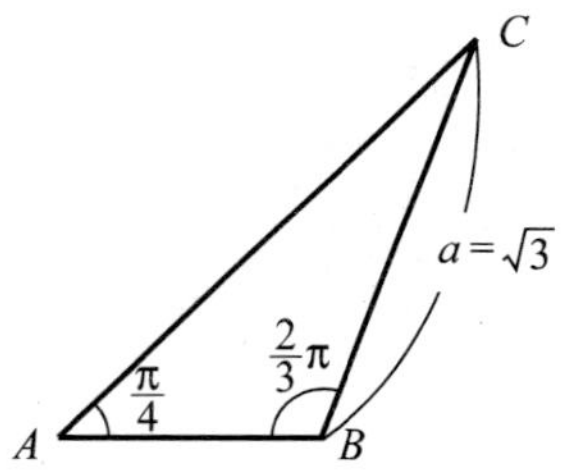

(1) 사인법칙

(2) 제1코사인법칙

4. 삼각형 ABC에서 $a=2$, $b=\sqrt{5}$, 각 $A=\frac{\pi}{6}$일 때 나머지 변의 길이를 구하여라. 단, 각 B는 둔각이다.

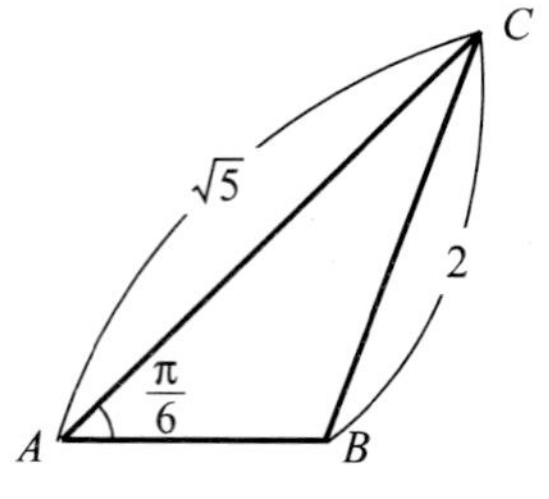

5. 삼각형의 두 변의 길이가 4, 3이고 끼인 각이 $\frac{3}{4}\pi$일 때 나머지 한 변의 길이를 구하여라.

6. 삼각형 ABC에서 $a=3,\ b=5,\ c=7$일 때 삼각형의 넓이를 구하여라.

7. 삼각형 ABC에서 각 변의 길이가 $1,\ \sqrt{6},\ 2$일 때 주어진 삼각형은 예각, 직각, 둔각삼각형 중 어떤 삼각형인가?

8. 삼각형의 두 변의 길이가 $2, \sqrt{5}$이고, 끼인 각이 $\frac{2}{3}\pi$일 때 삼각형의 넓이를 구하여라. 또한 2를 밑변으로 할 때 삼각형의 높이를 구하여라.

9.4 삼각방정식과 삼각부등식

9.1절에서 9.3절에 걸쳐서 배운 삼각함수에 관한 지식을 바탕으로 간단한 방정식과 부등식 문제를 풀어 보도록 하자.

9.4.1 삼각방정식

방정식 $\sin x = \frac{\sqrt{3}}{2}$은 $0 \leqq x \leqq 2\pi$ rad의 범위에서 특수해 $x = \frac{\pi}{3}$ 또는 $x = \frac{2}{3}\pi$를 가진다. 또한 사인함수는 2π를 주기로 같은 값을 가지므로, 주어진 방정식의 일반해는 $x = 2n\pi + \frac{\pi}{3}$ 또는 $2n\pi + \frac{2}{3}\pi$이다(단, n은 정수). 함수의 그래프로 살펴보면 다음과 같다.

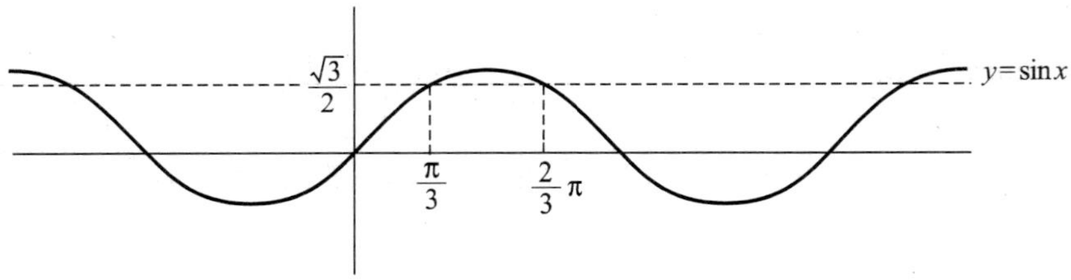

[그림 9.17]

여기서 $2n\pi + \frac{2}{3}\pi = (2n+1)\pi - \frac{\pi}{3}$이므로 $\sin x = \frac{\sqrt{3}}{2}$을 만족하는 일반해는 다음과 같이 표현이 가능하다.

$$x = n\pi + (-1)^n \frac{\pi}{3} \quad (n\text{은 정수})$$

코사인함수나 탄젠트함수를 포함한 방정식의 일반해도 특수해를 구해서 주기를 고려해 일반화시키거나, 그래프를 활용해 보면 다음과 같은 특징을 가지는 근으로 표현이 가능하다.

> 주어진 삼각방정식의 특수해를 $x = A$라 하면,
>
> $\sin x = a$, $(|a| \leqq 1)$의 해는 $x = n\pi + (-1)^n A$
>
> $\cos x = a$, $(|a| \leqq 1)$의 해는 $x = 2n\pi \pm A$
>
> $\tan x = a$, (a는 임의의 실수)의 해는 $x = n\pi + A$이다.

예제 9.22 주어진 삼각함수를 포함한 방정식의 일반해를 구하고, 그래프로 표현해 보아라.

(1) $\cos x = \dfrac{1}{2}$

(2) $\tan x = \sqrt{3}$

[풀이] (1) $\cos x = \dfrac{1}{2}$을 만족하는 근은 $-\pi \leqq x < \pi$의 범위에서 $x = \pm\dfrac{1}{3}\pi$의 두 개를 가지고 $y = \cos x$가 2π를 주기로 되풀이되므로 근도 마찬가지로 2π를 중심으로 되풀이된다. 따라서 주어진 방정식의 일반해는 $x = 2n\pi \pm \dfrac{1}{3}\pi$($n$은 정수)이다.

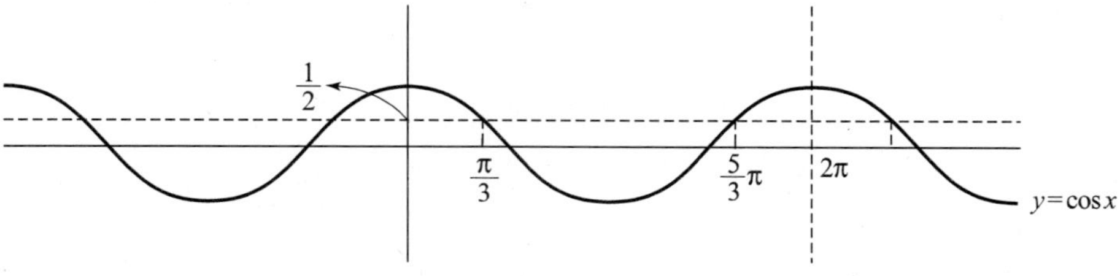

(2) $\tan x = \sqrt{3}$을 만족하는 근은 $-\dfrac{1}{2}\pi \leqq x < \dfrac{1}{2}\pi$에서 하나의 근 $x = \dfrac{1}{3}\pi$를 가지고, $y = \tan x$가 π를 주기로 되풀이되므로, 주어진 방정식의 일반해는 $x = n\pi + \dfrac{1}{3}\pi$ (n은 정수)이다.

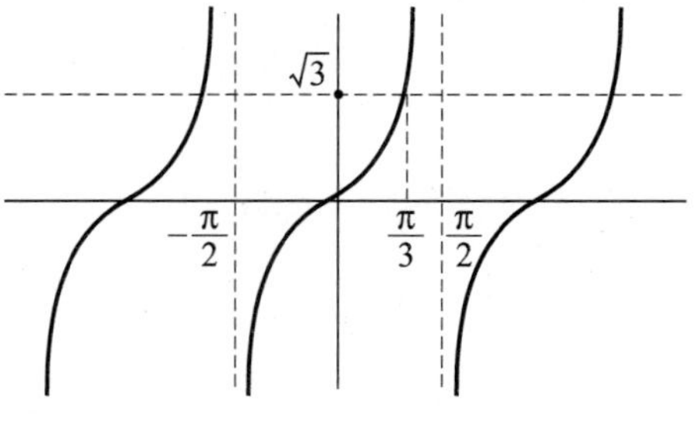

예제 9.23 주어진 삼각방정식의 일반해를 구하여라.

(1) $2\sin\left(x - \dfrac{\pi}{3}\right) = 1$

(2) $\cot 2x = \sqrt{3}$

[풀이] (1) $2\sin\left(x - \dfrac{\pi}{3}\right) = 1$에서 $\sin\left(x - \dfrac{\pi}{3}\right) = \dfrac{1}{2}$이고, $x - \dfrac{\pi}{3} = n\pi + (-1)^n\dfrac{\pi}{6}$이다. 따라

서 주어진 방정식의 일반해는 $x = \left(n + \frac{1}{3}\right)\pi + (-1)^n \frac{\pi}{6}$($n$은 정수)이다.

(2) $\cot 2x = \sqrt{3}$ 에서 $\tan 2x = \frac{1}{\sqrt{3}}$ 이고, $2x = n\pi + \frac{\pi}{6}$ 이다. 따라서 주어진 방정식의 일반해는 $x = \frac{n}{2}\pi + \frac{\pi}{12}$($n$은 정수)이다.

9.4.2 삼각부등식

$0 \leqq x \leqq 2\pi$ rad에서 $\cos x \leqq \frac{\sqrt{3}}{2}$ 을 만족하는 x의 범위를 고려해 보자. 아래 그림을 살펴보면,

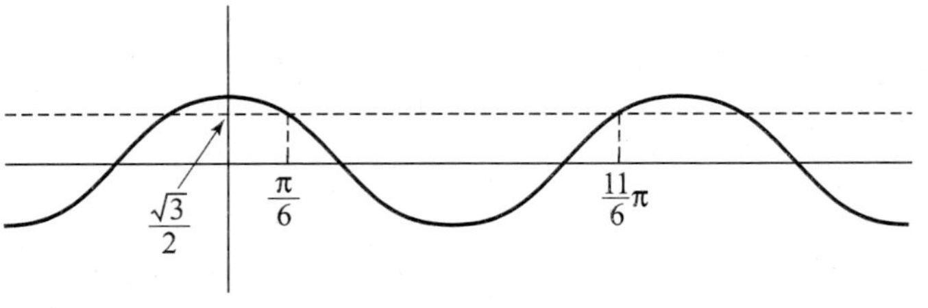

[그림 9.18]

$\cos x = \frac{\sqrt{3}}{2}$ 을 만족하는 x값을 기준으로 $\frac{\pi}{6} \leqq x \leqq \frac{11}{6}\pi$이다. 따라서 모든 범위에서 각을 구해 보면, $2n\pi + \frac{\pi}{6} \leqq x \leqq 2n\pi + \frac{11}{6}\pi$ (n은 정수)이다.

따라서 방정식에서 살펴보듯 삼각함수를 포함한 방정식과 부등식 문제는 함수의 그래프를 그려서 구하는 것이 일반적이다.

예제 9.24 주어진 부등식 $\tan x \leqq 1$의 만족하는 x의 범위를 (a) $-\frac{\pi}{2} < x < \frac{\pi}{2}$, (b) x는 모든 실수의 범위에서 구하여라.

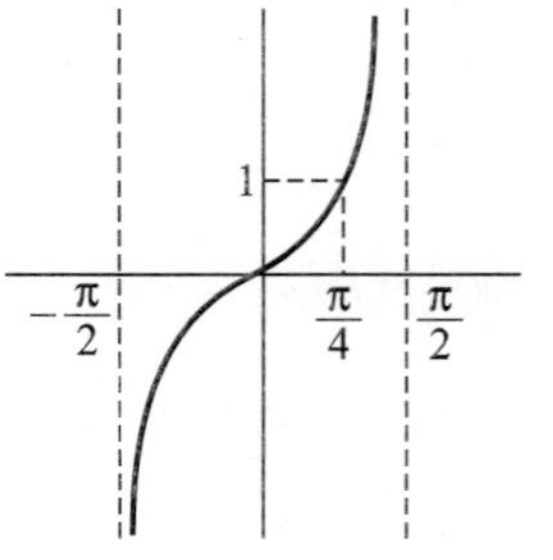

[풀이] (a) $\tan x = 1$에서 $x = \frac{\pi}{4}$를 찾고, 그래프를 그려서 살펴보면, $-\frac{\pi}{2} < x \leqq \frac{\pi}{4}$이다.

(b) (a)의 근을 고려해 보면, $n\pi - \frac{\pi}{2} < x \leqq n\pi + \frac{\pi}{4}$ (n은 정수)이다.

9.4.3 삼각방정식과 삼각부등식의 응용

여기서는 삼각함수를 포함한 다양한 방정식과 부등식의 문제를 풀어보도록 하자. 근을 구하는 과정에서 함수의 그래프를 활용하면 계산과정이 좀 더 간단하다.

예제 9.25 주어진 방정식 $\sin 2x + \sqrt{3}\cos x = 0$을 만족하는 일반해를 구하여라.

[풀이] $\sin 2x = 2\sin x\cos x$임을 활용하면, $\cos x(2\sin x + \sqrt{3}) = 0$이다. 따라서

$$\cos x = 0 \ \text{또는} \ \sin x = -\frac{\sqrt{3}}{2}$$

이고, 주어진 방정식의 일반해는 $x = 2n\pi \pm \frac{\pi}{2}$ 또는 $x = n\pi + (-1)^n \frac{4}{3}\pi$(단, n은 정수)이다. ■

예제 9.26 주어진 방정식 $\cos 2x - \cos x = 0$을 만족하는 일반해를 구하여라.

[풀이] $\cos 2x = 2\cos^2 x - 1$임을 활용하면, $2\cos^2 x - \cos x - 1 = (2\cos x + 1)(\cos x - 1) = 0$이다. 그러므로 $\cos x = -\frac{1}{2}$이거나 또는 $\cos x = 1$을 만족하는 해를 구하면 된다. 주어진 방정식의 일반해는 $x = 2n\pi \pm \frac{2}{3}\pi$ 또는 $x = 2n\pi$(단 n은 정수)이다. ■

예제 9.27 주어진 방정식 $\tan\left(2x + \frac{\pi}{6}\right) = \tan\frac{\pi}{4}$를 만족하는 일반해를 구하여라.

[풀이] $\tan\left(2x + \frac{\pi}{6}\right) = \tan\frac{\pi}{4}$를 만족하는 특수해는 $2x + \frac{\pi}{6} = \frac{\pi}{4}$이므로 따라서 주어진 방정식의 일반해는 $2x + \frac{\pi}{6} = n\pi + \frac{\pi}{4}$, 즉 $x = \frac{n}{2}\pi + \frac{\pi}{24}$($n$은 정수)이다. ■

예제 9.28 주어진 방정식 $\cos x - \sin x = 1$을 만족하는 일반해를 구하여라.

[풀이] $1 = \cos x - \sin x = \sqrt{2}\left(\frac{1}{\sqrt{2}}\cos x - \frac{1}{\sqrt{2}}\sin x\right) = \sqrt{2}\,(\sin\theta\cos x + \cos\theta\sin x)$이다. $\sin\theta = \frac{1}{\sqrt{2}}$이고 $\cos\theta = -\frac{1}{\sqrt{2}}$을 동시에 만족하는 $\theta = \frac{3}{4}\pi$이므로, 주어진 방정식은 $1 = \cos x - \sin x = \sqrt{2}\sin\left(x + \frac{3}{4}\pi\right)$로 바꾸어 표현이 가능하다. 따라서 $\sin\left(x + \frac{3}{4}\pi\right) = \frac{1}{\sqrt{2}}$을 만족하는 특수해를 구해 보면, $x + \frac{3}{4}\pi = \frac{1}{4}\pi$이고, 따라서

$x+\dfrac{3}{4}\pi=n\pi+(-1)^n\dfrac{1}{4}\pi$이고, $x=\left(n-\dfrac{3}{4}\right)\pi+(-1)^n\dfrac{\pi}{4}$($n$은 정수)가 주어진 방정식의 일반해이다. ■

예제 9.29 주어진 부등식 $\sin x \leqq \cos x$를 만족하는 x의 범위를 구하여라. 단, $0 \leqq x \leqq 2\pi$이다.

[풀이] 그림에서 살펴보면,

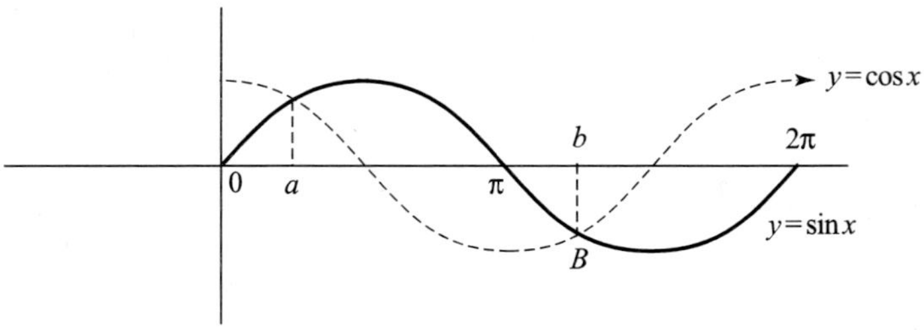

$\sin x \leqq \cos x$를 만족하는 값은 $0 \leqq x \leqq a$ 또는 $b \leqq x \leqq 2\pi$이다. 따라서 $\sin x = \cos x$, 즉 $\tan x = 1$의 근이 a, b인데 $a=\dfrac{1}{4}\pi$이고 $b=\dfrac{5}{4}\pi$이다. 따라서 주어진 부등식의 근의 범위는 $0 \leqq x \leqq \dfrac{\pi}{4}$ 또는 $\dfrac{5}{4}\pi \leqq x \leqq 2\pi$이다. ■

연습문제 9.4

1. 주어진 삼각방정식을 풀어라. 단, $0 \leqq x \leqq 2\pi$이다.

(1) $\sin 2x - \sqrt{3}\cos x = 0$

(2) $\cos^2 x - \sin x + 1 = 0$

(3) $3\tan^2 x - 1 = 0$

2. 주어진 삼각방정식을 풀어라.

(1) $\sin\left(x - \frac{\pi}{3}\right) = \frac{1}{2}$

(2) $\sqrt{3}\sec\left(4x - \frac{\pi}{2}\right) + 2 = 0$

(3) $\cot\left(3x - \frac{\pi}{3}\right) = -\sqrt{3}$

3. 주어진 삼각부등식을 풀어라. 단, $0 \leqq x \leqq 2\pi$이다.

(1) $\sqrt{3}\csc x \geqq 2$

(2) $\sin x \leqq \sqrt{3}\cos x$

(3) $\cos 2x - 3\sin x - 2 \leqq 0$

Chapter

10

Elementary Mathematics

지수함수와 로그함수

10.1 지수의 확장

수 또는 식의 거듭제곱은 지수를 이용하여 간단히 표현할 수 있다. 예를 들어 $5\times5\times5$와 $a\cdot a\cdot a\cdot a$는 5^3과 a^4으로 표현될 수 있다.

n은 자연수이고 a는 수 또는 식이라고 하면,

$$a^n := \underbrace{a\times a\times\cdots\times a}_{n\text{개}}$$

이때 n을 **지수**, a를 **밑**이라 하며 a^n을 **a의 n제곱**이라고 한다.

예제 10.1 다음을 계산하여라.

(1) 3^4

(2) $(-2)^3$

(3) 10^1

(4) $(-2)^4$

[풀이] (1) 81 (2) -8 (3) 10 (4) 16

위의 정의에서 지수는 자연수로 제한되어 있지만, 지수를 정수, 유리수로 자연스럽게 확장시킬 수 있다.

정의 10.1

n은 0이 아닌 정수, m은 정수이고 a는 수 또는 식이라면

$$a^{-n} := \frac{1}{a^n} \qquad a^{\frac{m}{n}} := \sqrt[n]{a^m} \ (n\text{이 짝수이면, } a^m > 0)$$

여기서, $\sqrt[n]{a^m}$은 n제곱하면 a^m이 되는 수로 **a^m의 n제곱근**이라 한다. a가 0이 아닐 때 a^0은 1로 간주한다. 또한, $\sqrt{a}$는 $\sqrt[2]{a}$를 의미한다.

예제 10.2 다음을 계산하여라.

(1) 4^{-2} (2) 5^0

(3) $\sqrt[3]{8}$ (4) $4^{\frac{1}{2}}$

(5) $\sqrt[3]{-343}$

[풀이] (1) $4^{-2} = \frac{1}{4^2} = \frac{1}{16}$

(2) $5^0 = 1$

(3) $\sqrt[3]{8} = \sqrt[3]{2^3} = 2$

(4) $4^{\frac{1}{2}} = \sqrt{4} = \sqrt{2^2} = 2$

(5) $\sqrt[3]{-343} = \sqrt[3]{(-7)^3} = -7$

지수법칙 m과 n은 자연수이고, a와 b는 수 또는 식일 때 다음이 성립한다.

(1) $a^m a^n = a^{m+n}$ (2) $\frac{a^m}{a^n} = a^{m-n}$

(3) $(a^m)^n = a^{mn}$ (4) $(ab)^n = a^n b^n$

(5) $\left(\frac{a}{b}\right)^n = \frac{a^n}{b^n}$ (6) $\sqrt[n]{a}\sqrt[n]{b} = \sqrt[n]{ab}$ (n이 짝수이면, $a > 0,\ b > 0$)

(7) $\frac{\sqrt[n]{a}}{\sqrt[n]{b}} = \sqrt[n]{\frac{a}{b}}$ (n이 짝수이면, $a > 0,\ b > 0$)

(8) $\sqrt[m]{\sqrt[n]{a}} = \sqrt[mn]{a}$ (m 또는 n이 짝수이면, $a > 0$)

지수로 표현된 수나 식을 계산할 때 다음 지수법칙을 이용하면 편리하다.

지수법칙의 확장 m과 n은 유리수이고, a와 b는 양수일 때 다음이 성립한다.

(1) $a^m a^n = a^{m+n}$

(2) $\dfrac{a^m}{a^n} = a^{m-n}$

(3) $(a^m)^n = a^{mn}$

(4) $(ab)^n = a^n b^n$

예제 10.3 다음을 계산하여라.

(1) $3^2 \cdot 3^3$

(2) $\dfrac{a^7}{a^2}$

(3) $(2^2)^3$

(4) $\sqrt[3]{2} \cdot \sqrt[3]{4}$

(5) $\sqrt[3]{\sqrt{64}}$

(6) $\left(-\dfrac{8}{27}\right)^{\frac{2}{3}}$

[풀이] (1) $3^2 \cdot 3^3 = 3^{2+3} = 3^5 = 243$

(2) $\dfrac{a^7}{a^2} = a^{7-2} = a^5$

(3) $(2^2)^3 = 2^{2 \cdot 3} = 2^6 = 64$

(4) $\sqrt[3]{2} \cdot \sqrt[3]{4} = 2^{\frac{1}{3}} \cdot 4^{\frac{1}{3}} = 2^{\frac{1}{3}} \cdot (2^2)^{\frac{1}{3}} = 2^{\frac{1}{3}} \cdot 2^{\frac{2}{3}} = 2^{\frac{1}{3}+\frac{2}{3}} = 2^1 = 2$

(5) $\sqrt[3]{\sqrt{64}} = \sqrt[6]{64} = \sqrt[6]{2^6} = 2$

(6) $\left(-\dfrac{8}{27}\right)^{\frac{2}{3}} = \left(\left(-\dfrac{2}{3}\right)^3\right)^{\frac{2}{3}} = \left(-\dfrac{2}{3}\right)^2 = \dfrac{4}{9}$ ■

예제 10.4 다음 식을 간단히 하여라.

(1) $(2x^2y^3)^3(-3xy^{-2})^2$

(2) $\left(\dfrac{x}{y^2}\right)^3\left(\dfrac{y^2}{x^2z}\right)^2$

(3) $\sqrt[4]{16x^8y^4}$

(4) $\left(\frac{3x^{\frac{3}{4}}}{y^2}\right)^2\left(\frac{x^3}{y^8}\right)^{-\frac{1}{2}}$

[풀이] (1) $(2x^2y^3)^3(-3xy^{-2})^2 = 8x^6y^9 \cdot 9x^2y^{-4} = 72x^8y^5$

(2) $\left(\frac{x}{y^2}\right)^3\left(\frac{y^2}{x^2z}\right)^2 = \left(\frac{x^3}{y^6}\right)\left(\frac{y^4}{x^4z^2}\right) = \frac{x^3y^4}{x^4y^6z^2} = \frac{1}{xy^2z^2}$

(3) $\sqrt[4]{16x^8y^4} = \sqrt[4]{(2x^2y)^4} = (2x^2y)^{\frac{4}{4}} = 2x^2y$

(4) $\left(\frac{3x^{\frac{3}{4}}}{y^2}\right)^2\left(\frac{x^3}{y^8}\right)^{-\frac{1}{2}} = \left(\frac{9x^{\frac{3}{2}}}{y^4}\right)\left(\frac{x^{-\frac{3}{2}}}{y^{-4}}\right) = \frac{9x^0}{y^0} = 9$ ■

이제 지수가 무리수일 때를 생각해 보자. 예를 들어 $2^{\sqrt{3}}$은 어떻게 정의할 수 있을까? 이를 위해 지수함수 $y=2^x$가 실수 전체에서 연속이 되도록 정의하기로 하자.

정의 10.2

$a>0$이고 x는 실수일 때

$$a^x := \lim_{n\to\infty} a^{r_n} \quad \text{단, } \lim_{n\to\infty} r_n = x \text{ 이고 } r_n \text{은 유리수}$$

지수가 실수일 때에도 위의 지수법칙은 성립한다.

연습문제 10.1

1. 0이 아닌 두 실수 x, y에 대하여 다음을 간단히 하여라.

(1) $x^3 \times x^7$ (2) $(xy)^4 \div x^2$

(3) $\left(\frac{x}{y}\right)^3 \times y^3$ (4) $(y^3)^5 \div y^2$

2. 다음을 간단히 하여라.

(1) $(-3)^0$ (2) $(-5)^{-2}$

(3) $\left(\frac{1}{3}\right)^{-3}$ (4) $\left(-\frac{1}{2}\right)^{-4}$

3. 다음을 간단히 하여라.

(1) $a^{\frac{3}{2}} \times a^{\frac{1}{6}} \div a^{-\frac{4}{3}}$ (2) $\sqrt{a\sqrt{a}}$

(3) $\sqrt[4]{2} \cdot \sqrt[4]{8}$ (4) $\dfrac{\sqrt[3]{2}}{\sqrt[3]{54}}$

(5) $\sqrt[3]{\sqrt{64}}$

4. 다음을 간단히 하여라.

(1) $\left(a^{\frac{1}{2}} - b^{\frac{1}{2}}\right)\left(a^{\frac{1}{2}} + b^{\frac{1}{2}}\right)$ (2) $\left(a^{\frac{1}{3}} - b^{\frac{1}{3}}\right)\left(a^{\frac{2}{3}} + a^{\frac{1}{3}}b^{\frac{1}{3}} + b^{\frac{2}{3}}\right)$

5. $x^{\frac{1}{2}} + x^{-\frac{1}{2}} = \sqrt{7}$일 때 다음 식의 값을 구하여라.

(1) $x + x^{-1}$ (2) $x^{\frac{1}{2}} - x^{-\frac{1}{2}}$

6. $a^{-2} = 3$일 때 $\dfrac{a^3 + a^{-3}}{a^3 - a^{-3}}$의 값을 구하여라.

7. $5.16^x = 10$이고 $0.00516^y = 10$일 때, $\dfrac{1}{x} - \dfrac{1}{y}$의 값을 구하여라.

8. $a>0$일 때 다음을 간단히 하여라.

$$(a^p)^{q-r}\times(a^q)^{r-p}\times(a^r)^{p-q}$$

9. 가로와 세로 길이가 각각 $\sqrt[4]{24}$, $\sqrt[4]{25}$인 직사각형의 대각선의 길이를 구하여라.

10. 목성의 부피는 지구 부피의 $1,400$배이다. 지구의 반지름을 $6,400\,\mathrm{km}$라 할 때, 목성의 반지름을 구하여라.(단, 지구와 목성은 모두 구이고 $\sqrt[3]{1.4}$는 1.12로 계산한다.)

10.2 로그의 정의와 성질

$2^x = 3$에서 지수 x는 어떻게 표현할 수 있을까? 로그를 이용하면 간단히 $\log_2 3$으로 표현된다. 로그를 정의하고 그 성질을 살펴보기로 하자.

$a > 0(a \neq 1)$이고 b는 임의의 양수일 때 $a^x = b$를 만족시키는 실수 x는 오직 하나 존재하는데 이 실수 x를 a를 **밑**으로 하는 b의 **로그**라 하고 $x = \log_a b$로 나타낸다. 이때 b를 x의 **진수**라고 한다. 즉, $a^x = b \Leftrightarrow x = \log_a b$이다.

로그의 성질 $a > 0(a \neq 1)$이고 $x > 0$, $y > 0$일 때

(1) $\log_a a = 1$

(2) $\log_a 1 = 0$

(3) $\log_a xy = \log_a x + \log_a y$

(4) $\log_a \dfrac{x}{y} = \log_a x - \log_a y$

(5) $\log_a x^n = n\log_a x$, (n은 실수)

예제 10.5 다음을 간단히 하여라.

(1) $\log_a \dfrac{1}{a^2}$

(2) $\log_2 \dfrac{2}{3} + \log_2 12$

(3) $2\log_3 2 - \log_3 12$

(4) $\dfrac{1}{2}\log_2 12 - \log_2 \sqrt{6}$

[풀이] (1) $\log_a \dfrac{1}{a^2} = \log_a a^{-2} = -2\log_a a = -2 \times 1 = -2$

(2) $\log_2 \dfrac{2}{3} + \log_2 12 = \log_2 2 - \log_2 3 + \log_2 (2^2 \times 3)$

$= 1 - \log_2 3 + 2\log_2 2 + \log_2 3 = 3$

(3) $2\log_3 2-\log_3 12=2\log_3 2-\log_3(2^2\times 3)=2\log_3 2-2\log_3 2-\log_3 3=-1$

(4) $\frac{1}{2}\log_2 12-\log_2\sqrt{6}=\frac{1}{2}\log_2(2^2\times 3)-\frac{1}{2}\log_2(2\times 3)$

$=1+\frac{1}{2}\log_2 3-\frac{1}{2}-\frac{1}{2}\log_2 3=\frac{1}{2}$

정리 10.3 밑변환 공식

$a>0,\ a\neq 1$ 이고 $b>0,\ c>0,\ c\neq 1$일 때

$$\log_a b=\frac{\log_c b}{\log_c a}$$

따름정리 10.4

$a>0,\ a\neq 1$ 이고 $b>0,\ c>0,\ c\neq 1$일 때

(1) $\log_a b=\frac{1}{\log_b a}$

(2) $\log_{a^m} b^n=\frac{n}{m}\log_a b$

(3) $a^{\log_b c}=c^{\log_b a}$

예제 10.6 다음 식을 간단히 하여라.

(1) $\log_2 3\times\log_3 5\times\log_5 2$

(2) $\log_3 6-2\log_9 6$

(3) $3^{2\log_3 4+\log_3 5-3\log_3 2}$

[풀이] (1) $\frac{\log_c 3}{\log_c 2}\times\frac{\log_c 5}{\log_c 3}\times\frac{\log_c 2}{\log_c 5}=1$ (c는 1이 아닌 임의의 양수)

(2) $\log_3 6-2\log_{3^2} 6=\log_3 6-\frac{2}{2}\log_3 6=0$

(3) $3^{\log_3(4^2\times 5\div 2^3)}=3^{\log_3 10}=10^{\log_3 3}=10^1=10$

연습문제 10.2

1. 다음 식을 로그를 이용하여 나타내어라.

(1) $4^x = 16$

(2) $9^{\frac{1}{2}} = 3$

(3) $25^{\frac{3}{2}} = 125$

(4) $10^{-2} = \frac{1}{100}$

2. 다음 식을 $a^x = b$의 형태로 나타내어라.

(1) $\log_2 32 = 5$

(2) $\log_3 27 = 3$

(3) $\log_4 8 = \frac{3}{2}$

(4) $\log_{\frac{1}{10}} 1000 = -3$

3. 다음 식의 값을 구하여라.

(1) $\log_2 \sqrt[3]{4}$

(2) $\log_5 \frac{1}{125}$

(3) $\log_{\frac{1}{7}} 49$

4. 다음 식을 간단히 하여라.

(1) $\log_3 72 + \log_3 \frac{9}{8}$

(2) $\log_5 150 + \log_5 \frac{5}{3} - \log_5 \frac{2}{25}$

5. $\log_{10}2 = a$이고 $\log_{10}3 = b$일 때, $\log_6 5$를 a와 b를 이용하여 나타내어라.

6. $(\log_2 6)^2 - \left(\log_2 \frac{3}{2}\right)^2$을 간단히 하여라.

7. $x = \frac{1}{2}\log_3(3+2\sqrt{2})$일 때 $9^x + 9^{-x}$를 구하여라.

8. $[\log_3 1] + [\log_3 2] + [\log_3 3] + \cdots + [\log_3 81]$의 값을 구하여라. (단, $[x]$는 x를 넘지 않는 최대 정수)

9. 2^{50}은 몇 자리 정수인가?

10. 0.2^{20}은 소수점 아래 몇째 자리에서 처음으로 0이 아닌 숫자가 나타나는가?

10.3 지수함수와 그래프

정의 10.5

$a>0,\ a\neq 1$ 일 때 함수 $f(x)=a^x$ 를 밑이 a 인 **지수함수**라고 한다.

[참고] (1) 특별한 언급이 없는 경우, 지수함수 $y=a^x$ 의 정의역은 실수 전체이고 치역은 양의 실수 전체이다.

(2) $a>1$ 일 때 $y=a^x$ 는 증가함수이고, $0<a<1$ 일 때 $y=a^x$ 는 감소함수이다.

(3) 지수함수 $y=a^x$ 의 그래프는 밑 a 와 상관없이 항상 $(0,1)$ 을 지나며 x 축이 점근선이다.

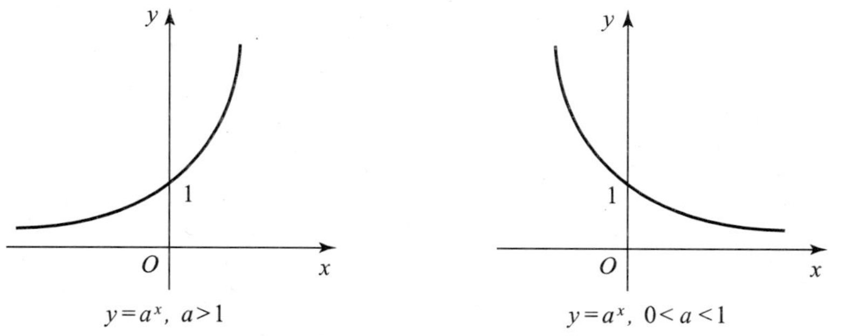

[그림 10.1]

예제 10.7 다음 지수함수의 그래프를 그려라.

(1) $y=4^x$

(2) $y=\left(\frac{1}{2}\right)^x$

(3) $y=2\cdot 3^{x-1}+2$

[풀이] (1)

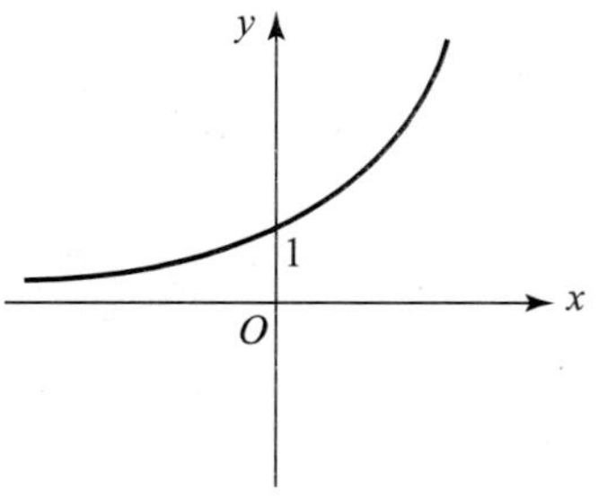

(2)

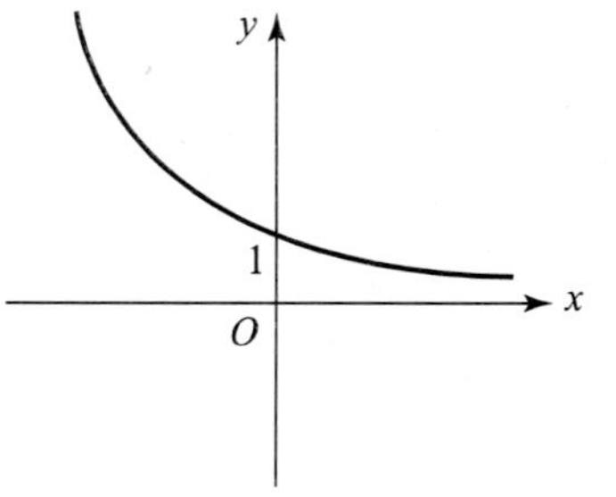

(3)

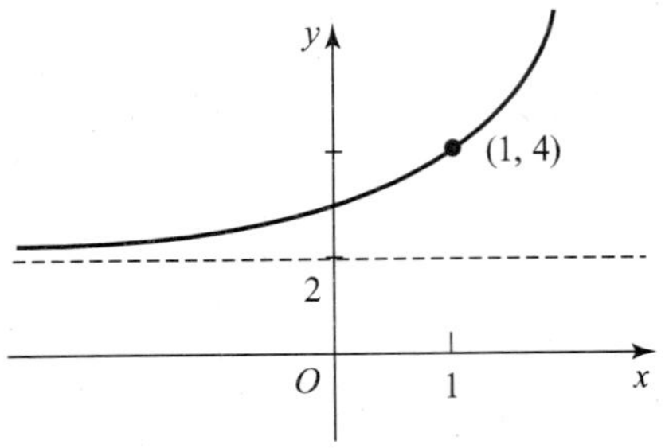

수열 $\left\{(1+\frac{1}{n})^n\right\}$은 n이 커짐에 따라 일정한 실수에 수렴함을 알 수 있는데, 이 값은 무리수로서 2.71828182845904523⋯임이 밝혀졌다. 이 값을 간단히 e로 표기하기로 한다. 즉,

$$e := \lim_{n\to\infty}\left(1+\frac{1}{n}\right)^n$$

이다.

정의 10.6
밑이 e인 지수함수

$$f(x) = e^x$$

를 **자연지수함수**라고 한다. e^x를 $\exp(x)$로 나타내기도 한다.

예제 10.8 함수 $y = \cosh x = \dfrac{e^x + e^{-x}}{2}$의 그래프를 그려라.

[풀이] $y = \dfrac{e^x}{2}$와 $y = \dfrac{e^{-x}}{2}$의 그래프를 더하면 다음과 같다.

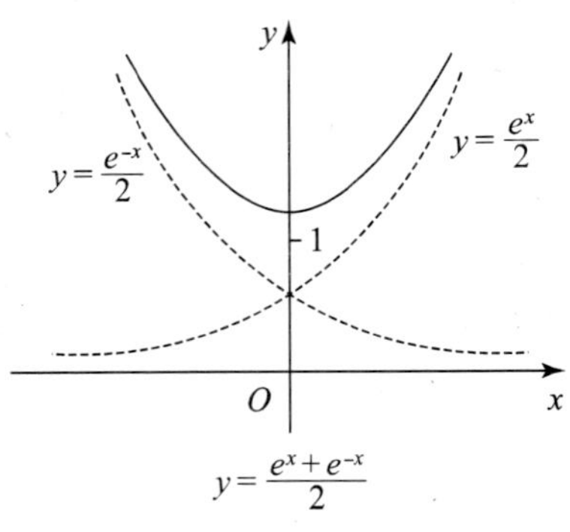

연습문제 10.3

1. 지수함수 $f(x)=a\cdot 5^x+b$의 y절편은 $-\frac{3}{2}$이고 점근선은 $y=-2$일 때, a와 b의 값을 구하여라.

2. 함수 $y=3^{2x}$의 그래프를 x축 방향으로 m만큼, y축 방향으로 n만큼 평행이동하면 $y=\frac{1}{9}\cdot 3^{2x}+3$과 일치할 때, m과 n의 값을 구하여라.

3. 정의역이 $\{x\,|\,0\le x\le 3\}$인 함수 $y=2^x\cdot 3^{-x}$는 $x=a$일 때 최댓값 b를 갖는다. 이때 a와 b의 값을 구하여라.

4. 정의역이 $\{x\,|\,1\le x\le 4\}$인 함수 $y=a^{x^2-4x+1}\ (a>1)$의 최댓값이 64일 때 a를 구하여라.

5. 지수함수 $f(x)=3^x$에서 양수 a, b에 대하여 $f(a)f(b)=81$, $\{f(a)\}^b=27$이 성립할 때 $f(a)+f(b)$의 값을 구하여라.

6. 함수 $y=-9^x+2\cdot 3^{x+1}-4$의 최댓값을 구하여라.

7. 함수 $y=4^x+4^{-x}-2(2^x+2^{-x})+6$의 최솟값을 구하여라.

10.4 로그함수와 그래프

함수 $y=f(x)$의 역함수는 x와 y를 바꾸어 놓은 $x=f(y)$임을 알고 있다. 따라서 지수함수 $y=a^x$의 역함수는 $x=a^y$, 즉 $y=\log_a x$임을 알 수 있다.

정의 10.7

$a>0,\ \ a\neq 1$일 때 함수

$$f(x)=\log_a x$$

를 **밑이** a**인 로그함수**라고 한다.

[참고] (1) 특별한 언급이 없는 경우, 로그함수 $y=\log_a x$의 정의역은 양의 실수 전체이고 치역은 실수 전체이다.

(2) $a>1$일 때 $y=\log_a x$는 증가함수이고, $0<a<1$일 때 $y=\log_a x$는 감소함수이다.

(3) 로그 성질에 의해 $\log_a 1=0$이므로 a에 상관없이 항상 점 $(1,0)$을 지난다. 또한 y축을 점근선으로 갖는다.

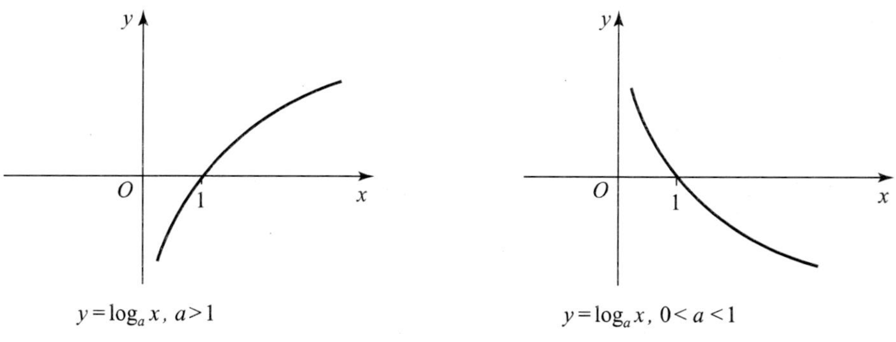

[그림 10.2]

예제 10.9 다음 로그함수의 그래프를 그려라.

(1) $y=\log_3(-x)$

(2) $y=\log_{\frac{1}{2}}(x-2)+1$

(3) $y=\log_{10}|x|$

[풀이] (1)

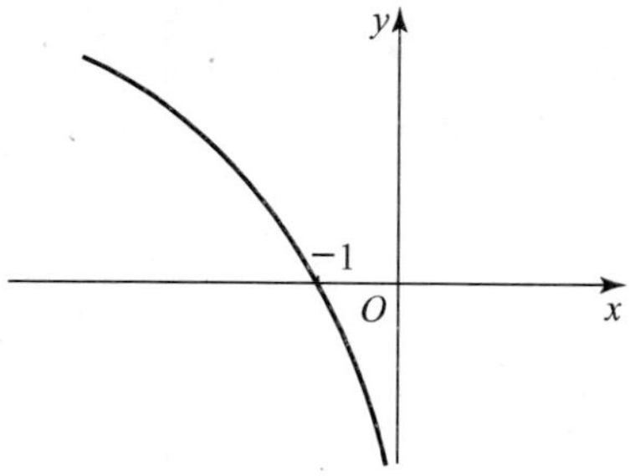

(2)

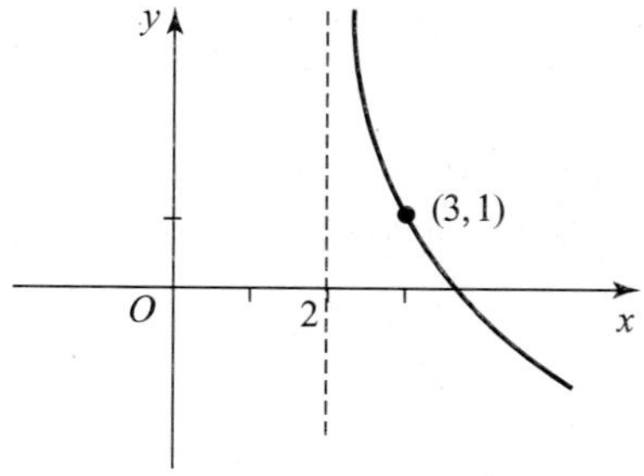

(3)

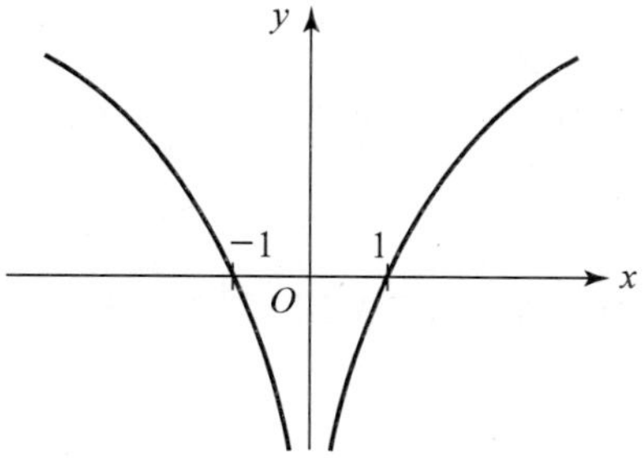

[참고] (1) 밑이 10인 로그를 **상용로그**라고 하고 밑을 생략하여 쓴다. 즉,

$$\log x := \log_{10} x$$

(2) 밑이 e인 로그를 **자연로그**라 하고 ln 으로 나타낸다. 즉,

$$\ln x := \log_e x$$

예제 10.10 다음을 간단히 하여라.

(1) $\ln \dfrac{1}{e}$

(2) $2 \ln e^5$

(3) $\log \dfrac{100}{2} - \log \dfrac{1000}{2}$

(4) $\log \dfrac{1}{\sqrt{0.01}}$

[풀이] (1) $\ln e^{-1} = -1 \ln e = -1$

(2) $10 \ln e = 10$

(3) $\log 10^2 - \log 2 - (\log 10^3 - \log 2) = 2 - \log 2 - (3 - \log 2) = -1$

(4) $\log (0.01)^{-\frac{1}{2}} = \log (10^{-2})^{-\frac{1}{2}} = \log 10^1 = 1$

연습문제 10.4

1. 다음 로그함수의 그래프를 그려라.

(1) $y = \log_2(-x)$

(2) $y = \log_{\frac{1}{3}}(x-1)$

2. $-\frac{1}{2} \le x \le 7$에서 함수 $y = \log_{\frac{1}{2}}(x+1)$의 최댓값과 최솟값을 구하여라.

3. $2 \le x \le 4$에서 함수 $y = \left(\log_{\frac{1}{2}} x\right)^2 - \log_{\frac{1}{2}} x^2 + 5$의 최댓값과 최솟값을 구하여라.

4. $1 \le x \le 100$에서 함수 $y = x^{-2+\log x}$의 최댓값과 최솟값을 구하여라.

10.5 지수방정식과 로그방정식

방정식 $3^x = \frac{1}{27}$ 또는 $4^x + 2^x - 1 = 0$과 같이 지수에 미지수를 포함하는 방정식을 **지수방정식**이라고 한다.

예제 10.11 다음 지수방정식을 풀어라.

(1) $4^x = 32$ (2) $3^x \cdot 2^{3-x} = 6^x$

(3) $3^{x-1} = 2^x$ (4) $(x+1)^x = 3^x \quad (x > -1)$

[풀이] (1) $2^{2x} = 2^5$이므로 $2x = 5 \Rightarrow x = \frac{5}{2}$

(2) $3^x \cdot 2^{3-x} = 3^x \cdot 2^x$이므로 $2^{3-x} = 2^x \Rightarrow 3 - x = x \Rightarrow x = \frac{3}{2}$

(3) 양변에 상용로그를 취하면, $(x-1)\log 3 = x\log 2 \Rightarrow x\log 3 - \log 3 = x\log 2$

$$(\log 3 - \log 2)x = \log 3 \Rightarrow x = \frac{\log 3}{\log 3 - \log 2}$$

(4) 지수가 같으므로 밑이 같거나 지수가 0이어야 한다. 따라서 $x+1 = 3$이거나 $x = 0$이므로 $x = 0,\ 2$이다.

예제 10.12 다음 지수방정식을 풀어라.

(1) $4^x - 2^{x+2} - 32 = 0$

(2) $(4+\sqrt{15})^x + (4-\sqrt{15})^x = 8$

(3) $\begin{cases} 3^x + 3^y = 12 \\ 3^{x+y} = 27 \end{cases}$

[풀이] (1) $2^x = t(>0)$라 치환하면, $t^2 - 4t - 32 = 0$이므로 $t = 8$이다. 따라서 $x = 3$

(2) $(4+\sqrt{15})^x = t(>0)$라면

$$t + \frac{1}{t} = 8 \Rightarrow t^2 - 8t + 1 = 0 \Rightarrow t = 4 \pm \sqrt{15} \Rightarrow x = \pm 1$$

(3) $3^x = X,\ 3^y = Y$라면 $X + Y = 12$이고 $XY = 27$이므로 대입하면

$X^2 - 12X + 27 = 0$. 따라서 $X = 3$ 또는 9이다.

$X = 3$이면 $Y = 9$이므로 $x = 1, y = 2$, $X = 9$이면 $Y = 3$이므로 $x = 2, y = 1$

방정식 $\log_2 x = 4$ 또는 $\log_x 10 = 2$와 같이 로그의 진수 또는 밑에 미지수를 포함하는 방정식을 **로그방정식**이라고 한다.

예제 10.13 다음 로그방정식을 풀어라.

(1) $\log 3x + \log(x-1) = \log(2x^2-2)$

(2) $\log_2(x-5) = \log_4(x-2)+1$

(3) $\log_{10} x - \log_x 100 = 1$

(4) $x^{\log x} = 1000x^2$

[풀이] (1) $\log 3x(x-1) = \log(2x^2-2)$ 이므로 $x^2-3x+2=0$이다. 진수조건에 의해 $x>1$ 이어야 하므로 $x=2$ 이다.

(2) $\log_2(x-5) = \dfrac{1}{2}\log_2(x-2)+1$이므로

$$\log_2(x-5)^2 = \log_2 4(x-2) \Rightarrow x^2-14x+33=0$$

$x>5$이어야 하므로 $x=11$

(3) $\log_{10} x = t$라면 $t - \dfrac{2}{t} = 1$이므로 $t^2-t-2=0$ $\therefore t=-1,\ 2.$ $t=-1$이면 $x=\dfrac{1}{10}$, $t=2$ 이면 $x=100$이다.

(4) 양변에 상용로그를 취하면, $(\log x)^2 = 3+2\log x$이므로 $\log x = t$라 치환하면 $t^2-2t-3=0 \Rightarrow t=-1,\ 3 \Rightarrow x=\dfrac{1}{10}$, 1000이다.

예제 10.14 다음 로그방정식을 풀어라.

(1) $(\log x)^2 - 4\log x + 3 = 0$의 두 근을 α, β라 할 때, $\alpha\beta$의 값을 구하여라.

(2) $\log_2 x - 5\log_x 2 + a = 0$ 의 두 근의 곱이 4일 때, 실수 a의 값을 구하여라.

[풀이] (1) $\log x = t$ 라고 하면, $t^2-4t+3=0$ 의 두 근은 $\log\alpha$와 $\log\beta$이므로 $\log\alpha\beta = \log\alpha + \log\beta = 4$. 따라서 $\alpha\beta = 10^4$

(2) 두 근을 α, β라 하고 $\log_2 x = t$라면 $t - \dfrac{5}{t} + a = 0 \Leftrightarrow t^2+at-5=0$의 두 근은 $\log_2\alpha$ 와 $\log_2\beta$이므로 $\log_2 4 = \log_2\alpha\beta = \log_2\alpha + \log_2\beta = -a$. 따라서 $a=-2$

연습문제 10.5

1. 다음 지수방정식을 풀어라.

(1) $(\sqrt{3})^x = 27$

(2) $5^{x+1} = 125^x$

(3) $\left(\frac{1}{4}\right)^{1-x} = 8 \cdot \sqrt[4]{2}$

(4) $2^{2x+2} = 3^{3x+3}$

2. 다음 지수방정식을 풀어라.

(1) $9^x - 8 \cdot 3^{x-1} - 1 = 0$

(2) $2^{2x+1} + 3 \cdot 2^x - 2 = 0$

(3) $4^x - 6 \cdot 2^x - 16 = 0$

3. $(x-8)^{x-1} = 5^{x-1}$의 모든 근의 합을 구하여라.

4. 지수방정식 $a^{2x} - 12a^x + 27 = 0$의 두 근의 합이 6일 때 양수 a의 값을 구하여라.

5. 지수방정식 $3^{x-1} = 131$의 근을 α라 할 때, $[\alpha]$의 값을 구하여라. (단, $[\alpha]$는 α를 넘지 않는 최대 정수)

6. 다음 로그방정식을 풀어라.

(1) $\log_2(3x-1) = 3$

(2) $\log_x 9 = 2$

(3) $\log(2x-1) + \log(x-9) = 2$

(4) $\log_2(x-5) - \log_4(x-2) = 2$

7. 다음 방정식을 풀어라.

(1) $\log_{\frac{1}{9}}\{\log_8(\log_5 x)\}=\frac{1}{2}$

(2) $x^{\log 3}\cdot 3^{\log x}-4\cdot 3^{\log x}+3=0$

8. 이차방정식 $4x^2-4(1+\log a)x+1+(\log a)^2=0$이 실근을 갖도록 하는 a의 최솟값을 구하여라.

9. 다음 연립방정식을 풀어라.

(1) $\begin{cases}\log_3(x-1)-\log_9(3-y)=0\\ 2^x\cdot 2^y=4\end{cases}$

(2) $\begin{cases}-2^{x+3}+2^y=32\\ \log_2(y-2)=1+\log_2 x\end{cases}$

10.6 지수부등식과 로그부등식

부등식 $5^x < \frac{1}{25}$ 또는 $4^x - 2^{x+2} + 4 \geq 0$과 같이 지수에 미지수를 포함하는 부등식을 **지수부등식**이라고 한다.

예제 10.15 다음 지수부등식을 풀어라.

(1) $9^x > 81$

(2) $0.5^{x+1} > 0.125$

(3) $3^x > 4$

(4) $x^{3x+1} > x^{x+5}$

[풀이] (1) $9^x > 9^2$이므로 $x > 2$

(2) $0.5^{x+1} > 0.5^3$이므로 $x+1 < 3 \Rightarrow x < 2$

(3) 양변에 상용로그를 취하면 $x \log 3 > \log 4 \Rightarrow x > \dfrac{\log 4}{\log 3}$

(4) $x > 1$인 경우 $3x+1 > x+5 \Rightarrow x > 2$이다. $0 < x < 1$인 경우 $3x+1 < x+5$ $\Rightarrow x < 2$이므로 $0 < x < 1$. 따라서 $0 < x < 1$, $x > 2$ ■

예제 10.16 다음 지수부등식을 풀어라.

(1) $4^x - 3 \cdot 2^{x+2} + 32 < 0$

(2) $\left(\frac{1}{2}\right)^{x-1} > \left(\frac{1}{2}\right)^{x^2} > \left(\frac{1}{2}\right)^{4x-3}$

[풀이] (1) $2^x = t(>0)$ 라면, $t^2 - 12t + 32 < 0 \Leftrightarrow (t-4)(t-8) < 0 \Leftrightarrow 4 < t < 8 \Leftrightarrow$ $2 < x < 3$

(2) $x - 1 < x^2 < 4x - 3$이므로 $x^2 - x + 1 > 0$과 $x^2 - 4x + 3 < 0$을 만족시키는 x를 구하면, $1 < x < 3$이다. ■

부등식 $\log_3 x > 9$ 또는 $\log_x 3 < 2$와 같이 로그의 진수 또는 밑에 미지수를 포함한 부등식을 **로그부등식**이라고 한다.

예제 10.17 다음 로그부등식을 풀어라.

(1) $\log_2(x-1) \le 1$

(2) $\log_{\frac{1}{3}}(x+2) > -1$

(3) $\log_2 x + \log_2(x-1) < 1$

(4) $2\log_{\frac{1}{2}}(x-4) > \log_{\frac{1}{2}}(x-2)$

[풀이] (1) $\log_2(x-1) \le \log_2 2$이므로 $x-1 \le 2 \Leftrightarrow x \le 3$. 진수조건에 의해, $x > 1$이어야 하므로 $1 < x \le 3$이다.

(2) $\log_{\frac{1}{3}}(x+2) > \log_{\frac{1}{3}}3$이므로 $x+2 < 3 \Leftrightarrow x < 1$. 진수조건에 의해, $x > -2$이어야 하므로 $-2 < x < 1$이다.

(3) $\log_2 x(x-1) < \log_2 2$이므로 $x(x-1) < 2 \Leftrightarrow x^2 - x - 2 < 0 \Leftrightarrow -1 < x < 2$. 진수조건에 의해, $x > 1$이어야 하므로 $1 < x < 2$이다.

(4) $(x-4)^2 < x-2$이므로 $3 < x < 6$. 진수조건에 의해, $x > 4$이어야 하므로 $4 < x < 6$이다.

예제 10.18 $x^{\log_2 x} < 8x^2$을 만족하는 x의 범위를 구하여라.

[풀이] 양변에 밑이 2인 로그를 취하면, $(\log_2 x)^2 < 3 + 2\log_2 x$이다. $\log_2 x = t$라면

$$t^2 - 2t - 3 < 0 \Leftrightarrow -1 < t < 3 \Leftrightarrow \frac{1}{2} < x < 8$$

이다.

예제 10.19 빛이 거울에 반사할 때 처음 밝기의 $\frac{4}{5}$만큼 반사한다고 한다. 그 밝기가 $\frac{1}{10}$ 이하가 되려면 최소한 몇 장의 거울에 반사되어야 하는가? (단, $\log 2 = 0.3010$)

[풀이] 처음 빛의 밝기를 a라고 하면 $\left(\frac{4}{5}\right)^n a \le \frac{1}{10}a$이므로 상용로그를 취하면, $n(\log 4 - \log 5) \le -1$. 따라서 $n(3\log 2 - 1) \le -1 \Leftrightarrow n \ge \frac{1}{1-3\log 2} \fallingdotseq 11.1$. 따라서 12장 이상 반사되어야 한다.

연습문제 10.6

1. 다음 지수부등식을 풀어라.

(1) $9^x < 3\sqrt{3}$

(2) $0.25^{x-1} \leq \frac{1}{4}$

(3) $\left(\frac{1}{3}\right)^{x-2} > 3^x$

(4) $\left(\frac{1}{2}\right)^{2x+1} > \left(\frac{1}{2}\right)^x$

2. 다음 지수부등식을 풀어라.

(1) $4^x - 2^{x+1} - 8 < 0$

(2) $2^{2x} - 5 \cdot 2^x + 4 \leq 0$

(3) $\left(\frac{1}{3}\right)^x < \sqrt[3]{3} < \left(\frac{1}{9}\right)^{x-1}$

3. 다음 로그부등식을 풀어라.

(1) $\log_2(x+1) < 3$

(2) $\log x + \log(7-x) \leq 1$

(3) $\log_2(x^2 - 4x) \leq 2 + \log_2(x-3)$

(4) $2\log_{\frac{1}{2}}(x-4) > \log_{\frac{1}{2}}(x-2)$

4. 부등식 $16x^{\log_4 x} > x^3$을 풀어라.

5. 모든 실수 x에 대하여 $y = \log_2(x^2 + 4x + k)$가 x축과 만나지 않기 위한 실수 k값의 범위를 구하여라.

6. 부등식 $x^{\log 3} \cdot 3^{\log x} - 6 \cdot 3^{\log x} + 9 \leq 0$을 풀어라.

7. 부등식 $\log_3\{\log_3(\log_3 x)\} \le 3$을 만족시키는 정수 x의 최솟값을 구하여라.

8. 일정한 조건에서 매 시간마다 분열하여 2배로 늘어나는 세균이 5마리 있다. 이 세균 5마리가 분열하여 천만 마리 이상 되는 것은 몇 시간 후가 되겠는가? (단, $\log 2 = 0.3010$)

Chapter

11

Elementary Mathematics

함수의 극한과 연속성

11.1 함수의 극한

함수 $f(x)=x^2-x+2$의 2 근방의 x의 값들에 대한 함수 f의 변화를 조사해 보자. 다음 표는 2는 아니지만 2에 가까운 x의 값들에 대한 $f(x)$의 값들을 나타낸 것이다.

x	$f(x)$	x	$f(x)$
1.0	2.000000	3.0	8.000000
1.5	2.750000	2.5	5.750000
1.8	3.440000	2.2	4.640000
1.9	3.710000	2.1	4.310000
1.95	3.852500	2.05	4.152500
1.99	3.970100	2.01	4.030100
1.995	3.985025	2.005	4.015025
1.999	3.997001	2.001	4.003001

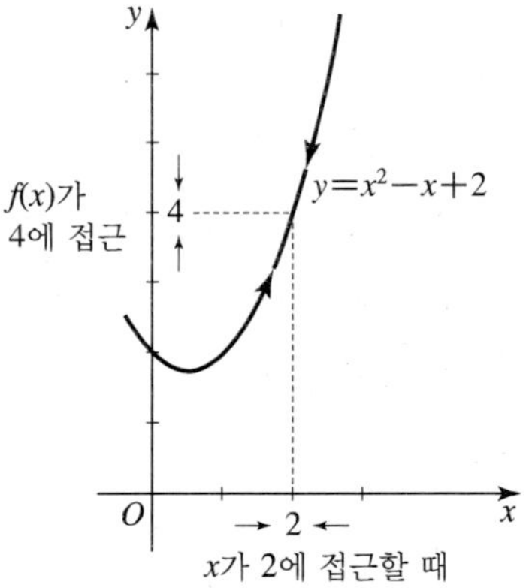

[그림 11.1]

위의 표와 그림 11.1에 있는 f의 그래프로부터 x가 2에 접근할 때 $f(x)$는 4에 접근함을 알 수 있다. 이 사실은 x가 2에 충분히 가깝게 함으로써 우리가 원하는 만큼 4에 가까운 $f(x)$의 값을 얻을 수 있음을 보여준다. 우리는 이러한 사실을 "x가 2에 접근할 때 함수 $f(x)=x^2-x+2$의 극한이 4이다"라고 표현하고, 이것을 기호로 나타내면 다음과 같다.

$$\lim_{x\to 2}(x^2-x+2)=4$$

일반적으로 우리는 다음의 기호를 사용한다.

정의 11.1

만약 x를 a와 같지는 않지만 a에 충분히 가까이 접근(a의 양쪽 방향에서)시킴으로써 $f(x)$의 값을 L에 가깝게(우리가 원하는 만큼 L에 가깝게) 만들 수 있다면 기호로

$$\lim_{x \to a} f(x) = L$$

을 사용하고,

"x가 a에 접근할 때 $f(x)$의 극한이 L이다."

라고 말한다.

이것은 x가 a에 점점 가까워지고(a의 양쪽 방향에서) $x \neq a$일 때 $f(x)$의 값들이 실수 L에 점점 더 가까워진다는 것을 의미한다.

$$\lim_{x \to a} f(x) = L$$

에 대한 또다른 기호는

$$x \to a\text{일 때 } f(x) \to L$$

로 나타내고, 보통 "x가 a에 접근할 때 $f(x)$가 L에 접근한다."라고 읽는다.

극한의 정의에서 구절 '$x \neq a$'를 주목하자. 이것은 x가 a에 접근할 때 $f(x)$의 극한값을 찾는 데 있어서 $x = a$인 경우는 절대 고려하지 않는다는 것을 의미한다. 사실, $f(x)$가 $x = a$에서 정의되어야 할 필요는 없다. 단지 a 근방에서 f가 어떻게 정의되는가 하는 것만이 문제이다.

예제 11.1 $\lim_{x \to 1} \dfrac{x-1}{x^2-1}$의 값을 추측하여라.

[풀이] 함수 $f(x) = \dfrac{x-1}{x^2-1}$은 $x = 1$일 때 정의되지 않지만, $\lim_{x \to a} f(x)$의 정의는 a에 가깝고 a가 아닌 x의 값을 생각하기 때문에 문제가 되지 않는다.

x	$f(x)$	x	$f(x)$
0.5	0.666667	1.5	0.400000
0.9	0.526316	1.1	0.476190
0.99	0.502513	1.01	0.497512
0.999	0.500250	1.001	0.499750
0.9999	0.500025	1.0001	0.499975

위의 표는 1에 접근하는(그러나 1이 아닌) x의 값들에 대한 $f(x)$의 값들을 나타낸다. 이 표에 있는 값들을 근거로

$$\lim_{x\to 1}\frac{x-1}{x^2-1}=0.5$$

임을 추측할 수 있다.

예제 11.1은 그림 11.2에 있는 f의 그래프에 의해 설명된다.

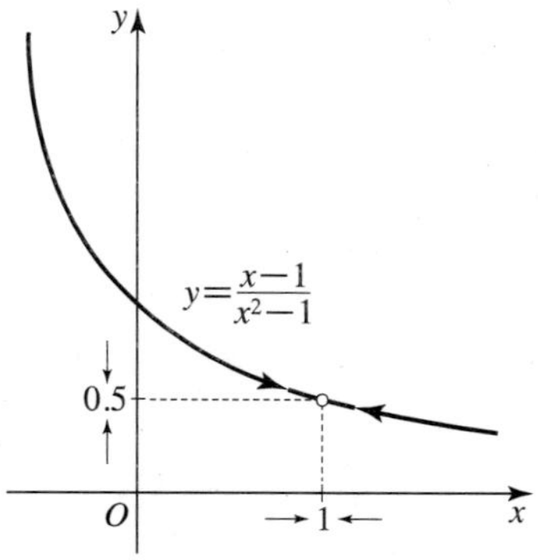

[그림 11.2]

예제 11.2 헤비사이드 함수 H는 다음과 같이 정의된다.

$$H(t)=\begin{cases}0, & t<0\\ 1, & t\geq 0\end{cases}$$

[이 함수는 영국의 전기공학자 헤비사이드(Oliver Heaviside, 1850~1925)의 이름을 따서 붙여졌으며, 시간 $t=0$에서 전원을 올렸을 때 전류의 흐름을 설명하는 데 사용된다.] 이것의 그래프는 그림 11.3과 같다.

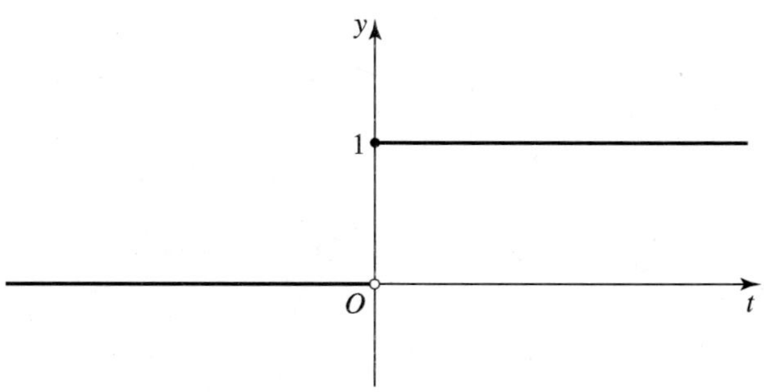

[그림 11.3]

t가 왼쪽에서 0으로 접근할 때, $H(t)$는 0에 접근한다. t가 오른쪽에서 0으로 접근할 때, $H(t)$는 1에 접근한다. t가 0으로 접근할 때 $H(t)$가 접근하는 단 하나의 수가 존재하지 않는다. 그러므로 $\lim_{t \to 0} H(t)$는 존재하지 않는다. ■

예제 11.2에서 t가 왼쪽에서 0에 접근할 때 $H(t)$는 0에 접근하고, t가 오른쪽에서 0에 접근할 때 $H(t)$는 1에 접근함을 주목하자. 우리는 이런 상황을 기호로

$$\lim_{t \to 0^-} H(t) = 0 \quad \text{그리고} \quad \lim_{t \to 0^+} H(t) = 1$$

로 적는다. 기호 $t \to 0^-$는 0보다 작은 t의 값에 대해서만 생각하고, $t \to 0^+$는 0보다 큰 t의 값에 대해서만 생각한다는 것을 의미한다.

정의 11.2

만약 x를 a에 충분히 가깝게, 그리고 $x < a$인 x를 택하여 $f(x)$의 값을 L에 임의로 가깝게 만들 수 있다면

$$\lim_{x \to a^-} f(x) = L$$

로 나타내고,

"x가 a에 접근할 때 $f(x)$의 좌극한이 L이다."

라고 말한다.

정의 11.3

만약 x를 a에 충분히 가깝게, 그리고 $x > a$인 x를 택하여 $f(x)$의 값을 L에 임의로 가깝게 만들 수 있다면

$$\lim_{x \to a^+} f(x) = L$$

로 나타내고,

"x가 a에 접근할 때 $f(x)$의 우극한이 L이다."

라고 말한다.

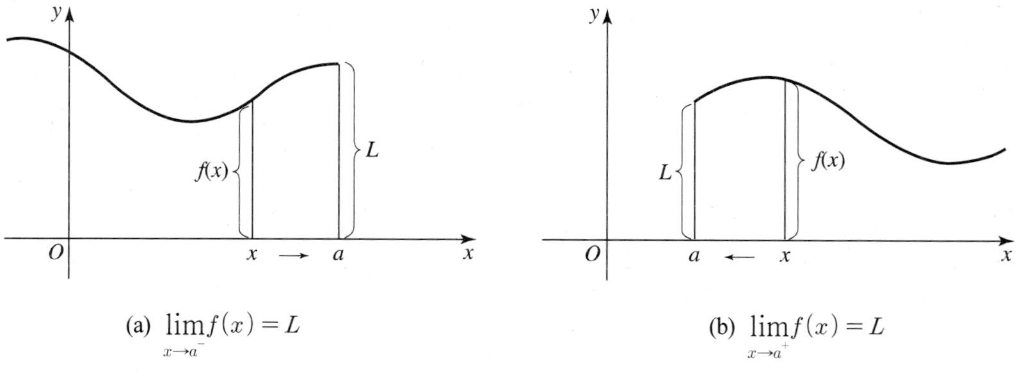

[그림 11.4]

한쪽 방향의 극한값의 정의와 극한의 정의를 비교함으로써 다음 사실을 알 수 있다.

> **정리 11.4**
>
> $\lim_{x \to a} f(x) = L$이기 위한 필요충분조건은 $\lim_{x \to a^-} f(x) = L$이고 $\lim_{x \to a^+} f(x) = L$이다.

예제 11.3 그림 11.5에서의 함수 g의 그래프에서 다음 극한값을 구하여라.

(a) $\lim_{x \to 2^-} g(x)$ (b) $\lim_{x \to 2^+} g(x)$ (c) $\lim_{x \to 2} g(x)$

(d) $\lim_{x \to 5^-} g(x)$ (e) $\lim_{x \to 5^+} g(x)$ (f) $\lim_{x \to 5} g(x)$

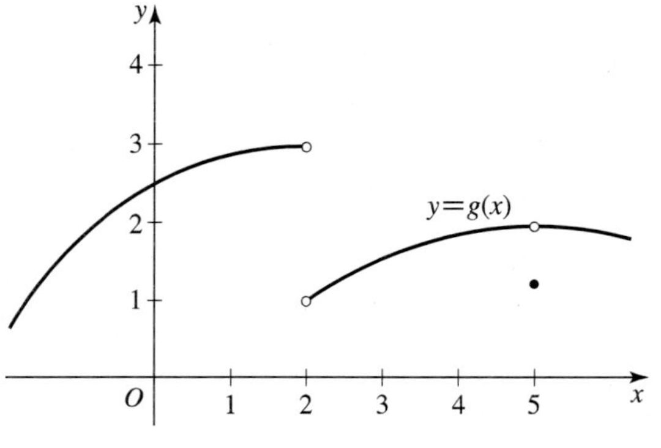

[그림 11.5]

[풀이] 그래프로부터 x가 왼쪽에서 2에 접근할 때, $g(x)$의 값은 3에 접근하고, x가 오른쪽에서 2에 접근할 때 $g(x)$의 값은 1에 접근한다. 그러므로

$$\lim_{x\to 2^-} g(x) = 3 \qquad \lim_{x\to 2^+} g(x) = 1$$

임을 알 수 있다. 좌우극한값이 다르기 때문에, 위의 정리에 의해 $\lim_{x\to 2} g(x)$는 존재하지 않는다. 그래프는 또한

$$\lim_{x\to 5^-} g(x) = 2 \qquad \lim_{x\to 5^+} g(x) = 2$$

임을 보여준다. 이번에는 좌우극한값이 같으므로, 위의 정리에 의해

$$\lim_{x\to 5} g(x) = 2$$

임을 알 수 있다. 이런 사실에도 불구하고, $g(5) \neq 2$임을 주목하자.

예제 11.4 $\lim_{x\to 0}\frac{1}{x^2}$이 존재한다면 그 값을 구하여라.

[풀이] x가 0에 접근할 때 x^2이 0에 접근하게 되고, 따라서 $\frac{1}{x^2}$은 매우 커짐을 아래 표에서 알 수 있다. 사실, 그림 11.6의 그래프에서 함수 $f(x) = \frac{1}{x^2}$은 x가 0에 충분히 가까이 가면 $f(x)$의 값들은 임의로 커지도록 만들 수 있다. 따라서 $f(x)$의 값이 어떤 수에 접근하지 않으므로, $\lim_{x\to 0}\frac{1}{x^2}$은 존재하지 않는다.

x	$\frac{1}{x^2}$
± 1	1
± 0.5	4
± 0.2	25
± 0.1	100
± 0.05	400
± 0.01	10,000
± 0.001	1,000,000

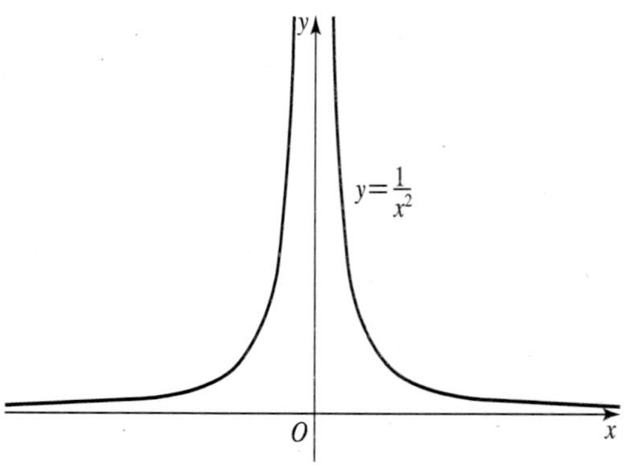

[그림 11.6]

예제 11.4에서 주어진 그래프의 움직임을 나타내기 위하여 기호

$$\lim_{x\to 0}\frac{1}{x^2} = \infty$$

를 사용한다. 이것은 ∞를 수로 간주한다는 의미도 아니며, 극한값이 존재한다는 것도 아

니다. 이는 단지 극한값이 존재하지 않는 특수한 경우에 대한 표현이다. x가 0에 충분히 가까이 가면 $\frac{1}{x^2}$은 원하는 만큼 크게 만들 수 있다.

일반적으로, x가 a에 충분히 가까워질수록 $f(x)$의 값이 점점 더 크게 되는 것을 기호로 나타내기 위하여 기호로

$$\lim_{x \to a} f(x) = \infty$$

를 사용한다.

정의 11.5

f가 a의 양쪽에서 정의된(a에서 정의될 필요는 없음) 함수라 하자.

$$\lim_{x \to a} f(x) = \infty$$

는 x를 a에 충분히 가깝게(그러나 a는 아님) 접근시킬 때 $f(x)$의 값을 임의로 크게 할 수 있음을 의미한다.

정의 11.6

f가 a의 양쪽에서 정의된(a에서 정의될 필요는 없음) 함수라 하자.

$$\lim_{x \to a} f(x) = -\infty$$

는 x를 a에 충분히 가깝게(그러나 a는 아님) 접근시킬 때 $f(x)$의 값을 음의 방향으로 임의로 크게 할 수 있음을 의미한다.

정의 11.5와 정의 11.6은 그림 11.7과 그림 11.8의 그래프로 설명된다.

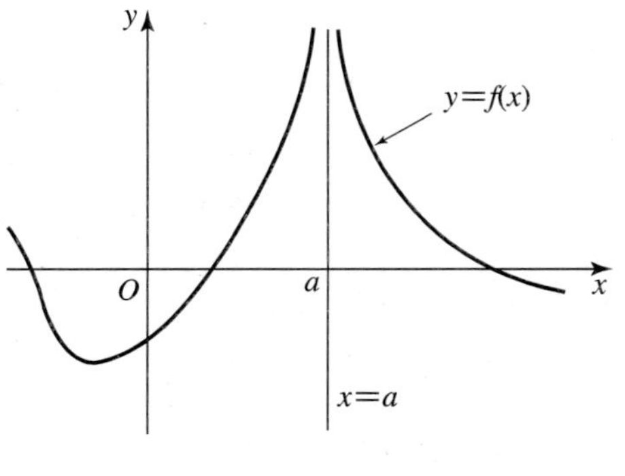

[그림 11.7] $\lim_{x \to a} f(x) = \infty$

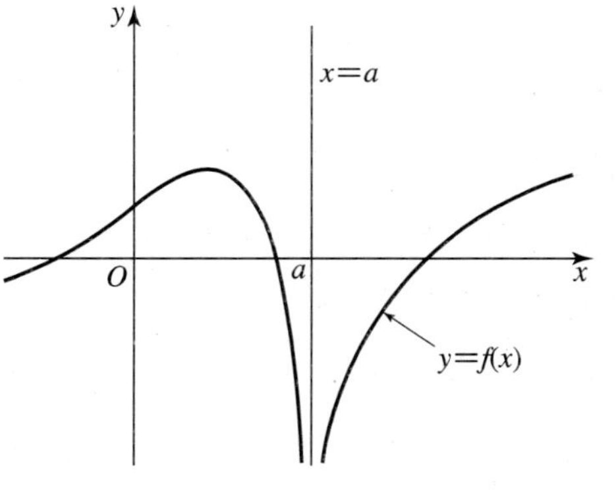

[그림 11.8] $\lim_{x \to a} f(x) = -\infty$

유사한 정의가 한쪽 방향의 무한극한

$$\lim_{x \to a^-} f(x) = \infty \qquad \lim_{x \to a^+} f(x) = \infty$$
$$\lim_{x \to a^-} f(x) = -\infty \qquad \lim_{x \to a^+} f(x) = -\infty$$

에 대해서도 주어진다. $x \to a^-$는 a보다 작은 x의 값에 대해서만 생각한다는 의미이고, 비슷한 방법으로 $x \to a^+$는 $x > a$인 경우만 생각한다는 의미이다. 이러한 네 가지 경우에 대한 설명은 그림 11.9의 그래프로 설명된다.

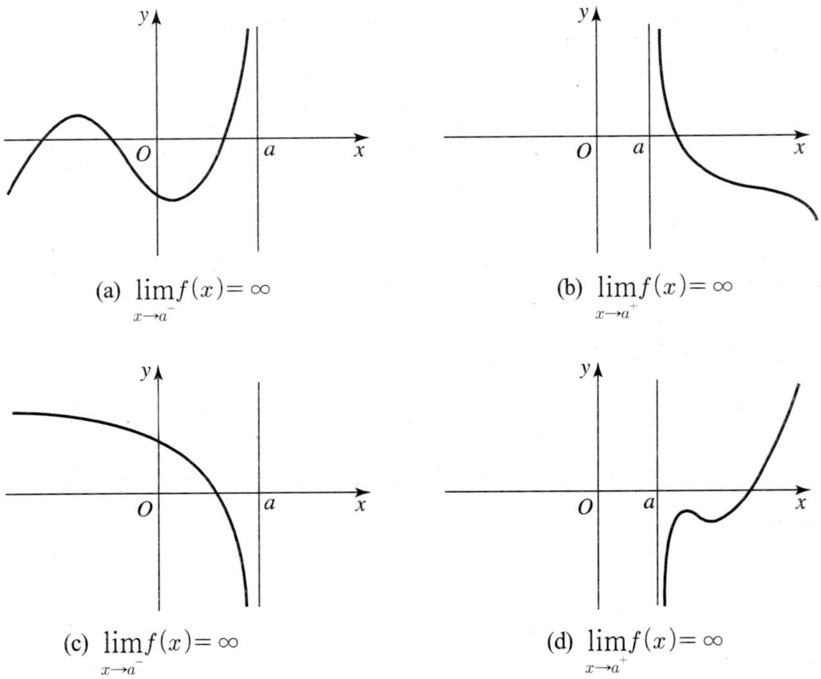

(a) $\lim_{x \to a^-} f(x) = \infty$ (b) $\lim_{x \to a^+} f(x) = \infty$

(c) $\lim_{x \to a^-} f(x) = \infty$ (d) $\lim_{x \to a^+} f(x) = \infty$

[그림 11.9]

정의 11.7

다음 사실들 중 적어도 하나가 성립할 때 직선 $x = a$는 곡선 $y = f(x)$의 **수직점근선**(vertical asymptote)이라 정의한다.

$$\lim_{x \to a} f(x) = \infty \qquad \lim_{x \to a^-} f(x) = \infty \qquad \lim_{x \to a^+} f(x) = \infty$$
$$\lim_{x \to a} f(x) = -\infty \qquad \lim_{x \to a^-} f(x) = -\infty \qquad \lim_{x \to a^+} f(x) = -\infty$$

11.2 극한법칙을 이용한 극한 계산

이 절에서 우리는 **극한법칙**이라 불리는 다음의 극한의 성질들을 이용하여 극한을 계산한다.

정리 11.8 극한법칙

c가 상수이고 n은 양의 정수일 때 극한 $\lim_{x\to a} f(x)$, $\lim_{x\to a} g(x)$가 존재한다면 다음이 성립한다.

1. $\lim_{x\to a}[f(x)+g(x)]=\lim_{x\to a} f(x)+\lim_{x\to a} g(x)$
2. $\lim_{x\to a}[f(x)-g(x)]=\lim_{x\to a} f(x)-\lim_{x\to a} g(x)$
3. $\lim_{x\to a}[cf(x)]=c\lim_{x\to a} f(x)$
4. $\lim_{x\to a}[f(x)g(x)]=\lim_{x\to a} f(x)\cdot\lim_{x\to a} g(x)$
5. $\lim_{x\to a} g(x)\neq 0$이면 $\lim_{x\to a}\dfrac{f(x)}{g(x)}=\dfrac{\lim_{x\to a} f(x)}{\lim_{x\to a} g(x)}$
6. $\lim_{x\to a}[f(x)]^n=[\lim_{x\to a} f(x)]^n$
7. $\lim_{x\to a} c=c$
8. $\lim_{x\to a} x=a$
9. $\lim_{x\to a} x^n=a^n$
10. $\lim_{x\to a}\sqrt[n]{x}=\sqrt[n]{a}$ (만약 n이 짝수이면, $a>0$으로 가정한다.)
11. $\lim_{x\to a}\sqrt[n]{f(x)}=\sqrt[n]{\lim_{x\to a} f(x)}$ (만약 n이 짝수이면, $\lim_{x\to a} f(x)>0$으로 가정한다.)

예제 11.5 다음 극한을 계산하고 각 단계별로 법칙을 설명하여라.

(a) $\lim_{x\to 5}(2x^2-3x+4)$ (b) $\lim_{x\to -2}\dfrac{x^3+2x^2-1}{5-3x}$

[풀이] (a)
$$\begin{aligned}\lim_{x\to 5}(2x^2-3x+4) &= \lim_{x\to 5}2x^2+\lim_{x\to 5}3x+\lim_{x\to 5}4 && \text{(법칙 2와 1에 의해)}\\ &= 2\lim_{x\to 5}x^2-3\lim_{x\to 5}x+\lim_{x\to 5}4 && \text{(법칙 3에 의해)}\end{aligned}$$

$$= 2(5^2) - 3(5) + 4 \qquad \text{(법칙 9, 8과 7에 의해)}$$
$$= 39$$

(b) $$\lim_{x \to -2} \frac{x^3 + 2x^2 - 1}{5 - 3x} = \frac{\lim_{x \to -2} (x^3 + 2x^2 - 1)}{\lim_{x \to -2} (5 - 3x)} \qquad \text{(법칙 5에 의해)}$$
$$= \frac{\lim_{x \to -2} x^3 + 2 \lim_{x \to -2} x^2 - \lim_{x \to -2} 1}{\lim_{x \to -2} 5 - 3 \lim_{x \to -2} x} \qquad \text{(법칙 1, 2와 3에 의해)}$$
$$= \frac{(-2)^3 + 2(-2)^2 - 1}{5 - 3(-2)} \qquad \text{(법칙 9, 8과 7에 의해)}$$
$$= -\frac{1}{11}$$

예제 11.6 $\lim_{x \to 1} \dfrac{x^2 - 1}{x - 1}$을 구하여라.

[풀이] $f(x) = \dfrac{x^2 - 1}{x - 1}$로 놓는다. $f(1)$이 정의되지 않으므로 $x = 1$을 대입하여 극한을 구할 수 없고, 분모의 극한이 0이므로 몫의 법칙을 이용할 수 없다. 대신 이 식에서는 기본적인 대수적 계산이 필요하다. 분자를 인수분해하여

$$\frac{x^2 - 1}{x - 1} = \frac{(x - 1)(x + 1)}{x - 1}$$

을 얻는다. 분자와 분모가 $x - 1$의 공통인수를 가지고 있다. x가 1에 접근함에 따라 극한을 취할 때 $x \neq 1$이므로 $x - 1 \neq 0$이다. 그러므로 공통인수를 약분할 수 있고 다음과 같이 극한을 구할 수 있다.

$$\lim_{x \to 1} \frac{x^2 - 1}{x - 1} = \lim_{x \to 1} \frac{(x - 1)(x + 1)}{x - 1}$$
$$= \lim_{x \to 1} (x + 1) = 1 + 1 = 2$$

예제 11.7 $g(x) = \begin{cases} x + 1, & x \neq 1 \\ 3 & x = 1 \end{cases}$이라 할 때 $\lim_{x \to 1} g(x)$를 구하여라.

[풀이] 여기서 g는 $x = 1$에서 정의되고 $g(1) = 3$이다. 그러나 x가 1에 접근할 때 극한값은 1에서의 함숫값에 의존하지 않는다. $x \neq 1$에 대하여 $g(x) = x + 1$이므로,

$$\lim_{x \to 1} g(x) = \lim_{x \to 1} (x + 1) = 2$$

를 얻게 된다.

예제 11.8 $\lim_{h\to 0}\frac{(3+h)^2-9}{h}$를 계산하여라.

[풀이] $F(h)=\frac{(3+h)^2-9}{h}$로 정의하면, $F(0)$이 정의되지 않기 때문에 $h=0$을 대입해서 $\lim_{h\to 0}F(h)$를 계산할 수 없다. 만약 $F(h)$를 대수적으로 간단히 하면

$$F(h)=\frac{(9+6h+h^2)-9}{h}=\frac{6h+h^2}{h}=6+h$$

가 된다(h가 0에 접근할 때 $h\neq 0$인 경우만 생각함을 상기하여라). 따라서

$$\lim_{h\to 0}\frac{(3+h)^2-9}{h}=\lim_{h\to 0}(6+h)=6$$

예제 11.9 $\lim_{t\to 0}\frac{\sqrt{t^2+9}-3}{t^2}$을 계산하여라.

[풀이] 분모의 극한이 0이기 때문에 바로 몫의 법칙을 적용할 수 없다. 여기서 먼저 대수적 계산을 하여 분자를 유리화한다.

$$\begin{aligned}\lim_{t\to 0}\frac{\sqrt{t^2+9}-3}{t^2}&=\lim_{t\to 0}\frac{\sqrt{t^2+9}-3}{t^2}\cdot\frac{\sqrt{t^2+9}+3}{\sqrt{t^2+9}+3}\\&=\lim_{t\to 0}\frac{t^2+9-9}{t^2(\sqrt{t^2+9}+3)}=\lim_{t\to 0}\frac{t^2}{t^2(\sqrt{t^2+9}+3)}\\&=\lim_{t\to 0}\frac{1}{\sqrt{t^2+9}+3}=\frac{1}{\sqrt{\lim_{t\to 0}t^2+9}+3}\\&=\frac{1}{3+3}=\frac{1}{6}\end{aligned}$$

어떤 극한들은 먼저 좌우극한값을 구함으로써 가장 잘 계산할 수 있다. 다음 정리는 11.1절에서 다룬 정리이다. 극한의 존재성에 대한 필요충분조건은 한쪽 방향의 두 가지 극한이 모두 존재하고 그 값이 같아야 하는 것이다.

정리 11.9

$\lim_{x\to a}f(x)=L$이기 위한 필요충분조건은 $\lim_{x\to a^-}f(x)=L$이고 $\lim_{x\to a^+}f(x)=L$이다.

이 정리를 이용하여 다음 예제들을 풀어보자.

예제 11.10 $\lim_{x\to 0}|x| = 0$임을 보여라.

[풀이] $|x| = \begin{cases} x, & x \geq 0 \\ -x, & x < 0 \end{cases}$임을 상기하여라. $x > 0$에 대하여 $|x| = x$이므로

$$\lim_{x\to 0^+}|x| = \lim_{x\to 0^+} x = 0$$

이다. $x < 0$에 대하여 $|x| = -x$이므로

$$\lim_{x\to 0^-}|x| = \lim_{x\to 0^-}(-x) = 0$$

이다. 그러므로 앞의 정리에 의하여

$$\lim_{x\to 0}|x| = 0$$

이다.

예제 11.11 $\lim_{x\to 0}\frac{|x|}{x}$가 존재하지 않음을 증명하여라.

[풀이]

$$\lim_{x\to 0^+}\frac{|x|}{x} = \lim_{x\to 0^+}\frac{x}{x} = \lim_{x\to 0^+} 1 = 1$$

$$\lim_{x\to 0^-}\frac{|x|}{x} = \lim_{x\to 0^-}\frac{-x}{x} = \lim_{x\to 0^-}(-1) = -1$$

좌우극한값이 서로 다르기 때문에 앞의 정리에 의해 $\lim_{x\to 0}\frac{|x|}{x}$는 존재하지 않는다.

예제 11.12 $f(x) = \begin{cases} \sqrt{x-4}, & x > 4 \\ 8-2x, & x < 4 \end{cases}$일 때 $\lim_{x\to 4} f(x)$가 존재하는지를 결정하여라.

[풀이] $x > 4$에 대하여 $f(x) = \sqrt{x-4}$이므로

$$\lim_{x\to 4^+} f(x) = \lim_{x\to 4^+}\sqrt{x-4} = \sqrt{4-4} = 0$$

$x < 4$에 대하여 $f(x) = 8-2x$이므로

$$\lim_{x\to 4^-} f(x) = \lim_{x\to 4^-}(8-2x) = 8 - 2 \cdot 4 = 0$$

좌우극한값이 서로 같기 때문에 극한이 존재하고

$$\lim_{x\to 4} f(x) = 0$$

이다.

다음 두 정리는 극한의 추가 성질들이다.

정리 11.10

만약 a 근방에 속하는 x(a를 제외할 수 있음)에 대하여 $f(x) \leqq g(x)$이고 x가 a에 접근할 때 f와 g의 극한이 둘 다 존재한다면,

$$\lim_{x \to a} f(x) \leqq \lim_{x \to a} g(x)$$

이다.

정리 11.11 압축정리

만약 a 근방에 있는 모든 x(a를 제외할 수 있음)에 대하여 $f(x) \leqq g(x) \leqq h(x)$이고

$$\lim_{x \to a} f(x) = \lim_{x \to a} h(x) = L$$

이면,

$$\lim_{x \to a} g(x) = L$$

이다.

예제 11.13 $\lim_{x \to 0} x^2 \sin\frac{1}{x} = 0$임을 보여라.

[풀이] 우선

$$\lim_{x \to 0} x^2 \sin\frac{1}{x} = \lim_{x \to 0} x^2 \cdot \lim_{x \to 0} \sin\frac{1}{x}$$

을 사용할 수 없음을 주의한다. 왜냐하면 $\lim_{x \to 0} \sin\frac{1}{x}$은 존재하지 않기 때문이다. 그러나

$$-1 \leqq \sin\frac{1}{x} \leqq 1$$

이기 때문에,

$$-x^2 \leqq x^2 \sin\frac{1}{x} \leqq x^2$$

을 얻는다.

여기서 $\lim_{x \to 0} x^2 = 0$과 $\lim_{x \to 0}(-x^2) = 0$임을 안다. 압축정리에 의해

$$\lim_{x \to 0} x^2 \sin\frac{1}{x} = 0$$

이다. ■

연습문제 11.2

1. 극한

$$\lim_{x \to 2} f(x) = 4, \qquad \lim_{x \to 2} g(x) = -2, \qquad \lim_{x \to 2} h(x) = 0$$

이 주어졌을 때 만약 아래와 같은 극한이 존재한다면 그 극한을 구하고, 존재하지 않는다면 그 이유를 설명하여라.

(1) $\lim_{x \to 2} [f(x) + 5g(x)]$ (2) $\lim_{x \to 2} [g(x)]^3$

(3) $\lim_{x \to 2} \sqrt{f(x)}$ (4) $\lim_{x \to 2} \dfrac{3f(x)}{g(x)}$

(5) $\lim_{x \to 2} \dfrac{g(x)}{h(x)}$ (6) $\lim_{x \to 2} \dfrac{g(x)h(x)}{f(x)}$

2. 다음 각 극한값을 구하고 적절한 극한의 법칙들을 지적함으로써 정당함을 보여라.

(1) $\lim_{x \to 4} (5x^2 - 2x + 3)$ (2) $\lim_{x \to 8} (1 + \sqrt[3]{x})(2 - 6x^2 + x^3)$

(3) $\lim_{x \to 1} \left(\dfrac{1 + 3x}{1 + 4x^2 + 3x^4} \right)^3$ (4) $\lim_{x \to 4^-} \sqrt{16 - x^2}$

3. 다음 각 극한값들이 존재한다면 그 값을 구하여라.

(1) $\lim_{x \to 2} \dfrac{x^2 + x - 6}{x - 2}$ (2) $\lim_{x \to 2} \dfrac{x^2 - x + 6}{x - 2}$

(3) $\lim_{t \to -3} \dfrac{t^2 - 9}{2t^2 + 7t + 3}$ (4) $\lim_{h \to 0} \dfrac{(4 + h)^2 - 16}{h}$

(5) $\lim_{x \to -2} \dfrac{x + 2}{x^3 + 8}$ (6) $\lim_{t \to 9} \dfrac{9 - t}{3 - \sqrt{t}}$

(7) $\lim_{x \to 7} \dfrac{\sqrt{x + 2} - 3}{x - 7}$ (8) $\lim_{x \to -4} \dfrac{\frac{1}{4} + \frac{1}{x}}{4 + x}$

(9) $\lim_{x \to 9} \dfrac{x^2 - 81}{\sqrt{x} - 3}$ (10) $\lim_{t \to 0} \left(\dfrac{1}{t\sqrt{1 + t}} - \dfrac{1}{t} \right)$

11.3 극한의 엄밀한 정의

11.1절에서 주어진 극한의 정의는 때때로 이해하기가 어려울 수 있다. 왜냐하면 "x가 2에 가까이 간다."와 "$f(x)$가 L에 점점 더 가까워진다."와 같은 구절은 모호하기 때문이다. 그래서 극한에 대한 보다 더 엄밀한 정의가 필요하다

함수 $f(x)=2x-1$을 생각하자. 직관적으로 x가 3에 가까이 접근할 때 $f(x)$가 5에 가까이 접근하고, 따라서 $\lim_{x\to3}f(x)=5$임은 분명하다.

x가 3에 가까이 접근할 때 $f(x)$가 어떻게 되는가에 대한 좀더 세분화된 정보를 얻기 위하여 다음과 같은 질문을 던져 보자. "$f(x)$가 5로부터 0.1보다 더 작게 차이가 나기 위해서는 x가 3에 얼마나 가까이 접근해야 하는가?" x와 3 사이의 거리는 $|x-3|$이고 $f(x)$와 5 사이의 거리는 $|f(x)-5|$이므로, 이 문제는 조건

$$0<|x-3|<\delta \text{일 때 } |f(x)-5|<0.1$$

을 만족하는 δ를 구하는 것이다. 만약 $0<|x-3|<0.05$이면

$$|f(x)-5|=|(2x-1)-5|=|2x-6|=2|x-3|<0.1$$

이다. 즉,

$$0<|x-3|<0.05 \text{이면 } |f(x)-5|<0.1 \text{이다.}$$

따라서 문제의 답은 $\delta=0.05$이다. 즉, x가 3으로부터 0.05의 거리 이내에 있으면 $f(x)$는 5로부터 0.1의 거리 이내에 있게 될 것이다.

이 문제에서 0.1을 더 작은 수 0.01로 바꾸면, 똑같은 방법을 이용하여 x가 3으로부터 0.005보다 작게 차이가 나면 $f(x)$는 5로부터 0.01보다 작은 차이가 나게 될 것이다.

$$0<|x-3|<0.005 \text{이면 } |f(x)-5|<0.01 \text{이다.}$$

같은 방법으로,

$$0<|x-3|<0.0005 \text{이면 } |f(x)-5|<0.001 \text{이다.}$$

위에서 고려한 0.1, 0.01, 0.001은 허용오차이다. x가 3에 접근할 때 $f(x)$의 정확한 극

한이 5이므로 $f(x)$와 5의 차이를 단지 이들 세 수보다 작게 할 뿐만 아니라 임의의 양수보다 작게 할 수 있음이 틀림없다. 임의의 양수 ε을 쓰면 앞에서처럼

$$0<|x-3|<\delta=\frac{\varepsilon}{2}\text{이면 } |f(x)-5|<\varepsilon$$

임을 알 수 있다. 이는 x가 3에 가까이 접근할 때 $f(x)$가 5에 가까이 접근한다는 것을 말하는 정확한 방법이다. 왜냐하면 x의 값이 3으로부터 $\frac{\varepsilon}{3}$의 거리 내에 있도록 x를 택함으로써 $f(x)$의 값이 5로부터 ε의 거리 내에 있도록 할 수 있기 때문이다.

그래서 다음과 같이 극한의 엄밀한 정의를 소개한다.

정의 11.12

f를 a를 포함하는 어떤 개구간(a는 제외될 수 있음)에서 정의된 함수라고 하자. 만약 임의의 양수 ε에 대하여

$$0<|x-a|<\delta\text{일 때마다 } |f(x)-L|<\varepsilon$$

을 만족하는 $\delta>0$이 존재하면, x가 a에 가까이 접근할 때 $f(x)$의 극한이 L이라 정의하고

$$\lim_{x\to a} f(x)=L$$

로 나타낸다.

$|x-a|$는 x에서 a까지의 거리이고 $|f(x)-L|$은 $f(x)$에서 L까지의 거리이며, ε은 임의로 작게 할 수 있기 때문에 극한의 정의는 다음과 같은 말로 표현될 수 있다. "$\lim_{x\to a} f(x)=L$은 x에서 a까지의 거리를 충분히 작게(그러나 0은 아님) 택함으로써 $f(x)$와 L과의 거리를 충분히 작게 만들 수 있음을 의미한다." 다르게 표현하면 "$\lim_{x\to a} f(x)=L$은 x를 a에 충분히 가깝게(그러나 0은 아님) 택함으로써 $f(x)$의 값을 우리가 원하는 만큼 충분히 가깝게 L에 접근시킬 수 있음을 의미한다."

예제 11.14 $\lim_{x\to 3}(4x-5)=7$임을 증명하여라.

[풀이] 1. 문제에 대한 예비분석(δ의 값을 추측)

ε을 주어진 양수라 하자.

$$0 < |x-3| < \delta \text{일 때마다 } |(4x-5)-7| < \varepsilon$$

을 만족하는 수 δ를 찾고자 한다. 그런데

$$|(4x-5)-7| < |4x-12| < |4(x-3)| = 4|x-3|$$

이므로, 우리가 원하는 것은

$$0 < |x-3| < \delta \text{일 때마다 } 4|x-3| < \varepsilon$$

이다. 즉,

$$0 < |x-3| < \delta \text{일 때마다 } |x-3| < \frac{\varepsilon}{4}$$

임을 원한다. 이는 $\delta = \dfrac{\varepsilon}{4}$으로 선택할 수 있음을 시사한다.

2. 증명(δ가 적합하다는 것을 보임)

주어진 $\varepsilon > 0$에 대하여 $\delta = \dfrac{\varepsilon}{4}$을 선택한다. 만약 $0 < |x-3| < \delta$이면

$$|(4x-5)-7| < |4x-12| < 4|x-3| < 4\delta = 4\left(\frac{\varepsilon}{4}\right) = \varepsilon$$

이다. 그러므로

$$0 < |x-3| < \delta \text{일 때마다 } |(4x-5)-7| < \varepsilon$$

이다. 따라서 극한의 정의에 의하여

$$\lim_{x \to 3}(4x-5) = 7$$

이다. ■

위의 예제 풀이에서 추측과 증명의 두 단계가 있었음을 주목하자. 처음 단계에서는 δ의 값을 추측할 수 있도록 예비분석을 했고, 두 번째 단계에서는 우리가 δ를 정확하게 추측했는지 조심스럽게 논리적 증명을 했다. 이 과정은 수학의 많은 부분에서 사용되는 전형적인 방법이다. 때때로 문제의 답에 대한 현명한 추측과 그 다음 이러한 추측이 정확한가를 증명할 필요가 있다.

앞 절에 주어진 한쪽 방향의 극한에 대한 직관적 정의는 아래와 같이 엄밀하게 다시 정의될 수 있다.

정의 11.13 좌극한의 정의

임의의 $\varepsilon > 0$에 대하여

$$a-\delta < x < a \text{일 때마다 } |f(x)-L| < \varepsilon$$

을 만족하는 $\delta > 0$이 존재하면,

$$\lim_{x \to a^-} f(x) = L$$

이다.

정의 11.14 우극한의 정의

임의의 $\varepsilon > 0$에 대하여

$$a < x < a+\delta \text{일 때마다 } |f(x)-L| < \varepsilon$$

을 만족하는 $\delta > 0$이 존재하면,

$$\lim_{x \to a^+} f(x) = L$$

이다.

무한극한도 엄밀한 방법으로 정의될 수 있다.

정의 11.15

f를 a를 포함하는 어떤 개구간(a는 제외될 수 있음)에서 정의된 함수라고 하자. 이때

$$\lim_{x \to a} f(x) = \infty$$

는 임의의 양수 M에 대하여

$$0 < |x-a| < \delta \text{일 때마다 } f(x) > M$$

을 만족하는 수 $\delta > 0$이 존재함을 의미한다.

이것은 x를 a에 충분히 가까운 값(거리 δ 이내에, 여기서 δ는 M에 종속적이나 $x \neq a$임)을 택함으로써 $f(x)$의 값을 임의로 크게(주어진 수 M보다 더 크게) 만들 수 있음을 말한다.

정의 11.16

f를 a를 포함하는 어떤 개구간(a는 제외될 수 있음)에서 정의된 함수라고 하자. 이때

$$\lim_{x \to a} f(x) = -\infty$$

는 임의의 음수 N에 대하여

$$0 < |x-a| < \delta \text{일 때마다 } f(x) < N$$

을 만족하는 수 $\delta > 0$이 존재함을 의미한다.

11.4 연속

앞 절에서 x가 a에 접근할 때 함수의 극한이 가끔 a에서 함숫값을 계산함으로써 간단하게 구할 수 있음을 보았다. 이러한 성질을 가지는 함수들을 a에서 연속이라 부른다. 연속의 수학적 정의는 일상생활에서 연속이란 단어의 의미와 밀접한 관련이 있음을 알게 된다(연속과정은 중단이나 갑작스런 변화 없이 점진적으로 일어나는 것이다).

정의 11.17

만약

$$\lim_{x \to a} f(x) = f(a)$$

이면 **함수 f는 점 a에서 연속**이다.

위의 정의는 f가 a에서 연속이라면 다음의 세 가지 조건들을 절대적으로 요구한다는 것이다.

1. $f(a)$가 정의된다(즉, a가 f의 정의역 내에 있다).
2. $\lim_{x \to a} f(x)$가 존재한다.
3. $\lim_{x \to a} f(x) = f(a)$

이 정의는 만약 x가 a에 접근할 때 $f(x)$가 $f(a)$에 접근한다면 f가 a에서 연속임을 의미한다. 따라서 연속함수 f에서 x의 작은 변화는 $f(x)$에서의 작은 변화를 유도하는 성질을 가진다. 사실, $f(x)$에서의 변화는 x에서의 변화를 충분히 작게 취함으로써 우리가 원하는 만큼 작게 유지할 수 있다.

만약 f가 a 근방에서 정의된다면(다른 말로, f가 a를 제외한 a를 포함하는 개구간상에서 정의됨) f가 a에서 연속이 아닐 때 f는 a에서 불연속 혹은 f는 a에서 불연속성을 가진다라고 정의한다.

기하학적으로, 어떤 구간 내의 모든 점에서 연속인 함수는 그의 그래프가 구간 내에서 단절되지 않는 함수라고 생각할 수 있다. 이 그래프는 펜을 종이로부터 떼지 않고 그릴 수 있다.

예제 11.15 다음 각 함수들의 불연속점은 어디인가?

(a) $f(x)=\dfrac{x^2-x-2}{x-2}$ (b) $f(x)=\begin{cases}\dfrac{1}{x^2}, & x\neq 0\\ 1, & x=0\end{cases}$

(c) $f(x)=\begin{cases}\dfrac{x^2-x-2}{x-2}, & x\neq 2\\ 1, & x=2\end{cases}$ (d) $f(x)=[\![x]\!]$

(여기서 $[\![x]\!]$는 최대정수함수로, x보다 작거나 같은 가장 큰 정수로 정의한다.)

[풀이] (a) $f(x)$가 정의되지 않기 때문에 f는 2에서 불연속이다.

(b) 여기서 $f(0)=1$은 정의되지만

$$\lim_{x\to 0} f(x)=\lim_{x\to 0}\frac{1}{x^2}$$

은 존재하지 않는다. 따라서 f는 0에서 불연속이다.

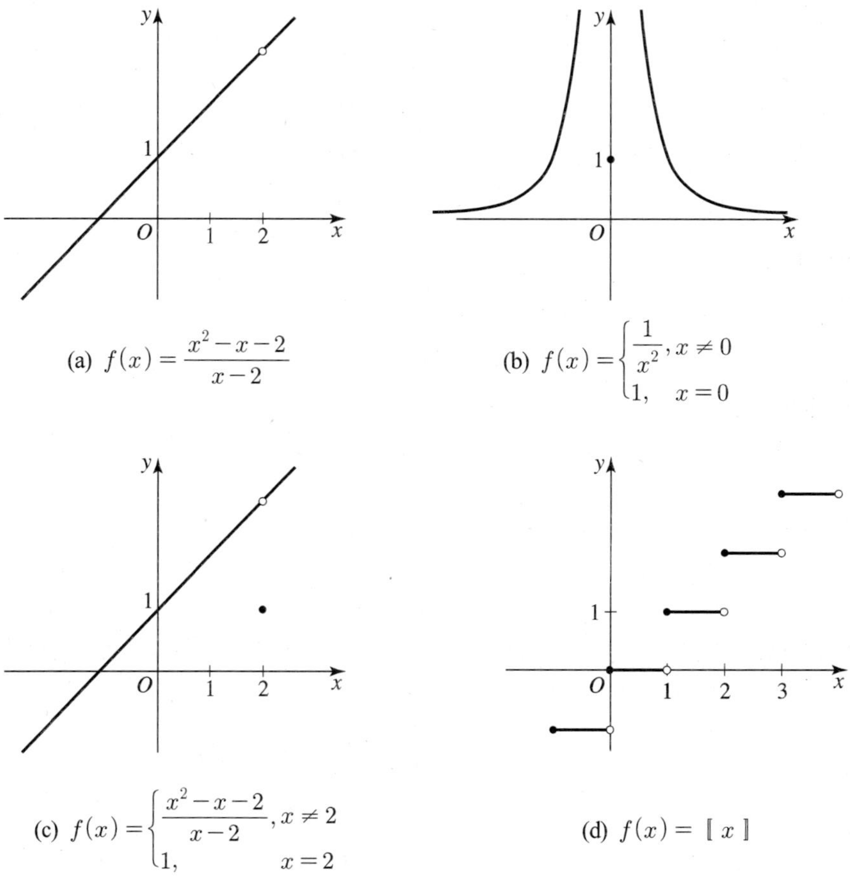

(a) $f(x)=\dfrac{x^2-x-2}{x-2}$ (b) $f(x)=\begin{cases}\dfrac{1}{x^2}, & x\neq 0\\ 1, & x=0\end{cases}$

(c) $f(x)=\begin{cases}\dfrac{x^2-x-2}{x-2}, & x\neq 2\\ 1, & x=2\end{cases}$ (d) $f(x)=[\![x]\!]$

[그림 11.10]

(c) 여기서 $f(2)=1$은 정의되고

$$\lim_{x\to 2} f(x)=\lim_{x\to 2}\frac{x^2-x-2}{x-2}=\lim_{x\to 2}\frac{(x-2)(x+1)}{x-2}=\lim_{x\to 2}(x+1)=3$$

이 존재한다. 그러나

$$\lim_{x\to 2} f(x)\neq f(2)$$

이므로 f는 2에서 불연속이다.

(d) 최대정수함수 $f(x)=[\![x]\!]$는 모든 정수들에서 불연속성을 가진다. 왜냐하면 n이 정수일 때 $\lim_{x\to n}[\![x]\!]$는 존재하지 않기 때문이다. ■

그림 11.10은 예제 11.15에 나오는 함수들의 그래프를 나타낸다. 각 경우에 그래프들은 구멍, 절단 또는 도약이 있기 때문에, 종이에서 펜을 떼지 않고 그릴 수 없다. (a)와 (c)에서 설명된 종류의 불연속성은 제거 가능하다고 하는데, 그 이유는 2에서만 f를 다시 정의함으로써 불연속성을 없앨 수 있기 때문이다(함수 $g(x)=x+1$은 연속이다). (b)에 나오는 불연속성은 무한 불연속성이라 부른다. (d)에 나오는 불연속성은 도약 불연속이라 부르는데, 그 이유는 함수가 한 값에서 다른 값으로 도약하기 때문이다.

정의 11.18
만약

$$\lim_{x\to a^+} f(x)=f(a)$$

이면 **함수 f는 점 a에서 오른쪽으로부터 연속**이다. 그리고

$$\lim_{x\to a^-} f(x)=f(a)$$

이면 **함수 f는 점 a에서 왼쪽으로부터 연속**이다.

예제 11.16 각 정수 n에서 함수 $f(x)=[\![x]\!]$는 오른쪽으로부터 연속이지만 왼쪽으로부터는 불연속이다. 왜냐하면

$$\lim_{x\to n^+} f(x)=\lim_{x\to n^+}[\![x]\!]=n=f(n)$$

이지만

$$\lim_{x\to n^-} f(x)=\lim_{x\to n^-}[\![x]\!]=n-1\neq f(n)$$

이다. ■

정의 11.19
f가 구간 내의 모든 점에서 연속일 때 그 **구간상에서 연속**이라 정의한다(구간의 끝점에서의 연속은 오른쪽으로부터 연속 또는 왼쪽으로부터 연속을 의미한다).

예제 11.17 함수 $f(x)=1-\sqrt{1-x^2}$ 은 구간 $[-1,1]$에서 연속임을 보여라.

[풀이] 만약 $-1<a<1$이면 극한법칙들을 이용하여

$$\begin{aligned}\lim_{x\to a} f(x) &= \lim_{x\to a}(1-\sqrt{1-x^2})\\ &= 1-\lim_{x\to a}\sqrt{1-x^2} \text{ (법칙 2와 7에 의해)}\\ &= 1-\sqrt{\lim_{x\to a}(1-x^2)} \text{ (법칙 11에 의해)}\\ &= 1-\sqrt{1-a^2} \text{ (법칙 2, 7과 9에 의해)}\\ &= f(a)\end{aligned}$$

를 얻는다. 그러므로 정의 11.17에 의하여 $-1<a<1$이면 f는 a에서 연속이다. 똑같은 방법으로

$$\lim_{x\to -1^+} f(x)=1=f(-1), \qquad \lim_{x\to 1^-} f(x)=1=f(1)$$

임을 알 수 있다. 따라서 f는 1에서 왼쪽으로부터 연속이고, -1에서 오른쪽으로부터 연속이다. 그러므로 정의 11.19에 의하여 f는 $[-1,1]$에서 연속이다. ■

다음 정리는 연속성에 대한 성질을 말해준다.

정리 11.20
만약 f와 g가 a에서 연속이고 c가 상수이면, 다음 함수들도 a에서 연속이다.

1. $f+g$
2. $f-g$
3. cf
4. fg
5. $\dfrac{f}{g}$, $g(a)\neq 0$

정리 11.20과 정의 11.19에서 만약 f와 g가 어떤 구간에서 연속이면 함수들 $f+g$, $f-g$, cf, fg, 그리고 $\dfrac{f}{g}$(만약 g가 0이 아니라면)가 그 구간에서 연속임을 알 수 있다.

정리 11.21

(a) 임의의 다항식은 모든 점에서 연속이다. 즉, $\mathbb{R}=(-\infty,\infty)$에서 연속이다.

(b) 임의의 유리함수는 그 함수가 정의되는 곳에서 연속이다. 즉, 그 함수의 정의역에서 연속이다.

정리 11.21에서 설명했듯이 구의 부피는 그 반지름에 따라 연속적으로 변한다. 왜냐하면 부피의 공식 $V(r)=\dfrac{4}{3}\pi r^3$은 V가 r에 관한 다항식이기 때문이다. 마찬가지로, 만약 공을 20 m/s의 속도로 수직으로 공중에 던지면 t초 후의 공의 높이는 공식 $h=20t-4.9t^2$으로 주어진다. 이것은 다항함수이고, 따라서 높이는 소요된 시간에 대하여 연속함수이다.

잘 알려진 함수의 대부분은 정의역상에 있는 모든 점에서 연속이다. 예를 들면 극한법칙 10은 제곱근함수가 연속임을 말해 준다.

정리 11.22

다음과 같은 형태의 함수들은 그들의 정의역상에 있는 모든 점에서 연속이다.

다항식 유리함수 제곱근함수 삼각함수

연속함수 f와 g를 합성하여 새로운 연속함수를 얻는 또다른 방법은 합성함수 $f\circ g$를 구하는 것이다. 이로부터 다음 정리를 얻는다.

정리 11.23

만약 f가 b에서 연속이고 $\lim_{x\to a} g(x)=b$이면, $\lim_{x\to a} f(g(x))=f(b)$이다. 바꿔 말하면,

$$\lim_{x\to a} f(g(x))=f(\lim_{x\to a} g(x))$$

직관적으로 정리 11.23은 합리적이다. 왜냐하면 x가 a에 가까이 접근하면 $g(x)$는 b에 가까이 접근하고 f가 b에서 연속이므로, 만약 $g(x)$가 b에 가까이 접근하면 $f(g(x))$는

$f(b)$에 가까이 접근하기 때문이다.

이제 $f(x)=\sqrt[n]{x}$ (n은 양의 정수)인 특수한 경우에 위의 정리를 응용해 보자. 이때

$$f(g(x))=\sqrt[n]{g(x)}, \qquad f(\lim_{x\to a} g(x))=\sqrt[n]{\lim_{x\to a} g(x)}$$

이고, 따라서 극한법칙 11은 증명되었다(제곱근이 존재한다고 가정한다).

정리 11.24
만약 g가 a에서 연속이고 f가 $g(a)$에서 연속이면, $(f \circ g)(x)=f(g(x))$로 주어진 합성함수 $f \circ g$는 a에서 연속이다.

증명 g가 a에서 연속이기 때문에

$$\lim_{x\to a} g(x)=g(a)$$

이다. 한편 f가 $b=g(a)$에서 연속이기 때문에 정리 11.23을 응용하면

$$\lim_{x\to a} f(g(x))=f(g(a))$$

를 얻는다. 이는 $h(x)=f(g(x))$가 a에서 연속이라는 뜻이다. 즉, $f \circ g$는 a에서 연속이다. ■

연속함수의 중요한 성질 하나가 다음 정리이다.

정리 11.25 중간값 정리
만약 f가 폐구간 $[a,b]$상에서 연속이고 N이 $f(a)$와 $f(b)$ 사이의 수라고 하자. 단, $f(a)\neq f(b)$이다. 이때 $f(c)=N$을 만족하는 수 c가 (a,b) 안에 존재한다.

중간값 정리는 연속함수가 $f(a)$와 $f(b)$ 사이의 모든 수들을 함숫값으로 가질 수 있음을 의미하고, 그림 11.11에 의해 설명된다. N은 한 개[(a)의 경우] 혹은 두 개 이상[(b)의 경우]의 역상을 가질 수 있음에 주목하자.

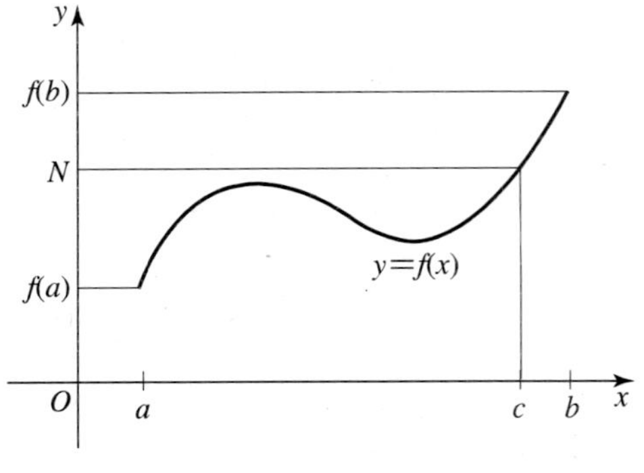

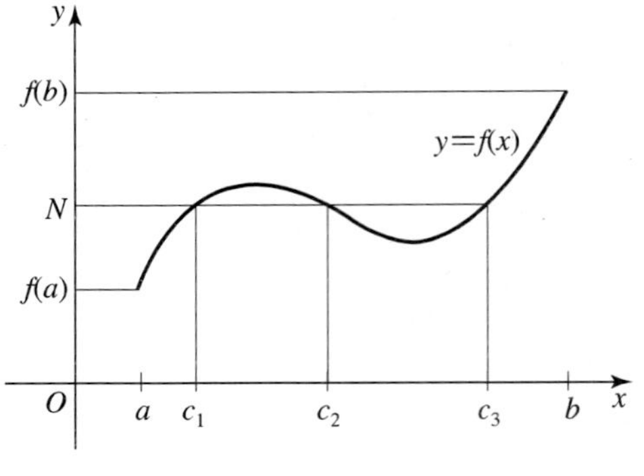

[그림 11.11]

만약 연속함수를 그 그래프에 구멍이나 단절이 없는 함수로 생각한다면, 중간값 정리가 참임을 쉽게 믿을 수 있다. 기하학적으로 설명해 보면, 만약 수평선 $y=N$이 위의 그림에서와 같이 $y=f(a)$와 $y=f(b)$ 사이에 주어질 때 f의 그래프가 그 직선을 뛰어넘을 수 없음을 의미한다. f의 그래프는 $y=N$과 어디에서인가 만나야 한다.

중간값 정리에서 함수 f가 연속임이 중요하다. 중간값 정리는 불연속 함수에 대해서는 일반적으로 참이 아니다. 중간값 정리의 이용 중 하나는 다음 예제와 같이 방정식의 근의 위치를 정하는 데 이용된다.

예제 11.18 방정식

$$4x^3-6x^2+3x-2=0$$

의 근이 1과 2 사이에 존재함을 보여라.

[풀이] $f(x)=4x^3-6x^2+3x-2$로 두자. 주어진 방정식의 근, 즉 $f(c)=0$을 만족하는 c를 1과 2 사이에서 구하고자 한다. 그러므로 중간값 정리에서 $a=1$, $b=2$, 그리고 $N=0$으로 택한다.

$$f(1)=4-6+3-2=-1<0$$
$$f(2)=32-24+6-2=12>0$$

을 얻는다. 그러므로 $f(1)<0<f(2)$, 즉 $N=0$이 $f(1)$과 $f(2)$ 사이의 수이다. 이제 f는 다항식이므로 연속이고, 따라서 중간값 정리는 $f(c)=0$을 만족하는 수 c가 1과 2 사이에 존재함을 말해 준다. 다시 말해서, 방정식 $4x^3-6x^2+3x-2=0$이 구간 $(1,2)$에서 근 c를 갖는다. ■

연습문제 11.4

1. 다음 각 함수의 불연속점이 있으면 구하여라.

(1) $f(x)=\dfrac{x-1}{|x-1|}\cdot x^2$

(2) $f(x)=\displaystyle\sum_{n=1}^{\infty}\frac{x^2}{(1+x^2)^{n-1}}$

2. 다음 함수의 연속성을 조사하여라.

$$f(x)=\lim_{n\to\infty}\frac{x^n+2x+1}{x^{n-1}+1}\quad(\text{단, } n\text{은 양의 정수})$$

3. 다음 함수가 $x=1$에서 연속일 때, 상수 $a,\ b$의 값을 구하여라.

$$f(x)=\begin{cases}\dfrac{a\sqrt{x+1}-b}{x-1}, & x\neq 1\\ \sqrt{2}, & x=1\end{cases}$$

4. 다음 각 방정식은 지정된 구간에서 적어도 하나의 실근을 가짐을 보여라.

(1) $x^4+x^3-9x+1=0,\ (1,\ 3)$

(2) $x\sin x=\cos x,\ (0,\ 1)$

Chapter

12 도함수

Elementary Mathematics

12.1 도함수와 변화율

이 장에서는 하나의 양이 또 다른 양에 관하여 어떻게 변하는가에 관심을 가지는 미분학의 연구를 시작한다. 미분학의 중심개념은 접선의 기울기와 속도의 자연적인 파생물인 도함수이다. 도함수의 계산방법을 배운 후에, 변화율과 함수의 근삿값과 관련된 여러 가지 문제를 해결하는 데 도함수를 이용한다.

곡선의 접선을 구하는 문제와 **물체의 속도**를 구하는 문제는 모두 같은 형태의 극한을 포함한다. 이 **특별한 형태의 극한을 미분계수**(또는 **도함수**)라고 하며 과학이나 공학에서는 어떤 형태의 변화율로 해석될 수 있다는 것을 알게 될 것이다.

12.1.1 접 선

곡선 C를 나타내는 방정식이 $y=f(x)$이고 점 $P(a, f(a))$에서 곡선 C의 접선을 찾기 위해, 근처의 점 $Q(x, f(x))$, $x \neq a$를 잡고 할선 PQ의 기울기를 계산한다.

$$m_{PQ}=\frac{f(x)-f(a)}{x-a} \tag{1}$$

x를 a에 접근시킴으로써 곡선 C를 따라 Q를 P에 접근시킨다. m_{PQ}가 수 m에 접근할 때, 접선 t는 점 P를 지나며 기울기가 m인 직선으로 정의한다.(접선은 Q가 P에 접근할 때 할선 PQ의 극한이다. 그림 12.1 참조)

정의 12.1

점 $P(a,\ f(a))$에서 곡선 $y=f(x)$의 접선은

$$m=\lim_{x\to a}\frac{f(x)-f(a)}{x-a} \tag{1}$$

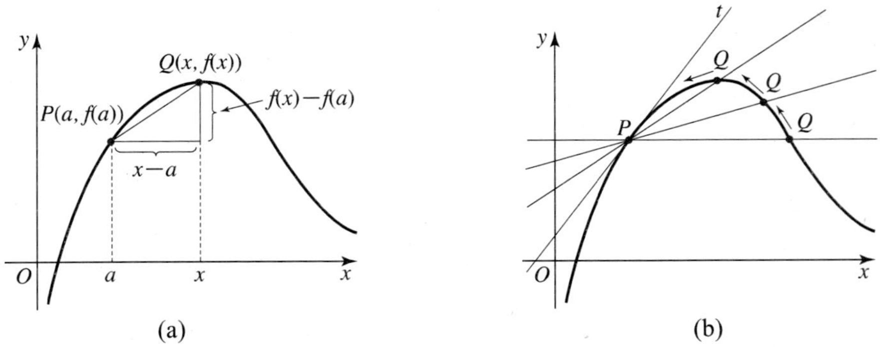

[그림 12.1]

가 존재한다면, **점 P를 지나며 기울기가 m인 직선**이다.

예제 12.1 $P(1,\ 1)$에서 포물선 $y=x^2$의 접선의 방정식을 구하여라.

[풀이] $a=1$이고 $f(x)=x^2$이다. 따라서 기울기는

$$\begin{aligned} m &= \lim_{x\to 1}\frac{f(x)-f(1)}{x-1}=\lim_{x\to 1}\frac{x^2-1}{x-1} \\ &= \lim_{x\to 1}\frac{(x-1)(x+1)}{x-1}=\lim_{x\to 1}(x+1) \\ &= 2 \end{aligned}$$

직선의 방정식에 대한 점-기울기 공식을 이용하면, 점 (1, 1)에서 접선의 방정식을

$$y-1=2(x-1) \text{ 또는 } y=2x-1$$

로 쓸 수 있다.

가끔 곡선 위의 한 점에서 접선의 기울기를 한 점에서 곡선의 기울기라고 할 것이다. 그 점을 향해 충분히 접근확대시키면, 그 곡선이 거의 직선으로 보일 것이다. 그림 12.2에서 예제 12.1의 곡선 $y=x^2$에 대한 이 과정을 볼 수 있다. 더 확대할수록 포물선이 직선으로 보인다. 다시 말해서, 그 곡선이 접선과 거의 구별할 수 없게 된다.

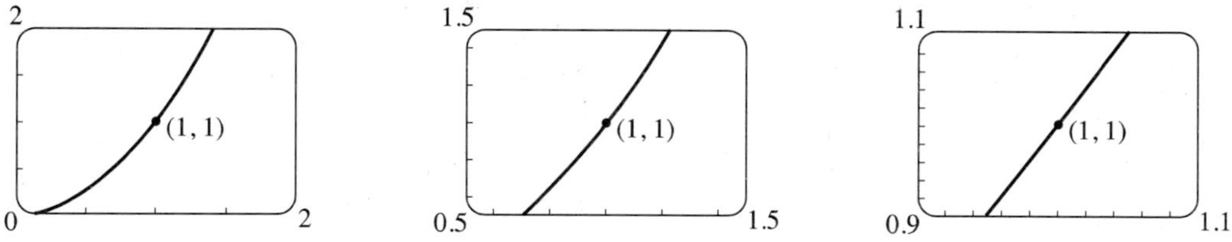

[그림 12.2] 포물선 $y=x^2$ 위의 점 $(1, 1)$을 향한 접근 확대

접선의 기울기를 다르게 표현할 수 있다. $h=x-a$일 때, $x=a+h$이고, 따라서 할선 PQ의 기울기는

$$m_{PQ}=\frac{f(a+h)-f(a)}{h}$$

이다. (그림 12.3에서 $h>0$인 경우 점 Q가 점 P의 오른쪽에 있다. 그러나 $h<0$이면 점 Q가 점 P의 왼쪽에 있게 된다.)

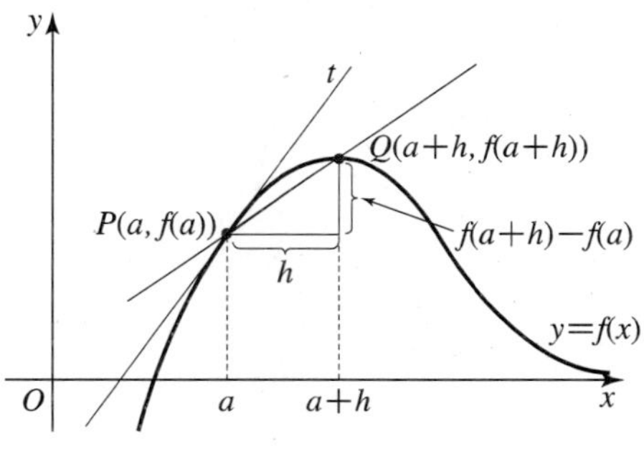

[그림 12.3]

$h=x-a$이므로 x가 a로 접근하면 h는 0으로 접근하게 되어 정의 12.1에서의 **접선의 기울기**는

$$m=\lim_{h\to 0}\frac{f(a+h)-f(a)}{h} \tag{2}$$

가 된다.

예제 12.2 점 $(5, 1)$에서 쌍곡선 $y=\dfrac{5}{x}$의 접선의 방정식을 구하여라.

[풀이] $f(x)=\dfrac{5}{x}$라 하자. $(5, 1)$에서 접선의 기울기는

$$m = \lim_{h \to 0} \frac{f(5+h) - f(5)}{h} = \lim_{h \to 0} \frac{\dfrac{5}{5+h} - 1}{h}$$

$$= \lim_{h \to 0} \frac{\dfrac{5-(5+h)}{5+h}}{h} = \lim_{h \to 0} \left(-\frac{h}{h(5+h)} \right)$$

$$= -\frac{1}{5}$$

이다. 그러므로 점 $(5, 1)$에서 접선의 방정식은

$$y - 1 = -\frac{1}{5}(x-5)$$

이고, 간단히 하면

$$x + 5y - 6 = 0$$

이다. 쌍곡선과 그 접선은 그림 12.4에 있다.

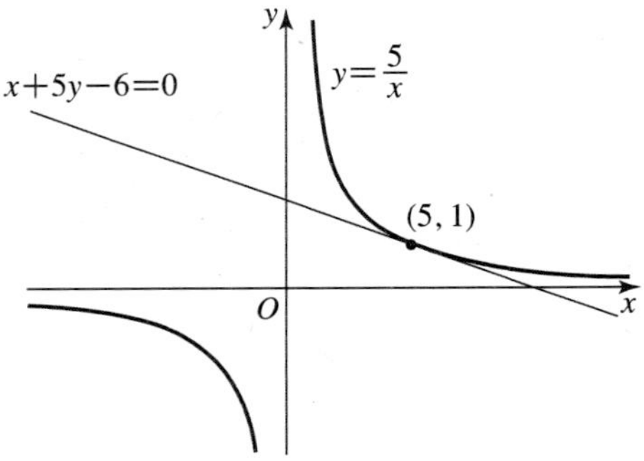

[그림 12.4]

예제 12.3 곡선 $y = x^2 - 2x$ 위의 $x = 3$인 점에서의 접선과 법선의 방정식을 구하여라.

[풀이] 접점이 $(3, 3)$이고 $f(x) = x^2 - 2x$에서

$$m = \lim_{h \to 0} \frac{f(3+h) - f(3)}{h} = \lim_{h \to 0} \frac{(3+h)^2 - 2(3+h) - (3^2 - 2 \cdot 3)}{h}$$

$$= \lim_{h \to 0} \frac{h(h+4)}{h} = \lim_{h \to 0} (h+4) = 4$$

따라서 접선의 방정식은

$$y - 3 = 4(x-3) \text{ 또는 } y = 4x - 9$$

또 법선의 방정식은

$$y-3=-\frac{1}{4}(x-3) \text{ 또는 } y=-\frac{1}{4}x+\frac{15}{4}$$

이다.

12.1.2 속 도

높은 곳에서 공을 떨어뜨렸을 때, 떨어지는 공의 속도를 짧은 시간 동안의 평균속도의 극한값으로 정의했다.

일반적으로 s를 시각 t에서 원점으로부터 물체의 움직인 위치(유량거리)라 하고 물체는 운동방정식 $s=f(t)$에 의해 직선을 따라 움직인다고 하자. 이 운동을 나타내는 함수 f를 물체의 **위치함수**라 한다. 시간 $t=a$에서 $t=a+h$로 변할 때 위치의 변화 $f(a+h)-f(a)$이다(그림 12.5 참조). 이 시간 동안의 평균속도는

$$\text{평균속도}=\frac{\text{변위}}{\text{시간}}=\frac{f(a+h)-f(a)}{h}$$

이며, 그림 12.6에서 할선 PQ의 기울기와 같다.

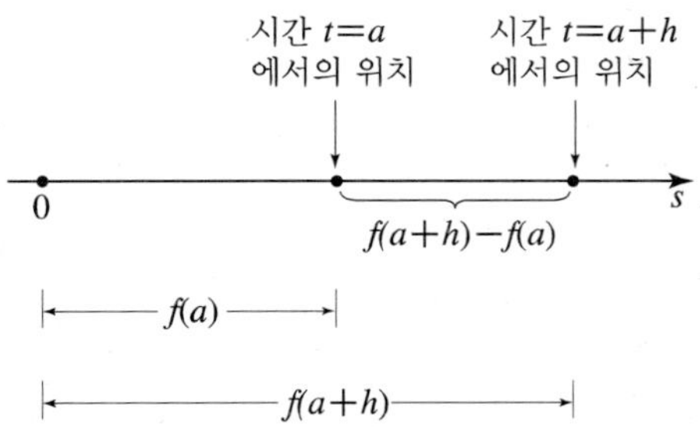

[그림 12.5]

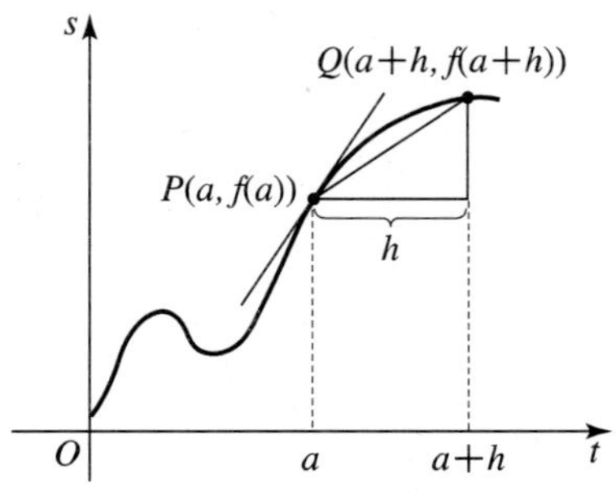

[그림 12.6]

이제 점점 더 짧은 시간 구간 $[a, a+h]$에서 평균속도를 계산한다고 하자. 즉, h가 0에 접근한다고 하자. 떨어지는 공의 예에서 보았듯이, 시간 a에서의 **속도**(또는 **순간속도**)를 평균속도의 극한

$$v(a)=\lim_{h\to 0}\frac{f(a+h)-f(a)}{h} \tag{3}$$

로 정의한다. 이것은 시간 $t=a$에서의 속도가 P에서의 접선의 기울기임을 의미한다(방

정식 (2)와 (3)을 비교하여라).

극한을 계산하는 방법을 알기 위해 떨어지는 공문제를 다시 생각해 보자.

예제 12.4 지상에서 450 m 떨어진 CN탑의 상층 전망대에서 떨어지는 공을 생각해 보자.

(a) 5초 후의 공의 속도를 구하여라.

(b) 공이 땅 위에 떨어질 때의 속도를 구하여라.

[풀이] $t=5$일 때와 공이 땅에 떨어질 때의 속도를 구하기 위해 일반적인 시간 $t=a$에서의 속도를 구하자. 운동방정식 $s=f(t)=4.9t^2$을 이용하여

$$\begin{aligned} v(a) &= \lim_{h\to 0}\frac{f(a+h)-f(a)}{h} = \lim_{h\to 0}\frac{4.9(a+h)^2-4.9a^2}{h} \\ &= \lim_{h\to 0}\frac{4.9(a^2+2ah+h^2-a^2)}{h} = \lim_{h\to 0}\frac{4.9(2ah+h^2)}{h} \\ &= \lim_{h\to 0}4.9(2a+h) = 9.8a \end{aligned}$$

(a) 5초 후의 속도는 $v(5)=(9.8)(5)=49\ \mathrm{m/sec}$이다.

(b) 전망대가 지상에서 450 m 위에 있으므로, $s(t_1)=450$일 때 시각 t_1에서 땅에 떨어진다. 즉,

$$4.9t_1^2 = 450$$

$$t_1^2 = \frac{450}{4.9},\ t_1 = \sqrt{\frac{450}{4.9}} \approx 9.6\text{초}$$

그러므로 공이 땅에 떨어질 때의 속도는

$$v(t_1) = 9.8t_1 = 9.8\sqrt{\frac{450}{4.9}} \approx 94\ \mathrm{m/sec}$$

이다.

12.1.3 미분계수(또는 도함수)

접선의 기울기(방정식 (2))를 구할 때 또는 물체의 속도(방정식 (3))를 구할 때 같은 형태의 극한이 나타남을 보았다. 실제로 이런 종류의 극한의 형태

$$\lim_{h\to 0}\frac{f(a+h)-f(a)}{h}$$

는 과학이나 공학에서 변화율을 계산할 때마다 발생하며, **화학에서는 반응률, 경제학에서는 한계비용**으로 나타난다.

정의 12.2

극한값 $\lim_{h \to 0} \frac{f(a+h)-f(a)}{h}$가 존재하면 이 극한값을 a**에서 함수** f**의 도함수**라 하고,

$$f'(a) = \lim_{h \to 0} \frac{f(a+h)-f(a)}{h}$$

로 나타낸다.

[주의] $f'(a)$는 "f 프라임 어브 a"라 읽는다.

이제 $x = a+h$로 놓으면, $h = x-a$이고 $h \to 0$일 필요충분조건은 $x \to a$이다. 따라서 도함수의 정의는 접선을 구할 때 보았듯이 다음과 같이 나타낼 수 있다.

$$f'(a) = \lim_{h \to 0} \frac{f(a+h)-f(a)}{h} = \lim_{x \to a} \frac{f(x)-f(a)}{x-a} \tag{4}$$

예제 12.5 a에서 함수 $f(x) = x^2 - 8x + 9$의 도함수를 구하여라.

[풀이] 정의 12.2로부터

$$\begin{aligned} f'(a) &= \lim_{h \to 0} \frac{f(a+h)-f(a)}{h} \\ &= \lim_{h \to 0} \frac{[(a+h)^2 - 8(a+h) + 9] - [a^2 - 8a + 9]}{h} \\ &= \lim_{h \to 0} \frac{a^2 + 2ah + h^2 - 8a - 8h + 9 - a^2 + 8a - 9}{h} \\ &= \lim_{h \to 0} \frac{2ah + h^2 - 8h}{h} = \lim_{h \to 0} (2a + h - 8) \\ &= 2a - 8 \end{aligned}$$

그러므로 $f'(x) = 2a - 8$이다. ■

점 $P(a, f(a))$에서 곡선 $y = f(x)$에 대한 접선은 점 P를 지나고 방정식 (1) 또는 (2)에서 주어진 기울기 m을 갖는 직선으로 정의하였다. 한편, 정의 12.2에 의하여 이 기울기는 도함수 $f'(a)$와 같으므로, 다음과 같이 말할 수 있다.

$(a, f(a))$에서 $y=f(x)$의 접선은 $(a,\ f(a))$를 지나고, a에서의 도함수 $f'(a)$를 기울기로 갖는 직선이다.

직선의 방정식에 대한 점-기울기 공식을 이용하면, 점 $(a, f(a))$에서 곡선 $y=f(x)$의 접선의 방정식을 다음과 같이 쓸 수 있다.

$$y-f(a)=f'(a)(x-a)$$

예제 12.6 포물선 $y=x^2-8x+9$ 위의 점 $(3,-6)$에서의 접선의 방정식을 구하라.

[풀이] 예제 12.5로부터 $f(x)=x^2-8x+9$에 대하여 a에서의 도함수 $f'(a)=2a-8$임을 안다. 따라서 $(3,\ -6)$에서의 접선의 기울기는 $f'(3)=2(3)-8=-2$이고, 그림 12.7에서 보는 바와 같이 접선의 방정식은

$$y-(-6)=(-2)(x-3) \text{ 또는 } y=-2x$$

이다.

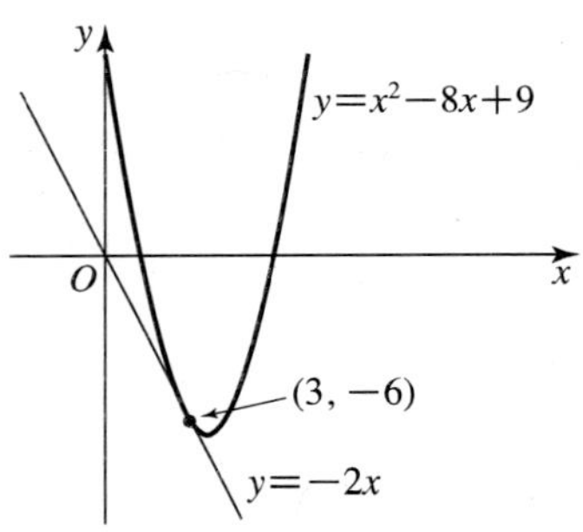

[그림 12.7]

12.1.4 변화율

y가 x에 의해 결정되는 양이라 하자. 그러므로 y는 x에 대한 함수이고, $y=f(x)$로 쓴다. x가 x_1에서 x_2까지 변하면 x의 변화(x의 증분)는

$$\Delta x=x_2-x_1$$

이고, 이에 따른 y의 변화는

$$\Delta y=f(x_2)-f(x_1)$$

이다.

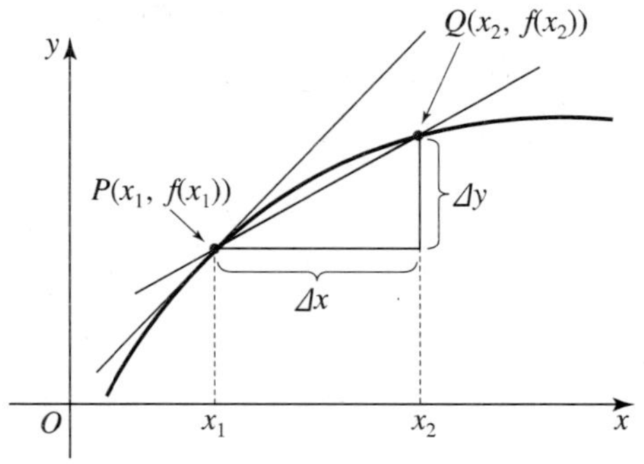

평균변화율 $= m_{PQ}$
순간변화율 P 에서의 접선의 기울기

[그림 12.8]

$$\frac{\Delta y}{\Delta x} = \frac{f(x_2) - f(x_1)}{x_2 - x_1}$$

은 구간 $[x_1, x_2]$에서 x에 대한 y의 평균변화율이라 하고, 그림 12.9에서 할선 PQ의 기울기로도 설명될 수 있다.

속도에서와 마찬가지로 x_2가 x_1에 접근할 때, 즉 Δx가 0에 접근할 때 점점 더 작은 구간들에 대한 평균변화율로 생각하자. 이 평균변화율의 극한을 $x = x_1$에서 **x에 대한 y의 순간변화율**이라 하고, 이것은 $P(x_1,\ f(x_1))$에서 곡선 $y = f(x)$의 접선의 기울기이다.

$$\textbf{순간변화율} = \lim_{\Delta x \to 0} \frac{\Delta y}{\Delta x} = \lim_{x_2 \to x_1} \frac{f(x_2) - f(x_1)}{x_2 - x_1} \tag{5}$$

이 극한은 $x = x_1$에서 f의 도함수 $f'(x_1)$이다.

도함수 $f'(a)$의 첫 번째 설명은 $f'(a)$가 $x = a$일 때 곡선 $y = f(x)$에서의 접선의 기울기를 나타낸다는 것이며, 두 번째 설명은 다음과 같다.

도함수 $f'(a)$는 $x = a$일 때 $y = f(x)$의 x에 관한 순간변화율이다.

그리고 이러한 설명은 앞의 설명과 관련하여 곡선 $y = f(x)$의 그래프를 그려보면, $x = a$에서 순간변화율은 $x = a$인 곡선 위의 점에서의 접선의 기울기와 같다. 이것은 그림 12.9의 점 P에서처럼 도함수가 크면(따라서 곡선이 가파르면), y값들은 빠르게 변함을 뜻한다. 도함수가 작을 때 곡선은 상대적으로 편평하고 y값들은 느리게 변한다.

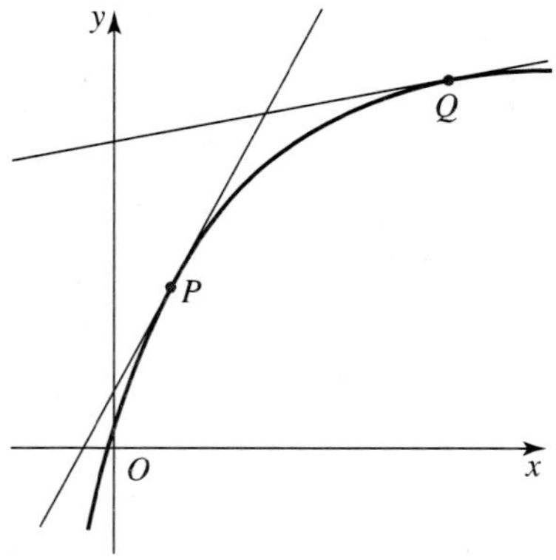

[그림 12.9] y값은 점 P에서 빠르고, Q에서는 느리게 변한다.

특히, $s = f(t)$가 직선을 따라 움직이는 물체의 위치함수라고 하면, $f'(a)$는 **시각 t에 대한 변위 s의 변화율**이다. 다시 말해서, $f'(a)$는 시각 $t = a$에서 물체의 속도이다. 그리고 물체의 **속력**은 속도의 절댓값 $|f'(a)|$이다.

다음 예제에서 함수의 도함수의 의미를 살펴보자.

예제 12.7 공을 공중으로 던졌을 때, t초 후에 지상으로부터 공의 높이가 $s(t) = 48t - 16t^2 (\mathrm{m})$라 하자. 이때 $t = 0, 1, 3$일 때의 속도를 각각 구하여라.

[풀이] 일반적으로 t초 후의 속도는 다음과 같다.

$$\begin{aligned} v(t) &= \lim_{h \to 0} \frac{s(t+h) - s(t)}{h} \\ &= \lim_{h \to 0} \frac{48(t+h) - 16(t+h)^2 - 48t + 16t^2}{h} \\ &= 48 - 32t \end{aligned}$$

그러므로 $v(0) = 48$, $v(1) = 16$, $v(3) = -48$ m/sec이다. 여기서 속도가 양이면 공이 위로 올라가고 속도가 음이면 아래로 내려감을 의미한다. ■

연습문제 12.1

1. (a) $F(x)=x^3-5x+1$일 때, $F'(1)$을 구하고, 이를 이용해 점 $(1,-3)$에서 곡선 $y=x^3-5x+1$의 접선을 구하여라.

2. $f(t)=\dfrac{2t+1}{t+3}$일 때 $f'(a)$를 구하여라.

3. 다음 각 극한은 어떤 점 a에서의 어떤 함수 $f(x)$에 대한 도함수들을 나타낸다. 각 경우에 대하여 $f(x)$와 a를 결정하여라.

$$\lim_{h\to 0}\frac{(1+h)^{10}-1}{h}$$

4. 물체가 운동방정식 $s=f(t)=t^2-6t-5$를 가지고 직선 위를 움직인다. 이때 s의 단위는 미터이고, t의 단위는 초이다. $t=2$일 때의 속도를 구하여라.

5. $f'(0)$이 존재하는지 아니한지 결정하여라.

$$f(x)=\begin{cases} x\sin\dfrac{1}{x} & (x\neq 0) \\ 0 & (x=0) \end{cases}$$

12.2 함수로서의 도함수

앞 절에서 고정된 수 a에서 함수 f의 도함수를 생각했다.

$$f'(a)=\lim_{h\to 0}\frac{f(a+h)-f(a)}{h} \tag{6}$$

관점을 바꾸고 수 a를 변화시키자. 식 (6)에서 a를 x로 바꾸면, 관계식

$$f'(x)=\lim_{h\to 0}\frac{f(x+h)-f(x)}{h} \tag{7}$$

을 얻는다. 이 극한이 존재하는 수 x가 주어지면, 이 주어진 x에 대해 수 $f'(x)$를 지정한다. 따라서 f'을 **f의 도함수**라 부르는 새로운 함수로 생각할 수 있고, 식 (7)에 의해 정의된다. 그러면 기하학적으로 x에서 f'의 값 $f'(x)$는 점 $(x, f(x))$에서 f의 그래프에 대한 접선의 기울기로 설명될 수 있다.

함수 f'은 식 (7)의 극한계산에 의해 f로부터 '유도'되므로 f의 도함수라 부른다. f'의 정의역은 $\{x \mid f'(x)$가 존재한다.$\}$이고, f의 정의역보다는 더 작을 수 있다.

예제 12.8 함수 f의 그래프가 그림 12.10에 주어져 있다. 이것을 이용하여 도함수 f'의 그래프를 그려라.

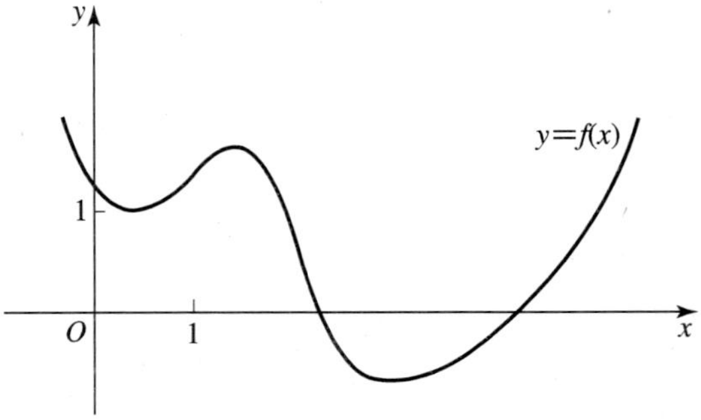

[그림 12.10]

[풀이] 점 $(x, f(x))$에서 접선을 그리고, 그것의 기울기를 계산함으로써 임의의 x값에서 도함수의 값을 계산할 수 있다. 예를 들어, 그림 12.11(a)에서 $x=5$일 때 P에서 접선을 그리고 그것의 기울기가 약 $\frac{3}{2}$임을 계산하여 $f'(5)\approx 1.5$를 얻는다. 따라서 점 $P'(5, 1.5)$

을 f'의 그래프 위에서 P 바로 아래에 표시할 수 있다. 이 과정을 여러 점에서 반복하면, 그림 12.11(b)에서 보여주는 그래프를 얻는다. A, B와 C에서의 접선들은 수평이므로, 도함수의 값은 그곳에서 0이며 f'의 그래프는 A, B와 C의 바로 아래 있는 A', B'과 C'에서 x축과 교차함을 유의하여라. A와 B 사이에서 접선들은 양의 기울기를 가졌으므로, 따라서 $f'(x)$는 거기서 양이다. 그러나 B와 C 사이에서 접선들은 음의 기울기를 가지므로, 따라서 $f'(x)$는 거기서 음이다.

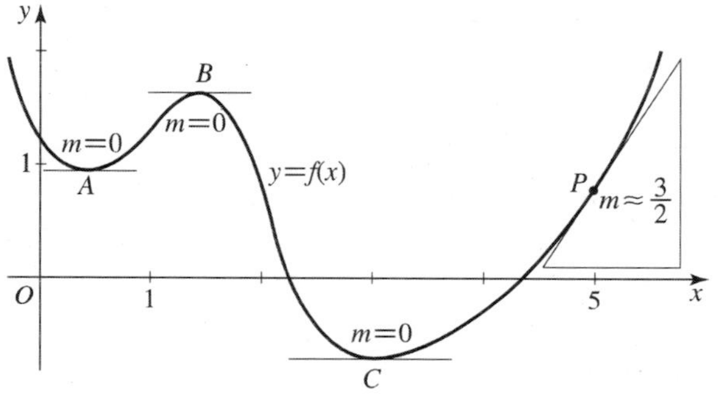

(a)

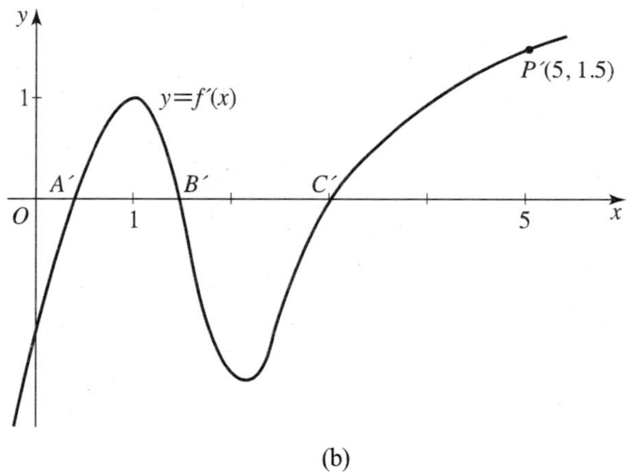

(b)

[그림 12.11]

예제 12.9 (a) $f(x) = x^3 - x$라면, $f'(x)$를 구하여라.

(b) f와 f'의 그래프를 비교하여 설명하여라.

[풀이] 도함수를 계산하기 위해 식 (7)을 이용할 때, 변수가 h이고 극한을 계산하는 동안에는 x는 상수로 생각한다는 것을 기억해야 한다.

(a)

$$\begin{aligned} f'(x) &= \lim_{h \to 0} \frac{f(x+h)-f(x)}{h} \\ &= \lim_{h \to 0} \frac{[(x+h)^3-(x+h)]-[x^3-x]}{h} \\ &= \lim_{h \to 0} \frac{x^3+3x^2h+3xh^2+h^3-x-h-x^3+x}{h} \\ &= \lim_{h \to 0} \frac{3x^2h+3xh^2+h^3-h}{h} \\ &= 3x^2-1 \end{aligned}$$

(b) 그림 12.12에서 f와 f'을 그리기 위해 그래픽 도구를 사용한다. f가 수평접선을 가질 때 $f'(x)=0$이고, 접선이 양의 기울기를 가질 때 $f'(x)$는 양수이다. 따라서 이 그래프들은 (a)의 풀이를 점검해 주는 역할을 한다.

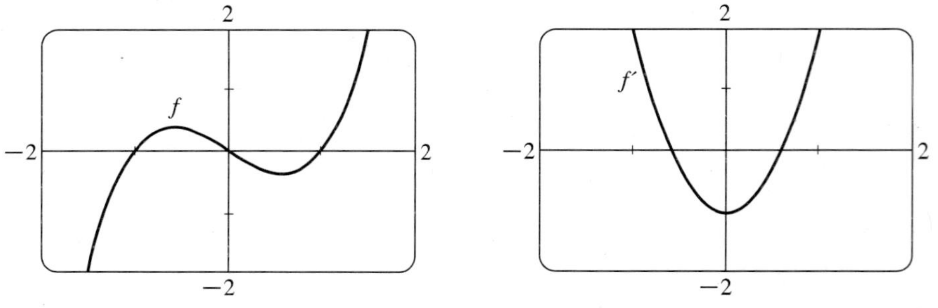

[그림 12.12]

예제 12.10 $f(x)=\sqrt{x}$일 때, f의 도함수를 구하여라. 이때 f'의 정의역을 구하여라.

[풀이]

$$\begin{aligned} f'(x) &= \lim_{h \to 0} \frac{f(x+h)-f(x)}{h} = \lim_{h \to 0} \frac{\sqrt{x+h}-\sqrt{x}}{h} \\ &= \lim_{h \to 0} \frac{\sqrt{x+h}-\sqrt{x}}{h} \cdot \frac{\sqrt{x+h}+\sqrt{x}}{\sqrt{x+h}+\sqrt{x}} \\ &= \lim_{h \to 0} \frac{(x+h)-x}{h(\sqrt{x+h}+\sqrt{x})} = \lim_{h \to 0} \frac{1}{\sqrt{x+h}+\sqrt{x}} \\ &= \frac{1}{\sqrt{x}+\sqrt{x}} = \frac{1}{2\sqrt{x}} \end{aligned}$$

이고, $x>0$일 때 $f'(x)$가 존재한다. 따라서 f'의 정의역은 $(0, \infty)$이므로 f의 정의역 $[0, \infty)$에 포함된다.

그림 12.13에서 f와 f'의 그래프를 살펴봄으로써 예제 12.10의 결과가 합당하다는 것을 점검해 보자. x가 0으로 접근할 때 $\sqrt{x}$는 0으로 가까이 가고, 따라서 $f'(x)=\dfrac{1}{2\sqrt{x}}$은 매우 크다. 이것은 그림 12.13(a)에서 $(0, 0)$ 부근에서는 접선이 가파르다는 뜻이고, $f'(x)$의 큰 값은 그림 12.13(b)에서 0의 바로 오른쪽에 있다는 뜻이다. x가 클 때 $f'(x)$는 매우 작은데, 이것은 f의 그래프의 오른쪽 먼 쪽에서는 더 편평한 접선을 갖는다는 뜻이다.

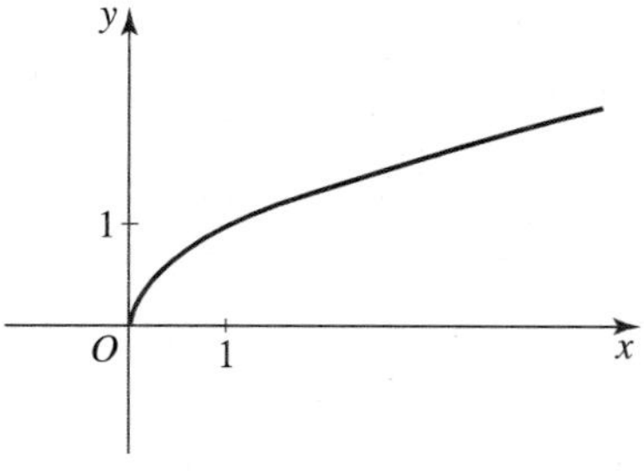

(a) $f(x)=\sqrt{x}$

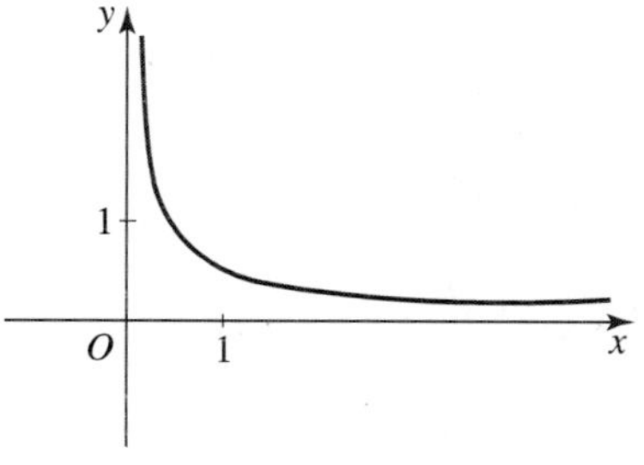

(b) $f'(x)=\dfrac{1}{2\sqrt{x}}$

[그림 12.13]

예제 12.11 $f(x)=\dfrac{1-x}{2+x}$일 때, f'을 구하여라.

[풀이] $$f'(x)=\lim_{h\to 0}\frac{f(x+h)-f(x)}{h}=\lim_{h\to 0}\frac{\dfrac{1-(x+h)}{2+(x+h)}-\dfrac{1-x}{2+x}}{h}$$

$$=\lim_{h\to 0}\frac{(1-x-h)(2+x)-(1-x)(2+x+h)}{h(2+x+h)(2+x)}$$

$$=\lim_{h\to 0}\frac{(2-x-2h-x^2-xh)-(2-x+h-x^2-xh)}{h(2+x+h)(2+x)}$$

$$=\lim_{h\to 0}\frac{-3h}{h(2+x+h)(2+x)}=\lim_{h\to 0}\frac{-3}{(2+x+h)(2+x)}$$

$$=-\frac{3}{(2+x)^2}$$

그러므로 $f'(x)=-\dfrac{3}{(2+x)^2}$이다.

[주의] (1) $\dfrac{\frac{a}{b}}{\frac{c}{d}}=\dfrac{ad}{bc}$, (2) $\dfrac{\frac{a}{b}-\frac{c}{d}}{e}=\dfrac{ad-bc}{bd}\cdot\dfrac{1}{e}$

12.2.1 다른 기호

독립변수가 x이고 종속변수가 y임을 나타내는 전통적인 기호 $y = f(x)$를 사용하는 경우에, 도함수를 나타내는 기호들이 다음과 같이 몇 가지 있다.

$$f'(x) = y' = \frac{dy}{dx} = \frac{df}{dx} = \frac{d}{dx}f(x) = Df(x) = D_x f(x)$$

기호 D와 $\frac{d}{dx}$는 미분법의 연산을 나타내므로 **미분연산자**라 부른다. 여기서 미분법은 도함수를 계산하는 과정을 의미하는데, '간단히 미분한다'고 말하기도 한다.

라이프니츠에 의하여 소개된 기호 $\frac{dy}{dx}$는 당분간 비율로 생각하지 않겠다. 즉, 기호 $\frac{dy}{dx}$는 간단히 $f'(x)$의 다른 표현방법으로 간주한다. 그러나 특히 증분기호와 함께 사용할 때, 이 기호는 매우 유용하고 능률적이다. 12.1절의 식 (5)를 참고하면, 라이프니츠의 기호를 사용하여 도함수의 정의를 다음과 같이 나타낼 수 있다.

$$\frac{dy}{dx} = \lim_{\Delta x \to 0} \frac{\Delta y}{\Delta x}$$

특정한 수 a에서 도함수 $\frac{dy}{dx}$의 값을 라이프니츠의 기호를 이용하여 나타내려면 $f'(a)$와 같은 의미로 기호

$$\left.\frac{dy}{dx}\right|_{x=a} \quad \text{또는} \quad \left.\frac{dy}{dx}\right]_{x=a}$$

를 사용한다.

> **정리 12.3**
>
> $f'(a)$가 존재하면 함수 f는 **a에서 미분가능하다**고 말한다. 이 함수가 개구간 (a, b) [또는 (a, ∞), $(-\infty, a)$, $(-\infty, \infty)$] 안의 모든 점에서 미분가능하면, 함수 f는 그 구간에서 '**미분가능하다**'고 한다.

예제 12.12 함수 $f(x)=|x|$가 미분가능한 곳을 구하여라.

[풀이] $x>0$이면 $|x|=x$이고, $x+h>0$이 되는 충분히 작은 h를 택할 수 있다. 따라서 $|x+h|=x+h$이므로 $x>0$에 대하여

$$f'(x)=\lim_{h\to 0}\frac{|x+h|-|x|}{h}=\lim_{h\to 0}\frac{(x+h)-x}{h}=\lim_{h\to 0}\frac{h}{h}=\lim_{h\to 0}1=1$$

그러므로 임의의 $x>0$에서 f는 미분가능하다. 같은 방법으로, $x<0$이면 $|x|=-x$이고 $x+h<0$이 되는 충분히 작은 h를 정할 수 있다. 따라서 $|x+h|=-(x+h)$이므로 $x<0$에 대해서

$$f'(x)=\lim_{h\to 0}\frac{|x+h|-|x|}{h}=\lim_{h\to 0}\frac{-(x+h)-(-x)}{h}$$

$$=\lim_{h\to 0}\frac{-h}{h}=\lim_{h\to 0}(-1)=-1$$

그러므로 임의의 $x<0$에서 f는 미분가능하다.
이제 $x=0$에 대하여 살펴보자.

$$f'(0)=\lim_{h\to 0}\frac{f(0+h)-f(0)}{h}$$

$$=\lim_{h\to 0}\frac{|0+h|-|0|}{h}\text{(극한이 존재한다면)}$$

이므로 우극한과 좌극한을 분리하여 계산하자. 즉,

$$\lim_{h\to 0^+}\frac{|h|}{h}=\lim_{h\to 0^+}\frac{h}{h}=\lim_{h\to 0^+}1=1$$

$$\lim_{h\to 0^-}\frac{|h|}{h}=\lim_{h\to 0^-}\frac{-h}{h}=\lim_{h\to 0^-}(-1)=-1$$

이므로 $f'(0)$은 존재하지 않는다. 따라서 f는 $x=0$을 제외한 모든 곳에서 미분가능하다. f'에 대한 식은

$$f'(x)=\begin{cases}1, & x>0\\ -1, & x<0\end{cases}$$

이다. 이 함수의 그래프는 그림 12.14(b)와 같다. 한편, $f'(0)$이 존재하지 않는다는 것은 기하학적으로 곡선 $y=|x|$는 점 $(0,0)$에서 접선을 갖지 않음을 의미한다.[그림 12.14(a) 참조]

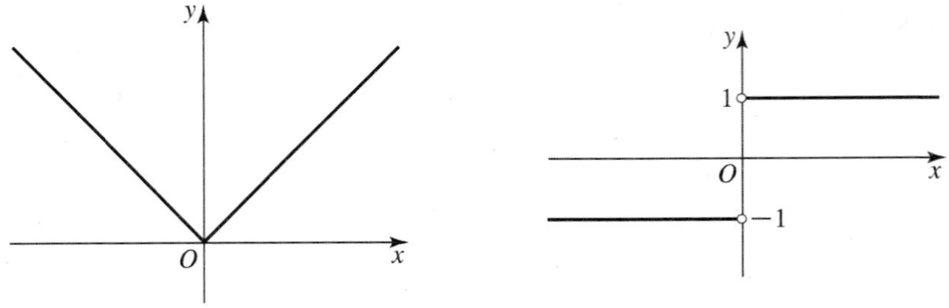

(a) $y=f(x)=|x|$　　(b) $y=f'(x)$

[그림 12.14]

연속성과 미분가능성은 함수가 가졌으면 하는 성질들이다. 다음 정리에 의하면 이 성질들이 서로 관련되어 있음을 알 수 있다.

정리 12.4

f가 a에서 미분가능하면 f는 a에서 연속이다.

증명 f가 a에서 연속임을 보이기 위하여 $\lim_{x \to a} f(x) = f(a)$를 보이면 된다.
즉, $f(x) - f(a) \to 0$을 보이면 된다.
주어진 조건은 f가 a에서 미분가능하다는 것, 즉

$$f'(a) = \lim_{x \to a} \frac{f(x)-f(a)}{x-a}$$

가 존재한다는 것이다(12.1절의 식 (4) 참조). 이 주어진 정보와 미지 정보를 연결하기 위해 $f(x)-f(a)$를 $x-a$로 나누고 곱하면($x \neq a$에 대하여),

$$f(x)-f(a) = \frac{f(x)-f(a)}{x-a}(x-a)$$

이다. 이제 곱셈법칙과 12.1절의 식 (4)를 이용하면,

$$\begin{aligned} \lim_{x \to a}[f(x)-f(a)] &= \lim_{x \to a} \frac{f(x)-f(a)}{x-a}(x-a) \\ &= \lim_{x \to a} \frac{f(x)-f(a)}{x-a} \cdot \lim_{x \to a}(x-a) \\ &= f'(a) \cdot 0 = 0 \end{aligned}$$

을 얻는다. 방금 증명한 것을 이용하기 위해 $f(x)$에서 시작하여 $f(a)$를 더하고 뺀다.

$$\begin{aligned}\lim_{x\to a} f(x) &= \lim_{x\to a}[f(a)+(f(x)-f(a))]\\ &= \lim_{x\to a} f(a)+\lim_{x\to a}[f(x)-f(a)]\\ &= f(a)+0=f(a)\end{aligned}$$

그러므로 f는 a에서 연속이다. ■

[주의] 정리 12.4의 역은 성립하지 않는다. 즉, 연속이지만 미분가능하지 않은 함수들이 존재한다. 예를 들어, 함수 $f(x)=|x|$는

$$\lim_{x\to 0} f(x)=0=f(0)$$

이므로 0에서 연속이다. 그러나 예제 12.12는 f가 0에서 미분가능하지 않음을 보여준다.

12.2.2 미분가능하지 않은 경우

예제 12.12에서 함수 $f(x)=|x|$는 0에서 미분가능하지 않음을 보았고, 그림 12.14(a)는 그것의 그래프가 $x=0$일 때 갑자기 방향을 바꾼다는 것을 보여준다. 일반적으로, 함수 f의 그래프가 '꺾인 점'을 가지면 그 점들에서 접선을 갖지 못하고 f는 거기서 미분불가능하다[$f'(a)$를 계산하려 할 때 좌극한과 우극한이 다르다는 것을 안다].

정리 12.4는 함수가 도함수를 갖지 못하는 다른 방법을 제시한다. 그것은 만약 f가 a에서 연속이 아니면 f는 a에서 미분가능하지 않음을 말해 준다. 따라서 불연속점(예를 들어, 도약 불연속점)에서 f는 미분가능하지 않다.

세 번째 가능성은 $x=a$일 때 곡선이 수직접선을 갖는 것이다. 즉, f가 a에서 연속이고

$$\lim_{x\to a}|f'(x)|=\infty$$

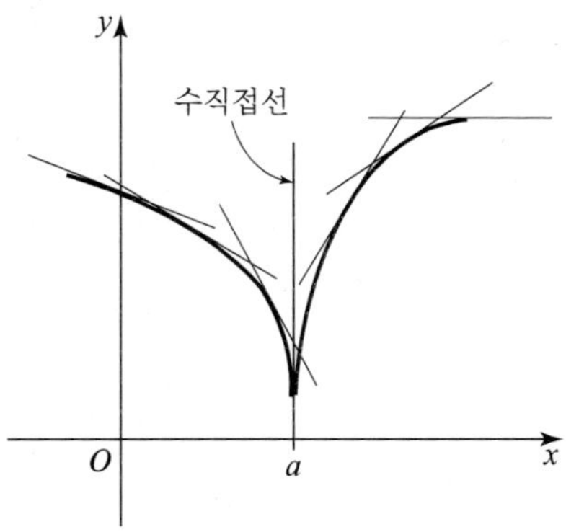

[그림 12.15]

이다. 이것은 $x \to a$일 때 접선들이 점점 더 가파르게 되는 것이다. 그림 12.15는 이것이 일어날 수 있는 한 가지 경우를 보여준다.

그림 12.16(c)는 다른 경우를 보여준다. 그림 12.16은 우리가 토의한 세 가지 가능성을 보여준다.

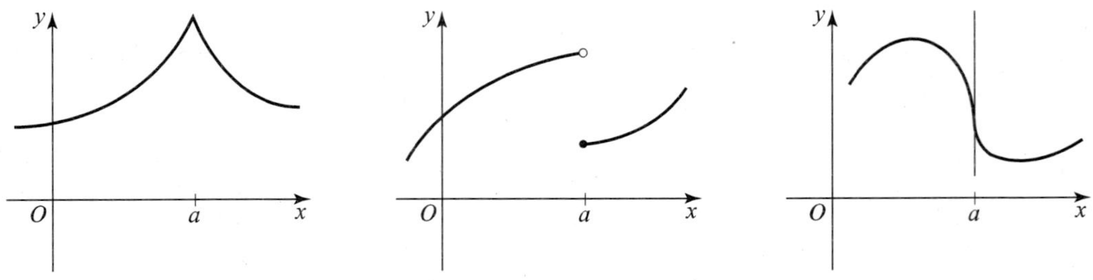

(a) 꺾인 점 (b) 불연속점 (c) 수직접선

[그림 12.16] f가 a에서 미분가능하지 않은 세 가지 경우

그래픽 계산기나 컴퓨터는 미분가능성을 조사하는 다른 방법을 제시해 준다. 만약 f가 a에서 미분가능하면, 점 $(a, f(a))$를 향하여 접근 확대할 때 그래프는 곧게 퍼지고 점점 더 직선처럼 보인다(그림 12.17 참조, 이 경우 특별한 예가 그림 12.2에 있다). 그러나 그림 12.15와 그림 12.16(a)에 있는 것과 같은 점으로는 아무리 접근 확대하더라도 뾰족점이나 꺾인 점을 제거할 수가 없다(그림 12.18 참조).

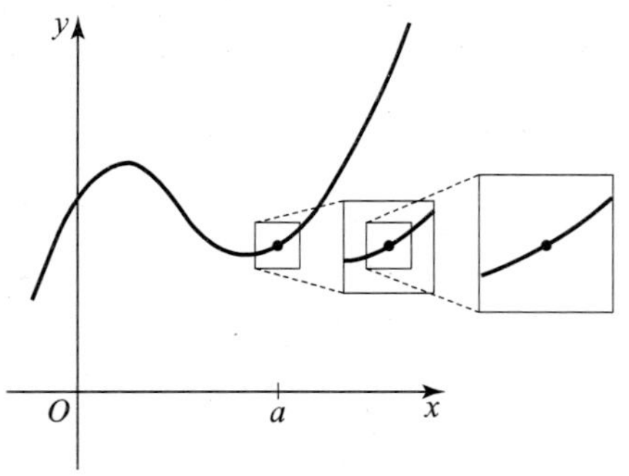

[그림 12.17] f는 a에서 미분가능하다.

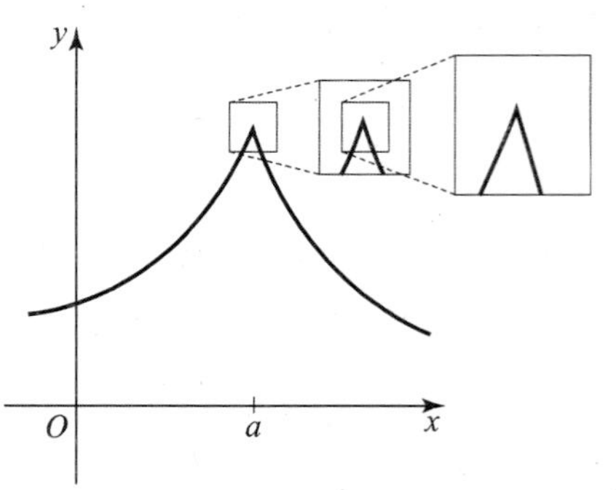

[그림 12.18] f는 a에서 미분가능하지 않다.

연습문제 12.2

1. 도함수의 정의를 이용하여 주어진 함수의 도함수를 구하여라. 함수의 정의역과 그것의 도함수의 정의역을 구하여라.

$$f(x) = x^3 - 3x + 5$$

2. 도함수의 정의를 이용하여 주어진 함수의 도함수를 구하여라. 함수의 정의역과 그것의 도함수의 정의역을 구하여라.

$$g(x) = \sqrt{1+2x}$$

3. (a) $f(x) = x|x|$의 그래프를 그려라.

(b) $f(x)$가 미분가능한 x의 값을 구하여라.

4. 정의역 안의 모든 x에 대하여 $f(-x) = f(x)$를 만족한다면 이 함수를 우함수라 하고, $f(-x) = -f(x)$를 만족한다면 이 함수를 기함수라 한다. 다음을 증명하여라.

(a) 우함수의 도함수는 기함수이다.

(b) 기함수의 도함수는 우함수이다.

5. 운동방정식이 아래와 같이 주어져 있다(s와 t의 단위는 각각 미터와 초이다).

$$s = t^4 - 4t^3 + 2$$

(a) 가속도가 0이 되는 시간을 구하여라.

(b) 이 시각에서 변위와 속도를 구하여라.

12.3 미분공식

앞 절에서와 같이 도함수를 정의로부터 직접 구하여야 한다면, 그러한 계산은 지루하거나, 어떤 극한을 계산할 때 고도의 기교를 필요로 할 것이다. 그러나 다행히 정의를 직접 사용하지 않고 도함수를 구하는 여러 가지 방법이 있다. 이러한 공식들은 도함수의 계산을 간단히 해 준다.

모든 함수 중에서 가장 간단한 형태인 상수함수 $f(x)=c$부터 시작하자. 이 함수의 그래프는 기울기가 0인 수평직선 $y=c$이다. 따라서 $f'(x)=0$이어야 한다(그림 12.19 참조). 공식적인 증명은 도함수의 정의를 이용하여 다음과 같이 간단히 증명할 수 있다.

라이프니츠 기호를 사용하면 다음과 같다.

정리 12.5 상수함수의 도함수

$$\frac{d}{dx}c=0$$

증명 상수함수 $f(x)=c$의 그래프는 기울기가 0인 수평직선 $y=c$이다. 따라서 $f'(x)=0$이어야만 한다. 즉

$$f'(x)=\lim_{h\to 0}\frac{f(x+h)-f(x)}{h}=\lim_{h\to 0}\frac{c-c}{h}=\lim_{h\to 0}0=0.$$

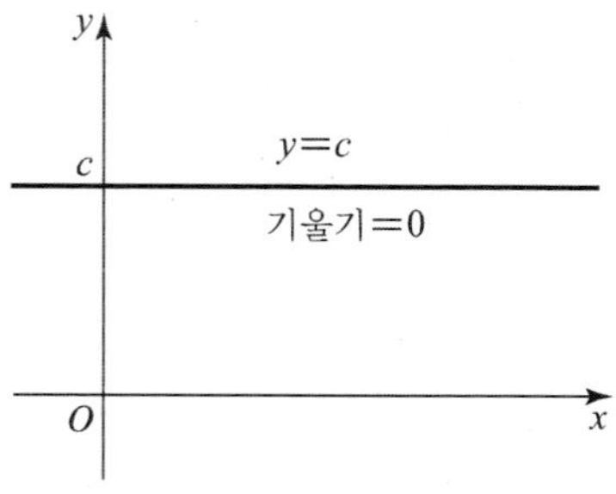

[그림 12.19] $f(x)=c$의 그래프는 직선 $y=c$이고, 따라서 $f'(x)=0$이다.

[주의] 라이프니츠 기호를 사용하면 $f'(x)=\frac{dy}{dx}=\frac{d}{dx}f(x)$이다.

12.3.1 멱함수

다음 n이 양의 정수일 때 함수 $f(x)=x^n$을 살펴보자. 만약 $n=1$이면 $f(x)=x$의 그래프는 직선 $y=x$이고, 이것의 기울기는 1이다.(그림 12.20 참조.) 따라서

$$\frac{d}{dx}(x)=1 \tag{8}$$

이다(도함수의 정의로부터 식 (8)을 확인할 수 있다). 또한

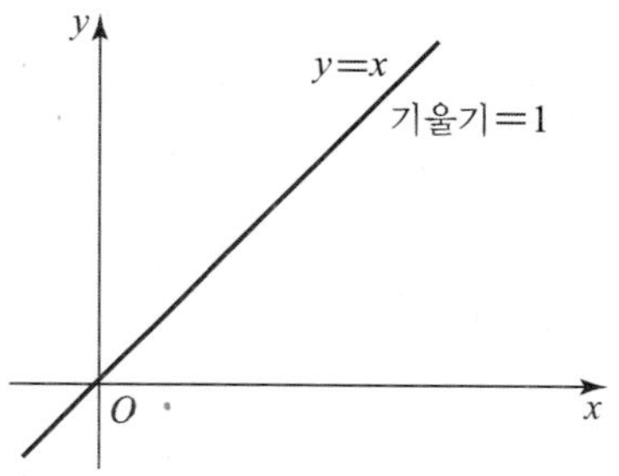

[그림 12.20]

$$\frac{d}{dx}(x^2)=2x,\ \ \frac{d}{dx}(x^3)=3x^2 \tag{9}$$

이다. $n=4$인 경우에는 $f(x)=x^4$의 도함수를 다음과 같이 구한다.

$$\begin{aligned} f'(x) &= \lim_{h\to 0}\frac{f(x+h)-f(x)}{h} = \lim_{h\to 0}\frac{(x+h)^4-x^4}{h} \\ &= \lim_{h\to 0}\frac{x^4+4x^3h+6x^2h^2+4xh^3+h^4-x^4}{h} \\ &= \lim_{h\to 0}\frac{4x^3h+6x^2h^2+4xh^3+h^4}{h} \\ &= \lim_{h\to 0}(4x^3+6x^2h+4xh^2+h^3)=4x^3 \end{aligned}$$

따라서

$$\frac{d}{dx}(x^4)=4x^3 \tag{10}$$

이다. 식 (8), (9), (10)의 식을 비교하면 어떤 형태를 얻을 수 있다. n이 양의 정수일 때, $\frac{d}{dx}(x^n)=nx^{n-1}$임을 추측하는 것은 합당한 것 같다. 이것은 실제로 사실이다. 이것에 대하여 두 가지 방법으로 증명할 것이고, 두 번째 증명은 이항정리를 이용한다.

정리 12.6 멱공식

n이 양의 정수이면,

$$\frac{d}{dx}(x^n) = nx^{n-1}$$

이다.

증명 방법 1: 공식 $x^n - a^n = (x-a)(x^{n-1} + x^{n-2}a + \cdots + xa^{n-2} + a^{n-1})$은 우변을 단순히 곱함으로써(또는 두 번째 인자를 기하급수로 합함으로써) 확인할 수 있다. $f(x) = x^n$이면 식 $f'(a)$에 대해 12.1절의 식 (4)를 이용하고, 또 위의 식을 이용하여

$$\begin{aligned} f'(a) &= \lim_{x \to a} \frac{f(x) - f(a)}{x-a} = \lim_{x \to a} \frac{x^n - a^n}{x-a} \\ &= \lim_{x \to a} (x^{n-1} + x^{n-2}a + \cdots + xa^{n-2} + a^{n-1}) \\ &= a^{n-1} + a^{n-2}a + \cdots + aa^{n-2} + a^{n-1} \\ &= na^{n-1} \end{aligned}$$

을 얻는다.

방법 2: 도함수의 정의에 의하여

$$f'(x) = \frac{f(x+h) - f(x)}{h} = \lim_{h \to 0} \frac{(x+h)^n - x^n}{h}$$

이다. x^4의 도함수를 구하기 위해서는 $(x+h)^4$을 전개해야만 한다. 여기서는 이항정리에 의하여 $(x+h)^n$을 전개하면,

$$\begin{aligned} f'(x) &= \lim_{h \to 0} \frac{\left[x^n + nx^{n-1}h + \frac{n(n-1)}{2}x^{n-2}h^2 + \cdots + nxh^{n-1} + h^n\right] - x^n}{h} \\ &= \lim_{h \to 0} \frac{nx^{n-1}h + \frac{n(n-1)}{2}x^{n-2}h^2 + \cdots + nxh^{n-1} + h^n}{h} \\ &= \lim_{h \to 0} \left[nx^{n-1} + \frac{n(n-1)}{2}x^{n-2}h + \cdots + nxh^{n-2} + h^{n-1}\right] \\ &= nx^{n-1} \end{aligned}$$

을 얻는다. 이는 첫 번째 항만 제외하고 모든 항이 인자로 h를 갖고 따라서 0으로 접근하기 때문이다. ■

예제 12.13에서 여러 가지 기호를 사용하여 멱공식을 살펴보자.

예제 12.13 (a) $f(x) = x^6$이면 $f'(x) = 6x^5$이다.

(b) $f(x) = x^{1000}$이면 $y' = 1000x^{999}$이다.

(c) $y = t^4$이면 $\dfrac{dy}{dt} = 4t^3$이다.

(d) $\dfrac{d}{dr}(r^3) = 3r^2$이다. ■

12.3.2 구 도함수로부터 새 도함수 구하기

새 함수가 덧셈, 뺄셈, 곱셈 또는 나눗셈에 의하여 구함수로부터 만들어지면, 그것들의 도함수는 구함수의 도함수에 의해 계산될 수 있다. 특히, 다음 공식들에 의하면 함수의 상수배의 도함수는 함수의 도함수의 상수배와 같다.

정리 12.7 상수배 공식

c는 상수라 하고 f를 미분가능한 함수라고 하면,

$$\frac{d}{dx}[cf(x)] = c\frac{d}{dx}f(x)$$

이다.

증명 $g(x) = cf(x)$라 하면,

$$\begin{aligned} g'(x) &= \lim_{h\to 0}\frac{g(x+h)-g(x)}{h} = \lim_{h\to 0}\frac{cf(x+h)-cf(x)}{h} \\ &= \lim_{h\to 0} c\left[\frac{f(x+h)-f(x)}{h}\right] = c\lim_{h\to 0}\frac{f(x+h)-f(x)}{h} \\ &= cf'(x) \end{aligned}$$

그러므로

$$\frac{d}{dx}[cf(x)] = c\frac{d}{dx}f(x)$$

이다. ■

▶ 상수배 법칙의 기하학적 설명을 해보자.

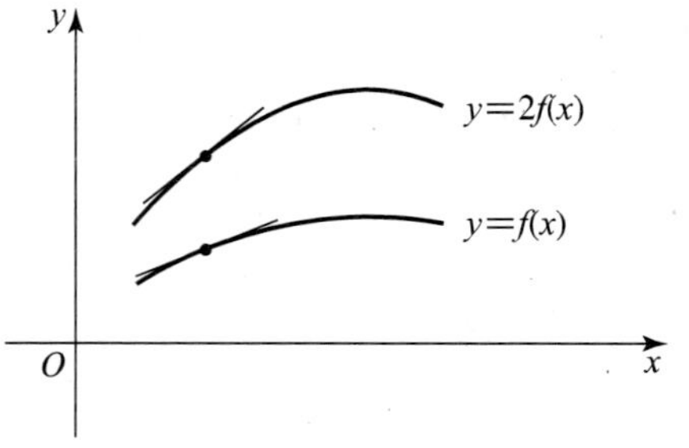

$c=2$를 곱함으로써 그래프를 2배만큼 수직으로 확대한다. 모든 상승은 배가 되었지만 x축의 움직임은 전과 같다. 따라서 기울기는 두 배가 된다.

[그림 12.21]

[주의] 프라임 기호를 이용한 상수배 공식

$$(cf)' = cf'$$

예제 12.14 (a) $\dfrac{d}{dx}(3x^4) = 3\dfrac{d}{dx}(x^4) = 3(4x^3) = 12x^3$

(b) $\dfrac{d}{dx}(-x) = \dfrac{d}{dx}[(-1)x] = (-1)\dfrac{d}{dx}(x) = -1(1) = -1$ ■

다음 공식은 함수들의 합의 도함수는 도함수들의 합과 같음을 말해준다.

정리 12.8 합의 공식

f와 g가 모두 미분가능하면,

$$\frac{d}{dx}[f(x)+g(x)] = \frac{d}{dx}f(x) + \frac{d}{dx}g(x)$$

이다.

[주의] 프라임 기호를 이용한 합의 공식

$$(f+g)' = f' + g'$$

증명 $F(x) = f(x) + g(x)$라면,

$$F'(x) = \lim_{h\to 0}\frac{F(x+h)-F(x)}{h}$$

$$= \lim_{h\to 0}\frac{[f(x+h)+g(x+h)]-[f(x)+g(x)]}{h}$$

$$= \lim_{h \to 0} \left[\frac{f(x+h)-f(x)}{h} + \frac{g(x+h)-g(x)}{h} \right]$$

$$= \lim_{h \to 0} \frac{f(x+h)-f(x)}{h} + \lim_{h \to 0} \frac{g(x+h)-g(x)}{h}$$

$$= f'(x)+g'(x)$$

그러므로

$$\frac{d}{dx}[f(x)+g(x)] = \frac{d}{dx}f(x) + \frac{d}{dx}g(x)$$

이다. ∎

합의 공식은 여러 개의 함수들의 합으로 확장할 수 있다. 예를 들어, 이 정리를 두 번 반복하여 적용하면,

$$(f+g+h)' = [(f+g)+h] = (f+g)'+h' = f'+g'+h'$$

이 된다.

[주의] $(f+g+h)' = f'+g'+h'$

$f-g$를 $f+(-1)g$로 쓰고, 합의 공식과 상수배 공식을 적용하면, 다음 식을 얻는다.

정리 12.9 차의 공식

f와 g가 모두 미분가능하다면,

$$\frac{d}{dx}[f(x)-g(x)] = \frac{d}{dx}f(x) - \frac{d}{dx}g(x)$$

이다.

[주의] 프라임 기호를 이용한 차의 공식

$$(f-g)' = f'-g'$$

예제 12.15 $x^8+12x^5-4x^4+10x^3-6x+5$의 도함수를 구하여라.

[풀이]

$$\begin{aligned}&\frac{d}{dx}(x^8+12x^5-4x^4+10x^3-6x+5)\\&=\frac{d}{dx}(x^8)+12\frac{d}{dx}(x^5)-4\frac{d}{dx}(x^4)+10\frac{d}{dx}(x^3)-6\frac{d}{dx}(x)+\frac{d}{dx}(5)\\&=8x^7+12(5x^4)-4(4x^3)+10(3x^2)-6(1)+0\\&=8x^7+60x^4-16x^3+30x^2-6\end{aligned}$$

예제 12.16 다음 함수를 미분하여라.

$$y=2x^3+3x+4$$

[풀이]

$$\begin{aligned}y'&=\frac{d}{dx}(2x^3+3x+4)\\&=6x^2+3\end{aligned}$$

예제 12.17 곡선 $y=x^4-6x^2+4$ 위에서 접선이 수평이 되는 점을 구하여라.

[풀이] 수평접선은 기울기(도함수)가 0일 때 나타난다.

$$\begin{aligned}\frac{dy}{dx}&=\frac{d}{dx}(x^4)-6\frac{d}{dx}(x^2)+\frac{d}{dx}(4)\\&=4x^3-12x+0=4x(x^2-3)\end{aligned}$$

따라서 $x=0$ 또는 $x^2-3=0$, 즉 $x=\pm\sqrt{3}$이면 $\frac{dy}{dx}=0$이다. 그러므로 $x=0$, $\sqrt{3}$, $-\sqrt{3}$일 때 주어진 곡선은 수평접선을 갖는다.

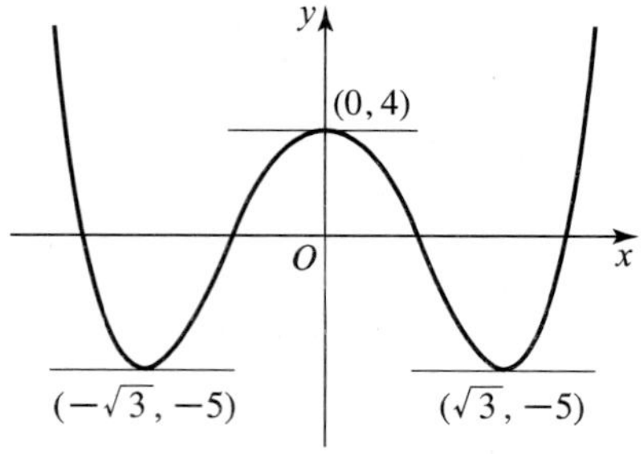

[그림 12.22] 곡선 $y=x^4-6x^2+4$와 이것의 수평접선

대응하는 점들은 $(0,4)$, $(\sqrt{3},-5)$와 $(-\sqrt{3},-5)$이다.

예제 12.18 $s=2t^3-5t^2+3t+4$는 입자의 운동방정식이다. 단, s의 단위는 cm이고 t의 단위는 초이다. 가속도를 시간의 함수로 구하여라. 2초 후의 가속도는 얼마인가?

[풀이]

$$v(t)=\frac{ds}{dt}=6t^2-10t+3:\ \text{속도}$$

$$a(t)=\frac{dv}{dt}=12t-10:\ \text{가속도}$$

2초 후의 가속도 $a(2)=14\,\mathrm{cm/sec^2}$이다.

이제 두 함수의 곱의 도함수에 대한 공식을 얻고자 한다. 라이프니츠가 3세기 이전에 한 것과 같이, 합과 차의 공식과 유사하게 곱의 도함수는 도함수의 곱이라고 추측할 수도 있다. 그러나 이러한 추측은 다음 예제를 살펴보면 잘못된 것임을 알 수 있다. 두 함수 $f(x)=x$와 $g(x)=x^2$에 대하여 멱공식을 사용하면 $f'(x)=1$과 $g'(x)=2x$를 얻는다. 그런데 $(fg)(x)=x^3$이고, 따라서 $(fg)'(x)=3x^2$이므로 $(fg)'\neq f'g'$이다. 이와 같은 라이프니츠의 실패 이후에 곧 그에 의하여 정확한 공식이 얻어졌으며, 이것을 곱의 공식이라 한다.

정리 12.10 곱의 공식

f와 g가 모두 미분가능하다면,

$$\frac{d}{dx}[f(x)g(x)]=f(x)\frac{d}{dx}[g(x)]+g(x)\frac{d}{dx}[f(x)]$$

이다.

[주의] 프라임 기호로 곱의 공식 표현

$$(fg)'=fg'+gf'$$

증명 $F(x)=f(x)g(x)$라 하면

$$F'(x)=\lim_{h\to 0}\frac{F(x+h)-F(x)}{h}=\lim_{h\to 0}\frac{f(x+h)g(x+h)-f(x)g(x)}{h}$$

이 극한을 계산하기 위하여 합의 공식의 증명에서와 같이 두 함수 f와 g를 분리한다. 분자에 $f(x+h)g(x)$를 더하고 빼으로써 이것을 증명할 수 있다.

$$\begin{aligned}F'(x) &= \lim_{h\to 0}\frac{f(x+h)g(x+h)-f(x+h)g(x)+f(x+h)g(x)-f(x)g(x)}{h}\\ &= \lim_{h\to 0}\left[f(x+h)\frac{g(x+h)-g(x)}{h}+g(x)\frac{f(x+h)-f(x)}{h}\right]\\ &= \lim_{h\to 0}f(x+h)\cdot\lim_{h\to 0}\frac{g(x+h)-g(x)}{h}+\lim_{h\to 0}g(x)\cdot\lim_{h\to 0}\frac{f(x+h)-f(x)}{h}\\ &= f(x)g'(x)+g(x)f'(x)\end{aligned}$$

이때 $g(x)$는 변수 h에 관하여 상수이므로 $\lim_{h\to 0} g(x)$이고, 함수 f는 x에서 미분가능하므로 정리 12.4에 의하여 x에서 연속이다. 따라서 $\lim_{h\to 0} f(x+h)=f(x)$이고 위의 등식이 성립한다. ■

다시 말해서, 곱의 공식은 두 함수의 곱의 도함수는 앞의 함수에 뒤의 함수의 도함수를 곱하고, 뒤의 함수에 앞의 함수의 도함수를 곱하여 이들을 더한 것과 같음을 말해 준다.

예제 12.19 함수 $F(x)=(6x^3)(7x^4)$에 대하여 $F'(x)$를 구하여라.

[풀이] 곱의 공식에 의하여 $F'(x)$를 구하면

$$\begin{aligned}F'(x) &= (6x^3)\frac{d}{dx}(7x^4)+(7x^4)\frac{d}{dx}(6x^3)\\ &= (6x^3)(28x^3)+(7x^4)(18x^2)\\ &= 168x^6+126x^6\\ &= 294x^6\end{aligned}$$

그러므로 $F'(x)=294x^6$이다. ■

한편, 예제 12.19에서 먼저 각 인자를 곱한 후 미분하면 위의 풀이가 맞음을 알 수 있다.

$$F(x)=(6x^3)(7x^4)=42x^7 \Rightarrow F'(x)=42(7x^6)=294x^6$$

그러나 뒤에서 $y=x^2\sin x$와 같은 함수를 접하게 될 것이고, 이 경우에는 곱의 공식이 도함수를 구하는 유일한 방법이다.

예제 12.20 다음 함수를 미분하여라.

$$y=x^2(3x^2+2)$$

[풀이] $y' = \dfrac{d}{dx}\left(x^2(3x^2+2)\right)$

$$= (3x^2+2)\frac{d}{dx}x^2 + x^2\frac{d}{dx}(3x^2+2)$$
$$= 2x(3x^2+2) + x^2 \cdot 6x$$
$$= 12x^3 + 4x$$

예제 12.21 $h(x) = x\,g(x)$이고 $g(3) = 5$이고 $g'(3) = 2$임을 안다면, $h'(3)$은 얼마인가?

[풀이] 곱의 공식을 적용하면,

$$h'(x) = \frac{d}{dx}[x\,g(x)] = x\frac{d}{dx}[g(x)] + g(x)\frac{d}{dx}[x]$$
$$= x\,g'(x) + g(x)$$

따라서 $h'(3) = 3g'(3) + g(3) = 3 \cdot 2 + 5 = 11$이다.

정리 12.11 몫의 공식

f와 g가 모두 미분가능하다면,

$$\frac{d}{dx}\left[\frac{f(x)}{g(x)}\right] = \frac{g(x)\dfrac{d}{dx}[f(x)] - f(x)\dfrac{d}{dx}[g(x)]}{[g(x)]^2}$$

이다.

[주의] 프라임 기호로 몫의 공식표현

$$\left(\frac{f}{g}\right)' = \frac{gf' - fg'}{g^2}$$

증명 $F(x) = \dfrac{f(x)}{g(x)}$라 하면,

$$F'(x) = \lim_{h\to 0}\frac{F(x+h) - F(x)}{h} = \lim_{h\to 0}\frac{\dfrac{f(x+h)}{g(x+h)} - \dfrac{f(x)}{g(x)}}{h}$$
$$= \lim_{h\to 0}\frac{f(x+h)g(x) - f(x)g(x+h)}{hg(x+h)g(x)}$$

이제 $f(x)g(x)$를 분자에 더하고 빼주어 f와 g를 분리하고, 정리 12.4에 의하여 g는 연속이므로 $\lim_{h\to 0} g(x+h) = g(x)$임을 이용하면 다음이 성립한다.

$$F'(x) = \lim_{h \to 0} \frac{f(x+h)g(x) - f(x)g(x) + f(x)g(x) - f(x)g(x+h)}{hg(x+h)g(x)}$$

$$= \lim_{h \to 0} \frac{g(x)\dfrac{f(x+h)-f(x)}{h} - f(x)\dfrac{g(x+h)-g(x)}{h}}{g(x+h)g(x)}$$

$$= \frac{\lim\limits_{h \to 0} g(x) \cdot \lim\limits_{h \to 0} \dfrac{f(x+h)-f(x)}{h} - \lim\limits_{h \to 0} f(x) \cdot \lim\limits_{h \to 0} \dfrac{g(x+h)-g(x)}{h}}{\lim\limits_{h \to 0} g(x+h) \cdot \lim\limits_{h \to 0} g(x)}$$

$$= \frac{g(x)f'(x) - f(x)g'(x)}{[g(x)]^2}$$

그러므로 $\dfrac{d}{dx}\left[\dfrac{f(x)}{g(x)}\right] = \dfrac{g(x)\dfrac{d}{dx}[f(x)] - f(x)\dfrac{d}{dx}[g(x)]}{[g(x)]^2}$ 이다. ■

다시 말해서, 몫의 공식은 몫의 도함수가 분모에 분자의 도함수를 곱하고 분자에 분모의 도함수를 곱하여 빼고, 그 결과를 분모의 제곱으로 나눈 것과 같음을 말해 준다.

이 절에 있는 정리들은 임의의 다항식이 $\mathbb{R}$에서 미분가능하고, 임의의 유리함수는 이 함수의 정의역에서 미분가능함을 보여준다. 더욱이 몫의 공식과 다른 미분법의 공식들은 임의의 유리함수의 도함수를 계산할 수 있게 한다. 다음 예제를 가지고 설명하자.

예제 12.22 $y = \dfrac{2x-3}{x^2+1}$ 일 때, $\dfrac{dy}{dx}$ 를 구하여라.

[풀이]

$$\frac{dy}{dx} = \frac{(x^2+1) \cdot \dfrac{d}{dx}(2x-3) - (2x-3) \cdot \dfrac{d}{dx}(x^2+1)}{(x^2+1)^2}$$

$$= \frac{2(x^2+1) - 2x(2x-3)}{(x^2+1)^2} = \frac{2x^2+2-4x^2+6x}{(x^2+1)^2}$$

$$= \frac{-2x^2+6x+2}{(x^2+1)^2}$$

$$\frac{dy}{dx} = \frac{-2x^2+6x+2}{(x^2+1)^2}$$ ■

예제 12.23 $y = \dfrac{x^2+x-2}{x^3+6}$에 대하여

[풀이]

$$y' = \frac{(x^3+6)\dfrac{d}{dx}(x^2+x-2)-(x^2+x-2)\dfrac{d}{dx}(x^3+6)}{(x^3+6)^2}$$

$$= \frac{(x^3+6)(2x+1)-(x^2+x-2)(3x^2)}{(x^3+6)^2}$$

$$= \frac{(2x^4+x^3+12x+6)-(3x^4+3x^3-6x^2)}{(x^3+6)^2}$$

$$= \frac{-x^4-2x^3+6x^2+12x+6}{(x^3+6)^2}$$

[주의] 분수함수를 미분할 때 몫의 공식을 꼭 사용할 필요는 없다. 때때로 분수함수를 미분하기 쉬운 간단한 형태로 다시 쓰는 경우가 있다. 예를 들어, 함수

$$F(x) = \frac{3x^2+2\sqrt{x}}{x}$$

를

$$F(x) = 3x + 2x^{-\frac{1}{2}}$$

으로 고치면 미분하기가 훨씬 쉬어진다.

12.3.3 일반적인 멱함수

몫의 공식은 멱공식을 지수가 음의 정수인 경우로 확장하는 데 사용될 수 있다.

정리 12.12
n이 양의 정수라 하면,

$$\frac{d}{dx}(x^{-n}) = -nx^{-n-1}$$

이다.

증명

$$\frac{d}{dx}(x^{-n}) = \frac{d}{dx}\left(\frac{1}{x^n}\right)$$

$$= \frac{x^n\dfrac{d}{dx}(1) - 1\cdot\dfrac{d}{dx}(x^n)}{(x^n)^2} = \frac{x^n\cdot 0 - 1\cdot nx^{n-1}}{x^{2n}}$$

$$= \frac{-nx^{n-1}}{x^{2n}} = -nx^{n-1-2n} = -nx^{-n-1}$$

그러므로 양의 정수 n일 때 $\frac{d}{dx}(x^{-n}) = -nx^{-n-1}$이다.

예제 12.24 (a) $y = \frac{1}{x}$이면 $\frac{dy}{dx} = \frac{d}{dx}(x^{-1}) = -x^{-2} = -\frac{1}{x^2}$이다.

(b) $\frac{d}{dt}\left(\frac{6}{t^3}\right) = 6\frac{d}{dt}(t^{-3}) = 6(-3)t^{-4} = -\frac{18}{t^4}$이다.

지금까지는 지수 n이 양 또는 음의 정수일 때 멱공식이 성립함을 알았다. 만약 $n=0$이면 $x^0=1$이고, 이것은 도함수 0을 갖는다. 그러므로 멱공식은 임의의 정수 n에 대하여 성립한다. 만약 지수가 분수라면 어떻게 될까? 실제로 12.2절의 예제 12.10에서

$$\frac{d}{dx}\sqrt{x} = \frac{1}{2\sqrt{x}}$$

임을 보았는데, 이는

$$\frac{d}{dx}\left(x^{\frac{1}{2}}\right) = \frac{1}{2}x^{-\frac{1}{2}}$$

으로 쓰여질 수 있다. 이것은 멱공식이 $n = \frac{1}{2}$인 경우에서조차 성립함을 말한다. 실제로, 멱공식은 임의의 실수 n에 대하여 성립한다. 이것은 12.6절에서 증명할 것이다. 당분간 일반적인 형태를 명시하고 이를 이용해 예제와 연습문제를 푼다.

정리 12.13 멱공식(일반적인 형태)

n을 임의의 실수라 하면

$$\frac{d}{dx}(x^n) = nx^{n-1}$$

이다.

예제 12.25 (a) $f(x) = x^{\pi}$이면 $f'(x) = \pi x^{\pi-1}$이다.

(b) $y = \frac{1}{\sqrt[3]{x^2}}$이면 $\frac{dy}{dx} = \frac{d}{dx}(x^{-\frac{2}{3}}) = -\frac{2}{3}x^{-\left(\frac{2}{3}\right)-1} = -\frac{2}{3}x^{-\frac{5}{3}}$이다.

예제 12.26 함수 $f(t)= \sqrt{t}(a+bt)$를 미분하여라.

[풀이] 방법 1: 곱의 공식을 이용하여

$$\begin{aligned} f'(t) &= \sqrt{t}\,\frac{d}{dt}(a+bt)+(a+bt)\frac{d}{dt}\sqrt{t} \\ &= \sqrt{t}\cdot b+(a+bt)\cdot \frac{1}{2}t^{-\frac{1}{2}} \\ &= b\sqrt{t}+\frac{a+bt}{2\sqrt{t}} \\ &= \frac{a+3bt}{2\sqrt{t}} \end{aligned}$$

방법 2: $f(t)= a\sqrt{t}+bt\sqrt{t} = at^{\frac{1}{2}}+bt^{\frac{3}{2}}$으로 쓰면

$$f'(t)= \frac{1}{2}at^{-\frac{1}{2}}+\frac{3}{2}bt^{\frac{1}{2}}$$

이것은 방법 1의 해와 같다.

도함수의 정의에 의하지 않고 미분공식을 이용하여 접선을 구할 수 있고 또한 법선도 구할 수 있다. 점 P에서 곡선 C에 대한 법선은 점 P를 지나며, 점 P에서의 접선에 수직인 직선이다. (광학에서는 반사한 빛과 법선 사이의 각을 고려할 필요가 있다.)

$y=f(x)$상의 점 $(a, f(a))$를 지나는 접선의 방정식

$$y-f(a)= f'(a)(x-a)$$

이다. 접선과 수직이면서 점 $(a, f(a))$를 지나는 법선의 방정식

$$y-f(a)= -\frac{1}{f'(a)}(x-a),\ (f'(a)\neq 0)$$

이다.

예제 12.27 곡선 $y=\dfrac{\sqrt{x}}{(1+x^2)}$ 위의 점 $\left(1, \dfrac{1}{2}\right)$에서 접선의 방정식을 구하여라.

[풀이] 몫의 공식을 사용하면 다음을 얻는다.

$$\frac{dy}{dx}=\frac{(1+x^2)\frac{d}{dx}(\sqrt{x})-\sqrt{x}\frac{d}{dx}(1+x^2)}{(1+x^2)^2}$$

$$=\frac{(1+x^2)\frac{1}{2\sqrt{x}}-\sqrt{x}(2x)}{(1+x^2)^2}=\frac{(1+x^2)-4x^2}{2\sqrt{x}(1+x^2)^2}$$

$$=\frac{1-3x^2}{2\sqrt{x}(1+x^2)^2}$$

따라서 $\left(1, \frac{1}{2}\right)$에서의 접선의 기울기는

$$\left.\frac{dy}{dx}\right|_{x=1}=\frac{1-3\cdot 1^2}{2\sqrt{1}(1+1^2)^2}=-\frac{1}{4}$$

이다. $\left(1, \frac{1}{2}\right)$에서의 접선의 방정식을 구하기 위해 점-기울기 공식을 이용한다.

$$y-\frac{1}{2}=-\frac{1}{4}(x-1) \text{ 또는 } y=-\frac{1}{4}x+\frac{3}{4}$$

$\left(1, \frac{1}{2}\right)$에서의 법선의 기울기는 $-\frac{1}{4}$의 음의 역수, 즉 4이다. 그러므로 법선의 방정식은 다음과 같다.

$$y-\frac{1}{2}=4(x-1) \text{ 또는 } y=4x-\frac{7}{2}$$

곡선과 그것의 접선 및 법선의 그래프가 그림 12.23에 주어져 있다.

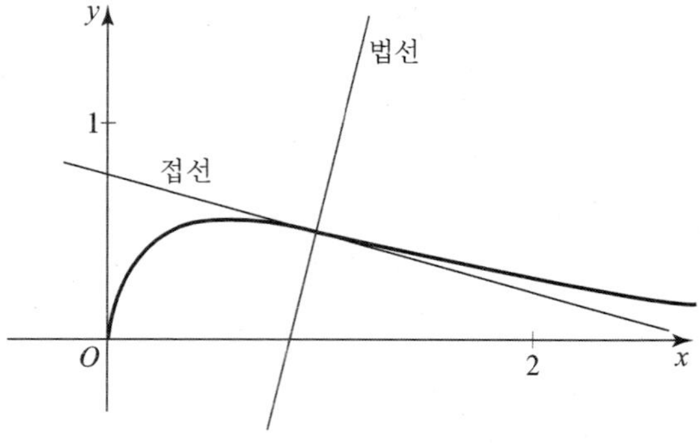

[그림 12.23]

예제 12.28 쌍곡선 $xy=12$ 위의 어떤 점에서 그 접선은 직선 $3x+y=0$과 평행한가?

[풀이] $xy=12$이므로 $y=\frac{12}{x}(x\neq 0)$와 같이 쓸 수 있다. 따라서

$$\frac{dy}{dx} = 12\frac{d}{dx}(x^{-1}) = 12(-x^{-2}) = -\frac{12}{x^2}$$

이다. 이제 곡선 위의 어떤 점의 x좌표가 a라 하자. 그러면 이 점에서 접선의 기울기는 $-\frac{12}{a^2}$이고, 이 접선은 직선 $3x+y=0$, 즉 $y=-3x$와 평행하다. 이제 이 접선이 동일한 기울기 -3을 가지므로,

$$-\frac{12}{a^2} = -3 \text{ 또는 } a^2 = 4 \text{ 또는 } a = \pm 2$$

이고, 따라서 구하는 점은 $(2, 6)$ 또는 점 $(-2, -6)$이다. 쌍곡선과 접선들이 그림 12.24에 나타나 있다.

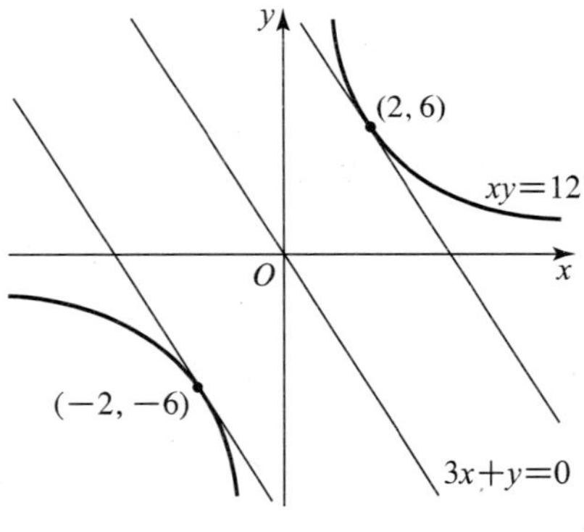

[그림 12.24]

지금까지 배운 미분공식을 정리하면 아래와 같다.

정리 12.14 미분공식표

$\frac{d}{dx}(c) = 0$, $(f+g)' = f' + g'$,

$\frac{d}{dx}(x^n) = nx^{n-1}$, $(f-g)' = f' - g'$

$(cf)' = cf'$, $\left(\frac{f}{g}\right)' = \frac{gf' - fg'}{g^2}$

$(fg)' = fg' + gf'$

12.3.4 고계 도함수

f가 미분가능한 함수이면 도함수 f'도 역시 함수이고, 따라서 f'도 그 자신의 도함수 $(f')'=f''$을 가질 수 있다. 이 새로운 함수 f''은 f의 도함수의 도함수이고, 따라서 이것을 f의 **2계 도함수**라고 한다. 라이프니츠 기호를 써서 $y=f(x)$의 2계 도함수는

$$\frac{d}{dx}\left(\frac{dy}{dx}\right)=\frac{d^2y}{dx^2}$$

로 쓴다.

예제 12.29 $f(x)=x^3-x$일 때 $f''(x)$를 구하여라.

[풀이] $f'(x)=3x^2-1$이므로

$$\begin{aligned} f''(x) &= (f')'(x)=\frac{d}{dx}(3x^2-1) \\ &= 6x \end{aligned}$$

일반적으로, 2계 도함수를 변화율의 변화율로 설명할 수 있다. 이에 대해 가장 잘 알려진 예는 가속도이며, 다음과 같이 정의한다.

$s=s(t)$를 직선상에서 움직이는 물체의 위치함수라 하면, 1계 도함수는 시간의 함수로서 물체의 속도를 나타냄을 알고 있다.

$$v(t)=s'(t)=\frac{ds}{dt}$$

시간에 관한 속도의 순간변화율을 물체의 가속도 $a(t)$라 부른다. 따라서 가속도함수는 속도함수의 도함수이고, 그러므로 위치함수의 2계 도함수이다.

$$a(t)=v'(t)=s''(t)$$

또는 라이프니츠 기호로

$$a=\frac{dv}{dt}=\frac{d^2s}{dt^2}$$

3계 도함수 f'''은 2계 도함수의 도함수이다. 즉, $f'''=(f'')'$이다. 따라서 $f'''(x)$는 곡선 $y=f''(x)$의 기울기 또는 $f''(x)$의 변화율로 설명될 수 있다. $y=f(x)$라면, 3계 도함

수에 대한 또 다른 기호로는

$$y''' = f'''(x) = \frac{d}{dx}\left(\frac{d^2y}{dx^2}\right) = \frac{d^3y}{dx^3} = D^3f(x)$$

등이 있다. 이러한 미분과정은 계속될 수 있으며, 4계 도함수 f''''은 보통 $f^{(4)}$로 나타낸다. 일반적으로 n계 도함수는 $f^{(n)}$으로 나타내고, 이것은 $y=f(x)$를 n번 미분함으로써 얻어진다. $y=f(x)$일 때, n계 도함수를 다음과 같이 표시한다.

$$y^{(n)} = f^{(n)}(x) = \frac{d}{dx}\left(\frac{d^{(n-1)}y}{dx^{(n-1)}}\right) = \frac{d^ny}{dx^n} = D^nf(x)$$

즉, $y=f(x)$가 n번 미분가능 함수일 때

$$y' = f'(x) = \frac{dy}{dx} = Dy \quad : 1\text{계 도함수}$$

$$y'' = f''(x) = \frac{d^2y}{dx^2} = D^2y \quad : 2\text{계 도함수}$$

$$\vdots$$

$$y^{(n)} = f^{(n)}(x) = \frac{d^ny}{dx^n} = D^ny \quad : n\text{계 도함수}$$

예제 12.30 $f(x) = x^3 - x$일 때 $f'''(x)$와 $f^{(4)}(x)$를 구하여라.

[풀이] 예제 12.29의 $f''(x) = 6x$이다. 2계 도함수의 그래프는 $y = 6x$이므로 기울기가 6인 직선이다. 도함수 $f'''(x)$는 $f''(x)$의 기울기이므로 모든 x에 대해

$$f'''(x) = 6$$

이다. f'''은 상수함수이고 그래프는 x축에 평행하다. 그러므로 모든 x에 대해

$$f^{(4)}(x) = 0$$

이다.

예제 12.31 $y = \frac{1}{x}$의 n계 도함수를 구하여라.

[풀이] $y = x^{-1} \quad \Rightarrow \quad y' = -x^{-2}$

$y'' = (-1)(-2)x^{-3}$

$y^{(3)} = (-1)(-2)(-3)x^{-4} = (-1)^3 3!\, x^{-4}$

$\vdots$

그러므로

$$y^{(n)} = \frac{(-1)^n n!}{x^{n+1}}$$

이다.

함수 $s = s(t)$가 직선을 따라 움직이는 물체의 위치함수일 때, 3계 도함수를 물리적으로 해석할 수 있다. $s''' = (s'')' = a'$이므로 위치함수의 3계 도함수는 가속도함수의 도함수이고, 이를 **저크**(jerk)라 한다.

$$j = \frac{da}{dt} = \frac{d^2 s}{dt^2}$$

그러므로 저크 j는 가속도의 변화율이다. 자동차의 돌발적인 움직임을 야기하는 큰 저크는 가속도에서의 갑작스런 변화를 의미하기 때문에 적절하게 붙여진 이름이다.

가속도의 저크(급격한 움직임)를 이용하여 물체의 운동을 분석할 때 2계와 3계 도함수가 적용되는 것을 보았다. 13.4절에서 2계 도함수의 또 다른 응용으로서 f''이 f의 그래프에 어떤 정보를 주는지를 살펴볼 것이다.

연습문제 12.3

1. 함수 $V(r)=\frac{4}{3}\pi r^3$을 미분하여라.

2. 함수 $y=x^{-\frac{2}{5}}$를 미분하여라.

3. 함수 $V(x)=(2x^3+3)(x^4-2x)$를 미분하여라.

4. 함수 $F(y)=\left(\frac{1}{y^2}-\frac{3}{y^4}\right)(y+5y^3)$을 미분하여라.

5. 함수 $y=\frac{t^2}{3t^2-2t+1}$을 미분하여라.

6. 주어진 점에서 곡선에의 접선의 방정식을 구하여라.

$$y=x+\sqrt{x},\ (1,\ 2)$$

7. $f(5)=1,\ f'(5)=6,\ g(5)=-3$이고, $g'(5)=2$라 가정하자. 다음의 값을 구하여라.

(a) $(fg)'(5)$

(b) $\left(\frac{f}{g}\right)'(5)$

(c) $\left(\frac{g}{f}\right)'(5)$

8. 다음 식을 미분하여라.

$$f(x)=\frac{x}{x+\frac{c}{x}}$$

9. 곡선 $y=\frac{x}{x+1}$에의 접선 중 몇 개가 $(1,2)$를 지나는가? 이 접선들이 어느 점에서 곡선과 접하는가?

10. $y = \sqrt{x}\,(x^4 + x + 1)(2x - 3)$을 미분하여라.

11. $y = f(u)$이고 $u = g(x)$이다. 이때 f와 g는 두 번 미분가능하다.

$\dfrac{d^2y}{dx^2} = \dfrac{d^2y}{du^2}\left(\dfrac{du}{dx}\right)^2 + \dfrac{dy}{du}\,\dfrac{d^2u}{dx^2}$임을 보여라.

12. $f(t) = t\cos t$일 때 $f'''(0)$을 구하여라.

13. $f(x) = \dfrac{1}{3x^3}$일 때 $f^{(n)}(x)$에 대한 공식을 구하여라.

12.4 삼각함수의 도함수

이 절을 시작하기에 앞서 삼각함수를 복습하여야 한다. 특히, 모든 실수 x에 대하여

$$f(x)=\sin x$$

로 정의되는 함수를 취급할 경우, x의 단위는 라디안이다. 그리고 다른 삼각함수들(cos, tan, csc, sec, cot)에 대해서도 동일하게 취급한다. 11.4절에서 모든 삼각함수는 정의역의 모든 점에서 연속임을 알았다.

함수 $f(x)=\sin x$의 그래프를 그리고, f'의 그래프를 그리기 위해 $f'(x)$를 사인곡선에 대한 접선의 기울기로 이해한다. 그러면 f'의 그래프는 코사인곡선과 똑같이 생겼다는 것을 알 수 있다(그림 12.25 참조).

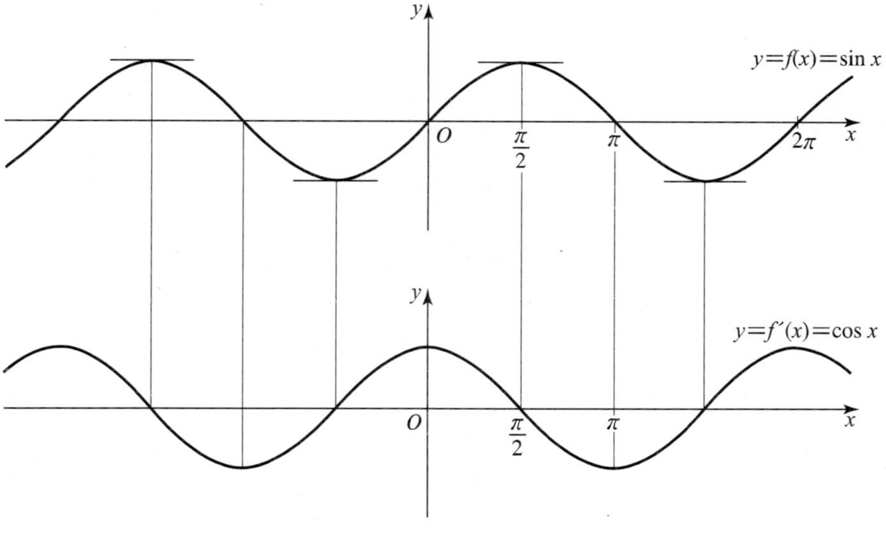

[그림 12.25]

이제 $f(x)=\sin x$이면 $f'(x)=\cos x$라는 추측을 확인해 보자. 도함수의 정의에 의해

$$\begin{aligned} f'(x) &= \lim_{h\to 0}\frac{f(x+h)-f(x)}{h} = \lim_{h\to 0}\frac{\sin(x+h)-\sin x}{h} \\ &= \lim_{h\to 0}\frac{\sin x\cos h+\cos x\sin h-\sin x}{h} \end{aligned}$$

$$= \lim_{h \to 0} \left[\frac{\sin x \cos h - \sin x}{h} + \frac{\cos x \sin h}{h} \right]$$

$$= \lim_{h \to 0} \left[\sin x \left(\frac{\cos h - 1}{h} \right) + \cos x \left(\frac{\sin h}{h} \right) \right]$$

$$= \lim_{h \to 0} \sin x \cdot \lim_{h \to 0} \frac{\cos h - 1}{h} + \lim_{h \to 0} \cos x \cdot \lim_{h \to 0} \frac{\sin h}{h} \tag{11}$$

이 네 극한 중 두 개는 계산하기 쉽다. $h \to 0$일 때 극한을 계산할 때는 x를 상수로 생각하기 때문에

$$\lim_{h \to 0} \sin x = \sin x, \quad \lim_{h \to 0} \cos x = \cos x$$

를 얻는다. $\frac{\sin h}{h}$의 극한은 그렇게 단순하지 않다. 수치적이고 그래프적인 증거에 기초하여

$$\lim_{\theta \to 0} \frac{\sin \theta}{\theta} = 1 \tag{12}$$

임을 추측했었다. 이제 기하학적 논의를 이용해 식 (12)를 증명해 보자.

정리 12.15

$$\lim_{\theta \to 0} \frac{\sin \theta}{\theta} = 1$$

증명 먼저 $0 < \theta < \frac{\pi}{2}$라고 하자.

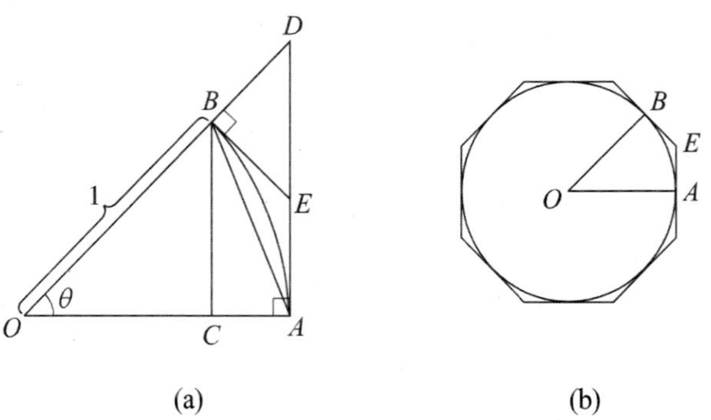

[그림 12.26]

그리고 그림 12.26(a)에서와 같이 중심이 O, 중심각이 θ, 반지름 1인 부채꼴을 생각하자. BC는 OA에 직교하도록 그려졌다. 라디안 측도의 정의에 의해 $\widehat{AB}=\theta$이다. 또한 $|BC|=|OB|\sin\theta=\sin\theta$이다. 그림으로부터

$$\overline{BC}<\overline{AB}<\widehat{AB}$$

임을 알 수 있다. 따라서

$$\sin\theta<\theta \text{ 또는 } \frac{\sin\theta}{\theta}>1$$

이다. A와 B에서의 접선이 모두 E에서 만난다고 하자. 그러면 그림 12.26(b)에서 원주의 길이는 외접다각형의 길이보다 작음을 알 수 있고, $\widehat{AB}<|AE|+|EB|$이다. 따라서

$$\begin{aligned}\theta=\widehat{AB}&<|AE|+|EB|\\&<|AE|+|ED|\\&=|AD|\\&=|OA|\tan\theta\\&=\tan\theta\end{aligned}$$

이다. 따라서

$$\theta<\frac{\sin\theta}{\cos\theta} \text{ 또는 } \cos\theta<\frac{\sin\theta}{\theta}<1$$

을 얻는다. $\lim\limits_{\theta\to 0}1=1$이고 $\lim\limits_{\theta\to 0}\cos\theta=1$이므로, 압축 정리에 의하여

$$\lim_{\theta\to 0^+}\frac{\sin\theta}{\theta}=1$$

이 성립한다. 그러나 함수 $\dfrac{\sin\theta}{\theta}$가 우함수이므로 좌극한과 우극한은 같아야만 한다. 따라서

$$\lim_{\theta\to 0}\frac{\sin\theta}{\theta}=1$$

을 얻고 식 (12)가 증명되었다. ■

식 (11)의 나머지 극한의 값을 다음과 같이 구할 수 있다.

정리 12.16

$$\lim_{\theta \to 0} \frac{\cos\theta - 1}{\theta} = 0$$

증명

$$\begin{aligned}\lim_{\theta \to 0} \frac{\cos\theta - 1}{\theta} &= \lim_{\theta \to 0} \left[\frac{\cos\theta - 1}{\theta} \cdot \frac{\cos\theta + 1}{\cos\theta + 1} \right] \\ &= \lim_{\theta \to 0} \frac{\cos^2\theta - 1}{\theta(\cos\theta + 1)} = \lim_{\theta \to 0} \frac{-\sin^2\theta}{\theta(\cos\theta + 1)} \\ &= -\lim_{\theta \to 0} \left(\frac{\sin\theta}{\theta} \cdot \frac{\sin\theta}{\cos\theta + 1} \right) = -\lim_{\theta \to 0} \frac{\sin\theta}{\theta} \cdot \lim_{\theta \to 0} \frac{\sin\theta}{\cos\theta + 1} \\ &= -1\left(\frac{0}{1+1} \right) = 0\end{aligned}$$

극한 식 (12)와 정리 12.16을 식 (11)에 대입하면

$$\begin{aligned}f'(x) &= \lim_{h \to 0} \sin x \cdot \lim_{h \to 0} \frac{\cos h - 1}{h} + \lim_{h \to 0} \cos x \cdot \lim_{h \to 0} \frac{\sin h}{h} \\ &= (\sin x) \cdot 0 + (\cos x) \cdot 1 \\ &= \cos x\end{aligned}$$

를 얻는다. 이로써, 사인함수의 도함수에 대한 공식을 증명하였다.

정리 12.17

$$\frac{d}{dx} \sin x = (\sin x)' = \cos x$$

[참고] $f(x) = \sin x$ 의 도함수 $f'(x) = \cos x$ 가 됨을 삼각함수 성질을 활용해 증명해 보자.

증명 방법 1:

$$\begin{aligned}f'(x) &= \lim_{h \to 0} \frac{f(x+h) - f(x)}{h} \\ &= \lim_{h \to 0} \frac{\sin(x+h) - \sin x}{h} \\ &= \lim_{h \to 0} \frac{2\cos\left(x + \frac{h}{2}\right) \cdot \sin\frac{h}{2}}{h}\end{aligned}$$

$$= \lim_{h \to 0} \left[\cos\left(x + \frac{h}{2}\right) \cdot \frac{\sin\frac{h}{2}}{\frac{h}{2}} \right]$$

$$= \lim_{h \to 0} \cos\left(x + \frac{h}{2}\right) \cdot \lim_{h \to 0} \frac{\sin\frac{h}{2}}{\frac{h}{2}}$$

$$= \cos x$$

그러므로 $\frac{d}{dx}(\sin x) = \cos x$이다.

방법 2:

$$f'(x) = \lim_{h \to 0} \frac{f(x+h) - f(x)}{h}$$

$$= \lim_{h \to 0} \frac{\sin(x+h) - \sin x}{h}$$

$$= \lim_{h \to 0} \frac{(\sin x \cos h + \cos x \sin h) - \sin x}{h}$$

$$= \lim_{h \to 0} \frac{\sin x(\cos h - 1) + \cos x \sin h}{h}$$

$$= \lim_{h \to 0}\left(\sin x \cdot \frac{\cos h - 1}{h}\right) + \lim_{h \to 0}\left(\cos x \cdot \frac{\sin h}{h}\right)$$

$$= \sin x \cdot 0 + \cos x \cdot 1 = \cos x$$

예제 12.32 $y = x^2 \sin x$를 미분하여라.

[풀이] 곱의 공식과 정리 12.17을 적용하면,

$$\frac{dy}{dx} = x^2 \frac{d}{dx}(\sin x) + \sin x \frac{d}{dx}(x^2)$$

$$= x^2 \cos x + 2x \sin x$$

그러므로 $\frac{d}{dx}(x^2 \sin x) = x^2 \cos x + 2x \sin x$이다.

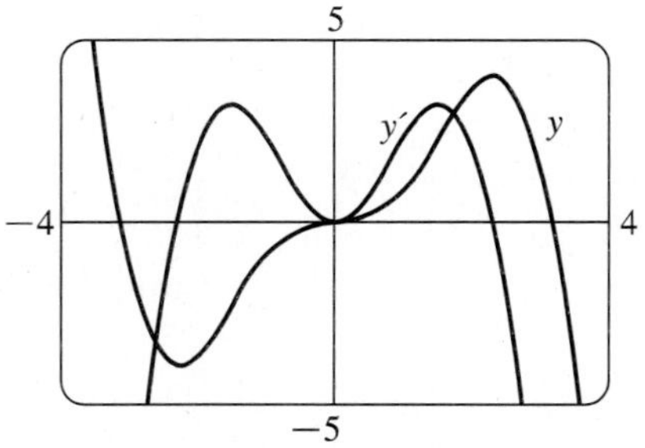

[그림 12.27]

정리 12.18

$$\frac{d}{dx}(\cos x) = -\sin x$$

탄젠트함수는 도함수의 정의를 이용하여 미분할 수 있으나, 몫의 공식과 정리 12.17, 12.18을 이용하면 좀 더 쉽다.

정리 12.19

$$\frac{d}{dx}(\tan x) = \sec^2 x$$

증명 $y = \tan x = \dfrac{\sin x}{\cos x}$ 이므로

$$\begin{aligned}\frac{d}{dx}(\tan x) &= \frac{d}{dx}\left(\frac{\sin x}{\cos x}\right)\\ &= \frac{\cos x \dfrac{d}{dx}\sin x - \sin x \dfrac{d}{dx}\cos x}{\cos^2 x}\\ &= \frac{\cos x \cos x - \sin x(-\sin x)}{\cos^2 x}\\ &= \frac{\cos^2 x + \sin^2 x}{\cos^2 x}\\ &= \frac{1}{\cos^2 x} = \sec^2 x\end{aligned}$$

그러므로 $\dfrac{d}{dx}(\tan x) = \sec^2 x$ 이다. ■

정리 12.20 삼각함수의 도함수들

$$\frac{d}{dx}(\sin x) = \cos x, \quad \frac{d}{dx}(\csc x) = -\csc x \cot x$$

$$\frac{d}{dx}(\cos x) = -\sin x, \quad \frac{d}{dx}(\sec x) = \sec x \tan x$$

$$\frac{d}{dx}(\tan x) = \sec^2 x, \quad \frac{d}{dx}(\cot x) = -\csc^2 x$$

예제 12.33 $f(x)=x^2\cot x$일 때 $f'(x)$를 구하여라.

[풀이]

$$f'(x)=x^2\frac{d}{dx}\cot x+\cot x\frac{d}{dx}x^2=-x^2\csc^2 x+2x\cot x$$

$$f'(x)=-x^2\csc^2 x+2x\cot x$$

예제 12.34 $f(x)=\sin x\cos x$일 때 $f'(x)$를 구하여라.

[풀이] 방법 1:

$$\begin{aligned}\frac{d}{dx}f(x)&=\cos x\frac{d}{dx}\sin x+\sin x\frac{d}{dx}\cos x\\&=\cos x\cdot\cos x+\sin x(-\sin x)\\&=\cos^2 x-\sin^2 x\end{aligned}$$

$$\frac{d}{dx}f(x)=\cos^2 x-\sin^2 x$$

방법 2: 삼각함수의 2배각 공식과 12.5절 연쇄법칙을 배운 후 적용 가능한 해법이다. 삼각함수의 2배각 공식에 의해

$$f(x)=\sin x\cos x=\frac{1}{2}\sin 2x$$

$$\frac{d}{dx}f(x)=\frac{d}{dx}\left(\frac{1}{2}\sin 2x\right)=\frac{1}{2}\cdot\cos 2x\cdot 2=\cos 2x$$

예제 12.35 $f(x)=\dfrac{\sec x}{1+\tan x}$를 미분하여라. 어떤 x에 대해 f의 그래프가 수평접선을 갖는가?

[풀이] 몫의 공식을 이용하면

$$\begin{aligned}f'(x)&=\frac{(1+\tan x)\frac{d}{dx}(\sec x)-\sec x\frac{d}{dx}(1+\tan x)}{(1+\tan x)^2}\\&=\frac{(1+\tan x)\sec x\tan x-\sec x\sec^2 x}{(1+\tan x)^2}\\&=\frac{\sec x(\tan x+\tan^2 x-\sec^2 x)}{(1+\tan x)^2}\\&=\frac{\sec x(\tan x-1)}{(1+\tan x)^2}\end{aligned}$$

그러므로 $f'(x)=\dfrac{\sec x(\tan x-1)}{(1+\tan x)^2}$이다.

수평접선 $f'(x)=0$이어야 한다. 그런데 $\sec x \neq 0$이므로 $\tan x=1$일 때 $f'(x)=0$임을 알 수 있다.

$\tan x=1$인 점은 n이 정수일 때 $x=n\pi+\dfrac{\pi}{4}$이다(그림 12.28 참조).

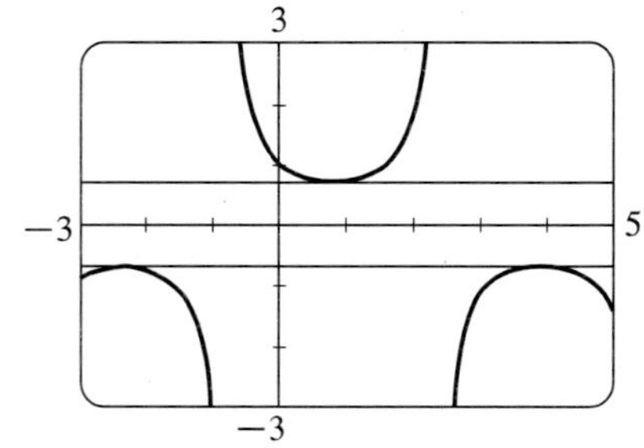

[그림 12.28] 예제 12.35의 수평접선

삼각함수는 가끔 실제 현상을 모형화하는 데 사용된다. 특히, 진동, 파동, 탄력운동과 주기적인 방법으로 변하는 다른 양들은 삼각함수를 이용해 묘사될 수 있다. 다음 예에서 간단한 조화운동의 경우를 논의한다.

예제 12.36 수직 스프링의 끝에 있는 물체를 평형위치에서 4cm 잡아당겨서 시각 $t=0$에서 놓았다.(그림 12.29를 보고 아래 방향이 양의 방향임을 인지하여라.)

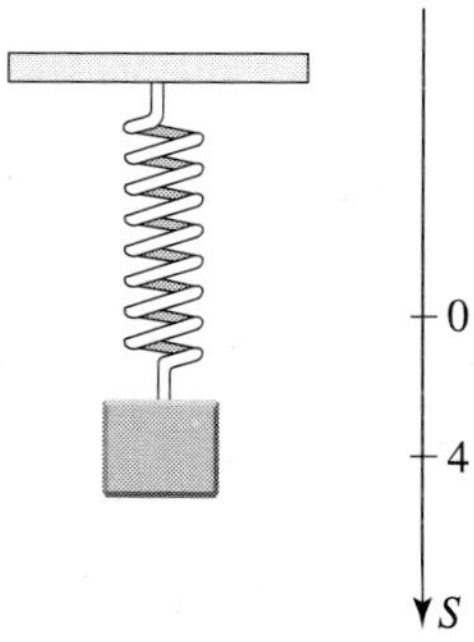

[그림 12.29]

시각 t에서의 이것의 위치는

$$s=f(t)=4\cos t$$

이다. 시각 t에서의 속도를 구하고, 이것을 이용해 물체의 운동을 해석하라.

[풀이] 속도와 가속도는

$$v = \frac{ds}{dt} = \frac{d}{dt}(4\cos t) = -4\sin t$$
$$a = \frac{dv}{dt} = \frac{d}{dt}(-4\sin t) = -4\cos t$$

이다.

물체는 가장 낮은 위치($s = 4$ cm)에서 가장 높은 위치($s = -4$ cm)까지 진동한다. 진동의 주기는 $\cos t$의 주기 2π이다.

속력은 $|v| = 4|\sin t|$인데, 이것은 $|\sin t| = 1$, 즉 $\cos t = 0$일 때 최대이다. 따라서 물체는 그것이 평형위치($s = 0$)를 지날 때 가장 빨리 움직인다. 그 속력은 $\sin t = 0$인 최고점과 최저점에서 0이다.

$s = 0$에서 가속도 $a = -4\cos t = 0$이다. 최고점과 최저점에서 가장 큰 크기(절댓값)의 가속도를 갖는다(그림 12.30 참조).

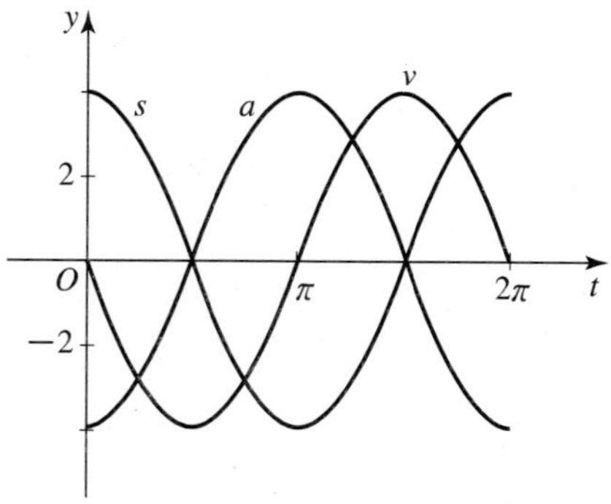

[그림 12.30]

예제 12.37 $\cos x$의 27계 도함수를 구하여라.

[풀이] $f(x) = \cos x$의 도함수들을 보면

$$f'(x) = -\sin x$$
$$f''(x) = -\cos x$$
$$f'''(x) = \sin x$$
$$f^{(4)}(x) = \cos x$$
$$f^{(5)}(x) = -\sin x$$
$$\vdots$$

이다. 이 도함수들은 주기가 4마다 순환하고 있으며, 특히 n이 4의 배수일 때 $f^{(n)}(x) = \cos x$이다. 그러므로

$$f^{(24)}(x) = \cos x$$

이며, 세 번 더 미분하면

$$f^{(27)}(x) = \sin x$$

이다.

사인함수에 대한 미분공식을 증명하는데 식 (12)의 극한을 주로 이용했다. 그러나 이 극한은 또한 다음 두 예제에서와 같이 다른 삼각함수 극한을 구하는 데도 유용하다.

예제 12.38 $y = \sin x$의 n계 도함수를 구하여라.

[풀이]

$$y' = \cos x = \sin\left(x + \frac{\pi}{2}\right)$$

$$y'' = -\sin x = \sin\left(x + \frac{2\pi}{2}\right)$$

$$y''' = -\cos x = \sin\left(x + \frac{3\pi}{2}\right)$$

$$y^{(4)} = \sin x = \sin\left(x + \frac{4\pi}{2}\right)$$

$$y^{(5)} = \cos x = \sin\left(x + \frac{\pi}{2}\right)$$

$$\vdots$$

그러므로 $y^{(n)} = \sin\left(x + \dfrac{n\pi}{2}\right)$이다.

예제 12.39 $\displaystyle\lim_{x \to 0} \frac{\sin 7x}{4x}$를 구하여라.

[풀이]

$$\lim_{x \to 0} \frac{\sin 7x}{4x} = \lim_{x \to 0} \frac{\sin 7x}{4x} = \lim_{7x \to 0} \frac{7}{4} \frac{\sin(7x)}{7x} = \frac{7}{4}$$

[주의] $\sin 7x \neq 7 \sin x$임을 명심하여라.

예제 12.40 $\lim_{x \to 0} x \cot x$를 구하여라.

[풀이]

$$\begin{aligned}\lim_{x \to 0} x \cot x &= \lim_{x \to 0} \frac{x \cos x}{\sin x} \\ &= \lim_{x \to 0} \cos x \cdot \frac{\sin x}{x} = \lim_{x \to 0} \cos x \lim_{x \to 0} \frac{\sin x}{x} \\ &= \cos 0 \cdot 1 = 1\end{aligned}$$

그러므로 $\lim_{x \to 0} x \cot x = 1$이다. ■

연습문제 12.4

1. 다음 식을 미분하여라.

$$h(\theta) = \theta \csc\theta - \cot\theta$$

2. $y = \dfrac{x}{\cos x}$ 의 도함수를 구하여라.

3. $\dfrac{d}{dx}(\csc x) = -\csc x \cot x$ 임을 증명하여라.

4. $f(x) = x + 2\sin x$ 의 그래프에서 수평인 접선을 갖는 점을 구하여라.

5. 극한을 구하여라.

$$\lim_{x \to 0} \frac{\sin 3x}{x}$$

6. 1.10 ft짜리 사다리가 수직 벽에 기대어 있다. θ를 사다리의 꼭대기와 벽이 이루는 각이라고 하고, x를 사다리의 아래 끝에서 벽까지의 거리라 하자. 만약 사다리의 아래 끝이 벽으로부터 미끄러진다면 $\theta = \dfrac{\pi}{3}$ 일 때 θ에 대한 x의 순간 변화율을 구하여라.

7. 극한을 구하여라.

$$\lim_{\theta \to 0} \frac{\sin\theta}{\theta + \tan\theta}$$

8. 중심각 θ에 대응하는 길이 s인 원호와 길이 d인 현에 대하여 $\lim\limits_{\theta \to 0^+} \dfrac{s}{d}$ 를 구하여라.

12.5 연쇄법칙

함수

$$F(x) = \sqrt{x^2+1}$$

을 미분한다고 가정하자. 이 경우 앞에서 배운 미분공식으로는 $F'(x)$를 구할 수 없다.

먼저 F는 합성함수임을 알아야 한다. 실제로 $y=f(u)=\sqrt{u}$, $u=g(x)=x^2+1$로 놓으면, $F(x)=f(g(x))$, 즉 $F=f\circ g$로 쓸 수 있다. f와 g를 미분하는 방법은 알고 있으므로, f와 g의 도함수를 이용하여 $F=f\circ g$를 미분하는 법칙을 구한다면 유용할 것이다.

합성함수 $f\circ g$의 도함수는 f와 g의 도함수들의 곱과 같다는 사실이 증명된다. 이 사실은 미분공식에서 가장 중요한 것 중의 하나이고, 이것은 **연쇄법칙**이라고 한다. 연쇄법칙은 도함수를 변화율로 해석하는 경우에 더 잘 이해되는 것 같다. $\frac{du}{dx}$를 x에 대한 u의 변화율, $\frac{dy}{du}$는 u에 대한 y의 변화율, 그리고 $\frac{dy}{dx}$는 x에 대한 y의 변화율로 보자. u는 x보다 2배 빠르게 변하고, y는 u보다 3배 빠르게 변한다면, y는 x보다 6배 빠르게 변하는 것이 타당할 것이다. 따라서 다음과 같이 예상할 수 있다.

$$\frac{dy}{dx}=\frac{dy}{du}\frac{du}{dx}$$

정리 12.21 연쇄법칙

g가 x에서 미분가능하고, f가 $g(x)$에서 미분가능 할 때 $F=f\circ g$가 $F(x)=f(g(x))$로 정의된 합성함수라면, F는 x에 미분가능하고 F'은 곱

$$F'(x)=f'(g(x))\cdot g'(x)$$

에 의해 주어진다. 이를 Leibniz의 기호로 나타내면, $y=f(u)$와 $u=g(x)$가 모두 미분가능한 함수일 때

$$\frac{dy}{dx}=\frac{dy}{du}\frac{du}{dx}$$

이다.

증명 x의 변화량 Δx에 대응하는 u의 변화량을 Δu라고 하자. 즉

$$\Delta u = g(x+\Delta x) - g(x)$$

그러면 이에 대응하는 y의 변화량은

$$\Delta y = f(u+\Delta u) - f(u)$$

이다. 따라서

$$\begin{aligned}\frac{dy}{dx} &= \lim_{\Delta x \to 0} \frac{\Delta y}{\Delta x} \\ &= \lim_{\Delta x \to 0} \frac{\Delta y}{\Delta u} \cdot \frac{\Delta u}{\Delta x} \\ &= \lim_{\Delta x \to 0} \frac{\Delta y}{\Delta u} \cdot \lim_{\Delta x \to 0} \frac{\Delta u}{\Delta x} \qquad (13)\end{aligned}$$

그러므로 g가 연속이므로 $\Delta x \to 0$이면 $\Delta u \to 0$이다.

$$\begin{aligned}&= \lim_{\Delta u \to 0} \frac{\Delta y}{\Delta u} \cdot \lim_{\Delta x \to 0} \frac{\Delta u}{\Delta x} \\ &= \frac{dy}{du}\frac{du}{dx}\end{aligned}$$

이다. 식 (13)에서 $\Delta u = 0$($\Delta x \neq 0$인 경우조차도)이 발생할 수 있다. 그러나 이 경우도 연쇄법칙이 성립한다. 연쇄법칙의 완전한 증명은 생략한다. ■

[주의] 프라임 기호를 사용한 연쇄법칙

$$(f \circ g)'(x) = f'(g(x))\,g'(x) \qquad (14)$$

[주의] 함수 $y = f(u)$와 $u = g(x)$에 대하여 라이프니츠 기호로 나타내면

$$\frac{dy}{dx} = \frac{dy}{du}\frac{du}{dx} \qquad (15)$$

이다.

예제 12.41 함수 $F(x) = \sqrt{x^2+1}$에 대하여 $F'(x)$를 구하여라.

[풀이] 방법 1(식 (14)를 이용): 이 절의 앞에서 $f(u) = \sqrt{u}$와 $g(x) = x^2+1$에 대하여 $F(x) = (f \circ g)(x) = f(g(x))$로 나타냈다.

$$f'(u) = \frac{1}{2}u^{-\frac{1}{2}} = \frac{1}{2\sqrt{u}}, \quad g'(x) = 2x$$

이므로

$$F'(x)=f'(g(x))g'(x)=\frac{2}{\sqrt{x^2+1}}\cdot 2x=\frac{x}{\sqrt{x^2+1}}$$

이다. 그러므로 $F'(x)=\dfrac{x}{\sqrt{x^2+1}}$ 이다.

방법 2(식 (15)를 이용): $u=x^2+1,\ y=\sqrt{u}$ 라고 하면,

$$F'(x)=\frac{dy}{du}\frac{du}{dx}=\frac{1}{2\sqrt{u}}(2x)=\frac{1}{2\sqrt{x^2+1}}(2x)$$

이다. 그러므로 $F'(x)=\dfrac{x}{\sqrt{x^2+1}}$ 이다. ■

식 (15)를 이용하는 경우 $\dfrac{dy}{dx}$ 는 y를 x의 함수로 생각할 때 y의 도함수를 나타냄을 명심해야 한다(**x에 대한 y의 도함수**라 부른다). 반면 $\dfrac{dy}{du}$ 는 y를 u의 함수로 생각할 때 y의 도함수를 나타낸다(u에 대한 y의 도함수이다). 예를 들어, 예제 12.41에서 y는 x의 함수 ($y=\sqrt{x^2+1}$)이고, 또한 u의 함수 ($y=\sqrt{u}$)이다. 이 경우 $\dfrac{dy}{dx}=F'(x)=\dfrac{x}{\sqrt{x^2+1}}$ 이고, 반면 $\dfrac{dy}{du}=f'(u)=\dfrac{1}{2\sqrt{u}}$ 이다.

[주의] 연쇄법칙을 사용함에 있어서 밖으로부터 안으로 계산한다. 식 (14)는 외부 함수 f 를 미분[내부 함수 $g(x)$ 에서]한 다음 내부 함수의 도함수를 곱함을 말해 준다.

$$\frac{d}{dx}\underbrace{f}_{\text{외부 함수}}\underbrace{(g(x))}_{\text{내부 함수에서 계산됨}}=\underbrace{f'}_{\text{외부 함수의 도함수}}\underbrace{(g(x))}_{\text{내부 함수에서 계산됨}}\cdot\underbrace{g'(x)}_{\text{내부 함수의 도함수}}$$

예제 12.42 다음을 미분하여라.

(a) $y=\sin(x^2)$

(b) $y=\sin^2 x$

[풀이] (a) $y=\sin(x^2)$이면 외부 함수는 사인함수이고 내부 함수는 제곱함수이다. 따라서 연쇄법칙에 의해 다음을 얻는다.

$$y'=\frac{dy}{dx}=\frac{dy}{du}\frac{du}{dx}=(\cos u)(2x)$$

그러므로 $y' = 2x \cdot \cos x^2$이다.

(b) $y = \sin^2 x = (\sin x)^2$이므로 외부 함수는 제곱함수이고 내부 함수는 사인함수이다. 따라서

$$y' = \frac{dy}{dx} = \frac{dy}{du}\frac{du}{dx} = (2u)(\cos x)$$

그러므로 $y' = 2\sin x \cdot \cos x$ 또는 $y' = \sin 2x$이다.

외부 함수 f가 멱함수인 특별한 경우에 대한 연쇄법칙을 만들어 보자. $y = [g(x)]^n$이라고 하면, $u = g(x)$에 대하여 $y = f(u) = u^n$으로 쓸 수 있다. 이제 연쇄법칙과 멱공식을 적용하면 다음 결과를 얻는다.

$$\frac{dy}{dx} = \frac{dy}{du}\frac{du}{dx} = nu^{n-1}\frac{du}{dx} = n[g(x)]^{n-1} \cdot g'(x)$$

정리 12.22 연쇄법칙과 관련된 멱공식

n이 임의의 실수이고 $u = g(x)$가 미분가능하다면,

$$\frac{d}{dx}(u^n) = nu^{n-1}\frac{du}{dx}$$

또는

$$\frac{d}{dx}[g(x)]^n = n[g(x)]^{n-1} \cdot g'(x)$$

이다.

예제 12.41에서의 도함수는 정리 12.22에서 $n = \dfrac{1}{2}$을 취하여 계산할 수도 있다.

예제 12.43 $y = (x^3 - 1)^{100}$을 미분하여라.

[풀이] 정리 12.22에서 $n = 100$, $u = f(x) = x^3 - 1$이라고 하자. 그러면

$$\frac{dy}{dx} = \frac{d}{dx}(x^3-1)^{100} = 100(x^3-1)^{99}\frac{d}{dx}(x^3-1)$$

$$= 100(x^3-1)^{99} \cdot 3x^2 = 300x^2(x^3-1)^{99}$$

이다. 그러므로 $y' = 300x^2(x^3-1)^{99}$이다.

예제 12.44 $f(x)=\dfrac{1}{\sqrt[3]{x^2+x+1}}$ 일 때 $f'(x)$를 구하여라.

[풀이] 먼저 f를 다음과 같이 변형한다.

$$f(x)=\frac{1}{\sqrt[3]{x^2+x+1}}=(x^2+x+1)^{-\frac{1}{3}}$$

그러면

$$\begin{aligned} f'(x) &= -\frac{1}{3}(x^2+x+1)^{-\frac{4}{3}}\frac{d}{dx}(x^2+x+1) \\ &= -\frac{1}{3}(x^2+x+1)^{-\frac{4}{3}}(2x+1) \end{aligned}$$

이다.

그러므로 $f'(x)=-\dfrac{1}{3}(x^2+x+1)^{-\frac{4}{3}}(2x+1)$이다. ∎

예제 12.45 $g(t)=\left(\dfrac{t-2}{2t+1}\right)^9$을 미분하여라.

[풀이] 멱공식, 연쇄법칙 및 몫의 공식을 함께 적용하면,

$$\begin{aligned} g'(t) &= 9\left(\frac{t-2}{2t+1}\right)^8\frac{d}{dt}\left(\frac{t-2}{2t+1}\right) \\ &= 9\left(\frac{t-2}{2t+1}\right)^8\cdot\frac{2t+1-2(t-2)}{(2t+1)^2} \\ &= \frac{45(t-2)^8}{(2t+1)^{10}} \end{aligned}$$

그러므로 $g'(t)=\dfrac{45(t-2)^8}{(2t+1)^{10}}$이다. ∎

예제 12.46 $y=(2x+1)^5(x^3-x+1)^4$을 미분하여라.

[풀이]
$$\begin{aligned} \frac{dy}{dx} &= (x^3-x+1)^4\frac{d}{dx}(2x+1)^5+(2x+1)^5\frac{d}{dx}(x^3-x+1)^4 \\ &= (x^3-x+1)^4\cdot 5(2x+1)^4\frac{d}{dx}(2x+1) \\ &\quad +(2x+1)^5\cdot 4(x^3-x+1)^3\frac{d}{dx}(x^3-x+1) \\ &= 5(x^3-x+1)^4(2x+1)^4\cdot 2+4(2x+1)^5(x^3-x+1)^3(3x^2-1) \end{aligned}$$

$$= 10(x^3 - x + 1)^4 (2x+1)^4 + 4(2x+1)^5 (x^3 - x + 1)^3 (3x^2 - 1)$$

그러므로

$$y' = 10(x^3 - x + 1)^4 (2x+1)^4 + 4(2x+1)^5 (x^3 - x + 1)^3 (3x^2 - 1)$$

이다. 이것을 인수분해하면

$$y' = \frac{dy}{dx} = 2(2x+1)^4 (x^3 - x + 1)^3 (17x^3 + 6x^2 - 9x + 3)$$

이다.

여러 개의 함수로 이루어진 합성함수를 미분하는 경우에 연쇄법칙을 마치 고리 모양으로 적용하게 되는데, 이러한 이유로 이 법칙을 '연쇄법칙'이라고 부르게 된 것이다. 이를테면, 미분가능한 함수 f, g, h에 대하여 $y = f(u), u = g(x)$ 그리고 $x = h(t)$라고 하자. t에 대한 y의 도함수를 계산하기 위하여 연쇄법칙을 두 번 사용하면,

$$\frac{dy}{dt} = \frac{dy}{dx}\frac{dx}{dt} = \frac{dy}{du}\frac{du}{dx}\frac{dx}{dt}$$

가 된다.

예제 12.47 $y = \sin(3 + 4x^3)$에서 $\frac{dy}{dx}$를 구하여라.

[풀이] $\frac{dy}{dx} = \frac{d}{dx}\sin(3+4x^3) = \cos(3+4x^3) \cdot \frac{d}{dx}(3+4x^3)$

$$= \cos(3+4x^3) \cdot (12x^2) = 12x^2 \cos(3+4x^3)$$

$$\frac{dy}{dx} = 12x^2 \cos(3+4x^3)$$

예제 12.48 $f(x) = \sqrt{x} \cdot g(x)$이고, $g(4) = 8$, $g'(4) = 7$일 때, $f'(4)$의 값을 구하여라.

[풀이] $f(x) = \sqrt{x} \cdot g(x)$을 미분하자.

$$f'(x) = \frac{1}{2\sqrt{x}} \cdot g(x) + \sqrt{x} \cdot g'(x)$$

위 식에 $x = 4$를 대입하면

$$f'(4)=\frac{1}{2\sqrt{4}}\cdot g(4)+\sqrt{4}\cdot g'(4)$$

이다. 그리고 $g(4)=8$, $g'(4)=7$이므로

$$f'(4)=\frac{1}{4}\cdot 8+2\cdot 7$$

$$f'(4)=2+14=16$$

그러므로 $f'(4)=16$이다.

예제 12.49 $f'(3)=-1$이고 $g(x)=4-x^2$일 때, $x=1$에서 곡선 $h(x)=f(g(x))$의 접선의 기울기를 구하여라.

[풀이] 곡선 $h(x)=f(g(x))$를 x에 대해 미분하자.

$$\frac{dh}{dx}=f'(g(x))\cdot g'(x)$$

접선의 기울기는

$$\left.\frac{dh}{dx}\right|_{x=1}=f'(g(1))\cdot g'(1)=f'(3)g'(1)$$

이다.

$f'(3)=-1$이므로

$$\left.\frac{dh}{dx}\right|_{x=1}=-g'(1)$$

이고, $g'(x)=-2x$이므로 $g'(1)=-2$이다. 그러므로

$$\left.\frac{dh}{dx}\right|_{x=1}=-(-2)=2$$

이다.

예제 12.50 $f(x)=\sin(\cos(\tan x))$를 미분하여라.

[풀이]

$$\begin{aligned}f'(x)&=\cos(\cos(\tan x))\cdot\frac{d}{dx}\cos(\tan x)\\&=\cos(\cos(\tan x))[-\sin(\tan x)]\cdot\frac{d}{dx}(\tan x)\\&=-\cos(\cos(\tan x))\sin(\tan x)\sec^2 x\end{aligned}$$

예제 12.51 $y = \sqrt{\sec x^3}$ 을 미분하여라.

[풀이] 여기서 외부 함수는 제곱근함수이고, 중간 함수는 시컨트함수이며, 내부 함수는 세제곱 함수이다. 따라서

$$\begin{aligned}\frac{dy}{dx} &= \frac{1}{2\sqrt{\sec x^3}}\frac{d}{dx}(\sec x^3)\\ &= \frac{1}{2\sqrt{\sec x^3}}\sec x^3 \tan x^3 \frac{d}{dx}(x^3)\\ &= \frac{3x^2 \sec x^3 \tan x^3}{2\sqrt{\sec x^3}}\end{aligned}$$

을 얻는다. ■

예제 12.52 $y = f(x^2+1)$이고 $f'(x) = \frac{1}{x+1}$일 때, $\frac{dy}{dx}$를 구하여라.

[풀이]

$$\begin{aligned}\frac{dy}{dx} &= f'(x^2+1)(x^2+1)' = f'(x^2+1)(2x)\\ &= \frac{1}{(x^2+1)+1}(2x) = \frac{2x}{x^2+2}\end{aligned}$$

■

예제 12.53 $y = (2x^3 - \tan x)^{2002}$을 미분하여라.

[풀이]

$$\begin{aligned}\frac{dy}{dx} &= \frac{d}{dx}(2x^3 - \tan x)^{2002}\\ &= 2002(2x^3 - \tan x)^{2001} \cdot \frac{d}{dx}(2x^3 - \tan x)\\ &= 2002(2x^3 - \tan x)^{2001} \cdot (6x^2 - \sec^2 x)\\ &= 2002(6x^2 - \sec^2 x)(2x^3 - \tan x)^{2001}\end{aligned}$$

$$\frac{dy}{dx} = 2002(6x^2 - \sec^2 x)(2x^3 - \tan x)^{2001}$$

■

연습문제 12.5

1. 함수의 도함수를 구하여라.

$$y = \sqrt{x^2 + 6x + 3}$$

2. 함수의 도함수를 구하여라.

$$F(x) = \sqrt[4]{1 + 2x + x^3}$$

3. $y = (2x-5)^4(8x^2-5)^{-3}$의 도함수를 구하여라.

4. $y = \cot^2(\sin\theta)$의 도함수를 구하여라.

5. $F(x) = f(g(x))$이고, $g(3) = 6$, $g'(3) = 4$, $f'(3) = 2$, $f'(6) = 7$이라고 할 때 $F'(3)$을 구하여라.

6. 진동하는 현 위의 물체의 변위가 $s(t) = 10 + \frac{1}{4}\sin(10\pi t)$ (s와 t는 각각 cm, 초이다)로 주어진다. t초 후의 물체의 속도를 구하여라.

7. (a) n이 양의 정수일 때, $\frac{d}{dx}(\sin^n x \cos nx) = n\sin^{n-1} x \cos(n+1)x$임을 증명하여라.
(b) (a)에서와 같이 $y = \cos^n x \cos nx$의 도함수에 대한 공식을 구하여라.

8. g는 두 번 미분가능하다. f''을 g, g'과 g''으로 나타내어라.

$$f(x) = g(\sqrt{x})$$

9. $y = (x^3+1)^{\frac{2}{3}}$일 때 y''을 구하여라.

10. 처음 몇 개의 도함수를 관찰하고, 주어진 도함수를 구하여라.

$$D^{103}\cos 2x$$

12.6 음함수 미분

지금까지 다른 함수들은

$$y = \sqrt{x^3+1} \quad \text{또는} \quad y = x \sin x$$

또는 일반적으로 $y=f(x)$ 등과 같이 하나의 변수가 다른 한 변수로 구체적으로 나타내졌다. 그러나 어떤 함수들은

$$x^2+y^2=25 \tag{16}$$

또는

$$x^3+y^3=6xy \tag{17}$$

와 같이 x와 y 사이의 관계로 앞에서와는 다르게 음함수꼴로 정의된다. 이 관계를 풀어서 y의 x에 대한 하나 또는 여러 개의 함수로 볼 수 있는 경우도 많다. 예를 들어, 식 (16)을 y에 관해 풀면 $y=\pm\sqrt{25-x^2}$이고, 따라서 식 (16)에 의하여 두 함수 $y=\sqrt{25-x^2}$과 $y=-\sqrt{25-x^2}$이 결정된다. 그리고 f와 g의 그래프는 원 $x^2+y^2=25$의 상반원과 하반원이다(그림 12.31 참조).

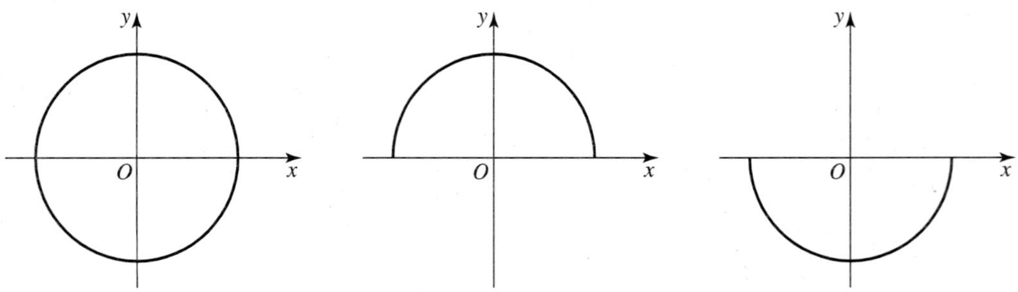

(a) $x^2+y^2=25$ (b) $f(x)=\sqrt{25-x^2}$ (b) $g(x)=-\sqrt{25-x^2}$

[그림 12.31]

식 (17)에서 y를 x의 함수로 구체적으로 풀기는 쉽지 않다(컴퓨터 대수체계는 문제가 없지만 그것이 얻는 표현식은 매우 복잡하다). 그럼에도 불구하고 식 (17)의 그래프는 그림 12.32에 보여진 것처럼 테카르트의 엽선이라 불리는 곡선이고, 그것은 x의 몇 개의

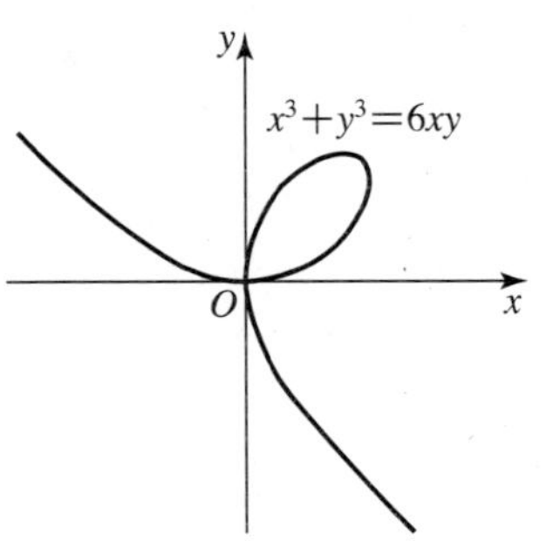

[그림 12.32] 데카르트의 엽선

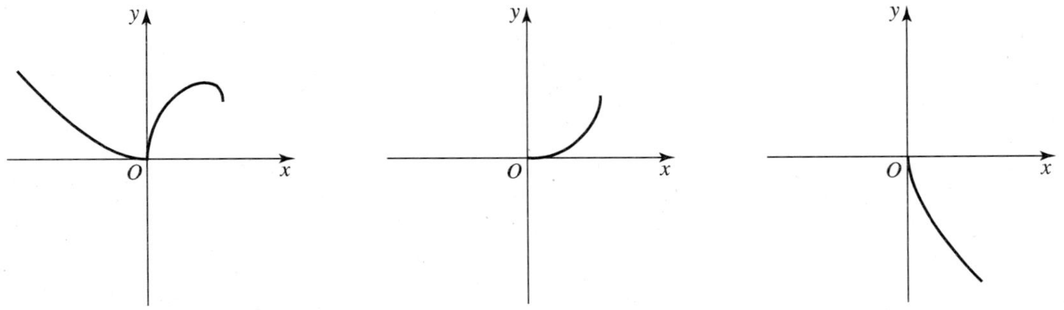

[그림 12.33] 데카르트의 엽선에 의해 정의된 함수들의 그래프

함수로서 y를 음함수로 정의한다. 그림 12.33은 식 (17)이 나타내는 세 개의 함수의 그래프이다. f가 식 (16)에 의하여 정의된 음함수라 하는 것은 f의 정의역 안에 있는 모든 x에 대하여

$$x^3 + [f(x)]^3 = 6xf(x)$$

가 성립함을 뜻한다.

다행스럽게도 y의 도함수를 구하기 위하여 y를 x에 관하여 풀지 않아도 되며, 이러한 경우에 **음함수의 미분법**이 이용될 수 있다. 음함수에 대하여 x로 미분하는 방법은 먼저 양변을 x에 관하여 미분하고, 나온 방정식을 y'에 대하여 푸는 것이다. 이 절에 있는 예제와 연습문제에 주어진 방정식에서 y는 x에 관하여 미분가능한 함수로 가정하고 음함수의 미분법을 이용한다.

정리 12.23 음함수의 미분법

$$(y^n)' = \frac{d}{dx}y^n = n \cdot y^{n-1}y'$$

예제 12.54 (a) $x^2+y^2=25$일 때 $\dfrac{dy}{dx}$를 구하여라.

(b) 원의 방정식 $x^2+y^2=25$ 위의 점 $(3,4)$에서 접선의 방정식을 구하여라.

[풀이] (a) 방정식 $x^2+y^2=25$의 양변을 x에 관하여 미분한다.

$$\frac{d}{dx}(x^2+y^2)=\frac{d}{dx}(25)$$
$$\frac{d}{dx}(x^2)+\frac{d}{dx}(y^2)=0$$

y를 x의 함수로 가정하고 연쇄법칙을 적용하면

$$\frac{d}{dx}(y^2)=\frac{d}{dy}(y^2)\frac{dy}{dx}=2y\frac{dy}{dx}$$

이고, 따라서

$$2x+2y\frac{dy}{dx}=0$$

을 얻는다. 이제 이것을 $\dfrac{dy}{dx}$에 관하여 풀면

$$\frac{dy}{dx}=-\frac{x}{y}$$

이다.

(b) 방법 1: 점 $(3,4)$에서 원에 대한 접선의 방정식은

$$y-4=-\frac{3}{4}(x-3) \text{ 또는 } 3x+4y=25$$

이다.

방법 2: 방정식 $x^2+y^2=25$를 풀면 $y=\pm\sqrt{25-x^2}$을 얻는다. 한편, 점 $(3,4)$는 상반원 $y=\sqrt{25-x^2}$ 위에 있으므로 함수 $f(x)=\sqrt{25-x^2}$을 생각하자. 연쇄법칙을 이용하여 f를 미분하면

$$f'(x)=\frac{1}{2}\left(25-x^2\right)^{-\frac{1}{2}}\cdot\frac{d}{dx}\left(25-x^2\right)$$
$$=\frac{1}{2}\left(25-x^2\right)^{-\frac{1}{2}}\cdot(-2x)=-\frac{x}{\sqrt{25-x^2}}$$

이고, 따라서

$$f'(3) = -\frac{3}{\sqrt{25-3^2}} = -\frac{3}{4}$$

을 얻는다. 그러므로 방법 1에서와 같이 접선의 방정식은 $3x+4y=25$이다.

음함수 미분을 이용해 멱공식에서 n이 유리수일 때 성립함을 증명해 보자.

정리 12.24 멱공식 - 유리수

r이 임의의 유리수이면,

$$\frac{d}{dx}(x^r) = rx^{r-1}$$

증명 임의의 유리수 r은 $r = \frac{n}{m}(n \in \mathbb{Z},\ m \in \mathbb{N},\ m$과 n은 서로 소)으로 나타내지므로 $y = x^r = x^{\frac{n}{m}}$으로 나타낼 수 있고, 다시 양변을 m 제곱하여 방정식

$$y^m = x^n$$

을 얻는다. 한편, 정수의 경우에는 위의 공식이 성립하므로(12.3절 정리 참조) 양변을 x에 관하여 미분하면

$$my^{m-1} \cdot y' = nx^{n-1}$$

그러므로

$$y' = \frac{n}{m}\frac{x^{n-1}}{y^{m-1}} = \frac{n}{m}\frac{x^{n-1}}{x^{\frac{n(m-1)}{m}}} = rx^{r-1}$$

$$y' = rx^{r-1}$$

그러므로 임의의 유리수 r에 대해서도 멱공식이 적용 가능하다.

[주의] 기호 $\frac{dy}{dx} = -\frac{x}{y}$는 x와 y로 도함수를 나타낸다. 함수 y가 주어진 방정식에 의하여 구체적으로 어떻게 결정되는가는 아무런 문제가 되지 않는다. 이를테면, $y = f(x) = \sqrt{25-x^2}$에 대하여

$$\frac{dy}{dx} = -\frac{x}{y} = -\frac{x}{\sqrt{25-x^2}}$$

가 되는 반면, $y = g(x) = -\sqrt{25-x^2}$에 대하여는

$$\frac{dy}{dx} = -\frac{x}{y} = -\frac{x}{-\sqrt{25-x^2}} = \frac{x}{\sqrt{25-x^2}}$$

이다.

예제 12.55 $x^3 + xy^3 = xy + 1$에서 $\frac{dy}{dx}$를 구하여라.

[풀이] $\frac{d}{dx}(x^3 + xy^3) = \frac{d}{dx}(xy+1)$

$$\frac{d}{dx}x^3 + \frac{d}{dx}(xy^3) = \frac{d}{dx}(xy) + \frac{d}{dx}1$$

$$3x^2 + y^3\frac{d}{dx}x + x\frac{d}{dx}y^3 = y\frac{d}{dx}(x) + x\frac{d}{dx}(y) + 0$$

$$3x^2 + y^3 + x\,3y^2\frac{dy}{dx} = y + x\frac{dy}{dx}$$

$$x(3y^2-1)\frac{dy}{dx} = y - y^3 - 3x^2$$

$$\frac{dy}{dx} = \frac{y-y^3-3x^2}{x(3y^2-1)}$$

예제 12.56 (a) $x^3 + y^3 = 6xy$일 때 y'을 구하여라.

(b) 데카르트 엽선 $x^3 + y^3 = 6xy$ 위의 점$(3, 3)$에서의 접선의 방정식을 구하여라.

(c) 곡선 위의 어떤 점에서 접선이 수평인가?

[풀이] (a) $x^3 + y^3 = 6xy$에서 y를 x에 관한 함수로 보고 양변을 x에 관해 미분한다. 이때, $6xy$에 곱의 공식을 적용하고 y^3에 연쇄법칙을 적용하면,

$$3x^2 + 3y^2y' = 6y + 6xy'$$

또는

$$x^2 + y^2y' = 2y + 2xy'$$

이 된다. 이제 y'에 관하여 정리하면,

$$y^2y' - 2xy' = 2y - x^2$$

$$(y^2 - 2x)y' = 2y - x^2$$

$$y' = \frac{2y - x^2}{y^2 - 2x}$$

(b) $x=y=3$일 때

$$\left.\frac{dy}{dx}\right|_{\substack{x=3\\y=3}}=\frac{2\cdot 3-3^2}{3^2-2\cdot 3}=-1$$

이고, 그림 12.34에서 점 $(3, 3)$에서의 접선의 기울기가 -1이 타당함을 알 수 있다. 그러므로 점 $(3,3)$에서 접선의 방정식은

$$y-3=-1(x-3) \text{ 또는 } x+y=6$$

이다.

(c) 접선은 $y'=0$일 때 수평이다. (a)에 있는 y'에 대한 표현을 이용하면 $2y-x^2=0$일 때 $y'=0$임을 알 수 있다(만약 $y^2-2x\neq 0$이라면). 곡선의 방정식에 $y=\frac{1}{2}x^2$을 대입하면

$$x^3+\left(\frac{1}{2}x^2\right)^3=6x\left(\frac{1}{2}x^2\right)$$

을 얻는데, 이는 $x^6=16x^3$을 유도한다. 따라서 제1사분면에서 $x\neq 0$이 아니므로 $x^3=16$이다. 만약 $x=\sqrt[3]{16}=2^{\frac{4}{3}}$이면, $y=\frac{1}{2}\sqrt[3]{16^2}=2^{\frac{5}{3}}$이다. 따라서 접선은 $\left(2^{\frac{4}{3}}, 2^{\frac{5}{3}}\right)$, 즉 약 $(2.5198, 3.1748)$에서 수평이다. 그림 12.35를 살펴보면 풀이가 합리적임을 알 수 있다.

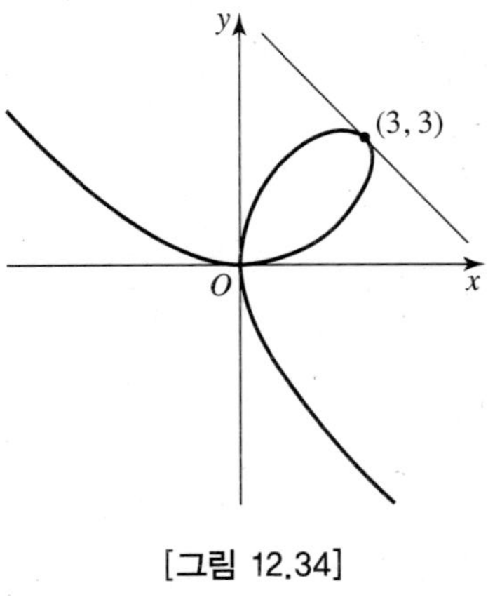

[그림 12.34]

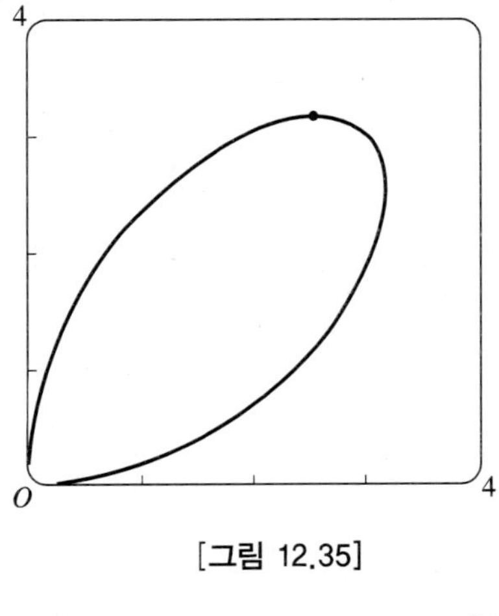

[그림 12.35]

[주의] 2차 방정식에서와 같이 3차 방정식의 세 근에 대한 공식이 있으나, 좀 더 복잡하다.

- ▶ 3차 방정식의 세 근의 공식: 카다노
- ▶ 4차 방정식의 네 근의 공식: 페라리

예제 12.57 $\sin(x+y) = y^2 \cos x$일 때 y'을 구하여라.

[풀이] y를 x에 관한 함수로 보고 x에 관하여 음함수의 미분을 하면

$$\cos(x+y) \cdot (1+y') = 2yy' \cos x + y^2(-\sin x)$$

를 얻는다.

이제 y'에 관하여 정리하면

$$\cos(x+y) + y^2 \sin x = (2y\cos x)y' - \cos(x+y) \cdot y'$$

을 얻고, 따라서

$$y' = \frac{y^2 \sin x + \cos(x+y)}{2y\cos x - \cos(x+y)}$$

가 된다.

그림 12.36은 컴퓨터 대수체계의 음함수 설계 명령에 의해 그려진 것으로, 곡선 $\sin(x+y) = x^2 \cos x$의 일부이다. 앞의 계산에 대한 검산으로 $x = y = 0$일 때 $y' = -1$임을 유의하고, 원점에서 기울기는 약 -1임을 유의하여라.

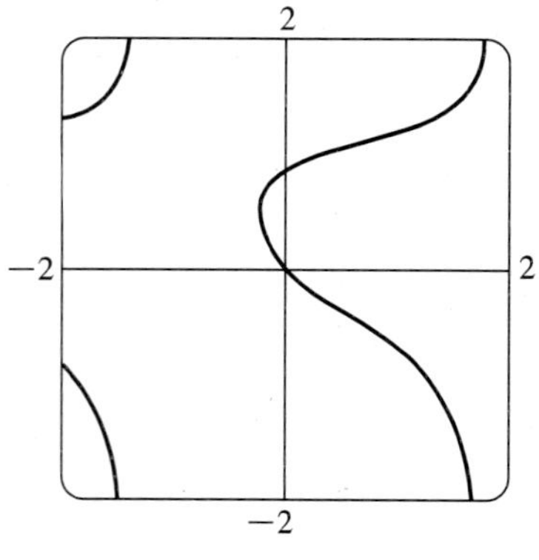

[그림 12.36]

예제 12.58 $x^4+y^4=16$일 때 y''을 구하여라.

[풀이] 음함수를 x에 관하여 미분하면

$$4x^3+4y^3y'=0$$

을 얻는다. 이것을 y'에 관하여 풀면

$$y'=-\frac{x^3}{y^3} \tag{18}$$

이다. y''을 구하기 위하여 y'에 몫의 공식을 이용하자. 이때 y는 x에 관한 함수이다.

$$\begin{aligned} y'' &= \frac{d}{dx}\left(-\frac{x^3}{y^3}\right)=-\frac{y^3\dfrac{d}{dx}(x^3)-x^3\dfrac{d}{dx}(y^3)}{(y^3)^2} \\ &= -\frac{y^3\cdot 3x^2-x^3(3y^2y')}{y^6} \end{aligned}$$

여기에 식 (18)을 대입하면

$$\begin{aligned} y'' &= -\frac{3x^2y^3-3x^3y^2\left(-\dfrac{x^3}{y^3}\right)}{y^6}=-\frac{3(x^2y^4+x^6)}{y^7} \\ &= -\frac{3x^2(y^4+x^4)}{y^7} \end{aligned}$$

이다. 이때 x와 y는 $x^4+y^4=16$을 만족해야 한다. 따라서 답을 간단히 하면

$$y''=-\frac{3x^2(16)}{y^7}=-48\frac{x^2}{y^7}$$

이 된다.

연습문제 12.6

1. 음함수의 미분법을 이용하여 $\dfrac{dy}{dx}$ 를 구하여라.

$$x^2 + y^2 = 1$$

2. $xy = \cot(xy)$의 도함수 $\dfrac{dy}{dx}$ 를 구하여라.

3. 쌍곡선 $\dfrac{x^2}{a^2} - \dfrac{y^2}{b^2} = 1$ 위의 점 (x_0, y_0)에서 접선의 방정식을 구하여라.

4. 접선의 기울기가 -1인 곡선 $x^2y^2 + xy = 2$ 위의 점을 구하여라.

[문제 5-8] 음함수의 미분법을 이용하여 $\dfrac{dy}{dx}$ 를 구하여라.

5. $x^3 + x^2y + 4y^2 = 6$

6. $x^2y + xy^2 = 3x$

7. $x^2y^2 + x\sin y = 4$

8. $4\cos x \sin y = 1$

12.7 일차 근사식과 미분

곡선은 접점 근방에서 그 접선과 매우 가깝게 놓여 있음을 보았다. 실제로 미분가능한 함수의 그래프 위의 점을 향하여 접근확대해 들어감으로써, 그래프가 점점 더 그것의 접선과 같아 보인다는 것을 발견하게 되었다(그림 12.37 참조). 이 관찰은 함수의 근삿값을 구하는 방법의 바탕이 된다.

함수의 값 $f(a)$를 계산하는 것은 쉽겠지만, f 근방의 값들을 구하는 것은 어렵거나 또는 불가능할 수 있다. 따라서 점 $(a,\ f(a))$에서 f의 접선을 그래프로 갖는 1차 함수 L의 값을 쉽게 계산할 수 있다면, 그것으로 만족할 수 있다(그림 12.37 참조).

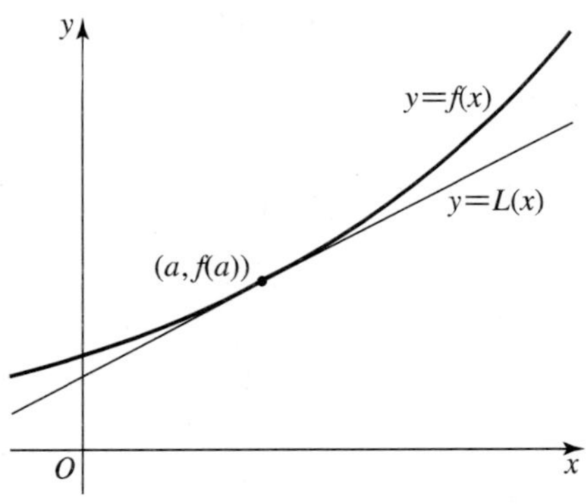

[그림 12.37]

다시 말하면, x가 a에 가까이 있을 때 곡선 $y=f(x)$에 대한 근사로서 점 $(a,\ f(a))$에서의 f의 접선을 이용한다. 이 접선의 방정식은

$$y = f(a)+f'(a)(x-a)$$

이고, 근사식

$$f(x) \approx f(a)+f'(a)(x-a) \tag{19}$$

를 f의 a에서의 **1차 근사식**(또는 **선형근사식**) 또는 **접선 근사식**이라 부른다. 이 접선을 그래프로 갖는 1차 함수

$$L(x) = f(a) + f'(a)(x-a) \tag{20}$$

를 f의 a에서의 **선형화**(또는 **1차화**)라고 부른다.

예제 12.59 $a = 1$에서 $f(x) = \sqrt{x+3}$의 선형화를 구하고, 이것을 이용하여 $\sqrt{3.98}$과 $\sqrt{4.05}$의 근삿값을 구하여라. 이 근삿값들은 과대 계산되었는가 또는 과소 계산되었는가?

[풀이] $f(x) = (x+3)^{\frac{1}{2}}$의 도함수는

$$f'(x) = \frac{1}{2}(x+3)^{-\frac{1}{2}} = \frac{1}{2\sqrt{x+3}}$$

이므로 $f(1) = 2$, $f'(1) = \frac{1}{4}$이다. 식 (20)에 이 값들을 대입하면 선형화는

$$L(x) = f(a) + f'(a)(x-a)$$
$$L(x) = f(1) + f'(1)(x-1) = 2 + \frac{1}{4}(x-1) = \frac{7}{4} + \frac{x}{4}$$

이고, 이에 대한 선형근사식 (19)는

$$\sqrt{x+3} \approx \frac{7}{4} + \frac{x}{4} (x\text{가 1에 가까이 있을 때})$$

이다.

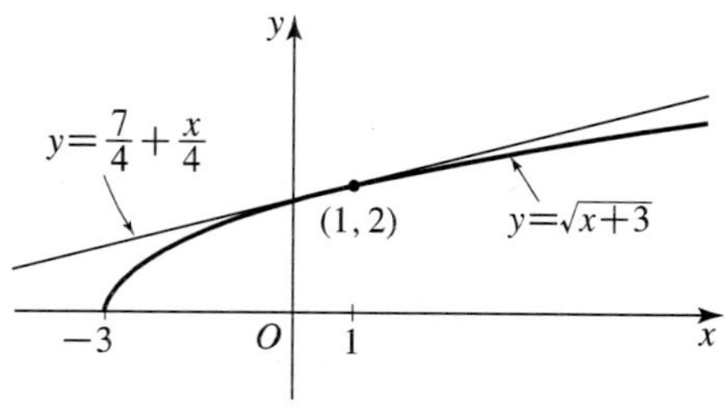

[그림 12.38]

특히

$$\sqrt{3.98} \approx \frac{7}{4} + \frac{0.98}{4} = 1.995, \quad \sqrt{4.05} \approx \frac{7}{4} + \frac{1.05}{4} = 2.0125$$

를 얻는다.

선형 근삿값은 그림 12.38에서 보여진다. 실제로 x가 1의 부근에 있을 때, 접선 근삿값이 주어진 함수에 대하여 좋은 근삿값임을 알 수 있다. 접선이 곡선 위에 있으므로

본 근삿값이 과대 계산되었음을 알 수 있다.

물론 $\sqrt{3.98}$과 $\sqrt{4.05}$에 대한 근삿값을 구하기 위하여 계산기를 사용할 수 있다. 그러나 선형근사식은 일정 구간 전체에서 적용될 수 있다. ■

다음 표에서 예제 12.59의 선형 근삿값과 실제의 값을 비교한다. 이 표와 그림 12.38에서 접선 근삿값은 x가 1의 부근에 있을 때는 좋은 값을 제공하지만 x가 1로부터 멀어지면 근삿값의 정확도가 떨어짐을 알 수 있다.

	x	$L(x)$	실제값
$\sqrt{3.9}$	0.9	1.975	1.97484176⋯
$\sqrt{3.98}$	0.98	1.995	1.99499373⋯
$\sqrt{4}$	1	2	2.00000000⋯
$\sqrt{4.05}$	1.05	2.0125	2.01246117⋯
$\sqrt{4.1}$	1.1	2.025	2.02484567⋯
$\sqrt{5}$	2	2.25	2.23606797⋯
$\sqrt{6}$	3	2.5	2.44948974⋯

예제 12.59에서 얻은 근삿값은 실제값과 얼마나 일치하는가? 다음 예제는 만약 그래픽 계산기나 컴퓨터를 쓸 수 있을 때 선형 근삿값이 주어진 정확도를 유지하도록 하는 구간을 결정할 수 있는지를 보인다.

예제 12.60 x의 어떤 값에 대해 일차 근사식

$$\sqrt{x+3} \approx \frac{7}{4} + \frac{x}{4}$$

가 0.5까지 정확한가? 0.1까지의 정확도일 경우는 어떤가?

[풀이] 0.5까지의 정확도란 함수들의 값의 차가 0.5보다 작은 것을 의미한다.

$$\left| \sqrt{x+3} - \left(\frac{7}{4} + \frac{x}{4} \right) \right| < 0.5$$

동일하게,

$$\sqrt{x+3} - 0.5 < \frac{7}{4} + \frac{x}{4} < \sqrt{x+3} + 0.5$$

라 쓸 수 있다. 이것은 일차 근삿값은 곡선 $y=\sqrt{x+3}$을 0.5만큼 위와 아래로 움직여서 얻은 곡선들 사이에 있어야만 함을 뜻한다. 그림 12.39는 접선 $y=\dfrac{(7+x)}{4}$가 위의 곡선 $y=\sqrt{x+3}+0.5$와 P와 Q에서 교차함을 보여준다. 접근확대를 하고 지시막대를 이용하여 P의 x좌표는 약 -2.66이고 Q의 x좌표는 약 8.66임을 계산한다. 따라서 그래프로부터 근사식

$$\sqrt{x+3} \approx \frac{7}{4}+\frac{x}{4}$$

는 $-2.6 < x < 8.6$일 때 0.5까지 정확하다.(안전하게 반올림하였다.)

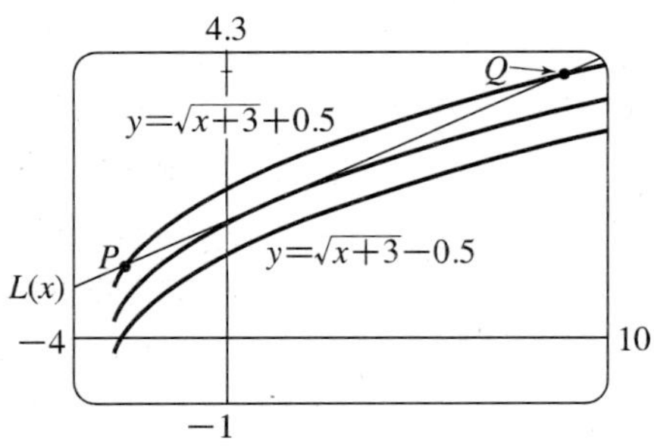

[그림 12.39]

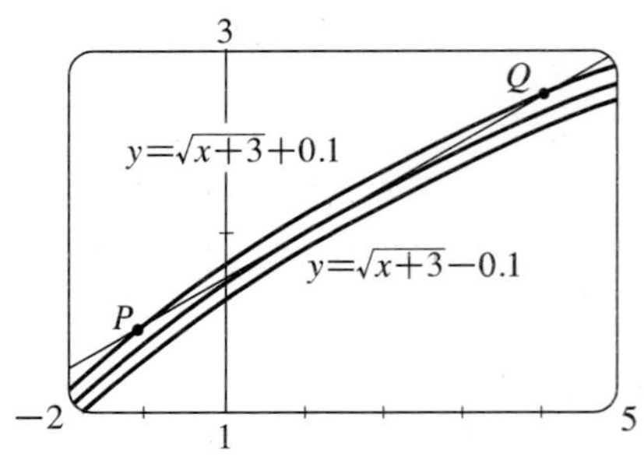

[그림 12.40]

이와 마찬가지로 그림 12.40으로부터 $-1.1 < x < 3.9$일 때 근삿값은 0.1까지 정확함을 알 수 있다. ■

12.7.1 미 분

1차 근사의 배경이 되는 아이디어는 때때로 미분의 용어와 기호로 공식화된다. 미분가능한 함수 f에 대해서 $y=f(x)$라면, 미분 dx는 독립변수이다. 즉, dx는 임의의 실수값으로 주어질 수 있다. 미분 dy는 dx에 의해 방정식

$$dy=f'(x)dx \tag{21}$$

로 정의된다. 따라서 dy는 종속변수이다. 이것은 x와 dx의 값에 의존한다. 만약 dx가 특수한 값으로 주어지고, x를 f의 정의역 안에 있는 어떤 특수한 값으로 잡으면, 이에 따라 dy의 값이 정해진다.

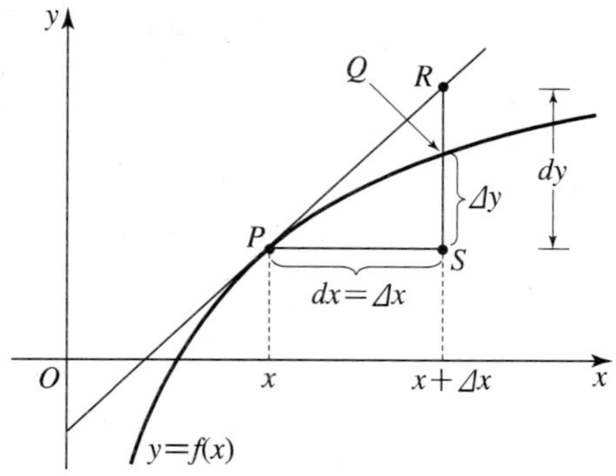

[그림 12.41]

미분에 대한 기하학적인 의미는 그림 12.41에서와 같다. 이제 $P(x, f(x))$와 $Q(x+\Delta x, f(x+\Delta x))$를 f의 그래프 위에 있는 점이라 하고 $dx=\Delta x$로 놓자. 이때 y에 대한 변화량은

$$\Delta y = f(x+\Delta x)-f(x)$$

이고, 접선 PR의 기울기는 도함수 $f'(x)$이다. 따라서 S로부터 R까지의 유향거리는 $f'(x)dx=dy$이다. 그러므로 dy는 접선이 올라가거나 내려간 정도를 나타내고, Δy는 x가 dx까지 변할 때 곡선 $y=f(x)$가 올라가거나 내려간 정도를 나타낸다. $dx \neq 0$이라면 방정식 (21)의 양변을 dx로 나눠서 $\dfrac{dy}{dx}=f'(x)$를 얻을 수 있다. 비슷한 방정식을 전에 보았지만, 여기서 왼쪽 변은 실제로 미분의 비로서 설명될 수 있다.

$$\Delta y=f(x+\Delta x)-f(x) \approx f'(x)dx=dy$$

예제 12.61 $y=f(x)=x^3+x^2+2x-1$이고 x가 (a) 2에서 2.05로, (b) 2에서 2.01로 변할 때 Δy와 dy의 값을 비교하여라.

[풀이] (a) $2 \to 2.05$일 때 Δy와 dy의 값을 비교해 보자.

$$f(2)=2^3+2^2-2(2)+1=9$$
$$f(2.05)=(2.05)^3-(2.05)^2-2(2.05)+1=9.71625$$
$$\Delta y=f(2.05)-f(2)=0.717625$$

일반적으로,

$$dy = f'(x)\,dx = (3x^2 + 2x - 2)\,dx$$

이므로 $x = 2$이고 $dx = \Delta x = 0.05$일 때

$$dy = [3(2)^2 + 2(2) - 2]0.05 = 0.7$$

이 된다.

(b) $2 \to 2.01$일 때 Δy와 dy의 값을 비교해 보자.

$$f(2.01) = (2.01)^3 + (2.01)^2 - 2(2.01) + 1 = 9.140701$$
$$\Delta y = f(2.01) - f(2) = 0.140701$$

$dx = \Delta x = 0.01$일 때

$$dy = [3(2)^2 + 2(2) - 2] \cdot 0.01 = 0.14$$

가 된다.

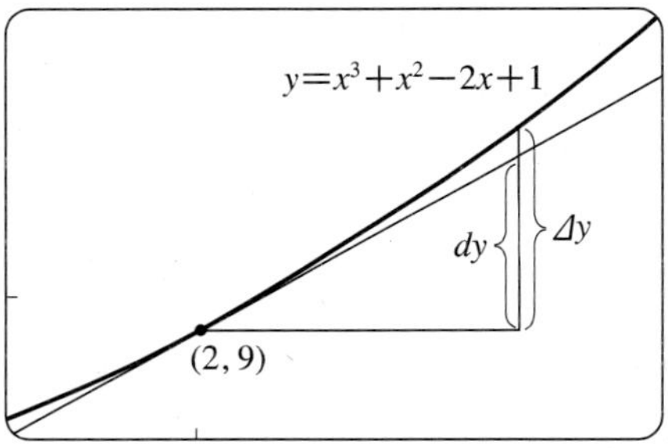

[그림 12.42]

예제 12.61에서 근사식 $\Delta y \approx dy$는 Δx가 작을수록 오차가 작다는 것을 알 수 있다. 그리고 dy는 Δy보다 계산하기 쉽다는 것도 알 수 있다. 더욱 복합한 함수에 대하여 Δy를 정확하게 계산한다는 것은 불가능할 수 있으므로, 이러한 경우 미분에 의한 근사식은 매우 유용하다.

미분의 기호를 쓰면, 1차 근사식 (19)를

$$f(a + dx) \approx f(a) + dy$$

로 쓸 수 있다. 예를 들어, 예제 12.59의 함수 $f(x) = \sqrt{x+3}$에 대해

$$dy = f'(x)\,dx = \frac{dx}{2\sqrt{x+3}}$$

를 얻는다. 만약 $a=1$이고 $dx = \Delta x = 0.05$이면, 예제 12.59에서 찾은 것과 똑같이

$$dy = \frac{0.05}{2\sqrt{1+3}} = 0.0125$$

이고,

$$\sqrt{4.05} = f(1.05) \approx f(1) + dy = 2.0125$$

를 얻는다.

마지막 예제로 근사 측정으로 인해 일어나는 오차를 계산하는 데 있어서 미분을 어떻게 이용하는지를 알아보자.

예제 12.62 구의 반지름을 측정한 결과 $21\,\mathrm{cm}$이었다. 그리고 측정할 때 최대오차가 $0.05\,\mathrm{cm}$이다. 반지름의 값으로 이것을 사용한다면 부피를 계산할 때 최대오차는 얼마인가?

[풀이] 구의 반지름을 r이라 하면 부피는 $V = \frac{4}{3}\pi r^3$이다. r의 측정값에서 오차가 $dr = \Delta r$이면, V를 계산할 때 오차는 ΔV이고 이제 미분을 이용하여 근삿값을 구하면,

$$dV = 4\pi r^2\,dr$$

이다. 여기서 $r=21$, $dr = 0.05$이므로

$$dV = 4\pi(21)^2\,0.05 \approx 277$$

이다. 따라서 부피의 계산에서 최대오차는 약 $277\,\mathrm{cm}^3$이다. ■

[주의] 예제 12.62에서 가능한 오차는 크게 나타나지만, 오차에 대하여 좀 더 바람직한 표현은 상대오차이고, 이것은 오차를 전체 부피로 나누어 계산한다. 즉,

$$\frac{\Delta V}{V} \approx \frac{dV}{V} = \frac{4\pi r^2\,dr}{\frac{4}{3}\pi r^3} = 3\,\frac{dr}{r}$$

따라서 부피의 상대오차는 반지름의 상대오차의 약 3배이다. 그러므로 예제 12.62에서 반지름의 상대오차 $\frac{dr}{r} = \frac{0.05}{21} \approx 0.0024$에 대한 부피의 상대오차는 약 0.007이다. 이 오차는 반지름에 대하여 0.24%, 그리고 부피에 대하여는 0.7%인 백분율 오차로 나타낼 수 있다.

예제 12.63 비눗방울의 반지름이 $3\,\mathrm{cm}$에서 $3.025\,\mathrm{cm}$로 증가할 때 겉넓이 증가에 대한 근삿값을 구하여라.

[풀이] 반지름이 r인 비눗방울의 겉넓이는 $A = 4\pi r^2$이다. ΔA는 dA로 근삿값을 구하면,

$$dA = 8\pi r\,dr$$

이다. $r = 3$이고, $dr = 0.025$이므로,

$$dA = 8\pi(3)(0.025) \approx 1.885\,\mathrm{cm}^2$$

연습문제 12.7

1. 칠면조 고기를 오븐의 온도가 $185\,°\mathrm{F}$에 다다를 때 꺼내서 온도가 $75\,°\mathrm{F}$인 방의 식탁에 올려놓았다. 10분 후에 칠면조 고기의 온도가 $172\,°\mathrm{F}$이고 20분 후에는 $160\,°\mathrm{F}$이다. 일차 근사식을 이용하여 30분 후의 칠면조 고기의 온도를 예측하라. 여러분의 예측이 과대평가 또는 과소평가되었다고 생각하는가? 또, 그 이유는 무엇인가?

[문제 2-3] a에서 함수의 선형화 $L(x)$를 구하라.

2. $f(x)=x^3,\ a=1$

3. $f(x)=\cos x,\ a=\dfrac{\pi}{2}$

4. $a=0$에서 함수 $f(x)=\sqrt{1-x}$의 선형 근사식을 구하고, 이것을 이용하여 $\sqrt{0.9}$, $\sqrt{0.99}$의 근삿값을 구하여라. f와 접선의 그래프를 그림으로써 이를 설명하여라.

[문제 5-6] $a=0$일 때, 주어진 선형근사식을 증명하여라. 그런 후 선형근사식이 0.1 이내까지 정확한 x의 값을 구하여라.

5. $\sqrt[3]{1+x}\approx 1-\dfrac{1}{3}x$

6. $\dfrac{1}{(1+2x)^4}\approx 1-8x$

[문제 7-9] 음함수의 미분을 구하여라.

7. $y=x^4+5x$

8. $y=x^2\tan x$

9. $y=\dfrac{u+1}{u-1}$

Chapter 13

Elementary Mathematics

미분의 응용

이 장에서는 미분을 최댓값과 최솟값, 평균값 정리, 곡선의 형태, 최적화 문제, 그리고 미분의 역과정으로서 역도함수 구하기 등에 응용한다.

13.1 최댓값과 최솟값

오늘날 기업경영에 있어서의 자본의 투자 또는 물건의 생산에 있어서의 이익이나 손실 등의 최댓값과 최솟값의 예측이나 평가, 또는 물체의 실험에서 관찰 결과의 최댓값이나 최솟값 등의 예측이나 평가 등 다양한 분야에서 최댓값과 최솟값 문제를 다루는 수학적 방법들이 중요하게 이용되고 있으며, 그 중요성은 점점 커질 것이다. 이 절에서는 수학적 관점에서 최댓값과 최솟값을 구하는 방법을 익힌다.

먼저 최댓값과 최솟값의 수학적 의미를 알아보자.

정의 13.1

함수 f의 정의역 D의 모든 원소 x에 대하여, $f(x) \le f(c)$를 만족할 때, 함수 f는 c에서 최댓값을 갖는다고 하고, $f(c)$를 D에서 f의 **최댓값**이라 한다. 또한 함수 f의 정의역 D의 모든 원소 x에 대하여, $f(x) \ge f(c)$를 만족할 때, 함수 f는 c에서 최솟값을 갖는다고 하고, $f(c)$를 D에서 f의 **최솟값**이라 한다. 최솟값과 최댓값을 합하여 **절대극값**(absolute extrema 또는 global extrema)이라고 부르기도 한다.

정의 13.2

c를 포함하는 열린 구간의 모든 점 x에 대하여, $f(x) \leq f(c)$를 만족하도록 하는 열린 구간이 존재하면, $f(c)$를 f의 **극댓값**이라 한다. 유사하게 c를 포함하는 열린 구간의 모든 점 x에 대하여, $f(x) \geq f(c)$를 만족하도록 하는 열린 구간이 존재하면, $f(c)$를 f의 **극솟값**이라 한다. 극댓값과 극솟값을 **극값**(local extrema)이라 한다.

예제 13.1 함수 $f(x) = x^2$은 모든 실수 x에 대하여 $f(x) = x^2 \geq 0 = f(0)$이므로, 함수 f는 $x = 0$에서 극솟값이자 최솟값인 $f(0) = 0$을 갖지만, 극댓값이나 최댓값은 존재하지 않는다. 또한 함수 $g(x) = -x^2$은 모든 실수 x에 대하여 $g(x) = -x^2 \leq 0 = g(0)$이므로, 함수 g는 $x = 0$에서 극댓값이자 최댓값인 $g(g) = 0$을 갖지만, 극솟값이나 최솟값은 역시 존재하지 않는다.

예제 13.2 함수 $f(x) = x^3$은 최댓값이나 최솟값을 갖지 않음을 그래프로 알 수 있다(그림 13.1 참고). 사실 이 함수는 어떠한 극값도 갖지 않는다.

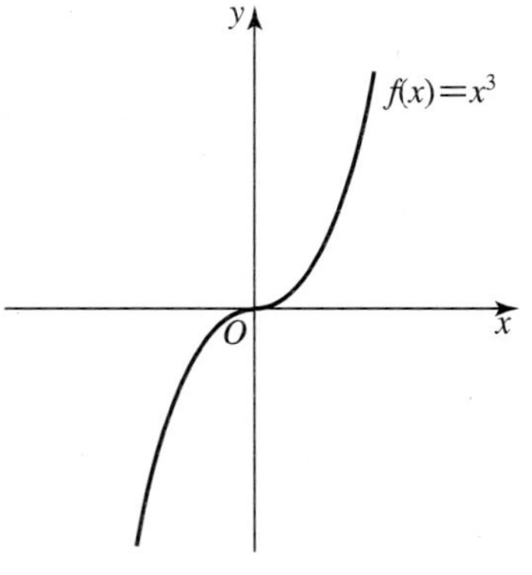

[그림 13.1]

예제 13.3 함수 $f(x) = x^3 - 3x + 1$은 $x = -1$에서 극댓값 $f(-1) = 3$을 갖고, $x = 1$에서 극솟값 $f(1) = -1$을 갖는다. 그러나 최댓값과 최솟값은 없다.(이 문제는 예제 13.6에서 다시 다룬다.)

위의 예들을 통하여, 어떤 함수는 극값을 갖고 어떤 함수는 어떠한 극값도 갖지 않는다는 것을 알았다. 그러면 일반적으로 어떤 경우에 극값을 갖고, 또 어떻게 그 극값을 찾을 수 있을까? 그리고 절대극값의 경우는 어떨까?

다음 정리는 절대극값을 갖는 함수의 조건을 말해준다.

정리 13.3 최댓값 · 최솟값 정리(또는 절대극값 정리)
함수 f가 닫힌 구간$[a, b]$에서 연속이면, f는 구간 $[a, b]$의 어떤 점 c에서 최댓값 $f(c)$를 갖고, 어떤 점 d에서 최솟값 $f(d)$를 갖는다.

위의 정리에서는 함수가 연속이고, 주어진 구간이 닫힌 구간일 때, 함수가 절대극값을 갖는다는 것을 말해준다. 즉, 함수가 연속이 아니거나 구간이 닫힌 구간이 아니라면 절대극값이 존재한다고 말할 수 없다는 것이다(그림 13.2 참고).

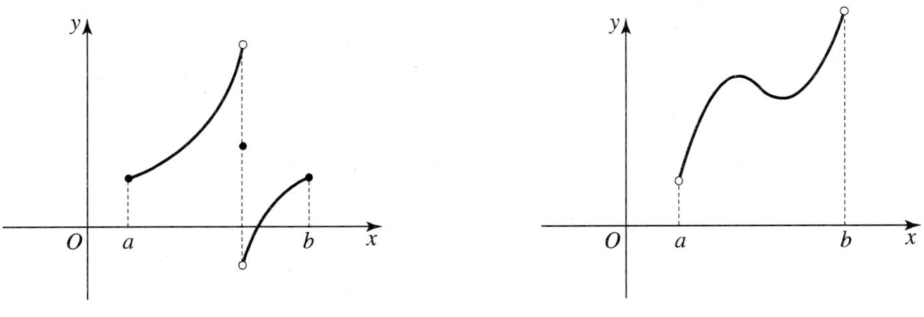

(a) (b)

[그림 13.2]

극값을 갖게 되는 경우를 알아보기 위해, 먼저 함수가 어떤 점에서 극값을 갖게 되면 그 점에서 어떤 성질이 있는지 살펴보자.

정리 13.4 페르마(Fermat)의 정리
함수 f가 점 c에서 극값을 갖고 $f'(c)$가 존재하면, $f'(c) = 0$이다.

증명 함수 f가 점 c에서 극댓값을 갖는다고 하자. 그러면 정의 13.2에 의해 점 c를 포함하는 한 열린 구간 (a, b)가 존재하여, 구간 (a, b)의 모든 점 x에 대하여, $f(x) \le f(c)$를 만족한다. 그러므로 충분히 0에 가까운 h(즉, $c+h \in (a,b)$ 이도록 충분히 0에 가까운 h)에 대하여, $f(c) \ge f(c+h)$이고, 따라서 $f(c+h)-f(c) \ge 0$ 이다. $h > 0$ 이면,

$$\frac{f(c+h)-f(c)}{h} \le 0$$

이고, 양변에 극한을 취하면

$$\lim_{h \to 0^+} \frac{f(c+h)-f(c)}{h} \le \lim_{h \to 0^+} 0 = 0$$

이다. 그런데 $f'(c)$가 존재하므로

$$f'(c) = \lim_{h \to 0} \frac{f(c+h)-f(c)}{h} = \lim_{h \to 0^+} \frac{f(c+h)-f(c)}{h}$$

이고, 따라서 $f'(c) \le 0$ 이다. 비슷하게 $h < 0$ 이면

$$\frac{f(c+h)-f(c)}{h} \ge 0$$

이므로, $f'(c) \ge 0$ 을 얻게 되고, 따라서 $f'(c) = 0$ 임을 알 수 있다.

$f(c)$가 극솟값인 경우도 이와 같이 증명할 수 있다(연습문제 13.1, 4번 참고). ■

다음 예제를 보자.

예제 13.4 함수 $f(x) = x^2$은 $x = 0$에서 극솟값을 갖고, $f'(x) = 2x$이므로, $f'(0) = 0$이다. 그러나 함수 $g(x) = x^3$은 $g'(x) = 3x^2$이므로 $g'(0) = 0$이지만 $g(0)$은 극솟값도 극댓값도 아니다. 또한 함수 $h(x) = |x|$는 $x = 0$에서 극솟값을 갖지만, $h'(0)$은 존재하지 않는다. ■

페르마 정리는 함수 f가 점 c에서 극값을 갖고 $f'(c)$가 존재하는 경우 $f'(c) = 0$이어야 한다는 것을 말해줄 뿐이다. 즉, 예제 13.4에서 알 수 있듯이, $f'(c) = 0$이라고 해서 점 c에서 반드시 f가 극값을 갖는다고 할 수도 없고, 또한 $f'(c) = 0$인 점 c에서만 f가 극값을 갖는다고 할 수도 없다. 그러나 페르마 정리는 또한 $f'(c)$가 존재하지 않는다면 점 c에서 f가 극값을 가질 수도 있음을 암시하고 있다. 따라서 함수의 극값은 그 함수의 도함수가 0이 되거나,

또는 도함수가 존재하지 않는 점에서 나타날 수 있다. 그러므로 이러한 점들은 특별한 이름을 갖는다.

> **정의 13.5**
> 함수 f에 대하여, 점 c가 f의 정의역에 있고, $f'(c)=0$이거나 또는 $f'(c)$가 존재하지 않으면, 점 c를 함수 f의 **임계점**이라고 한다.

예제 13.5 $f(x)=x^{\frac{3}{5}}(4-x)$의 임계점을 찾아라.

[풀이] 곱의 미분법칙을 사용하여

$$f'(x)=\frac{3}{5}x^{-\frac{2}{5}}(4-x)+x^{\frac{3}{5}}(-1)=-x^{\frac{3}{5}}+\frac{3(4-x)}{5x^{\frac{2}{5}}}=\frac{12-8x}{5x^{\frac{2}{5}}}$$

이므로, $12-8x=0$일 때, 즉 $x=\frac{3}{2}$일 때 $f'(x)=0$이고, $f'(0)$은 존재하지 않는다. 그러므로 임계점은 $\frac{3}{2}$과 0이다. ∎

이제 임계점을 페르마 정리와 결합하면 극값은 항상 임계점에서 생긴다는 것을 알 수 있다. 즉, 함수 f가 c에서 극값을 가지면, 점 c는 함수 f의 임계점이다.

닫힌 구간에서 연속함수의 최댓값과 최솟값은 임계점에서 생기는 극댓값과 극솟값 및 구간의 양 끝점의 함숫값을 비교하면 알 수 있다. 즉, 다음과 같이 절대극값을 구할 수 있다.

> **[닫힌 구간에서 절대극값]**
> 함수 f가 닫힌 구간 $[a, b]$에서 연속일 때, f의 절대극값을 구하는 방법
>
> 1. 구간 (a, b)에 있는 f의 임계점에서 f의 값을 구한다.
> 2. 구간 $[a, b]$의 양 끝점에서 f의 값을 구한다.
> 3. 1과 2에서 구한 값의 가장 큰 값이 최댓값이고, 가장 작은 값이 최솟값이다.

예제 13.6 구간 $\left[-\frac{3}{2}, 2\right]$에서 함수 $f(x)=x^3-3x+1$의 최댓값과 최솟값을 구하여라.

[풀이] 함수 f는 구간 $\left[-\frac{3}{2}, 2\right]$에서 연속이므로 위의 방법을 적용한다.

$$f'(x)=3x^2-3=3(x-1)(x+1)$$

이므로, 모든 x에 대하여 $f'(x)$가 존재하고, 따라서 f의 임계점은 $f'(x)=0$일 때뿐이다. 그러므로 f의 임계점은 $x=-1$과 $x=1$이다. 이들 임계점들이 모두 구간 $\left(-\frac{3}{2}, 2\right)$에 포함되는 점에 주의해야 한다. 이제 임계점에서 f값은 $f(-1)=3$, $f(1)=-1$이고, 구간의 양 끝점에서 f값은

$$f\left(-\frac{3}{2}\right)=-\frac{27}{8}+\frac{9}{2}+1=\frac{17}{8},\ f(2)=8-6+1=3$$

이다. 이제 이들 모두의 값을 비교하면 최댓값은 임계점 $x=-1$일 때의 값 $f(-1)=3$과 끝점 $x=2$일 때의 값 $f(2)=3$이다(두 값이 같지만 모두 최댓값이다). 반면에 최솟값은 임계점 $x=1$의 값 $f(1)=-1$이다.

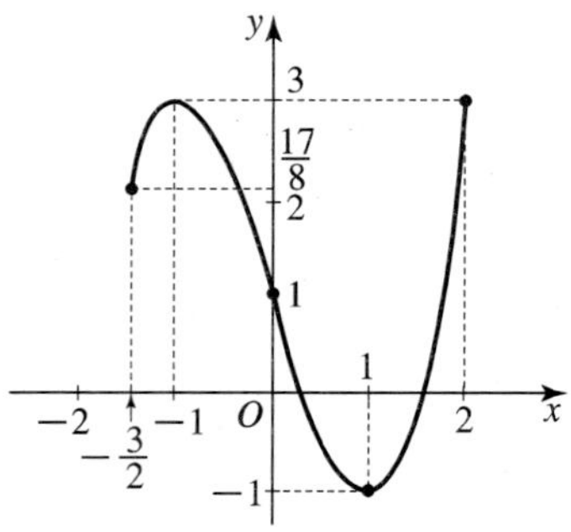

[그림 13.3]

예제 13.7 구간 $[0, 2\pi]$에서 함수 $f(x)=x-2\sin x$의 최댓값과 최솟값을 구하여라.

[풀이] 함수 $f(x)=x-2\sin x$는 구간 $[0, 2\pi]$에서 연속이므로 위의 방법을 적용한다. 도함수를 구하여 보면 $f'(x)=1-2\cos x$이므로, $f'(x)=0$이 되기 위해서는 $\cos x=\frac{1}{2}$이어야 하며, 이때 x값은 $x=\frac{\pi}{3}$와 $x=\frac{5\pi}{3}$이고, 이들은 f의 임계점이다. 임계점에서 f값은 $f\left(\frac{\pi}{3}\right)=\frac{\pi}{3}-\sqrt{3}$과 $f\left(\frac{5\pi}{3}\right)=\frac{5\pi}{3}+\sqrt{3}$이고, 끝점에서 값은 $f(0)=0$과

$f(2\pi)=2\pi$ 이다. 그러므로 f의 최댓값은 $f\left(\frac{5\pi}{3}\right)=\frac{5\pi}{3}+\sqrt{3}$ 이고, 최솟값은 $f\left(\frac{\pi}{3}\right)=\frac{\pi}{3}-\sqrt{3}$ 이다. ■

예제 13.8 함수 $f(x)=x^{21}+x^{13}+x^3+x-5$는 극댓값도 극솟값도 갖지 않는다는 것을 보여라.

[풀이] 함수 $f(x)$는 실수 전체에서 연속이고 미분가능하다. 함수 $f(x)$가 점 c에서 극값을 갖는다면, $f(x)$는 점 c에서 도함수가 존재하므로 페르마 정리에 의해 $f'(c)=0$이 된다. 그러나 모든 실수 x에 대하여

$$f'(x)=21x^{20}+13x^{12}+3x^2+1\geq 1>0$$

이므로 $f'(c)=0$ 에 모순이다. 그러므로 함수 $f(x)$가 점 c에서 극값을 갖는다는 가정이 잘못되었음을 알 수 있다. 즉, $f(x)$는 극값을 전혀 가질 수 없다. ■

연습문제 13.1

1. 다음 함수의 임계점과 극값을 구하여라.

(1) $f(x)=x^3+3x^2-24x$

(2) $f(x)=\dfrac{2x^2}{x+2}$

(3) $f(x)=2\cos x+\sin^2 x$

(4) $f(x)=(3x+1)^{\frac{2}{3}}$

2. 주어진 구간에서 다음 함수의 최댓값과 최솟값을 구하여라.

(1) $f(x)=2x^3-3x^2-12x+5$, $[-2,\ 4]$

(2) $f(x)=\sin x+\cos x$, $[0,\ 2\pi]$

(3) $f(x)=\dfrac{x}{x^2+1}$, $[0,2]$

(4) $f(x)=x\sqrt{4-x^2}$, $[-1,2]$

3. 함수 $f(x)=3x^5-10x^3+30x+7$은 극값을 갖지 않음을 보여라.

4. 함수 f가 점 c에서 극솟값을 갖고 $f'(c)$가 존재하면, $f'(c)=0$임을 보여라.

13.2 평균값 정리

평균값 정리(Mean Value Theorem)는 미분적분학에서 중요한 역할을 하는 정리로서, 미적분학의 많은 결과들이 이 정리에 의존하고 있다. 먼저, 평균값 정리에 이용하기 위해 다음 정리를 소개한다.

정리 13.6 롤(Rolle)의 정리

함수 $f(x)$가 다음 세 가지 조건

1. 닫힌 구간 $[a, b]$에서 연속이고,
2. 열린 구간 (a, b)에서 미분가능하며,
3. $f(a)=f(b)$

를 만족하면 $f'(c)=0$인 수 c가 구간 (a, b) 내에 존재한다.

증명 함수 $f(x)$가 구간 $[a, b]$에서 연속이므로 다음 세 가지 경우로 구분하여 증명한다.(그림 13.4에서 (a)는 경우 1, (b)는 경우 2, (c)는 경우 3, (d)는 경우 2와 경우 3에 동시에 적용된다.)

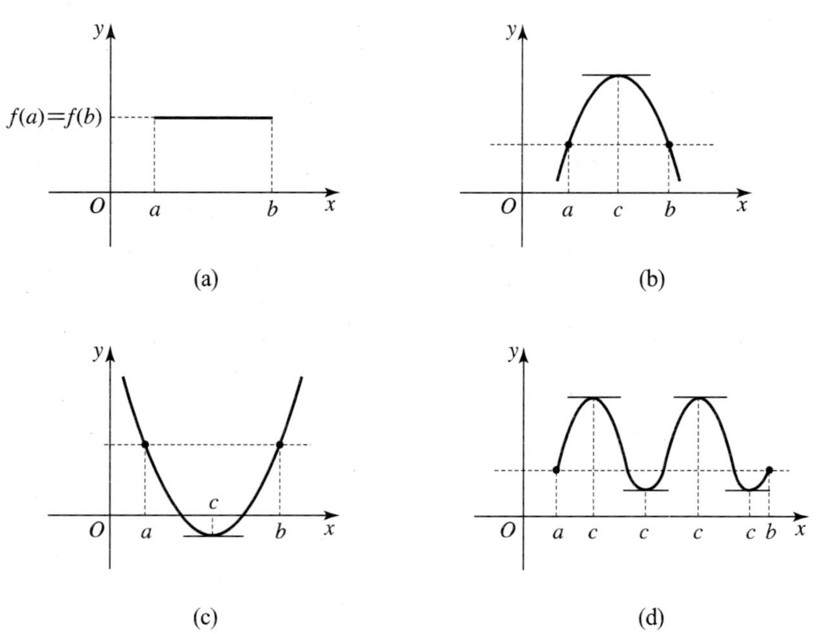

[그림 13.4]

경우 1. $f(x)=k$ (k는 상수)인 경우

이때는 모든 $x \in (a, b)$에 대하여, $f'(x)=0$이므로, c를 구간 (a, b)의 임의의 수로 선택하여도 $f'(c)=0$이 된다.

경우 2. 구간 (a, b)의 어느 한 점 x에서 $f(x)>f(a)=f(b)$인 경우

이 경우는 f가 닫힌 구간 $[a, b]$에서 연속이므로, 절대극값 정리에 의해 $f(c)$가 최댓값이 되는 점 c가 구간 $[a, b]$ 내에 존재한다. 그런데

$$f(c) \geq f(x) > f(a) = f(b)$$

이므로, $c \in (a, b)$이다. 따라서 $f(c)$는 극댓값이다. 그런데 $f(x)$가 열린 구간 (a, b)에서 미분가능하므로 $f'(c)$가 존재한다. 그러므로 페르마 정리에 의해 $f'(c)=0$이다.

경우 3. 구간 (a, b)의 어느 한 점 x에서 $f(x)<f(a)=f(b)$인 경우

이 경우에는 다시 절대극값 정리에 의해 $f(c)$가 최솟값이 되는 점 c가 구간 $[a, b]$ 내에 존재하고, 경우 2와 비슷한 이유로 이 값은 다시 극솟값이 된다. 따라서 또한 페르마 정리에 의해 $f'(c)=0$이 된다. ■

예제 13.9 함수 $f(x)=x^2-4x+1$은 닫힌 구간 $[0, 4]$에서 연속이고, 열린 구간 $(0, 4)$에서 미분가능하며, $f(0)=1=f(4)$이므로 롤의 정리 조건을 모두 만족한다. 그러므로 $f'(c)=0$인 점 c가 구간 $(0, 4)$ 내에 존재해야 한다. 특히, $f'(x)=2x-4$이고 $f'(c)=2c-4=0$을 만족해야 하므로, $c=2$임을 알 수 있다. ■

예제 13.10 예제 13.8에서 이용된 함수 $f(x)=x^{21}+x^{13}+x^3+x-5$는 단 하나의 실근만을 가짐을 보여라.

[풀이] 함수 $f(x)=x^{21}+x^{13}+x^3+x-5$는 다항함수로서, 실수 전체에서 연속이고 미분가능하다. 또한 $f(1)=-1<0<f(2)=2,105,349$이므로 중간값 정리에 의해 $f(x)$는 구간 $(1,2)$에서 적어도 하나의 실근 s를 갖는다. 만약 $f(x)$가 s 외에 또 다른 실근 t를 갖는다면, 함수 $f(x)$는 닫힌 구간 $[s.t]$ (또는 $[t,s]$)에서 연속이고, 열린 구간 $(s.t)$ (또는 (t,s))에서 미분가능하며, $f(s)=0=f(t)$이다. 그러므로 롤의 정리에 의해 $f'(c)=0$인 수 c가 구간 (s,t) (또는 (t,s)) 내에 존재한다. 그러나

$$f'(x)=21x^{20}+13x^{12}+3x^2+1 \geq 1 > 0$$

이므로 롤의 정리에 모순이다. 따라서 함수 $f(x)$는 두 개 이상의 실근을 가질 수 없다. 즉, 함수 $f(x)$는 단 하나의 실근만을 갖는다. ■

정리 13.7 평균값 정리(Mean Value Theorem)

함수 f가 닫힌 구간 $[a, b]$에서 연속이고, 열린 구간 (a, b)에서 연속이면,

$$f'(c) = \frac{f(b)-f(a)}{b-a} \quad (\text{또는 } f(b)-f(a) = f'(c)(b-a))$$

를 만족하는 수 c가 구간 (a, b)에 적어도 하나는 존재한다(그림 13.5).

증명

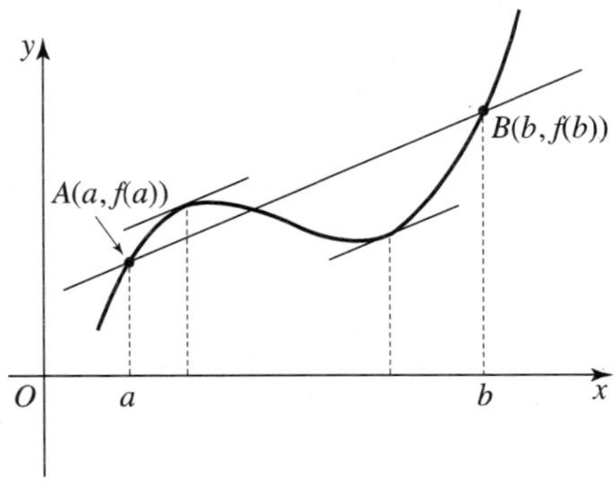

[그림 13.5]

곡선 $f(x)$ 상의 두 점 $(a,f(a))$와 $(b.f(b))$를 지나는 할선의 방정식

$$g(x) = f(a) + \frac{f(b)-f(a)}{b-a}(x-a)$$

는 닫힌 구간 $[a, b]$에서 연속이고, 열린 구간 (a, b)에서 미분가능하다. 그러므로 이때, $F(x) = f(x) - g(x)$라고 하면, $F(x)$는 닫힌 구간 $[a, b]$에서 연속이고, 열린 구간 (a, b)에서 미분가능하며, $F(a) = F(b) = 0$이므로, $F(x)$는 롤의 정리의 세 가지 조건을 충족한다. 따라서 $F'(c) = 0$인 점 c가 (a, b)에 적어도 하나는 존재한다. 그런데,

$$0 = F'(c) = f'(c) - g'(c) = f'(c) - \frac{f(b)-f(a)}{b-a}$$

이므로

$$f'(c) = \frac{f(b)-f(a)}{b-a}$$

이다. ■

예제 13.11 함수 $f(x) = x^3 - x^2 - x + 1$에 대하여, 구간 $[0, 2]$에서 평균값 정리를 만족하는 점 c를 모두 찾아라.

[풀이] $f(0)=1$, $f(2)=3$ 이므로 평균값 정리에 의해

$$\frac{f(2)-f(0)}{2-0}=\frac{3-1}{2}=1=f'(c)=3c^2-2c-1$$

인 c가 구간 $(0, 2)$에 존재한다. 그러므로 $3c^2-2c-2=0$인 c를 찾으면 된다. 근의 공식에 의해 $c=\frac{1\pm\sqrt{7}}{3}$을 얻는다. 이 중 $c=\frac{1+\sqrt{7}}{3}$만 구간 $(0, 2)$에 속한다. 그림 13.6에서 점 $(0, 1)$과 $(2, 3)$을 지나는 할선의 기울기와 점 $c=\frac{1+\sqrt{7}}{3}$에서 접선의 기울기가 같다.

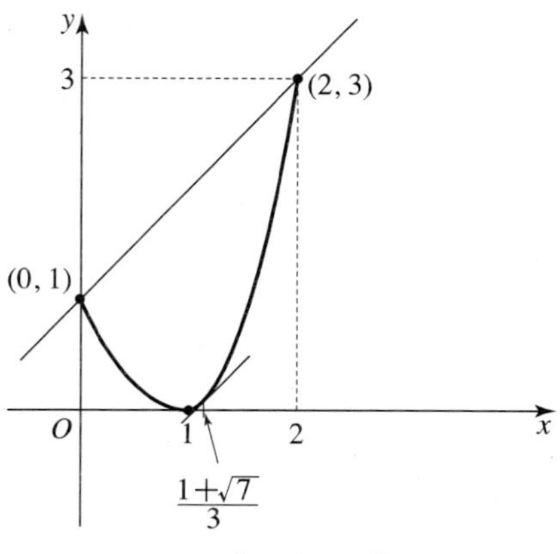

[그림 13.6]

예제 13.12 함수 $s=f(t)$를 한 움직이는 물체의 위치함수라고 하자. 이 물체가 시간의 구간 $[a, b]$에서 움직이고, $f(t)$가 미분가능하다고 하자. 그러면 평균값 정리는

$$\frac{f(b)-f(a)}{b-a}=f'(c)$$

를 만족하는 점 c가 구간 (a, b) 내에 적어도 하나는 존재한다는 것을 말해준다. 이것은 곧 구간 $[a, b]$에서 평균속도와 구간 (a, b) 내의 어떤 한 점 c에서 순간속도가 같다는 것을 의미한다.

상수함수 $f(x)=C$의 도함수는 0이다. 즉, $f(x)$가 상수함수이면 $f'(x)=0$이다. 그러면 역으로, $g'(x)=0$이면, $g(x)$는 상수함수일까? 다음 정리에서 그 답을 알 수 있다.

정리 13.8

함수 (x)가 열린 구간 (a, b) 내의 모든 점 x에서 $f'(x)=0$이면, 함수 $f(x)$는 구간 (a, b)에서 상수함수이다.

증명 결론을 부정하여 함수 $f(x)$가 구간 (a, b) 내의 모든 점 x에서 $f'(x)=0$ 이지만 함수 $f(x)$는 (a, b)에서 상수함수가 아니라고 하자. 그러면 구간 (a, b) 내의 적어도 서로 다른 두 점 x_1, x_2에서 $f(x_1) \neq f(x_2)$ 이다(여기서 $x_1 \leq x_2$ 라 하자). 그런데 $f(x)$가 열린 구간 (a, b)에서 미분가능하므로, 특히 $f(x)$는 닫힌 구간 $[x_1, x_2]$에서 연속이고, 열린 구간 (x_1, x_2)에서 미분가능하다. 그러므로 평균값 정리에 의해 $f'(c)=\dfrac{f(x_2)-f(x_1)}{x_2-x_1}$을 만족하는 점 c가 열린 구간 (x_1, x_2)에 존재한다. 그러나 조건에 의해 $f'(c)=0$ 인 반면에, 가정에서 $f(x_1) \neq f(x_2)$ 이므로 $\dfrac{f(x_2)-f(x_1)}{x_2-x_1} \neq 0$이 되어 모순이다. 그러므로 위의 가정 '구간 (a, b) 내의 적어도 서로 다른 두 점 x_1, x_2에서 $f(x_1) \neq f(x_2)$'가 옳지 않다는 것을 알 수 있다. 즉, 함수 $f(x)$는 구간 (a, b)에서 상수함수이다. ■

다음 정리는 적분에 있어서 부정적분은 유일하다는 것을 보여준다. 참고로 함수 $f(x)$의 **부정적분**이란 미분하면 $f(x)$가 되는 함수 전체의 모임을 말한다.

따름정리 13.9

열린 구간 (a, b)의 모든 점 x에서 $f'(x)=g'(x)$이면, 적당한 상수 C에 대하여 구간 (a, b)에서 $f(x)=g(x)+C$이다.

증명 $F(x)=f(x)-g(x)$라 하면 구간 (a, b)에서 $F'(x)=0$이다. 그러므로 정리 13.7에 의하여 적당한 상수 C에 대하여 구간 (a, b)에서 $F(x)=C$이다. 즉, $f(x)=g(x)+C$이다. ■

연습문제 13.2

1. 함수 $f(x) = 1 - x^{\frac{2}{3}}$은 $f(-1) = f(1)$이지만, $f'(c) = 0$인 점 c는 구간 $(-1, 1)$에 존재하지 않는다. 이 사실이 롤의 정리에 모순되지 않음을 설명하여라.

2. 함수 $f(x) = (x-3)^{-2}$는 $f(4) - f(1) = f'(c)(4-1)$인 c가 구간 $(1, 4)$에 존재하지 않는다. 이 사실이 평균값 정리에 모순되지 않음을 설명하여라.

3. 방정식 $x^3 + x - 1 = 0$은 오직 하나의 해만 가짐을 보여라.

4. 방정식 $x^4 + 2x^2 - 2 = 0$은 정확히 두 개의 해를 가짐을 보여라.

5. $a > 0,\ b > 0$일 때, 방정식 $x^5 + ax^3 + bx + c = 0$은 오직 하나의 해만 가짐을 보여라.

6. n차 다항식은 기껏해야 n개의 실근을 갖는다는 것을 보여라.

7. 임의의 두 실수 a, b에 대하여, $|\sin a - \sin b| \leq |a - b|$임을 보여라(평균값 정리 이용).

13.3 무한대에서 극한과 점근선

11장에서 함수의 수직점근선에 대하여 알아보았다. 이 절에서는 함수의 그래프를 그리기 위해 이용되는 무한대에서 극한과 다른 점근선에 대하여 알아본다. 먼저 함수 $f(x)$에 대하여, x가 무한히 커지거나 또는 무한히 작아질 때, $f(x)$의 움직임에 대하여 생각해 보자.

정의 13.10 직관적 정의

함수 $f(x)$가 구간 (a, ∞)에서 정의되어 있을 때, 기호 $\lim_{x\to\infty} f(x) = L$은 x가 충분히 커지면, 즉 x가 ∞ 방향으로 무한히 커지면, $f(x)$는 L에 임의로 가깝게 접근한다는 것을 의미한다. 이때, 직선 $y = L$을 함수 $f(x)$의 **수평점근선**이라고 한다.

위의 정의는 좀 더 엄밀하게 다음과 같이 정의한다.

정의 13.11 엄밀한 정의

함수 $f(x)$가 구간 (a, ∞)에서 정의되어 있을 때, 기호 $\lim_{x\to\infty} f(x) = L$은 임의의 $\epsilon > 0$에 대하여 $x > N$이면 $|f(x) - L| < \epsilon$을 만족하는 수 N이 존재한다는 것을 의미한다. 이때, 직선 $y = L$을 함수 $f(x)$의 **수평점근선**이라고 한다.

정의 13.9는 '기호 $\lim_{x\to\infty} f(x) = L$은 제아무리 작은 양수 ϵ이 주어지더라도 $x > N$이기만 하면 $f(x)$와 L과의 차이가 그 작은 양수 ϵ보다 더 작게 할 수 있는 적당히(아마도 상당히) 큰 수 N이 있다'는 것을 의미한다. 위와 비슷하게 x가 무한히 작아지는 경우에도 다음과 같이 정의를 할 수 있다.

정의 13.12 직관적 정의

함수 $f(x)$가 구간 $(-\infty, a)$에서 정의되어 있을 때, 기호 $\lim_{x\to-\infty} f(x) = M$은 x가 충분히 작아지면, 즉 x가 $-\infty$ 방향으로 무한히 작아지면, $f(x)$는 M에 임의로 가깝게 접근한다는 것을 의미한다. 이때, 직선 $y = M$을 함수 $f(x)$의 **수평점근선**이라고 한다.

정의 13.13 엄밀한 정의

함수 $f(x)$가 구간 $(-\infty, a)$에서 정의되어 있을 때, 기호 $\lim_{x \to -\infty} f(x) = M$은 임의의 $\epsilon > 0$에 대하여 $x < N$이면 $|f(x) - M| < \epsilon$을 만족하는 수 N이 존재한다는 것을 의미한다. 이때, 직선 $y = M$을 또한 함수 $f(x)$의 **수평점근선**이라고 한다.

위의 정의 또한 '기호 $\lim_{x \to -\infty} f(x) = M$은 제아무리 작은 양수 ϵ이 주어지더라도 $x < N$이기만 하면 $f(x)$와 M과의 차이가 그 작은 양수 ϵ보다 더 작게 할 수 있는 적당히 (아마도 상당히) 작은 수 N이 있다'는 것을 의미한다.

예제 13.13 $\lim_{x \to \infty} (1 + \frac{1}{x}) = 1$이고, $\lim_{x \to -\infty} (1 + \frac{1}{x}) = 1$이다. 그러므로 직선 $y = 1$은 $f(x) = 1 + \frac{1}{x}$의 수평점근선이다. ▬

예제 13.14 함수 $f(x) = \dfrac{3x^2 - 2x}{5x^2 + 4}$의 수평점근선을 구하여라.

[풀이] 분모의 최대 차수인 x^2으로 분자와 분모를 나누어, 각각의 무한대에서 극한을 구하여 보면

$$\lim_{x \to \infty} \frac{3x^2 - 2x}{5x^2 + 4} = \lim_{x \to \infty} \frac{3 - \frac{2}{x}}{5 + \frac{4}{x^2}} = \frac{3 - \lim_{x \to \infty} \frac{2}{x}}{5 + \lim_{x \to \infty} \frac{4}{x^2}} = \frac{3}{5}$$

이고

$$\lim_{x \to -\infty} \frac{3x^2 - 2x}{5x^2 + 4} = \lim_{x \to -\infty} \frac{3 - \frac{2}{x}}{5 + \frac{4}{x^2}} = \frac{3 - \lim_{x \to -\infty} \frac{2}{x}}{5 + \lim_{x \to -\infty} \frac{4}{x^2}} = \frac{3}{5}$$

이다. 그러므로 함수 $f(x)$의 수평점근선은 $y = \frac{3}{5}$이다. ▬

예제 13.15 함수 $f(x)=\dfrac{\sqrt{2x^2+1}}{3x-1}$ 의 수평점근선을 구하여라.

[풀이] 먼저 $x\to\infty$ 일 때의 극한을 취한 후 분모의 최고차수인 x로 분자와 분모를 나누어 극한을 계산하면

$$\lim_{x\to\infty}\frac{\sqrt{2x^2+1}}{3x-1}=\lim_{x\to\infty}\frac{\sqrt{2+\frac{1}{x^2}}}{3-\frac{1}{x}}=\frac{\sqrt{2+\lim_{x\to\infty}\frac{1}{x^2}}}{3-\lim_{x\to\infty}\frac{1}{x}}=\frac{\sqrt{2}}{3}$$

이다. 그러므로 수평점근선 $y=\dfrac{\sqrt{2}}{3}$ 를 얻는다. 이제 $x\to-\infty$ 일 때의 극한을 취한 후 분모의 최고차수인 x로 분자와 분모를 나누어 극한을 계산하면 $x<0$이므로

$$\lim_{x\to-\infty}\frac{\sqrt{2x^2+1}}{3x-1}=\lim_{x\to-\infty}\frac{-\sqrt{2+\frac{1}{x^2}}}{3-\frac{1}{x}}=-\frac{\sqrt{2+\lim_{x\to-\infty}\frac{1}{x^2}}}{3-\lim_{x\to-\infty}\frac{1}{x}}=-\frac{\sqrt{2}}{3}$$

이다. 그러므로 $y=-\dfrac{\sqrt{2}}{3}$ 또한 수평점근선이다. ■

정의 13.14

함수 $f(x)$가 구간 (a,∞)에서 정의되어 있을 때, 기호 $\lim_{x\to\infty}f(x)=\infty$는 임의의 $M>0$에 대하여 $x>N$ 이면 $f(x)>M$ 을 만족하는 수 N 이 존재한다는 것을 의미한다.

정의 13.15

함수 $f(x)$가 구간 $(-\infty,a)$에서 정의되어 있을 때, 기호 $\lim_{x\to-\infty}f(x)=\infty$ 는 임의의 $M>0$에 대하여 $x<N$ 이면 $f(x)<M$을 만족하는 수 N이 존재한다는 것을 의미한다.

정의 13.12와 13.13의 극한값에서 ∞ 대신 $-\infty$를 대입하여 유사하게 정의할 수도 있다.

예제 13.16 $\lim_{x\to\infty}(x^2-x)$의 극한을 구하여라.

[풀이] $\lim_{x\to\infty}(x^2-x)=\lim_{x\to\infty}x(x-1)=\infty$ 이다.

[주의] $\lim_{x\to\infty}x^2-\lim_{x\to\infty}x=\infty-\infty$ 로 쓸 수 없다.

예제 13.17 $\lim_{x\to-\infty}\dfrac{x^2+x}{3-x}$ 의 극한을 구하여라.

[풀이] 분모의 최대차수인 x로 나누어 계산하면

$$\lim_{x\to-\infty}\frac{x^2+x}{3-x}=\lim_{x\to-\infty}\frac{x+1}{\frac{3}{x}-1}=\frac{\lim_{x\to-\infty}x+1}{\lim_{x\to-\infty}\frac{3}{x}-1}=\frac{-\infty}{-1}=\infty$$

이다.

정의 13.16
함수 $f(x)$에 대하여
(1) $\lim_{x\to\infty}f(x)-(ax+b)=0$이거나, 또는
(2) $\lim_{x\to-\infty}f(x)-(ax+b)=0$이면,
직선 $y=ax+b$를 함수 $f(x)$의 **사선점근선**이라고 한다.

직선 $y=ax+b$가 함수 $f(x)$의 사선점근선이라는 의미는 $x\to\infty$ 또는 $x\to-\infty$일 때, $f(x)$의 그래프가 직선 $y=ax+b$에 접근해간다는 것을 의미한다.

예제 13.18 함수 $f(x)=\dfrac{x^3}{x^2+1}$의 사선점근선을 구하여라.

[풀이] 분자를 분모로 나누어서 몫과 나머지로 분리하면

$$f(x)=x-\frac{x}{x^2+1}$$

가 된다. 따라서

$$\lim_{x\to\pm\infty}f(x)-x=\lim_{x\to\pm\infty}\left[-\frac{x}{x^2+1}\right]=0$$

이다. 그러므로 사선점근선은 $y=x$ 이다. 즉, $x\to\pm\infty$일 때, $f(x)$의 그래프는 직선 $y=x$에 접근한다.

연습문제 13.3

1. 다음 함수의 (수직점근선을 포함하여) 모든 점근선을 찾아라.

(1) $y = \dfrac{x + x^3 + x^5}{1 - x^2 + x^4}$ (2) $y = \dfrac{x^3 - x}{x^2 - 6x + 5}$

(3) $y = \dfrac{\sqrt{9x^6 - x}}{x^3 + 1}$

2. 다음 극한을 계산하여라.

(1) $\lim\limits_{x \to \infty} (x^2 - x^3)$ (2) $\lim\limits_{x \to \infty} \dfrac{x^4 - x^3}{x^3 + 3x^2 + 1}$

13.4 도함수와 그래프

이 절에서는 주어진 함수의 도함수가 그 함수의 곡선의 어떤 특성들을 보여주는지 공부하고, 이를 이용하여 함수의 그래프를 그려본다.

13.4.1 함수의 1계 도함수가 주는 정보

정의 13.17

함수 $f(x)$에 대하여 구간 I의 임의의 두 점 $x_1,\ x_2$에 대하여, $x_1 < x_2$일 때마다 $f(x_1) \leq f(x_2)$이면, 함수 $f(x)$는 구간 I에서 **단조증가함수**라고 말하고, $f(x_1) < f(x_2)$이면, 함수 $f(x)$는 구간 I에서 **증가함수**라고 말한다. 반대로 $x_1 < x_2$일 때마다 $f(x_1) \geq f(x_2)$이면, 함수 $f(x)$는 구간 I에서 **단조감소함수**라고 말하고, $f(x_1) > f(x_2)$이면, 함수 $f(x)$는 구간 I에서 **감소함수**라고 말한다. 단조증가함수와 단조감소함수를 합하여 **단조함수**라고 한다.

정리 13.18

함수 $f(x)$에 대하여,

(1) 구간 I에서 모든 x에 대하여 항상 $f'(x) > 0$이면, $f(x)$는 구간 I에서 증가함수이고,
(2) 구간 I에서 모든 x에 대하여 항상 $f'(x) < 0$이면, $f(x)$는 구간 I에서 감소함수이다.

증명 (1) $x_1,\ x_2$를 구간 I의 $x_1 < x_2$인 임의의 두 점이라고 하자. 그러면 구간 I에서 $f'(x) > 0$이므로 $f(x)$는 구간 $[x_1,\ x_2]$에서 연속이며, $(x_1,\ x_2)$에서 미분가능하다. 따라서 평균값 정리에 의해 $f(x_2) - f(x_1) = f'(c)(x_2 - x_1)$을 만족하는 점 c가 구간 $(x_1,\ x_2)$에 존재한다. 그런데 $f'(x) > 0$이고 $x_2 - x_1 > 0$이므로 $f(x_2) - f(x_1) > 0$이 되어, $f(x_1) < f(x_2)$임을 알 수 있다. 그러므로 $f(x)$는 구간 I에서 증가함수이다.

(2) (1)과 같은 방법으로 증명할 수 있다(연습문제 13.4의 1번). ■

예제 13.19 함수 $f(x)=2x^3+9x^2-24x-10$의 증가구간과 감소구간을 찾아라.

[풀이] 함수 $f(x)$의 도함수를 구하면

$$f'(x)=6x^2+18x-24=6(x-1)(x+4)$$

이므로 구간 $(-\infty, -4)$와 구간 $(1, \infty)$에서 $f'(x)>0$이고, 구간 $-4<x<1$에서 $f'(x)<0$임을 알 수 있다. 따라서 구간 $(-\infty, -4)$와 구간 $(1, \infty)$에서 $f(x)$는 증가하고, 구간 $-4<x<1$에서 $f(x)$는 감소한다.

[1계 도함수를 이용한 극값 판정법]

점 c가 함수 $f(x)$의 임계점이라고 하자. 이때

(1) $f'(x)$의 부호가 점 c에서 양에서 음으로 변하면, $f(c)$는 극댓값이고,

(2) $f'(x)$의 부호가 점 c에서 음에서 양으로 변하면, $f(c)$는 극솟값이며,

(3) $f'(x)$의 부호가 점 c를 기준으로 바뀌지 않으면 $f(c)$는 극대도 극소도 되지 않는다.

예제 13.20 예제 13.19의 함수 $f(x)$의 극값을 구하여라.

[풀이] 예제 13.19의 풀이에 의해 함수 $f(x)$의 임계점은 $x=-4$와 $x=1$이고, $x=-4$를 기준으로 $f'(x)$의 부호가 양에서 음으로 바뀐다. 그러므로 $f(-4)=102$는 함수 $f(x)$의 극댓값이 된다. 또한 $f'(x)$의 부호가 $x=1$을 기준으로 음에서 양으로 변하기 때문에 $f(1)=-23$은 $f(x)$의 극솟값이다.

13.4.2 함수 $f(x)$의 2계 도함수가 주는 정보

혼동을 피하기 위하여 아래쪽에서 보는 곡선의 모양에 대해서만 볼록성을 얘기하기로 한다.

정의 13.19

구간 I에서 함수 $f(x)$의 그래프가 모든 접선보다 위에 놓일 때, 함수 $f(x)$는 구간 I에서 **아래로 볼록**(convex downward)이라 하고, $f(x)$의 그래프가 모든 접선보다 아래에 놓일 때, 함수 $f(x)$는 구간 I에서 **아래로 오목**(concave downward)이라 한다.

[함수의 볼록성 판정법]

(1) 구간 I의 모든 점 x에 대하여 $f''(x) > 0$이면, 함수 $f(x)$는 구간 I에서 아래로 볼록(convex downward)이고,

(2) 구간 I의 모든 점 x에 대하여 $f''(x) < 0$이면, 함수 $f(x)$는 구간 I에서 아래로 오목(concave downward)이다.

예제 13.21 예제 13.19의 함수 $f(x) = 2x^3 + 9x^2 - 24x - 10$의 볼록성을 판정하여라.

[풀이] $f'(x) = 6x^2 + 18x - 24$이므로 $f''(x) = 12x + 18 = 6(2x+3)$이다. 그러므로 $x < -\frac{3}{2}$이면 $f''(x) < 0$이고, $x > -\frac{3}{2}$이면 $f''(x) > 0$이다. 함수 $f(x)$는 따라서 구간 $\left(-\infty, -\frac{3}{2}\right)$에서 아래로 오목하고, 구간 $\left(-\frac{3}{2}, \infty\right)$에서 아래로 볼록하다.

정의 13.20

함수 $f(x)$가 점 c에서 연속이고, 점 c에서 곡선의 볼록성이 바뀌면, 즉, $f''(c)$의 부호가 점 c를 기준으로 바뀌게 되면, 곡선 위의 점 $(c, f(c))$를 함수 $f(x)$의 **변곡점**이라고 한다.

예제 13.22 예제 13.21에서 점 $\left(-\frac{3}{2}, \frac{79}{2}\right)$는 $f(x)$의 변곡점이다. 왜냐하면, 점 $x = -\frac{3}{2}$에서 $f(x)$는 연속이고, 이 점을 기준으로 $f''(x)$의 부호가 바뀌기 때문이다.

[2계 도함수를 이용한 극값 판정법]

함수 $f(x)$가 점 c의 근방 (c를 포함하는 한 열린 구간)에서 연속이고 $f'(c) = 0$일 때 다음과 같다.

(1) $f''(c) > 0$ 이면 $f(c)$는 $f(x)$의 극솟값이고,

(2) $f''(c) < 0$ 이면 $f(c)$는 $f(x)$의 극댓값이다.

예제 13.23 함수 $f(x) = 2x^3 + 9x^2 - 24x - 10$에 대하여, $f(x)$는 실수 전체에서 연속이고, $f'(-4) = 0 = f'(1)$ 이다. 그런데 $f''(-4) = -30 < 0$ 이므로, $f(-4) = 102$ 는 $f(x)$ 의 극댓값이고, 또한 $f''(1) = 30 > 0$ 이므로 $f(1) = -23$ 는 $f(x)$ 의 극솟값이다(예제 13.19와 비교).

13.4.3 곡선 그리기

이제 지금까지 배운 것들을 종합하여 가능하면 곡선의 특징이 잘 나타나도록 그래프를 그려보자. 주로 다음과 같은 특징들을 가능한 한 많이 조사하여 그래프에 반영되도록 그린다.

> **[함수 $y=f(x)$가 가진 곡선의 특징 찾기]**
>
> 1. 함수를 변형하지 않고 찾을 수 있는 특징
>   (1) 정의역, x절편(가능하면), y절편
>   (2) 대칭성(우함수, 기함수 등), 주기, 점근선(수직, 수평, 사선),
>   불연속점 주위에서 함수값의 움직임(즉 불연속점에서 극한)
> 2. 도함수 $f'(x)$로부터 찾을 수 있는 특징
>   임계점, 수직접선이 나타나는 점(도함수의 극한이 $+\infty$ 또는 $-\infty$로 나타나는 점), 증가 또는 감소구간, 극값
> 3. 2계 도함수 $f''(x)$로부터 찾을 수 있는 특징
>   볼록성, 변곡점(2계 도함수가 0이거나 존재하지 않는 점에서 나타난다.)

위의 특징들을 모두 조사하여, 가능하면(정의역에 포함되지 않는 불연속이 되는 점을 포함하여) 불연속점, 임계점과 변곡점이 될 가능성이 있는 점들을 모두 포함하는 표를 만들어 특성을 표시한 후, 그래프를 그리도록 하는 것이 좋다(아래 예제들 참조).

예제 13.24 함수 $f(x)=2x^3+9x^2-24x-10$의 특징이 잘 나타나도록 그래프를 그려라.

[풀이] 위의 특징 찾기에 따라서 하나씩 조사해 보자.

1. (1) 정의역은 실수 전체이다.
   x절편은 쉽게 찾기가 어려우므로 생략한다.
   y절편은 $f(0)=-10$이다.
   (2) 이 함수는 대칭성, 주기, 점근선이 없다.
2. $f'(x)=6x^2+18x-24=6(x-1)(x+4)$이므로 수직접선은 없고, 임계점은 $x=-4$와 $x=1$이다. 예제 13.19로부터

증가구간은 $x < -4$와 $x > 1$
감소구간은 $-4 < x < 1$ 이다.

또한 예제 13.23으로부터

극댓값은 $f(-4) = 102$,
극솟값은 $f(1) = -23$ 이다.

3. $f''(x) = 12x + 18 = 6(2x+3)$ 이므로 예제 13.21로부터

구간 $\left(-\infty, -\frac{3}{2}\right)$에서 아래로 오목하고,
구간 $\left(-\frac{3}{2}, \infty\right)$에서 아래로 볼록하다.

또한 예제 13.22로부터 점 $\left(-\frac{3}{2}, \frac{79}{2}\right)$는 $f(x)$의 변곡점이다. 그러므로 다음과 같은 표를 구할 수 있고 그것을 이용하여 다음 그래프를 얻는다(그림 13.7).

표 13.1

x 구간	$x < -4$	-4	$-4 < x < -\frac{3}{2}$	$-\frac{3}{2}$	$-\frac{3}{2} < x < 1$	1	$1 < x$
$f'(x)$의 부호	$+$	0	$-$	$-$	$-$	0	$+$
$f''(x)$의 부호	$-$	$-$	$-$	0	$+$	$+$	$+$
$f(x)$의 모양		102		$\frac{79}{2}$		-23	

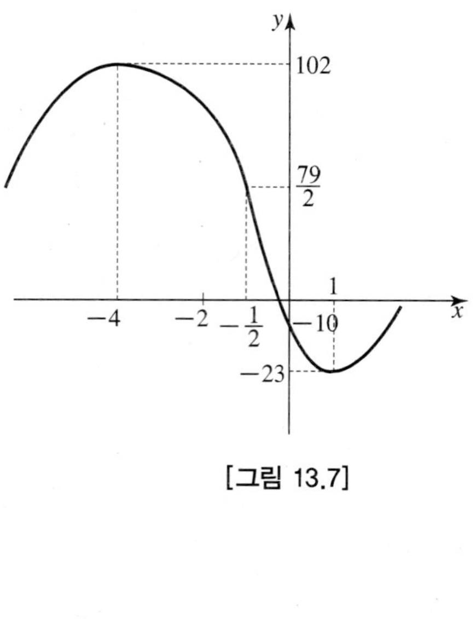

[그림 13.7]

예제 13.25 다음 조건들을 만족하는 함수의 그래프를 그려라.

$f'(2)=0,\ f(2)=-1,\ f(0)=1,\ f(1)=0=f(4),\ \lim_{x\to\infty} f(x)=1$

모든 x에 대하여 $f(-x)=f(x)$,

$0<x<2$일 때, $f'(x)<0$, $x>2$일 때, $f'(x)>0$

$f''(1)=0=f''(4)$, $0\le x<1$ 또는 $x>4$일 때, $f''(x)<0$,

$1<x<4$일 때, $f''(x)>0$

[풀이] 모든 x에 대하여 $f(-x)=f(x)$이므로 $f(x)$는 우함수, 즉 y축에 대칭이다. 그러므로 $x\ge 0$인 부분에 대해서만 표를 만들고 그래프를 그리자.

표 13.2

x 구간	0	$0<x<1$	1	$1<x<2$	2	$2<x<4$	4	$4<x$
$f'(x)$의 부호		$-$	$-$	$-$	0	$+$	$+$	$+$
$f''(x)$의 부호		$-$	0	$+$	$+$	$+$	0	$-$
$f(x)$의 모양	1	╮	0	╰	-1	╯	0	╭

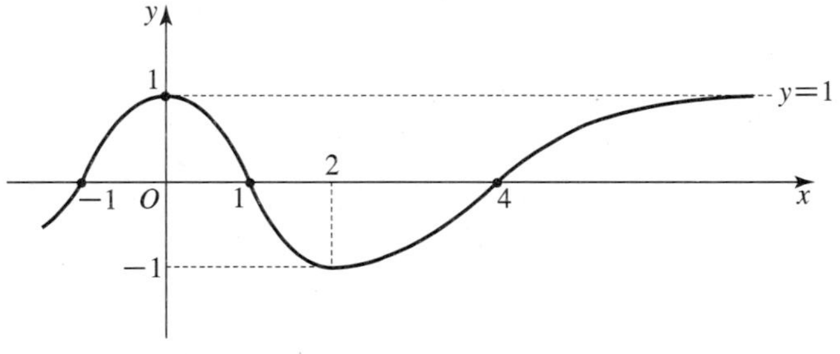

[그림 13.8]

표와 그림으로부터 $x=0$에서 극댓값을 갖고, $x=2$에서 극솟값을 가지며, 점 $(1,0)$과 $(4,0)$은 변곡점인 것을 쉽게 알 수 있다. 또한 곡선의 증가와 감소, 볼록성 등이 표와 그림으로부터 알기 쉽게 되어 있다. (여기서 주어진 정보에는 $f'(0)$에 대한 것이 없고, 심지어 미분이 가능한지조차 알 수 없다. 따라서 $x=0$에서 수평인 접선을 갖게 될지 아니면 꺾인 점으로 나타나게 될지는 알 수 없다.)

예제 13.26 함수 $f(x)=x^{\frac{2}{3}}(6-x)^{\frac{1}{3}}$ 의 그래프를 그려라.

[풀이] 다시 위의 특징 찾기를 따르자.

1. 함수로부터 쉽게 구할 수 있는 것은
   x 절편은 $x=0$과 $x=6$이고, $f(0)=0$뿐이다.
2. $f'(x)=\dfrac{4-x}{x^{\frac{1}{3}}(6-x)^{\frac{2}{3}}}$ 이므로 임계점은 $x=0,\ 4,\ 6$이다.
3. $f''(x)=\dfrac{-8}{x^{\frac{4}{3}}(6-x)^{\frac{5}{3}}}$ 이므로 변곡점이 나타날 수 있는 x의 값은 $x=0,\ 6$이다.

표 13.3

x 구간	$x<0$	0	$0<x<4$	4	$4<x<6$	6	$6<x$
$f'(x)$의 부호	$-$	없다.	$+$	0	$-$	없다.	$-$
$f''(x)$의 부호	$-$	없다.	$-$	$-$	$-$	없다.	$+$
$f(x)$의 모양	⌒(감소, 위로 볼록)	0	⌒(증가, 위로 볼록)	$2^{5/3}$	⌒(감소, 위로 볼록)	0	◡(감소, 아래로 볼록)

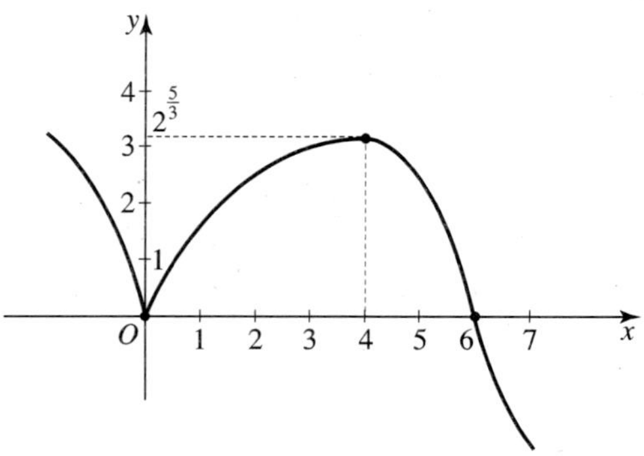

[그림 13.9]

표와 그림으로부터 $f(0)=0$은 극솟값이다. 그러나 $x=0$에서 $f''(0)$이 존재하지 않으므로 2계도함수 판정법은 사용할 수 없다. $f(4)=2^{\frac{5}{3}}$은 극댓값이고, 이것은 $x=4$를 기준으로 1계도함수의 부호가 변하는 것이나 또는 $f''(4)<0$인 것을 보고 확인할 수 있다. $x=6$인 경우도 역시 2계도함수 판정법으로 극값을 판정할 수는 없다. 그러나 이 점에서 $f'(x)$의 부호가 변하지 않으므로 극값은 나타나지 않음을 알 수 있다. 또한 $f''(x)$의 부호가 이 점을 기준으로 바뀌므로 점 $(6,\ 0)$은 변곡점이다. ■

연습문제 13.4

1. 함수 $f(x)$가 구간 I에서 모든 x에 대하여 항상 $f'(x) < 0$이면, $f(x)$는 구간 I에서 감소 함수임을 보여라.

2. 함수 $f(x) = x^3 + ax^2 + bx + c$는 $x = -1$에서 극댓값 6을 갖고, $x = 3$에서 극솟값을 갖는다고 한다. 상수 a, b, c와 극솟값을 구하여라.

3. 다음 함수의 특징들이 잘 나타나도록 표를 이용하여 그래프를 그려라.

(1) $f(x) = \dfrac{x^2 + 3}{x}$

(2) $f(x) = \sin x + \cos x$

(3) $f(x) = \dfrac{x^2}{\sqrt{x+1}}$

(4) $f(x) = \dfrac{x^2}{x^2 + 3}$

13.5 최적화하기

오늘날 모든 산업현장에서는 손실을 최소화하고 이익을 극대화하려고 한다. 또한 여러 학문에서도 주어진 양을 최대화하거나 최소화하는 방법을 연구하기도 한다. 이에 따라 이 절에서는 면적, 부피, 거리, 시간이나 가격 등의 문제를 미분을 이용하여 최대화하거나 최소화하는 방법을 생각한다.

이들 응용문제들은 주로 말로 표현되어 있기 때문에 이 문제들을 수학적인 함수로 바꾸는 것이 문제풀이의 열쇠가 되는 경우가 대부분이다. 그러므로 이러한 문제들의 풀이에 익숙하지 않은 사람들은 먼저 주어진 문제를 함수로 바꾸는 전략을 생각해보자.

최적화 문제의 풀이 단계

1단계: **문제의 이해.** 문제를 이해한다. 문제를 읽고 가능하면 그림으로 표현한다. 그림으로 표현하면 때로는 문제를 이해하기가 쉽다.

2단계: **변수 도입.** 그림에 변수를 도입한다. 문제에서 주어진 정보를 이해하여, 그림에 변수를 표시하고 구하려고 하는 양을 문자로 표현한다. (주의: 변수를 상수로 표현하고 나면 문제를 풀 수 없다. 따라서 문제에서 주어진 양을 모두 변수로 표시하고, 변수가 아닌 경우 하나씩 확인하여 상수로 바꾸는 것도 좋은 방법이다.)

3단계: **함수 표현.** 문자로 표현한 구하려는 양을 다른 변수들을 이용하여 함수로 표현한다. 이 과정에서는 관계식을 구할 수 있는 간단한 지식을 필요로 한다.

4단계: **변수 소거.** 함수로 표현된 식이 변수가 2개 이상인 경우, 변수를 하나로 바꾼다. 이 과정에서도 간단한 지식을 요하는 경우가 많다. 예를 들면, 두 점 사이의 거리, 도형의 면적, 입체의 부피, 피타고라스 정리 또는 삼각함수의 간단한 성질 등이 많이 이용된다.

5단계: **정의역 찾기.** 함수의 정의역을 구한다. 함수에서 독립변수에 허용된 최대 범위를 찾는다.

6단계: **문제 풀기.** 문제를 푼다. 이 과정에서 주로 미분법이 이용된다.

위 과정은 문제를 풀기 위한 하나의 전략일 뿐, 외울 필요는 없다. 문제를 풀어가면서 스스로에게 필요한 전략을 익히는 것이 중요하다. 먼저 간단한 예제로 시작하자.

예제 13.27 어떤 사람이 120 m 울타리를 가지고 곧게 뻗은 한쪽 담장을 경계로 하여 직사각형 모양의 정원을 만들고자 한다. 담장이 있는 부분은 울타리가 필요하지 않다. 면적을 최대로 하는 치수를 구하여라.

[풀이] (2단계 변수 도입) 그림 13.10에서 사각형의 세로를 x, 가로를 y라고 하자. 그리고 구하려는 면적을 A로 표시하자.

(3단계 함수 표현) 그러면 $A = xy$이다.

(4단계 변수 소거) 이제 함수에서 변수가 2개이므로 하나를 소거하자. 문제에서 울타리가 필요한 부분은 세로부분 2곳과 가로 하나뿐이다. 따라서 울타리를 치는 데 들어가는 총량은 $2x + y$이고, 이때 면적을 최대로 하려면 가진 울타리 재료를 모두 사용해야 할 것이다. 그러므로 $2x + y = 120$ 이 되고, $y = 120 - 2x$ 를 구하여 함수에 대입하면 $A = 120x - 2x^2$을 얻는다.

(5단계 정의역 찾기) 그런데 울타리 재료는 120 m이고 세로부분은 두 곳에 울타리를 쳐야 하므로 $0 \le x \le 60$ 이다.

(6단계 문제 풀기) 이제 A를 최대화 하는 것은 13.1절에서 배운 닫힌 구간에서 최댓값 찾기 문제와 같다. $\frac{dA}{dx} = 120 - 4x$ 이므로 임계점은 $x = 30$ 이고 이때 $y = 60$ 이므로 $A = 1800\ \text{m}^2$이다. x의 양 끝점에 해당하는 점 0과 60에서 $A = 0$이므로 최댓값은 $A = 1800\ \text{m}^2$이다. 즉 최대면적을 갖는 치수는 $x = 30$, $y = 60$ 이다.

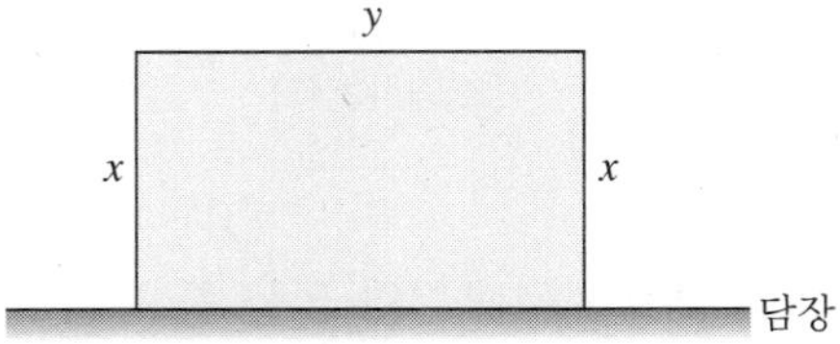

[그림 13.10]

예제 13.28 뚜껑이 없는 1 L가 들어가는 원통을 만들려고 한다. 모든 부분에 동일한 재료를 사용할 때, 소요되는 재료의 양을 최소화하기 위한 치수를 구하여라. 단, 접어서 잇는 부분은 무시한다.

[풀이] (2단계 변수 도입) 원통의 밑면의 반지름을 r이라 하고, 높이를 h, 사용되는 재료의 양을 A라 하자.

(3단계 함수 표현) 그러면 소요되는 재료의 양은 $A = \pi r^2 + 2\pi r h$이다.

(4단계 변수 소거) 변수가 r과 h 둘이므로, 원통의 부피가 $V = \pi r^2 h = 1$임을 이용하여, $h = \dfrac{1}{\pi r^2}$을 얻고, 이것을 다시 A에 대입하여,

$$A = \pi r^2 + 2\pi r \frac{1}{\pi r^2} = \pi r^2 + \frac{2}{r}$$

를 얻는다.

(5단계 정의역) 여기서 r은 원통의 반지름이므로, $r > 0$이다.

마지막으로 문제를 풀기 위해 A의 도함수를 구한다. 즉,

$$A' = \frac{dA}{dr} = 2\pi r - \frac{2}{r^2} = \frac{2\pi r^3 - \frac{1}{\pi}}{r^2}$$

이므로 임계점은 $r = \dfrac{1}{\sqrt[3]{\pi}}$이고, 다른 임계점은 없다. $0 < r < \dfrac{1}{\sqrt[3]{\pi}}$이면 $A' < 0$이고, $r > \dfrac{1}{\sqrt[3]{\pi}}$이면 $A' > 0$이므로 $r = \dfrac{1}{\sqrt[3]{\pi}}$일 때, A가 최소가 됨을 알 수 있다. 이때 $h = \dfrac{1}{\pi r^2} = \dfrac{1}{\sqrt[3]{\pi}}$이다.

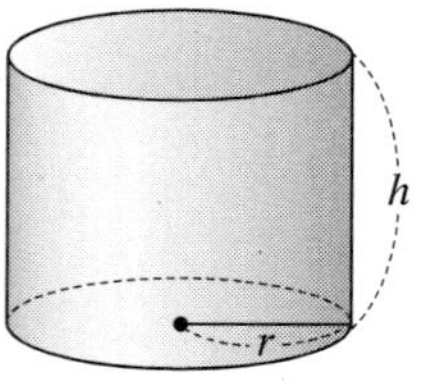

[그림 13.11]

예제 13.29 점 $(3, 0)$에서 포물선 $y = x^2$상의 점들 중 가장 가까운 점을 찾아라.

[풀이] 곡선 $y = x^2$상의 임의의 한 점을 (x, y)라 하고 점 $(3, 0)$에서 점 (x, y)까지의 거리를 d로 표시하자(2단계 변수 도입). 그러면 $d = \sqrt{(x-3)^2 + y^2}$ 이다(3단계 함수 표현). 이 때 점 (x, y)는 곡선 $y = x^2$ 위에 있으므로 $(x, y) = (x, x^2)$이다. 그러므로

$$d = \sqrt{(x-3)^2 + x^4} = \sqrt{x^4 + x^2 - 6x + 9}$$

이다(4단계 변수 소거). 여기서 점 (x, y)는 곡선 $y = x^2$상의 점이므로 x의 범위에는 제한이 없다(5단계 정의역). 마지막 단계인 문제 풀기로서, d를 최소로 만드는 x를 찾는 것은 d^2을 최소로 만드는 x를 찾는 것과 같다. d^2을 $f(x) = x^4 + x^2 - 6x + 9$로

놓고 최소화하자.

$$f'(x) = 4x^3 + 2x - 6 = 2(2x^3 + x - 3) = 2(x-1)(2x^2 - 2x + 3)$$

이므로 임계점은 $x = 1$ 하나뿐이다. 이때 $f''(x) = 12x^2 + 2 > 0$이고 $f''(1) = 14 > 0$ 이므로 $f(x)$는 $x = 1$에서 극소이자 최소임을 알 수 있다. 그러므로 점 $(3, 0)$에서 가장 가까운 점은 $(1, 1)$이다.

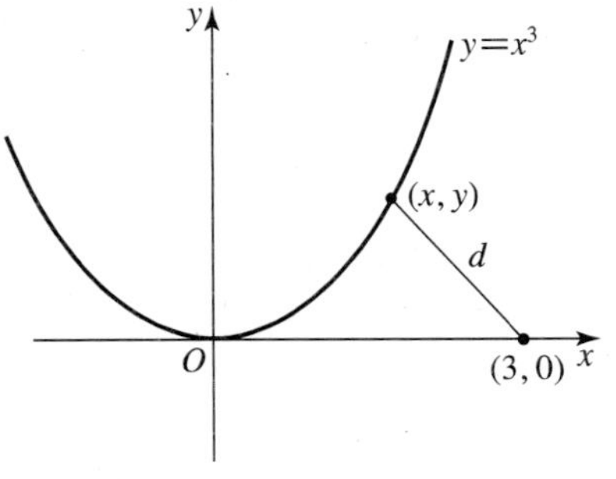

[그림 13.12]

예제 13.30 동서로 흐르는 폭이 3 km인 어느 강의 북쪽 강변에 위치한 한 마을 A로부터 남쪽으로 3 km, 동쪽으로 7 km 떨어진 곳의 남쪽 강변에 다른 마을 B가 있다. 강을 가로질러 두 마을을 연결하는 도로를 건설하려고 한다. 강에 다리를 건설하는 데 드는 비용은 km당 10억 원, 땅에 포장도로를 내는 데 드는 비용은 km당 7억 원이 든다고 한다. 비용을 최소화하는 도로건설방법을 제시하여라.

[풀이] 어느 지점에서 다리를 건설하든 마찬가지이므로 마을 A에서 다리가 건설된다고 하자. 마을 A에서 남쪽 강변에 수직으로 만나는 지점을 D라고 하자. 마을 A에서부터 강변 남쪽에 다리가 건설되는 지점을 C라 하고, D에서 C까지의 거리를 x라 하면, C에서 마을 B까지의 거리는 $8 - x$이고, 다리의 길이는 $\sqrt{x^2 + 9}$이다. 그러므로 도로를 건설하는 데 드는 총 비용은

$$C(x) = 10\sqrt{x^2 + 9} + 7(8 - x)$$

이다. 여기서 $0 \le x \le 8$임을 알 수 있다. 이제

$$C'(x) = \frac{10x}{\sqrt{x^2+9}} - 7 = \frac{10x - 7\sqrt{x^2+9}}{\sqrt{x^2+9}}$$

이므로 임계점은 분자를 0으로 만드는 값 $x = \dfrac{21}{\sqrt{51}}$ 하나뿐이다. $x < \dfrac{21}{\sqrt{51}}$이면

$C'(x) < 0$ 이고 $x > \dfrac{21}{\sqrt{51}}$ 이면 $C'(x) > 0$이 된다[이것을 실제로 계산하는 것이 어렵다면 $C'(x)$의 분자를 이루는 두 함수 $y = 10x$와 $y = 7\sqrt{x^2+9}$를 그려보면 쉽게 이해할 수 있다(그림 13.14 참고)]. 그러므로 마을 A에서 강의 남쪽 D로부터 거리가 $\dfrac{21}{\sqrt{51}}$ km 되는 지점까지의 다리를 건설하고 나머지 거리를 포장도로로 내는 것이 비용을 최소화한다.

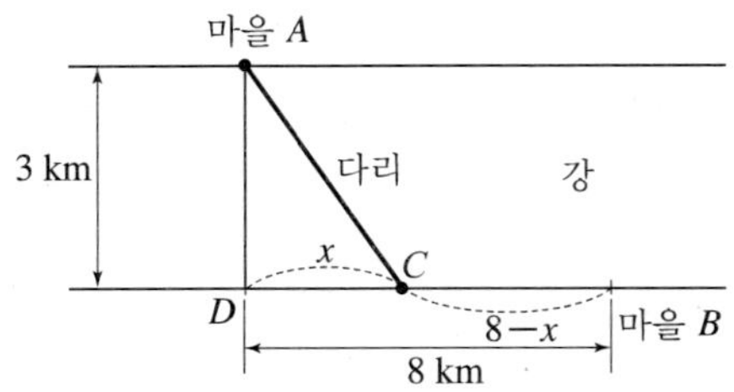

[그림 13.13]

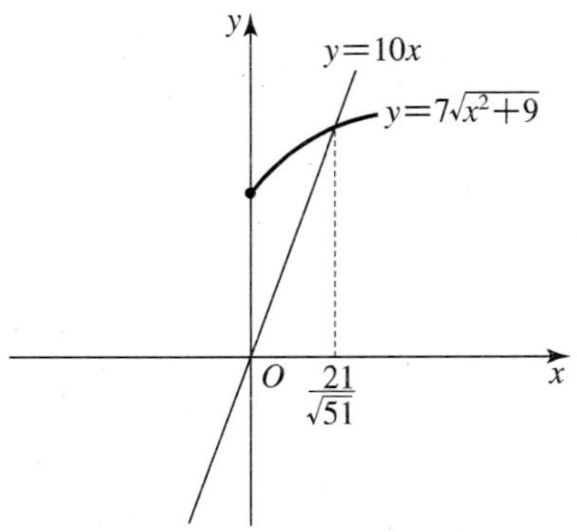

[그림 13.14]

연습문제 13.5

1. 한 변의 길이가 20 cm인 정사각형 모양의 판지의 네 귀를 정사각형 모양으로 잘라내고 접어서 뚜껑이 없는 상자를 만들려고 한다. 상자의 부피가 최대가 되도록 상자의 치수를 구하여라.

2. $y = \cos x$ 위의 점 중에서 점 $(0, 0)$에 가장 가까운 점을 구하여라.

3. 반지름이 R인 반원에 내접하는 직사각형 중 면적이 가장 큰 직사각형의 치수를 구하여라.

4. 두 수의 곱이 100일 때 합이 최소가 되는 두 양수를 구하여라.

5. 반지름이 r인 구에 내접하는 원기둥의 최대 부피를 구하여라.

6. 둘레의 길이가 L인 이등변삼각형 중 면적이 가장 큰 삼각형 각 변의 길이를 구하여라.

7. 예제 13.30에서 1 km당 다리를 건설하는 비용이 9억 원이고, 포장도로를 건설하는 비용이 6억 원이면, 비용을 최소화할 수 있는 건설방법을 제시하여라.

13.6 역도함수

움직이는 물체의 속도를 알고 있을 때, 특정한 시점에서 위치를 알 수 있을까? 혹은 어떤 양의 변화율을 알고 있을 때, 특정한 시점에서 그 양을 알 수 있을까? 이런 문제들은 모두 다음과 같은 수학적인 문제의 해결로 귀착된다. 즉, 도함수가 $f(x)$인 함수는 어떤 함수인가?

정의 13.21
구간 I에서 함수 $F(x)$의 도함수가 $f(x)$이면 $F(x)$는 구간 I에서 $f(x)$의 **역도함수**(anti-derivative)라고 부른다.

예를 들어 함수 $F(x)=x^3$의 도함수는 $F'(x)=3x^2=f(x)$이므로 $F(x)$는(실수 전체에서) $f(x)$의 한 역도함수이다. 또한 임의의 상수 C에 대하여 $G(x)=x^3+C$의 도함수 또한 $f(x)=3x^2$이므로 임의의 상수 C에 대하여 $G(x)=x^3+C$는 모두 $f(x)$의 역도함수이다.

정리 13.22
구간 I에서 함수 $F(x)$가 함수$f(x)$의 역도함수이면, 임의의 상수 C에 대하여 $F(x)+C$도 구간 I에서 함수가 $f(x)$의 역도함수이다.

구간 I에서 함수 $F(x)$가 함수 $f(x)$의 역도함수라면, 따름정리 13.8에 의하여 사실상 구간 I에서 $f(x)$의 역도함수는 $F(x)+C$꼴뿐이다.

예제 13.31 다음 함수들의 역도함수를 구하여라.

(1) $f'(x)=\cos x$

(2) $f'(x)=x^n\ (n\neq -1)$

(3) $f'(x)=\dfrac{1}{\sqrt{x}}$

[풀이] (1) $\frac{d}{dx}\sin x = \cos x$ 이므로 $f(x) = \sin x + C$이다. 여기서 C는 임의의 상수이다.

(2) $\frac{d}{dx}x^{n+1} = (n+1)x^n$ 이므로, 임의의 상수 C에 대하여, $f(x) = \frac{x^{n+1}}{n+1} + C$이다.

(3) $f'(x) = x^{-\frac{1}{2}}$ 이고, $\frac{d}{dx}x^{\frac{1}{2}} = \frac{1}{2}x^{-\frac{1}{2}}$ 이므로 $f(x) = 2x^{\frac{1}{2}} + C$이다. 여기서 C는 임의의 상수이다. ■

어떤 물체의 위치가 임의의 시간 t에서 $y(t)$이면, 그 물체의 속도 $v(t)$는 임의의 시간 t에서 $v(t) = y'(t)$ 이고, 그 물체의 가속도는 임의의 시간 t에서 $a(t) = v'(t) = y''(t)$이다. 그러므로 가속도함수 $a(t)$의 한 역도함수는 속도함수 $v(t)$가 되고, 속도함수 $v(t)$의 한 역도함수는 위치함수 $y(t)$임을 알 수 있다. 특히 초기속도 $v(0)$이 주어지는 경우 가속도함수 $a(t)$로부터 속도함수 $v(t)$를 하나의 함수로 특정할 수 있고, 마찬가지로 초기위치 $y(0)$이 주어진 경우에도 속도함수 $v(t)$로부터 위치함수 $y(t)$를 하나의 함수로 특정할 수 있다.

예제 13.32 어떤 질점이 직선 위를 움직이고 있고, 그 가속도는 $a(t) = 2t + 3\ \mathrm{cm/s^2}$이다. 초기속도는 $v(0) = -3\ \mathrm{cm/s}$ 이고 초기위치는 $s(0) = 6\ \mathrm{cm}$일 때, 그 질점의 속도함수 $v(t)$와 위치함수 $s(t)$를 구하여라.

[풀이] 가속도함수 $a(t) = 2t + 3$으로부터

$$v(t) = t^2 + 3t + C_1$$

이고 $v(0) = C_1 = -3$이므로 $v(t) = t^2 + 3t - 3$이다. 또한 $v(t)$로부터 위치함수는

$$s(t) = \frac{1}{3}t^3 + \frac{3}{2}t^2 - 3t + C_2$$

이고, $s(0) = C_2 = 6$ 이므로

$$s(t) = \frac{1}{3}t^3 + \frac{3}{2}t^2 - 3t + 6$$

이다. ■

예제 13.33 낙하하는 물체의 가속도는 $a(t) = -9.8\ \mathrm{m/s^2}$이다. 물체의 초기속도가 $v(0) = 0$이고 초기위치는 $y(0) = 4{,}000\ \mathrm{m}$일 때, 물체의 위치함수 $y(t)$를 구하여라.

[풀이] 가속도함수가 $a(t) = -9.8$이므로 속도함수는 $v(t) = -9.8t + C_1$이고, $v(0) = C_1 = 0$

이므로 $v(t) = -9.8t$이다. 따라서 $y(t) = -4.9t^2 + C_2$이고, $y(0) = C_2 = 4,000$이므로 $y(t) = -4,9t^2 + 4,000$ 이다.

일반적으로 '함수의 도함수를 포함하는 방정식'을 만족하는 함수를 구하는 문제를 **미분방정식**이라고 한다.

예제 13.34 $f'(x) = x\sqrt{x}$ 이고, $f(1) = 2$ 인 함수 $f(x)$를 구하여라.

[풀이] $f'(x) = x\sqrt{x} = x^{\frac{3}{2}}$ 으로부터 $f(x) = \frac{2}{5}x^{\frac{5}{2}} + C$이고, $f(1) = \frac{2}{5} + C = 2$이므로 $C = \frac{8}{5}$이 되어 $f(x) = \frac{2}{5}x^{\frac{5}{2}} + \frac{8}{5}$이다.

예제 13.35 $f''(x) = 12x^2 + 6x - 4$, $f(0) = 1$, $f(1) = 13$인 함수 $f(x)$를 구하여라.

[풀이] $f''(x) = 12x^2 + 6x - 4$로부터

$$f'(x) = 4x^3 + 3x^2 - 4x + C_1$$

이고,

$$f(x) = x^4 + x^3 - 2x^2 + C_1x + C_2$$

이다. $f(0) = C_2 = 1$이고, $f(1) = C_1 + C_2 = 13$이므로 $C_1 = 2$이다. 따라서

$$f(x) = x^4 + x^3 - 2x^2 + 2x + 1$$

이다.

연습문제 13.6

1. 다음 함수들의 (가능하면 일반적인 형태의) 역도함수를 구하여라.

(1) $f(x) = \sin x - \cos x$　　(2) $f(x) = 6x + 12x^2$

(3) $f(x) = \sqrt{x}(5 + 3x)$　　(4) $f(x) = \dfrac{2}{x^3}$

2. 다음 조건을 만족하는 함수 $f(x)$를 구하여라.

(1) $f'(x) = 5x^4 - 2x^5$, $f(0) = 4$

(2) $f''(x) = 6x + 12x^2$, $f(0) = 1$, $f(1) = 0$

(3) $f''(x) = \sin x + \cos x$, $f(0) = 3$, $f'(0) = 4$

3. 공을 땅 위 200 m의 높이에서 19.6 m/s의 속도로 위로 던졌을 때, t 초 후의 공의 높이를 구하여라. 공이 이를 수 있는 최고 높이는 얼마인가? (여기서 공에 작용하는 중력가속도는 9.8 $\mathrm{m/s^2}$이고, 다른 영향은 무시한다.)

4. 한 물체가 $v(t) = 3t^2 + 2\ \mathrm{m/s}$의 속도로 움직이고 있다. 처음 관측했을 때의 위치가 10 m라고 하면 관측 시점부터 처음 2초 동안 물체의 위치의 변화량은 얼마인가?

연습문제 해답

Chapter 01 집합

1.1

1. (1) $\{0\}$ (2) $\{x \mid x=2n,\ n \in \mathbb{N}\}$ (3) $\{0, 4, 8, 12\}$ (4) $\left\{\dfrac{x}{2} \,\middle|\, 0 \leqq x \leqq 2,\ x \in \mathbb{N}\right\}$

2. (1) $A \cap B = \{2, 4, 6\}$ (2) $A \cup B = \{1, 2, 4, 6, 7, 8, 9, 10\}$

(3) $A - B = \{7, 9\}$ (4) $B - A = \{1, 8, 10\}$

3. $\varnothing, \{1\}, \{5\}, \{1, 5\}$

6. $\varnothing,\ \{1\}, \{\{2, 3\}\},\ \{1, \{2, 3\}\}$

7. (1) $n(A \cup B) = 4$ (2) $n(A \times B) = 9$

8. (1) 13 (2) 20

1.2

1. (1) 거짓 (2) 거짓 (3) 참

2. (1) $\forall x \in \mathbb{R},\ x^2 > 0$ (2) $\exists x\ s.t.\ x^2 = 0$

3. (1) $\varnothing$ (2) A (3) $\{1, 3, 4\}$

4. (1) 충분조건 (2) 필요충분조건

Chapter 02 수의 체계

2.2

1. 곱셈

2. $|a| = |a-b+b| \leqq |a-b| + |b|$이므로, $|a| - |b| \leqq |a-b|$이고

$|b| = |b-a+a| \leqq |b-a| + |a|$이므로, $-|a| + |b| \leqq |b-a| = |a-b|$이다.

다시 말하면, $-|a-b| \leqq |a| - |b| \leqq |a-b|$이다.

따라서, $||a| - |b|| \leqq |a-b|$이다.

3. (1) $\inf A = -1$, $\sup A = \frac{3}{2}$

(2) $\inf B = -1$, $\sup B = 1$

(3) $\inf C$와 $\sup C$는 존재하지 않는다.

(4) $\inf D = \frac{-1-\sqrt{5}}{2}$, $\sup D = 0$

2.3

1. $x = -3$, $y = 4$

2. (1) $5-i$ (2) $\frac{2i}{5}$ (3) $12-3\sqrt{2}\,i$

(4) 0 (5) 1

3. $\frac{2i-1}{1-i} = \frac{-3+i}{2}$

Chapter 03 다항식

3.1

1. (1) $x^4 - x^2 - 2$ (2) $4x^2 + y^2 + 9z^2 + 4xy - 6yz - 12xz$

(3) $x^4 + 4x^3 - 7x^2 - 22x + 24$ (4) $x^4 + x^2 + 1$

(5) $2x^2 - y^2 - xy - x + 4y - 3$

2. (1) 8 (2) 7

3. -1

3.2

1. (1) $3xy(x^2y - 4y^4 - 3x)$ (2) $(x+1)(x-1)(x-3)$ (3) $(2x-1)(2x-1+y)$

(4) $(2x+z)(y-2x-z)$ (5) $xy(x+y)(z-y)$ (6) $(4x^2+y^2)(2x+y)(2x-y)$

(7) $(x+3y)(2x-y)$ (8) $(x-2)(x+5)(x+1)(x+2)$ (9) $(x^2-3x-3)(x^2+3x-3)$

(10) $(x+1)(x^2-x+4)$ (11) $(x+1)^2(x+2)$ (12) $(x-1)(x+1)(x-2)(x-3)$

(13) $(x+1)(2x-1)(3x^2-1)$ (14) $(x^3+1)(x+2y)$

2. 37

3. $-\frac{1}{6}$

4. $a=-3\,,b=-2$

5. $-x-2$

6. $\frac{1}{2}x+\frac{7}{2}$

3.3

1. 최대공약수: $(x-1)(x+2)$, 최소공배수: $(x-1)(x+2)(x+3)(x-3)$

2. 0

3. $a=-3$, 최소공배수: $(x+1)(x+2)(x-3)$

3.4

1. (1) $\frac{6}{a(a-6)}$ (2) $x-2$ (3) $\frac{\sqrt{6}-\sqrt{2}+2}{2}$

2. (1) -1 (2) -1 (3) -1

3. $-2\sqrt{3}$

4. 2

5. (1) 34 (2) $\pm 9\sqrt{3}$

6. $\sqrt{5}-1$

Chapter 04 도형

4.1

1. (1) $2\sqrt{13}$ (2) $2\sqrt{6}$

2. (1) $(3,-1)$ (2) $\left(\frac{1}{2},\ 4,\ \frac{3}{2}\right)$

3. $\left(-\frac{16}{7},\ \frac{26}{7}\right),\ \left(\frac{9}{7},\ \frac{16}{7}\right)$

4. $\left(0,\ 1,\ \frac{14}{3}\right),\ \left(7,\ 1,\ -\frac{14}{3}\right)$

5. $x=1,\ y=-6$

6. $\left(\frac{2}{3},\ \frac{4}{3},\ 2\right)$

4.2

1. -5

2. $y=\frac{1}{2}x+\frac{11}{2}$

3. $y=\frac{1}{3}x+\frac{7}{3}$

4. $y=\frac{2}{3}x-2$

5. (1) $y=1$ (2) $x=-\frac{4}{3}$

6.

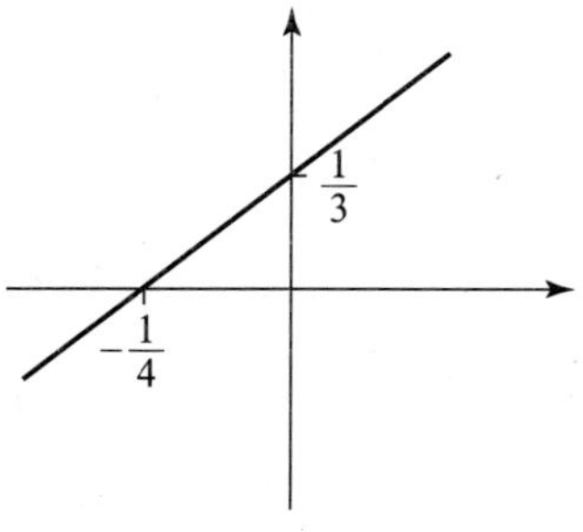

7. $y=\frac{1}{4}x-1$

8. $y=5x-6$

9. $y=-4x+\frac{11}{2}$

4.3

1. (1) 평행 (2) 한 점에서 만난다. (3) 일치 (4) 한 점에서 만난다.

2. $y=\frac{2}{3}x+\frac{1}{3}$

3. 2

4. $y=-\frac{4}{3}x-\frac{1}{2}$

5. 평행, $\frac{3\sqrt{5}}{10}$

6. 5

7. $a+b-3=0$

8. $y=-\dfrac{1}{9}x+\dfrac{5}{3}$

9. $y=\pm\dfrac{\sqrt{3}}{3}x+2$

4.4

1. $(x+2)^2+(y-5)^2=9$

2. (1) $\left(-2,\ -\dfrac{3}{2}\right)$, 반지름: $\dfrac{\sqrt{57}}{2}$

(2) $\left(\dfrac{1}{8},\ \dfrac{1}{8}\right)$, 반지름: $\dfrac{\sqrt{129}}{32}$

3. $\left(x+\dfrac{1}{2}\right)^2+\left(y-\dfrac{3}{2}\right)^2=\dfrac{41}{2}$

4. $(x-3)^2+y^2=26$

5. $(x+3)^2+y^2=53$

6. $10x^2+10y^2-x-19y-2=0$

7. $\dfrac{x^2}{7}+\dfrac{y^2}{16}=1$

8.

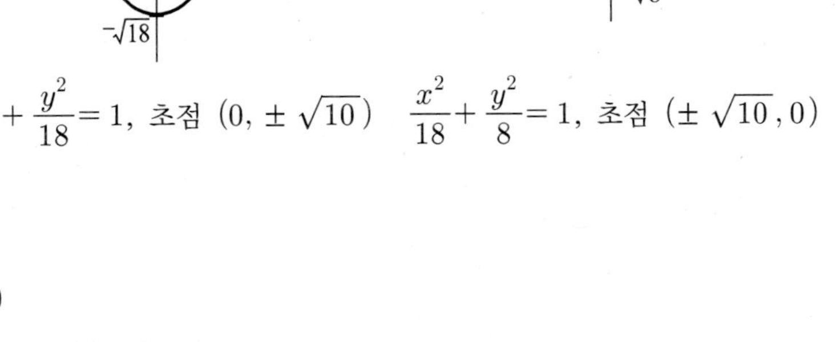

$\dfrac{x^2}{8}+\dfrac{y^2}{18}=1$, 초점 $(0,\ \pm\sqrt{10})$ $\dfrac{x^2}{18}+\dfrac{y^2}{8}=1$, 초점 $(\pm\sqrt{10},0)$

4.5

1. $(4,1)$

2. $3x-5y+22=0$

3. x축으로 1만큼, y축으로 4만큼 평행이동, $4x+y-9=0$

4. $-\dfrac{5}{4}$, $x^2+y^2=1$

5. $\dfrac{(x-3)^2}{9}+\dfrac{(y-2)^2}{4}=1$

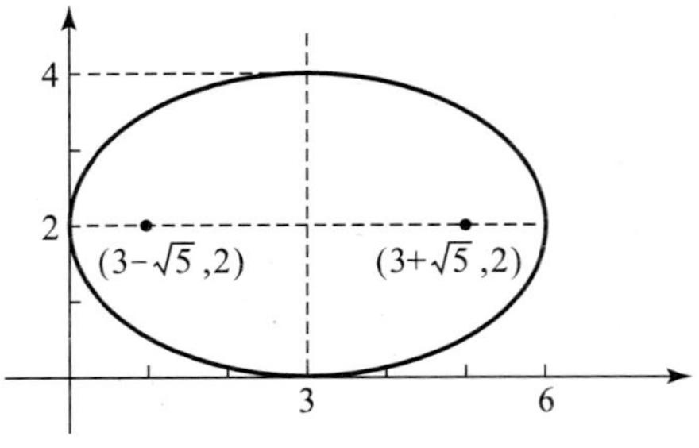

6. (1) $3y-9x=2$

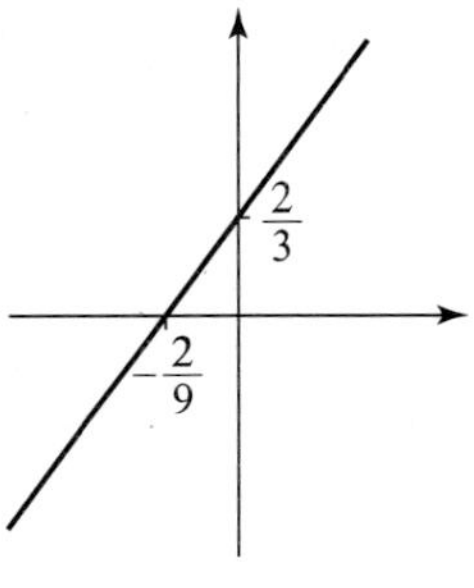

(2) $(x+3)^2+(y+4)^2=1$

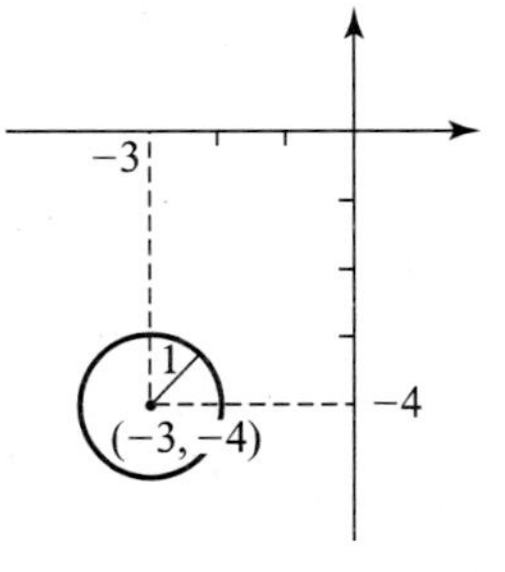

(3) $\dfrac{(x+1)^2}{8}+\dfrac{(y+3)^2}{2}=1$

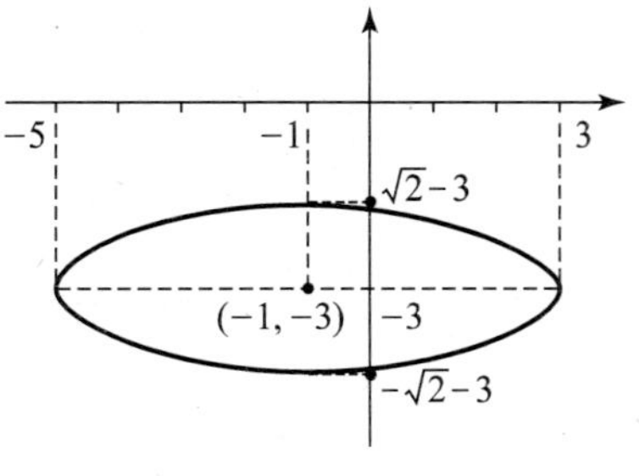

7. $4x+3y+4=0$

8. x축으로 6만큼, y축으로 0만큼 평행이동, $(x-6)^2+y^2=4$

Chapter 05 함수

5.1

1. (1) 정의역 $\mathbb{R}$, 치역 $\{y \mid y \geqq 1\}$ (2) 정의역 $\mathbb{R}$, 치역 $\{y \mid -1 \leqq y \leqq 1\}$

2. (1) $(f+g)(x)=x^2+\frac{1}{2}x+4$ (2) $\left(\frac{g}{f}\right)(x)=\frac{x+6}{2x^2+2}$

(3) $(f \circ g)(x)=\frac{1}{4}x^2+3x+10$ (4) $(g \circ f)(x)=\frac{1}{2}x^2+\frac{7}{2}$

3. $k=2$

4. (1) $y=\frac{1}{2}x^2-\frac{3}{2}(x \geqq 0)$ (2) $y=\frac{-x+2}{x-3}$ $(x \neq 3)$

5. -2

6. $\frac{2}{3}$

7. $\frac{1}{3}$

5.2

2. (1) 우함수 (2) 기함수

5.3

1. $a>1$

2. (1) $-1 \leqq x \leqq 3$ (2) $x<-1$ 또는 $0<x<\frac{1}{2}$

3. $b<-19$

4. (1) 최댓값: 0, 최솟값: 없음 (2) 최댓값: $2\sqrt{2}+1$, 최솟값: 3

5. $-2, 3$

5.4

1. (1) 정의역: $\mathbb{R}-\{1\}$, 치역: $\mathbb{R}-\{2\}$, 점근선의 방정식 $x=1, y=2$

(2) 정의역: $\mathbb{R}-\{-1\}$, 치역: $\mathbb{R}-\{-3\}$, 점근선의 방정식 $x=-1, y=-3$

2. (1) 정의역: $\{x|x \leqq -2\}$, 치역: $\{y \mid y \geqq 1\}$

(2) 정의역: $\{x|x \geqq -2\}$, 치역: $\{y \mid y \leqq 1\}$

3. (1) 치역: $\{y|y \leqq 1$ 또는 $y \geqq 5\}$ (2) 정의역: $\{1 \leqq x < 2$ 또는 $2 < x \leqq 5\}$

4. (1) 정의역: $\mathbb{R}-\{2\}$, 치역: $\mathbb{R}-\{1\}$

(2) 정의역: $\{x|x \leqq 2\}$, 치역: $\{y \mid y \geqq -1\}$

5. $0 \leqq m \leqq \frac{1}{\sqrt{8}}$

6. 최솟값: $\sqrt{3}-3$, 최댓값: $\sqrt{7}-3$

Chapter 06 방정식과 부등식

6.1

1. $a \neq 1 \Rightarrow x = \frac{-a-1}{a-1}$ $a=1 \Rightarrow x$: 불능

2. (1) $x=1$, $x=\frac{5}{3}$ (2) $x=\frac{5}{2}$

3. (1) $x=\frac{1}{2}$ or $x=-\frac{7}{3}$ (2) $x=\frac{-7\pm\sqrt{57}}{4}$ (3) $x=\frac{4\pm\sqrt{10}}{3}$ (4) 해가 없다.

4. $x^2-4x+1=0$

5. $m>-\frac{1}{2}$, $m \neq \frac{1}{2}$

6. $a=-3$, $b=\frac{27}{4}$

7. (1) $a=1$, $b=-1$ (2) $\alpha^2+\beta^2=-1$, $\alpha^3+\beta^3=2$

6.2

1. (1) $x=-1$, $\frac{1\pm\sqrt{23}\,i}{2}$ (2) $x=0$, 2, $-1\pm\sqrt{3}\,i$ (3) $x=2$ (중근), $x=2\pm\sqrt{10}$

(4) $x=2\pm\sqrt{5}$, $x=-1\pm\sqrt{2}$ (5) -3, $\pm 3i$

2. 5

3. (1) -2 (2) -35 (3) -4

6.3

1. (1) $x=-3$, $y=2$, $z=-2$ (2) $x=6$, $y=-4$, $z=0$

(3) $x=\pm 2i$, $y=\pm i$; $x=\pm 5\sqrt{2}$, $y=\pm\sqrt{2}$ 복호동순

(4) $\begin{cases} x=0 \\ y=-1 \end{cases}$, $\begin{cases} x=-1 \\ y=0 \end{cases}$, $x=y=\frac{1\pm\sqrt{5}}{2}$

(5) $\begin{cases} x = 1+\sqrt{2} \\ y = 1-\sqrt{2} \end{cases}$, $\begin{cases} x = 1-\sqrt{2} \\ y = 1+\sqrt{2} \end{cases}$, $\begin{cases} x = \dfrac{-1+\sqrt{17}}{2} \\ y = \dfrac{-1-\sqrt{17}}{2} \end{cases}$, $\begin{cases} x = \dfrac{-1-\sqrt{17}}{2} \\ y = \dfrac{-1+\sqrt{17}}{2} \end{cases}$

2. $\frac{4}{3}$ 시간

6.4

1. (1) $x = 4$ (2) $x = \frac{19}{7}$ (3) $x = 2, -1$

2. (1) $x = \pm\sqrt{5}$ (2) $x = 4$ (3) $x = 4, -2$

6.5

1. (1) $-4 \leqq x \leqq 7$ (2) $x \leqq -1$ or $4 \leqq x$

2. (1) $x \leqq -5$ or $-3 \leqq x$ (2) $x < 1$ or $2 < x$ (3) $-1 < x < 2$

3. (1) $-11 < x < 1$ (2) $x < -3, -1 < x < 1$ (3) $x < 0, \frac{1}{2} \leqq x \leqq 1$

4. $2 < x < 3$

Chapter 07 수열과 급수

7.1

1. (1) $3n+1$ (2) $2-\frac{n}{2}$ (3) $(-1)^n$ (4) $(-1)^n 3^{2-n}$

2. (1) 100 (2) 120 (3) $31(2+\sqrt{2})$ (4) $3^{n+1}-3$

3. 26

4. -1 또는 $\frac{5}{2}$

5. 17

6. 2, 6, 18

7. $a = 6$, $b = 18$

8. 55

9. 156,600원

10. 8

7.2

1. (1) $\sum_{k=1}^{n}(3k-1)$ (2) $\sum_{k=1}^{13}(2k-1)$

2. (1) 2845 (2) $\frac{5}{22}$ (3) $3+2\sqrt{2}$ (4) $\frac{509}{256}$ (5) 825

3. 275

4. 202

5. 제65항

6. $a=2,\ b=2,\ c=-1$

7. 8

8. $8n^2+6n$

9. $\frac{7(10^{n+1}-9n-10)}{81}$

10. 100

7.3

1. (1) 0 으로 수렴 (2) 1 로 수렴 (3) 발산 (4) $\frac{5}{2}$ 로 수렴

2. (1) $\frac{1}{2}$ (2) 1 (3) 3 (4) 2

3. 1

4. $a=0,\ b=6$

5. $3 \leqq x < 5$

6. 2

7. 0

8. 생략

9. 7

7.4

1. (1) $\frac{1}{2}$ 로 수렴 (2) ∞ 로 발산 (3) 발산 (4) 1 로 수렴 (5) 발산 (6) $-\frac{1}{5}$ 로 수렴

2. $-2 < x < 0$ 또는 $0 < x < 2$

3. $\dfrac{\sqrt{2}}{2}$

4. $\dfrac{1}{4}$

5. 81

6. $8(2+\sqrt{2})$

Chapter 08 행렬과 행렬식

8.1

1. (1) $2A-B=\begin{bmatrix}10 & -3 & 6\\ 3 & 2 & 2\end{bmatrix}$ (2) $AC+2BC=\begin{bmatrix}-35 & -57\\ 14 & -7\end{bmatrix}$

2. $a=4,\ b=2$

3. $a=1,\ b=0,\ c=-1,\ d=-2$

4. (1)과 (2) 모두 성립하지 않는다.

5. (1) $n=6$, (2) $A^{721}=A$

6. $A^tA=\begin{bmatrix}9 & -3 & 12\\ -3 & 2 & -6\\ 12 & -6 & 20\end{bmatrix}$, $AA^t=\begin{bmatrix}5 & -9\\ -9 & 26\end{bmatrix}$

8.2

1. $a=-1, 1, 2$

2. (1) -19 (2) -24 (3) -6

3. (1) -20 (2) -10 (3) -10

4. (1) 참 $|AB|=|A||B|=|B||A|=|BA|$.

(2) 참 $\det(AB)=\det(A)\det(B)=0$ 이므로 $\det(A)=0$ 또는 $\det(B)=0$.

(3) 참

8.3

1. $A^{-1}=\begin{bmatrix}\cos\theta & \sin\theta\\ -\sin\theta & \cos\theta\end{bmatrix}$

2. (1) $\begin{vmatrix}2 & 6\\ 1 & 3\end{vmatrix}=0$이므로 역행렬은 존재하지 않는다.

(2) $\frac{1}{10}\begin{bmatrix} 1 & 2 \\ -3 & 4 \end{bmatrix}$

(3) $\frac{1}{24}\begin{bmatrix} 3 & 0 & -12 \\ -2 & 8 & 8 \\ 3 & 0 & 12 \end{bmatrix}$

(4) $\frac{1}{12}\begin{bmatrix} -5 & 4 & 3 \\ 7 & -8 & 3 \\ 1 & 4 & -3 \end{bmatrix}$

3. $adj(A) = \begin{bmatrix} A_{11} & A_{21} & A_{31} \\ A_{12} & A_{22} & A_{32} \\ A_{13} & A_{32} & A_{33} \end{bmatrix} = \begin{bmatrix} 5 & -3 & 2 \\ -4 & 5 & -12 \\ 1 & 2 & 3 \end{bmatrix}$

$adj(B) = \begin{bmatrix} -7 & 6 & -1 \\ 1 & 0 & -1 \\ 1 & -2 & 1 \end{bmatrix}$

4. (1) $\begin{bmatrix} 3 & -1 \\ 1 & 2 \end{bmatrix}$의 역행렬은 $\frac{1}{7}\begin{bmatrix} 2 & 1 \\ -1 & 3 \end{bmatrix}$이므로 $\begin{bmatrix} x \\ y \end{bmatrix} = \frac{1}{7}\begin{bmatrix} 2 & 1 \\ -1 & 3 \end{bmatrix}\begin{bmatrix} 2 \\ 3 \end{bmatrix} = \begin{bmatrix} 1 \\ 1 \end{bmatrix}$

(2) $A = \begin{bmatrix} 7 & -1 & 1 \\ 10 & -2 & -1 \\ 6 & 3 & 2 \end{bmatrix}$이고 $|A| = 61$.

$$X = \begin{bmatrix} x \\ y \\ z \end{bmatrix} = A^{-1}\begin{bmatrix} 0 \\ 8 \\ 7 \end{bmatrix} = \frac{1}{|A|}adj(A) \cdot \begin{bmatrix} 0 \\ 8 \\ 7 \end{bmatrix} = \frac{1}{61}\begin{bmatrix} -1 & 5 & 3 \\ -26 & 8 & 7 \\ 42 & -27 & -4 \end{bmatrix}\begin{bmatrix} 0 \\ 8 \\ 7 \end{bmatrix} = \begin{bmatrix} 1 \\ 3 \\ -4 \end{bmatrix}$$

5. (1) $A = \begin{bmatrix} 3 & 2 & 4 \\ 2 & -1 & 1 \\ 1 & 2 & 3 \end{bmatrix}$라 하면 $|A| = -5$이므로

$$x = -\frac{1}{5}\begin{vmatrix} 1 & 2 & 4 \\ 0 & -1 & 1 \\ 1 & 2 & 3 \end{vmatrix} = -\frac{1}{5}, \quad y = -\frac{1}{5}\begin{vmatrix} 3 & 1 & 4 \\ 2 & 0 & 1 \\ 1 & 1 & 3 \end{vmatrix} = 0, \quad x = -\frac{1}{5}\begin{vmatrix} 3 & 2 & 1 \\ 2 & -1 & 0 \\ 1 & 2 & 1 \end{vmatrix} = \frac{2}{5}$$

(2) $x = 0,\ y = 0,\ z = \frac{1}{2}$

Chapter 09 삼각함수

9.1

1. (1) $30°$ (2) $165°$ (3) $\frac{7}{3}\pi$ (4) $\frac{3}{2}\pi$ (5) $-240°$ (6) $225°$ (7) $-\frac{10}{9}\pi$ (8) $\frac{\pi}{4}$

2. (1) $\frac{5}{\sqrt{41}}$ (2) $-\frac{4}{\sqrt{41}}$ (3) $-\frac{5}{4}$ (4) $-\frac{\sqrt{41}}{4}$ (5) $\frac{\sqrt{41}}{5}$ (6) $-\frac{4}{5}$

3. $\theta = 2\,\text{rad}$, 호의 길이 $l = 6$

4. $\cos\theta = \dfrac{2\sqrt{6}}{7}$, $\tan\theta = -\dfrac{5\sqrt{6}}{12}$

5. $\sin\theta = -\dfrac{2\sqrt{2}}{3}$, $\cot\theta = \dfrac{\sqrt{2}}{4}$

6. (1) 4π (2) $\dfrac{2\pi}{3}$ (3) π (4) 2π (5) $\dfrac{\pi}{2}$ (6) π (7) 2π (8) 4π

7. (1) $2 \leqq y \leqq 4$ (2) 실수 전체 집합 (3) $y \leqq -1,\ y \geqq 3$ (4) $y \leqq -6,\ y \geqq 2$

8. (1)

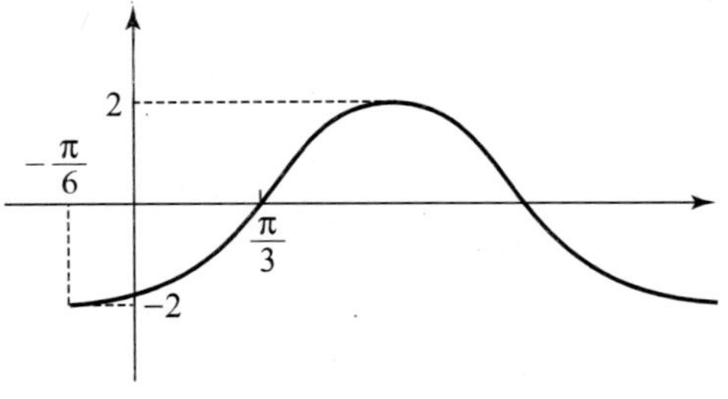

(2)

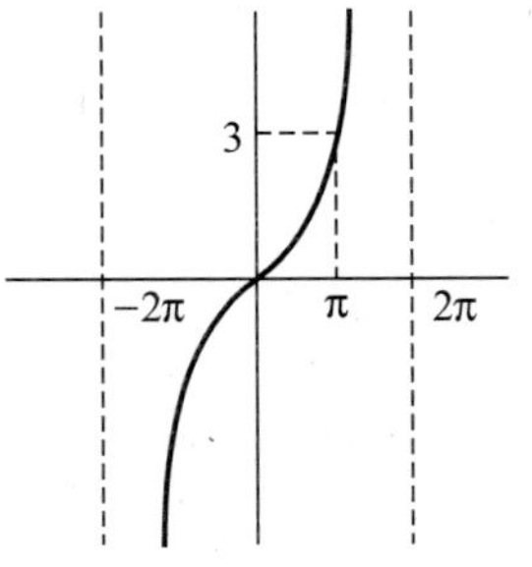

(3)

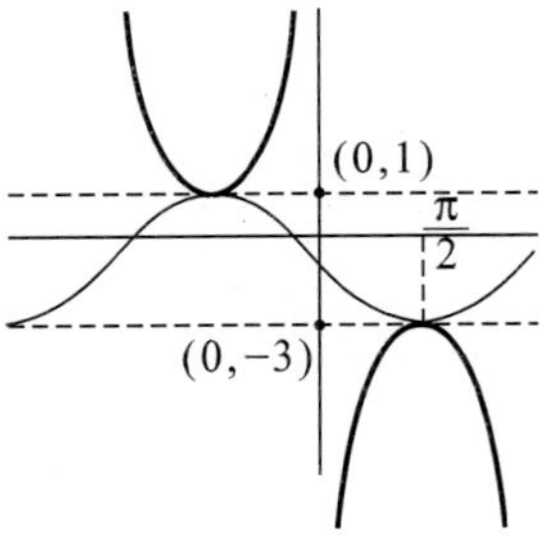

9. $x \neq n\pi$ (n은 정수)

10. $\cot 90° = \dfrac{0}{a} = 0$

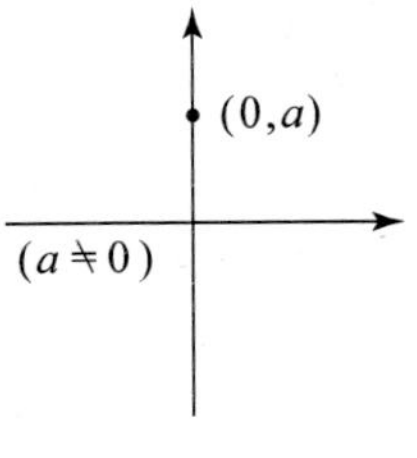

9.2

1. (1) $-\frac{\sqrt{3}}{2}$ (2) $-\sqrt{2}$ (3) $-\frac{\sqrt{3}}{3}$ (4) $\sqrt{2}$ (5) $\frac{\sqrt{3}}{3}$ (6) $-\frac{\sqrt{2}}{2}$

2. (1) $\frac{\sqrt{2}}{2}$ (2) $\frac{1}{2}$ (3) 1 (4) $\frac{2\sqrt{3}}{3}$ (5) 2

3. $\cos\theta = -\sqrt{1-a^2}$, $\tan\theta = -\frac{a}{\sqrt{1-a^2}}$

4. (1) $\frac{\sqrt{2}-\sqrt{6}}{4}$ (2) $2+\sqrt{3}$ (3) $\sqrt{6}+\sqrt{2}$ (4) $\sqrt{6}+\sqrt{2}$

5. $-\frac{4}{9}$

6. 1

7. $\sin 22.5° = \frac{\sqrt{2-\sqrt{2}}}{2}$, $\cos 22.5° = \frac{\sqrt{2+\sqrt{2}}}{2}$, $\tan 22.5° = \sqrt{2}-1$

8. $\sin 2x = \frac{20\sqrt{6}}{49}$, $\cos 2x = -\frac{1}{49}$, $\tan 2x = -20\sqrt{6}$

9. $\sin 3\theta = 3\sin\theta - 4\sin^3\theta$

10. (1) $\frac{\sqrt{3}+1}{4}$ (2) $-\frac{1}{4}$

11. 0

12. 0

13. 최댓값 4, 최솟값 0

14. 최댓값 5, 최솟값 -5

9.3

1. $3\sqrt{3}$

2. $A = \sin^{-1}\frac{\sqrt{3}}{4} \approx 25.6589$

3. 각 $\frac{1}{12}\pi$, 나머지 변의 길이: $b = \frac{3\sqrt{2}}{2}$, $c = \frac{3-\sqrt{3}}{2}$

4. $\frac{\sqrt{15}-\sqrt{11}}{2}$

5. $\sqrt{25+12\sqrt{2}}$

6. $\frac{15\sqrt{3}}{4}$

7. 둔각삼각형

8. 넓이 $\frac{\sqrt{15}}{2}$, 높이 $\frac{\sqrt{15}}{2}$

9.4

1. (1) $60°,\ 90°,\ 120°,\ 270°$

(2) $90°$

(3) $30°,\ 150°,\ 210°,\ 330°$

2. (1) $n\pi+(-1)^n\frac{\pi}{6}+\frac{\pi}{3}$, ($n$은 정수)

(2) $\frac{n\pi}{2}+\frac{1}{3}\pi$, $\frac{n\pi}{2}-\frac{1}{12}\pi$, ($n$은 정수)

(3) $\frac{n\pi}{3}+\frac{\pi}{18}$, ($n$은 정수)

3. (1) $0<x\leqq\frac{\pi}{3}$ 또는 $\frac{2\pi}{3}\leqq x<\pi$

(2) $0\leqq x\leqq\frac{\pi}{3}$ 또는 $\frac{4\pi}{3}\leqq x<2\pi,\ x\neq\frac{\pi}{2},\ \frac{3\pi}{2}$

(3) $0\leqq x\leqq\frac{7}{6}\pi$ 또는 $\frac{11}{6}\pi\leqq x\leqq 2\pi,\ x=\frac{3\pi}{2}$

Chapter 10 지수와 로그

10.1

1. (1) x^{10} (2) x^2y^4 (3) x^3 (4) y^{13}

2. (1) 1 (2) $\frac{1}{25}$ (3) 27 (4) 16

3. (1) a^3 (2) $a^{\frac{3}{4}}$ (3) 2 (4) $\frac{1}{3}$ (5) 2

4. (1) $a-b$ (2) $a-b$

5. (1) 5 (2) $\pm\sqrt{3}$

6. $-\frac{14}{13}$

7. 3

8. 1

9. $\sqrt{2}+\sqrt{3}$

10. 71,680 km

10.2

1. (1) $\log_4 16 = 2$ (2) $\log_9 3 = \frac{1}{2}$ (3) $\log_{25} 125 = \frac{3}{2}$ (4) $\log_4 8 = \frac{3}{2}$

2. (1) $2^5 = 32$ (2) $3^3 = 27$ (3) $4^{\frac{3}{2}} = 8$ (4) $\left(\frac{1}{10}\right)^{-3} = 1000$

3. (1) $\frac{2}{3}$ (2) -3 (3) -2

4. (1) 4 (2) 5

5. $\frac{1-a}{a+b}$

6. $4\log_2 3$

7. 6

8. 208

9. 16자리

10. 소수점 아래 14번째 자리

10.3

1. $a = \frac{1}{2},\ b = -2$

2. $m = 1,\ n = 3$

3. $a = 0,\ b = 1$

4. 64

5. 30

6. 5

7. 4

10.4

1. 생략

2. 최댓값 1, 최솟값 -3

3. 최댓값 13, 최솟값 8

4. 최댓값 1, 최솟값 $\frac{1}{10}$

10.5

1. (1) 6 (2) $\frac{1}{2}$ (3) $\frac{21}{8}$ (4) -1

2. (1) 1 (2) -1 (3) 3

3. 14

4. $\sqrt{3}$

5. 5

6. (1) 3 (2) 3 (3) 13 (4) $13+4\sqrt{7}$

7. (1) 25 (2) 1 또는 10

8. 1

9. (1) $x=3,\ y=-1$ (2) $x=2,\ y=6$

10.6

1. (1) $x<\frac{3}{4}$ (2) $x\geq 2$ (3) $x<1$ (4) $x<-1$

2. (1) $x<2$ (2) $0\leq x\leq 2$ (3) $-\frac{1}{3}<x<\frac{5}{6}$

3. (1) $-1<x<7$ (2) $0<x\leq 2,\ \ 5\leq x<7$ (3) $4<x\leq 6$ (4) $4<x<6$

4. $0<x<4$ 또는 $x>16$

5. $k>5$

6. 10

7. 4

8. 21시간 후

Chapter 11 함수의 극한과 연속성

11.2

1. (1) -6 (2) -8 (3) 2 (4) -6 (5) 존재하지 않는다 (6) 0

2. (1) 75 (2) 390 (3) $\frac{1}{8}$ (4) 0

3. (1) 5 (2) 존재하지 않는다. (3) $\frac{6}{5}$ (4) 8 (5) $\frac{1}{12}$
(6) 6 (7) $\frac{1}{6}$ (8) $-\frac{1}{16}$ (9) 108 (10) $-\frac{1}{2}$

11.4

1. (1) $x=1$ (2) $x=0$

2. $f(x)$는 $x=\pm 1$에서 불연속

3. $a=4,\ b=4\sqrt{2}$

Chapter 12 도함수

12.1

1. $F'(x)=3x^2-5$이므로, $F'(1)=-2$, 따라서 $(1,-3)$에서 접선의 방정식은 $y+3=-2(x-1)$이다.

2. $f'(a)=\lim\limits_{h\to 0}\dfrac{f(a+h)-f(a)}{h}=\lim\limits_{h\to 0}\dfrac{\dfrac{2(a+h)+1}{(a+h)+3}-\dfrac{2a+1}{a+3}}{h}=\dfrac{5}{(a+3)^2}$

3. $f(x)=x^{10},\ a=1$

4. $s'=f'(t)=2t-6$이고 $v(t)=s'$이므로 $v(2)=-2\ \mathrm{m/sec}$이다

5. $f'(x)=\sin\dfrac{1}{x}+x\cos\dfrac{1}{x}\left(-\dfrac{1}{x^2}\right)=\sin\dfrac{1}{x}-\dfrac{1}{x}\cos\dfrac{1}{x}$

x가 0에 접근함에 따라 $\dfrac{1}{x}\to\pm\infty$이고 $-1\le\sin\dfrac{1}{x},\ \cos\dfrac{1}{x}\le 1$이므로

$f'(0)$은 존재하지 않는다.

12.2

1. $f(x)$는 연속함수이므로 정의역은 모든 실수이고, $f'(x)=3x^2-3$ 또한 연속함수이므로 $f'(x)$의 정의역 또한 모든 실수이다.

2. $g(x)=\sqrt{1+2x}$에서 $1+2x\ge 0$이므로 $x\ge -\frac{1}{2}$(정의역)이다.

$$g'(x)=\lim_{h\to 0}\frac{g(x+h)-g(x)}{h}$$

$$=\lim_{h\to 0}\frac{\sqrt{1+2(x+h)}-\sqrt{1+2x}}{h}$$

$$=\lim_{h\to 0}\frac{1+2x+2h-1-2x}{h(\sqrt{1+2(x+h)}+\sqrt{1+2x})}$$

$$=\frac{1}{\sqrt{1+2x}}$$

이므로, 도함수 $g'(x)$의 정의역은 $x>-\frac{1}{2}$이다.

3. (a) $f(x)=\begin{cases} x^2, & x\ge 0 \\ -x^2, & x<0 \end{cases}$

(b) $f(x)$가 미분가능한 x의 값을 구하여라.

$$f'(x)=\begin{cases} 2x, & x>0 \\ 0, & x=0 \\ -2x, & x<0 \end{cases}$$ 이므로 $f(x)$는 실수 전체에서 미분가능

4. (a) $f(x)$가 우함수이면,

$$f'(-x)=\lim_{h\to 0}\frac{f(-x+h)-f(-x)}{h}=\lim_{h\to 0}\frac{f(x-h)-f(x)}{h}$$

$$=-\lim_{h\to 0}\frac{f(x+h)-f(x)}{h}=-f'(x)$$

그러므로 $f'(x)$: 기함수

$\left(\text{또는 } f'(x)=\frac{d}{dx}f(x)=\frac{d}{dx}f(-x)=-f'(x)\text{: 기함수}\right)$

(b) $f(x)$가 기함수이면,

$$f'(-x)=\lim_{h\to 0}\frac{f(-x+h)-f(-x)}{h}=\lim_{h\to 0}\frac{f(x-h)-f(x)}{h}$$

$$=\lim_{h\to 0}\frac{f(x+h)-f(x)}{h}$$

$\left(\text{또는 } f'(x)=\frac{d}{dx}f(x)=\frac{d}{dx}[-f(-x)]=f'(-x)\text{: 우함수}\right)$

5. (a) $v(t)=\lim_{h\to 0}\dfrac{s(t+h)-s(t)}{h}=4t^3-12t^2,$

$a(t)=\lim_{h\to 0}\dfrac{v(t+h)-v(t)}{h}=12t^2-24t=12t(t-2)=0$

$t=0,\ 2$일 때 $a(t)=0$

(b) $v(0)=0,\ v(2)=-16\ \mathrm{m/sec}$

$s(0)=2,\ s(2)=-14\ \mathrm{m}$

12.3

1. $V'(r)=4\pi r^2$

2. $y'=-\dfrac{2}{5}x^{-\frac{7}{5}}$

3. $V'(x)=6x^2(x^4-2x)+(2x^3+3)(4x^3-2)$

4. $F'(y)=\left(-\dfrac{2}{y^3}+\dfrac{12}{y^5}\right)(y+5y^3)+\left(\dfrac{1}{y^2}-\dfrac{3}{y^4}\right)(1+15y^2)$

5. $y'=\dfrac{2t-2t^2}{(3t^2-2t+1)^2}$

6. $y'=1+\dfrac{1}{2\sqrt{x}}$이므로, 점 $(1,\ 2)$에서 기울기는 $\dfrac{3}{2}$이다. 따라서 접선의 방정식은 $y-2=\dfrac{3}{2}(x-1)$이다.

7. (a) $(fg)'(5)=f'(5)g(5)+f(5)g'(5)=-18+2=-16$

(b) $\left(\dfrac{f}{g}\right)'(5)=\dfrac{f'(5)g(5)-f(5)g'(5)}{[g(5)]^2}=\dfrac{-20}{9}$

(c) $\left(\dfrac{g}{f}\right)'(5)=\dfrac{g'(5)f(5)-g(5)f'(5)}{[f(5)]^2}=\dfrac{20}{1}=20$

8. $f'(x)=\dfrac{\left(x+\dfrac{c}{x}\right)-x\left(1-\dfrac{c}{x^2}\right)}{\left(x+\dfrac{c}{x}\right)^2}=\dfrac{x+\dfrac{c}{x}-x+\dfrac{c}{x}}{\left(x+\dfrac{c}{x}\right)^2}=\dfrac{\dfrac{2c}{x}}{\left(x+\dfrac{c}{x}\right)^2}$

9. 점 $(1,\ 2)$를 지나며 곡선 $y=\dfrac{x}{x+1}$에 접하는 접선을 $y=ax-2a+1(y-1=a(x-2)$로부터)이라 하면, 방정식 $\dfrac{x}{x+1}=ax-2a+1$은 중근을 갖는다. 이때 $a=0$ 또는 $a=\dfrac{4}{9}$이며,

$y' = \dfrac{1}{(x+1)^2}$은 0이 될 수 없으므로 $a \neq 0$이고, $a = \dfrac{4}{9}$인 x점은 $x = \dfrac{1}{2}$ 또는 $-\dfrac{5}{2}$, 따라서 두 개의 접선이 $(1,2)$인 점을 지나고, 각각은 점 $\left(\dfrac{1}{2}, \dfrac{1}{3}\right)$, $\left(-\dfrac{5}{2}, \dfrac{5}{3}\right)$에서 서로 접한다.

10. $(fgh)' = f'gh + fg'h + fgh'$이므로

$$y' = \left(x^{\frac{1}{2}}(x^4+x+1)(2x-3)\right)'$$

$$= \frac{1}{2}x^{-\frac{1}{2}}(x^4+x+1)(2x-3) + x^{\frac{1}{2}}(4x^3+1)(2x-3) + x^{\frac{1}{2}}(x^4+x+1)2$$

11. $\dfrac{dy}{dx} = \dfrac{dy}{du}\dfrac{du}{dx}$이므로 $\dfrac{d^2y}{dx^2} = \dfrac{d}{dx}\left(\dfrac{dy}{dx}\right)$

$$= \frac{d}{dx}\left(\frac{dy}{du}\frac{du}{dx}\right)$$

$$= \frac{d}{dx}\left(\frac{dy}{du}\right)\frac{du}{dx} + \frac{dy}{du}\frac{d}{dx}\left(\frac{du}{dx}\right)$$

$$= \frac{d^2y}{du^2}\left(\frac{du}{dx}\right)^2 + \frac{dy}{du}\frac{d^2u}{dx^2}$$

12. $f'''(t) = -2\cos t - \cos t + t\sin t$, $f'''(0) = -3$

13. $f'(x) = \dfrac{1}{3}(-3)x^{-4} = (-1)\dfrac{3!}{3!}x^{-4}$

$$f''(x) = \frac{1}{3}(-3)(-4)x^{-5} = (-1)^2\frac{4!}{3!}x^{-5}$$

$$\vdots$$

$$f^{(n)}(x) = (-1)^n\frac{(n+2)!}{3!}x^{-(n+3)}$$

12.4

1. $h'(\theta) = \csc\theta - \theta\csc\theta\cot\theta + \csc^2\theta$

2. $y' = \dfrac{\cos x + x\sin x}{\cos^2 x}$

3. $\dfrac{d}{dx}(\csc x) = \dfrac{d}{dx}\left(\dfrac{1}{\sin x}\right) = -\dfrac{\cos x}{\sin^2 x} = -\dfrac{\cos x}{\sin x}\dfrac{1}{\sin x} = -\csc x\cot x$

4. $f'(x)=1+2\cos x$이므로, $f'(x)=0$인 x는 $\cos x=-\dfrac{1}{2}$,

즉, $x=2n\pi+\dfrac{2}{3}\pi$, $x=2n\pi+\dfrac{4}{3}\pi$, n은 정수

5. $\displaystyle\lim_{x\to 0}\frac{\sin 3x}{x}=\lim_{x\to 0}\frac{\sin 3x}{3x}3=3\lim_{t\to 0}\frac{\sin t}{t}=3$

6. $\sin\theta=\dfrac{x}{10}$, 즉 $x=10\sin\theta$, $\left.\dfrac{dx}{d\theta}\right|_{\theta=\frac{\pi}{3}}=10\cdot\cos\theta\Big|_{\theta=\frac{\pi}{3}}=5$

7. $$\lim_{\theta\to 0}\frac{\sin\theta}{\theta+\tan\theta}=\lim_{\theta\to 0}\frac{\sin\theta\cos\theta}{\theta\cos\theta+\sin\theta}=\lim_{\theta\to 0}\frac{\dfrac{\sin\theta\cos\theta}{\theta}}{\dfrac{\theta\cos\theta+\sin\theta}{\theta}}=\frac{1}{2}$$

8. 원의 반지름을 r이라 하면 $s=r\theta$이고, $\sin\dfrac{\theta}{2}=\dfrac{\frac{d}{2}}{r}=\dfrac{d}{2r}$, 즉 $d=2r\sin\dfrac{\theta}{2}$이므로

$$\lim_{\theta\to 0^+}\frac{s}{d}=\lim_{\theta\to 0^+}\frac{r\theta}{2r\sin\theta}=\lim_{\theta\to 0^+}\frac{\dfrac{\theta}{2}}{\sin\dfrac{\theta}{2}}=1$$

12.5

1. $f'(x)=\dfrac{x+3}{\sqrt{x^2+6x+3}}$

2. $F'(x)=\dfrac{2+3x^2}{4\sqrt[4]{(1+2x+x^3)^3}}$

3. $y'=8(2x-5)^3(8x^2-5)^{-3}-48x(2x-5)^4(8x^2-5)^{-4}$

4. $y'=-2\cos\theta\cot(\sin\theta)\cdot\csc^2(\sin\theta)$

5. $F'(x)=f'(g(x))g'(x)$이므로, $F'(3)=f'(g(3))g'(3)=f'(6)\cdot 4=7\cdot 4=28$

6. $v(t)=s'(t)=\dfrac{10\pi}{4}\cos(10\pi t)$ (cm/sec)

7. (a) $$\begin{aligned}\frac{d}{dx}(\sin^n x\cos nx)&=n\sin^{n-1}x\cos x\cos nx-\sin^n x\cdot n\sin nx\\&=n\sin^{n-1}x(\cos x\cos nx-\sin x\sin nx)\\&=n\sin^{n-1}x(\cos(n+1)x)\end{aligned}$$

(b) $\frac{d}{dx}(\cos^n x \cos nx) = n\cos^{n-1} x(-\sin x)\cos nx + \cos^n x(-\sin nx)n$

$$= -n\cos^{n-1} x(\sin x \cos nx + \cos x \sin nx)$$

$$= -n\cos^{n-1} x \sin(n+1)x$$

8. $f'(x) = g'(\sqrt{x})\frac{1}{2}x^{-\frac{1}{2}} = \frac{1}{2}x^{-\frac{1}{2}}g'(\sqrt{x})$

$f''(x) = -\frac{1}{4}x^{-\frac{3}{2}}g'(\sqrt{x}) + \frac{1}{4}x^{-1}g''(\sqrt{x})$

9. $y' = \frac{2}{3}(x^3+1)^{-\frac{1}{3}}3x^2 = 2x^2(x^3+1)^{-\frac{1}{3}}$

$y'' = 4x(x^3+1)^{-\frac{1}{3}} - 2x^4(x^3+1)^{-\frac{4}{3}}$

10. $y = \cos 2x$라 하면

$y' = -2\sin 2x$

$y'' = -2 \cdot 2\cos 2x$

$y''' = -2 \cdot 2 \cdot (-2)\sin 2x$

$y^{(4)} = 2^4 \cos 2x$

따라서 $D^{103}\cos 2x = D^3(D^{100}\cos 2x) = D^3((D^4)^{25}\cos 2x)$

$$= D^3(2^{100}\cos 2x) = 2^{103}\sin 2x$$

12.6

1. $2x + 2y\frac{dy}{dx} = 0$, 따라서 $\frac{dy}{dx} = -\frac{x}{y}$

2. $y + x\frac{dy}{dx} = -\csc^2(xy) \cdot \left(y + x\frac{dy}{dx}\right)$, 그러므로 $\frac{dy}{dx} = -\frac{y}{x}$

3. $\frac{2x}{a^2} - \frac{2y}{b^2}\frac{dy}{dx} = 0$이므로, $\frac{dy}{dx} = \frac{b^2x}{a^2y}$이고, $\left.\frac{dy}{dx}\right|_{(x_0, y_0)} = \frac{b^2x_0}{a^2y_0}$는 접선의 기울기이다. 따라서 점 (x_0, y_0)에서 접선의 방정식은 $y - y_0 = \frac{b^2x_0}{a^2y_0}(x - x_0)$이다.

4. $2xy^2 + 2x^2yy' + y + x\frac{dy}{dx} = 0$으로부터 $\frac{dy}{dx} = -\frac{2xy^2+y}{2x^2y+x}$이다.

기울기가 -1이므로, $\frac{2xy^2+y}{2x^2y+x} = 1$, 즉 $(2xy+1)(y-x) = 0$, 따라서 $2xy = -1$ 또는

$y=x$를 만족하고 주어진 방정식을 만족해야 한다. 그러나 $2xy=-1$과 $x^2y^2+xy=2$는 공통부분이 없으므로, $y=x$를 대입하여 $x^4+x^2=2$를 얻고, 이때 $x=\pm 1$ 이다.($y=\pm 1$).

두 점 $(1, 1)$, $(-1, -1)$에서 모두 $\frac{dy}{dx}=-1$이므로, 이 두 점에서 접선의 기울기는 -1이다.

5. $\frac{d}{dx}(x^3+x^2y+4y^2)=\frac{d}{dx}(6)$

$\Rightarrow 3x^2+(x^2y'+2xy)+8yy'=0$

$\Rightarrow x^2y'+8yy'=-3x^2-2xy$

$\Rightarrow y'=-\frac{3x^2+2xy}{x^2+8y}=-\frac{x(3x+2y)}{x^2+8y}$

6. $\frac{d}{dx}(x^2y+xy^2)=\frac{d}{dx}(3x)$

$\Rightarrow (x^2y'+y\cdot 2x)+(x\cdot 2yy'+y^2\cdot 1)=3$

$\Rightarrow x^2y'+2xyy'=3-2xy-y^2$

$\Rightarrow y'(x^2+2xy)=3-2xy-y^2$

$\Rightarrow y'=\frac{3-2xy-y^2}{x^2+2xy}$

7. $\frac{d}{dx}(x^2y^2+x\sin y)=\frac{d}{dx}(4)$

$\Rightarrow x^2\cdot 2yy'+y^2\cdot 2x+x\cos y\cdot y'+\sin y\cdot 1=0$

$\Rightarrow 2x^2yy'+x\cos y\cdot y'=-2xy^2-\sin y$

$\Rightarrow (2x^2y+x\cos y)y'=-2xy^2-\sin y$

$\Rightarrow y'=\frac{-2xy^2-\sin y}{2x^2y+x\cos y}$

8. $\frac{d}{dx}(4\cos x\sin y)=\frac{d}{dx}(1)$

$\Rightarrow 4[\cos x\cos y\cdot y'+\sin y(-\sin x)]=0$

$\Rightarrow y'(4\cos x\cos y)=4\sin x\sin y$

$\Rightarrow y'=\frac{4\sin x\sin y}{4\cos x\cos y}=\tan x\tan y$

12.7

1. $T(0)=185,\ T(10)=172,\ T(20)=160$ 이고

$$T'(20) \approx \frac{T(10)-T(20)}{10-20} = \frac{172-160}{-10} = -1.2\ \text{°F/min}$$

$$T(30) \approx T(20)+T'(20)(30-20) \approx 160-1.2(10) = 148\text{°F}$$

우리는 시간이 증가할수록 칠면조 고기의 온도가 75°F에 가까워질 것을 기대할 수 있다. 온도가 처음 10분 동안 13°F 줄어들고 다음 10분에 12°F 줄었으므로 접선의 기울기가 -1.3, -1.2, $\cdots$ 와 같이 음수값에서 증가한다는 것을 추측할 수 있다.

그러므로 접선은 커브의 아래에 있고 148°F는 과소평가되었다.

2. $f'(x)=3x^2$ 이므로 $f(1)=1,\ f'(1)=3$

$a=1$로 하면 $L(x)=f(a)+f'(a)(x-a)$

$$L(x)=f(1)+f'(1)(x-1)$$
$$=1+3(x-1)=3x-2$$

3. $f'(x)=-\sin x$ 이므로 $f\left(\frac{\pi}{2}\right)=0,\ f'\left(\frac{\pi}{2}\right)=-1$

따라서 $L(x)=f\left(\frac{\pi}{2}\right)+f'\left(\frac{\pi}{2}\right)\left(x-\frac{\pi}{2}\right)$

$$=0-1\left(x-\frac{\pi}{2}\right)=-x+\frac{\pi}{2}$$

4. $f'(x)=\dfrac{-1}{2\sqrt{1-x}}$ 이므로 $f(0)=1,\ f'(0)=-\dfrac{1}{2}$

따라서 $\sqrt{1-x}=f(x)\approx f(0)+f'(0)(x-0)=1+\left(-\frac{1}{2}\right)(x-0)$

$$=1-\frac{1}{2}x$$

그러므로 $\sqrt{0.9}=\sqrt{1-0.1}\approx 1-\frac{1}{2}(0.1)=0.95$

$$\sqrt{0.99}=\sqrt{1-0.01}\approx 1-\frac{1}{2}(0.01)=0.995$$

5. $f(x)=\sqrt[3]{1+x}=(1+x)^{1/3} \Rightarrow f'(x)=-\dfrac{1}{3}(1-x)^{-2/3}$

따라서 $f(0)=1,\ f'(0)=-\dfrac{1}{3}$

그러므로 $f(x)\approx f(0)+f'(0)(x-0)=1-\dfrac{1}{3}x$

우리는 $\sqrt[3]{1-x}-0.1<1-\dfrac{1}{3}x<\sqrt[3]{1-x}+0.1$이 필요하므로 $-1.204<x<0.706$이면 된다.

6. $f(x)=\dfrac{1}{(1+2x)^4}=(1+2x)^{-4}$

$\Rightarrow f'(x)=-4(1+2x)^{-5}\cdot(2)=\dfrac{-8}{(1+2x)^5}$

그러므로 $f(0)=1,\ f'(0)=-8$

따라서 $f(x)\approx f(0)+f'(0)(x-0)=1+(-8)(x-0)$

$$=1-8x$$

우리는 $\dfrac{1}{(1+2x)^4}-0.1<1-8x<\dfrac{1}{(1+2x)^4}+0.1$이 필요하므로

$-0.045<x<0.055$이면 된다.

7. $y=f(x)$이면 $dy=f'(x)dx$이다.

따라서 $dy=(4x^3+5)dx$

8. $dy=(x^2\sec^2x+\tan x\cdot 2x)dx=(x^2\sec^2x+2x\tan x)dx$

9. $dy=\dfrac{(u-1)(1)-(u+1)(1)}{(u-1)^2}du=-\dfrac{2}{(u-1)^2}du$

Chapter 13 도함수

13.1

1. (1) 임계점 $x=-4,\ x=2$, 극대 $f(-4)=80$, 극소 $f(2)=-4$

(2) 임계점 $x=0,\ x=-4$, 극대 $f(-4)=-16$, 극소 $f(0)=0$

(3) 임계점 $x=n\pi$ (n은 정수), 극소 $f((2n+1)\pi)=1$, 극대 $f(2n\pi)=2$

(4) 임계점 $x=-\dfrac{1}{3}$, 극소 $f\left(-\dfrac{1}{3}\right)=0$

2. (1) 최소 $f(2)=-15$, 최대 $f(4)=37$

(2) 최소 $f\left(\dfrac{5\pi}{4}\right)=-\sqrt{2}$, 최대 $f\left(\dfrac{\pi}{4}\right)=\sqrt{2}$

(3) 최소 $f(0)=0$, 최대 $f(1)=\dfrac{1}{2}$

(4) 최소 $f(-1)=-\sqrt{3}$, 최대 $f(\sqrt{2})=2$

3. 증명의 개요. $f'(x)=15x^4-30x^2+30$이므로 실수 전체에서 미분가능하고, 특히 $f'(x)\geq 15$이므로, $f'(c)=0$인 실수 c는 존재할 수 없다. 그러므로 만약 극값이 존재한다면 Fermat 정리에 모순이다.

4. 생략

13.2

1. 힌트. 롤의 정리는 함수가 주어진 열린 구간의 모든 점에서 미분가능할 때 사용할 수 있다.

2. 힌트. 평균값 정리도 함수가 주어진 열린 구간의 모든 점에서 미분가능하고 닫힌 구간에서 연속일 때 사용할 수 있다.

3. 증명의 개요.

$f(x)=x^3+x-1$이라 하자. 그러면 $f(x)$는 실수 전체에서 연속이다. $f(0)=-1$, $f(1)=1$이므로 중간값 정리에 의해 $f(x)$는 구간 $(0,1)$에서 적어도 하나의 근 c를 갖는다.

근이 하나 더 존재한다고 하고 그 근을 d라고 하자. 여기서 편의상 $c<d$라고 가정하자. 그러면 $f(x)$는 $[c,\ d]$에서 연속이고, $(c,\ d)$에서 미분가능하며, $f(c)=0=f(d)$이므로 롤의 정리에 의해, $f'(e)=0$인 점 $e\in(c,\ d)$가 존재한다. 그러나 $f'(x)=3x^2+1\geq 1$이므로 모순이다. 따라서 $f(x)$는 2개 이상의 근을 가질 수 없다. $c>d$인 경우는 생략.

4. 생략 (연습문제 3번 해답 참고)

5. 증명의 개요.

$f(x)=x^5+ax^3+bx+c$라 하자. $f(x)$는 실수 전체에서 연속이고, $\lim_{x\to-\infty} f(x)=-\infty$이며 $\lim_{x\to\infty} f(x)=\infty$이므로 $f(x)$는 적어도 하나의 실근을 갖는다(중간값 정리). 그러나 $f'(x)=5x^4+3ax^2+b\geq b>0$이므로 $f(x)$가 2개 이상의 실근을 갖는다면 롤의 정리에 모순이다.

6. 힌트. $f(x)=a_nx^n+a_{n-1}x^{n-1}+\cdots+a_1x+a_0$라 하고, 차수 n에 대하여 수학적 귀납법을 사용한다. 즉,

$n=1$일 때, 모든 일차다항식은 기껏해야 (실제로 단) 하나의 해를 갖는다.

$n=k$일 때, 모든 k차 다항식이 기껏해야 k개의 해를 갖는다고 가정하자. 그러면

$n=k+1$일 때, $k+1$차 다항식 $f(x)$는 기껏해야 $k+1$개의 해를 갖는다는 것을 보이자.

$k+1$개보다 더 많은 해를 갖는다면 $f'(x)$에 어떤 일이 생기는가?

7. 힌트. $f(x)=\sin x$라고 하면 임의의 두 실수 $a,\ b(a<b)$에 대하여, $f(x)$는 구간 $[a,\ b]$에서 연속이고, $(a,\ b)$에서 미분가능하다. 그러므로 평균값 정리를 적용하자.

13.3

1. (1) 사선점근선 $y=x$

(2) 수직점근선 $x=1,\ x=5$, 사선점근선 $y=x+6$

(3) 수직점근선 $x=-1$, 수평점근선 $y=-3,\ y=3$

2. (1) $-\infty$　(2) ∞

13.4

1. 생략

2. $a=-3,\ b=-9,\ c=1$

3. (1) 정의역 $x\neq 0$, 사선점근선 $y=x$, 수직점근선 $x=0$,

수직점근선 주위에서 함숫값의 변화 $\lim\limits_{x\to 0^+} f(x)=\infty$, $\lim\limits_{x\to 0^-} f(x)=-\infty$

임계점 $x=\pm\sqrt{3}$, 그래프 생략

(2) y절편 $f(0)=1$, x절편 $x=\dfrac{3\pi}{4},\dfrac{7\pi}{4}(+2n\pi)$, 주기 2π (그러므로 $[0,2\pi]$에서만 그래프를 고려할 수도 있다.) 임계점 $x=\dfrac{\pi}{4},\ \dfrac{5\pi}{4}(+2n\pi)$, 변곡점 $x=\dfrac{3\pi}{4},\ \dfrac{7\pi}{4}(+2n\pi)$

(3) 정의역 $x>-1$, $f(0)=0$, 수직점근선 $x=-1$, $\lim\limits_{x\to -1^+}\dfrac{x^2}{\sqrt{x+1}}=\infty$, 임계점 $x=0$, $x=-\dfrac{4}{3}$, 변곡점은 없다. 그래프 생략

(4) 정의역은 실수 전체, $f(0)=0$, 수평점근선 $y=1$, 우함수, 임계점 $x=0$, 변곡점 $x=\pm 1$, 그래프 생략

13.5

1. 밑변의 길이 $\dfrac{40}{3}$, 높이 $\dfrac{10}{3}$

2. 최솟값 1, 점 $(0,1)$

3. 가로 $\sqrt{2}R$, 세로 $\dfrac{R}{\sqrt{2}}$

4. $x=10=y$

5. 반지름 $\sqrt{\dfrac{2}{3}}\cdot r$인 원기둥일 때, 최대 부피 $\dfrac{4\pi}{3\sqrt{3}}r^3$

6. 한 변의 길이가 $\frac{L}{3}$인 정삼각형

7. 다리의 길이 $\sqrt{\frac{81}{5}}$, 포장도로의 길이 $8-\frac{6}{\sqrt{5}}$일 때, 비용이 최소

13.6

1. (1) $F(x)=-\cos x-\sin x+C$

(2) $F(x)=4x^3+3x^2+C$

(3) $F(x)=\frac{6}{5}x^{\frac{5}{2}}+\frac{10}{3}x^{\frac{3}{2}}+C$

(4) $F(x)=-\frac{1}{x^2}+C$

2. (1) $f(x)=x^5-\frac{1}{3}x^6+4$

(2) $f(x)=x^3+x^4-3x+1$

(3) $f(x)=-\sin x-\cos x+5x+4$

3. 위치함수 $s(t)=-4.9t^2+19.6t+200$, 최고 높이는 $t=2$일 때, $s(2)=219.6$ m

4. 위치함수 $s(t)=t^3+2t+10$, 초기위치 $s(0)=10$이고 $s(2)=22$이므로 변화량은 12 m.

찾아보기

Elementary Mathematics

ㅊ

ㅋ

ㅌ

ㅍ

저자 소개(가나다 순)

곽지이 전북대학교 수학과. 전북대학교 순수 및 응용수학연구소
김상현 전북대학교 수학과. 전북대학교 순수 및 응용수학연구소
김선미 전북대학교 수학과. 전북대학교 순수 및 응용수학연구소
김승수 전북대학교 수학과. 전북대학교 순수 및 응용수학연구소
박희숙 전북대학교 수학과. 전북대학교 순수 및 응용수학연구소
이정승 전북대학교 수학과. 전북대학교 순수 및 응용수학연구소
정수미 전북대학교 수학과. 전북대학교 순수 및 응용수학연구소
최일선 전북대학교 수학과. 전북대학교 순수 및 응용수학연구소

대학수학

2012년 03월 02일 제1판 1쇄 펴냄 | 2016년 12월 30일 제1판 5쇄 펴냄
지은이 곽지이 · 김상현 · 김선미 · 김승수 · 박희숙 · 이정승 · 정수미 · 최일선
펴낸이 류원식 | 펴낸곳 **청문각출판**

편집팀장 우종현 | 본문편집 이투이디자인 | 표지디자인 블루
제작 김선형 | 홍보 김은주 | 영업 함승형 · 박현수 · 이훈섭 | 인쇄 태원인쇄 | 제본 태원인쇄
주소 (10881) 경기도 파주시 문발로 116(문발동 536-2) | 전화 1644-0965(대표)
팩스 070-8650-0965 | 등록 2015. 01. 08. 제406-2015-000005호
홈페이지 www.cmgpg.co.kr | E mail cmg@cmgpg.co.kr
ISBN 978-89-6364-168-3 (93410) | 값 24,000원

이 저서는 2010년도 전북대학교 저술장려연구비 지원에 의하여 연구되었음.